歩くこどもの感性空間

みんなのまちのみがきかた

千代章一郎

鹿島出版会

まえがき

21世紀は20世紀のなれの果てである。『歩くこどもの感性空間』という少し変わった本書の表題は、そんな時代の空間のありさまや可能性を示唆している。こどもの未来を無条件に明るく描くことや、反対にこどもの将来を悲観して警告を発することが目的ではない。もう一度、空間に生きる人間の基盤について、「感性」をキーワードにして立ち返る試みである。

さて、「空間」とはいうまでもなく「拡がり」である。一定不変の境界によって取り囲まれるものでもないし、「環境」のように計量可能なものでもない。「奥行き」があり、際限がなく、とりとめのないものでありながら、私がそこに立って日々実践するフィールドにおいて現象する。逆に言えば、フィールドとは、いわば空間における滞留と放浪の可能性である。旅は予定調和的に、計測可能な時間を合理的に配分することでは進まない。人やものや場所との思いがけない出会いがあり、臨機応変にフィールドを生きることが旅の楽しみである。旅にはとぎすまされた「感性」が必要である。そして、旅によって感性がみがかれることも、また旅の楽しみである。

そうした「感性」が、実体的には扱えない概念であることを、あらかじめ確認しておきたい。感性は、「ある」ものでも「つくる」ものでもない。「はぐくむ」ものであり、「みがく」ものである。「感性」という主題を哲学することを発見した人間は、しかし21世紀の都市のなかでさびついているように見える。多様性の海のなかでかえって自己を失い、他者への共感を喪失しているように見える。

本当にそうなのであろうか。それをこどもたちと一緒にまちを歩いて考えてみたのが、本書である。いわばこどもたちと手を携えた筆者の旅の記録である。

＊　こどもたちの発語・発言・記述の引用は、すべて原文のままである（ただし、筆者による補足は［　］で加筆している）。脈絡から切り離しているために、奇妙に思われる内容や誤字・脱字もあるが、こどもたちのフィールド感を重視して、あえてそのまま掲載している。

目次

第1章　はじめに――フィールドへ

デザイナーとユーザー

「感性」という主題は両刃（もろは）の剣（つるぎ）である。ひとたび「感性」の名を与えれば、そこで思考停止、神話化が完成してしまう。謎はますます深まるばかりである。

古来より、「感性」は美学や認識論の主題として論じられている。芸術作品などの美しさの議論を含めて、「感性」が人間主体を理解する鍵概念の一つであることは、私たちが持つ知的遺産が示している*1。そして今日では、芸術作品のみならず、工業製品、食品、服飾、医療、情報、環境、あるいは歴史や政治にいたるまで、あらゆる文化形態に、創造的行為に「感性」が敷衍され、論じられている*2。

少なくとも民主主義的な価値観を基盤とする今日の社会では、絶対的な創造主の存在は幻想とみなされている。そして突き詰めれば、デザイナーの存在でさえ疎まれるようになる。私たちは、文化をかたちづくるデザイナーとそれを享受するユーザーという仕分けがもはや成立しなくなっている時代を生きている。ものづくりからまちづくりまで、ユーザー自らが参加してつくりあげるのが一つの理想となりつつある。そこで頼りになるのが、「感性」というわけである。

ところが、現実にはそううまくはいかない。経済至上主義はしたたかでタフである。「感性」をプロダクトに取り込むために被験者が招集され、ユーザーサイエンスが構築される。事後アンケートの統計的分析、眼球移動の追跡、感情の起伏に伴う脳波や血流の測定などは、いずれも実験的に仮構された空間における人間の感性の一断面でしかない。そもそも被験者は匿名化された存在であり、人生の履歴は等閑視されたままにデータが採取され、数量化される。あまりに抽象化された大人から実験的データが採取され、あまりに一般化された「感性」が加工され、挙げ句の果てに商品となる。

「こども」も同様である。「こども」として概念化される以前の個性的な主体の感性は、埒外に置かれている。たしかに、玩具や子供服などの市場は少子化によって規模としては縮小傾向にあるものの、教育・

*1　「感性」の哲学史の略図については、ニコラ・フィエヴェ「西洋思想における「感性」概念について」、『感性哲学10』2010、5―41頁などに詳しい。とくにフィエヴェは「感性」の所産である庭園にも着目し、西洋と日本を横断して論じる。

*2　日本感性工学会のいくつかの研究部会から、下記の成果が出版されている。日本感性工学会感性哲学部会編『感性哲学1～10』東信堂、2001～2010／日本感性工学会感性社会部会編『感性と社会』論創社、2004／都甲潔・坂口光一編著『感性の科学』朝倉書店、2006を参照。建築学の観点からも、日本建築学会編『都市・建築の感性デザイン工学』朝倉書店、2008がある。

*3　『こども市場総覧2013』ボイス情報株式会社などを参照。

*4　親世代の前時代的な価値観の商品への投影の問題については、神野由紀『子どもをめぐるデザインと近代――拡大する商品世界』世界思想社、2011を参照。

*5　第二次世界大戦後、イタリアのレッジョ・エミリア市では公的支援による幼児教育を芸術を核として実践している。こどもたちは、はじめから社会の一員として、保育者や地域住民とともに表現する力を身につける（佐藤学監修、ワタリウム美術館編『驚くべき世界　レッジョ・エミリアの幼児教育』ACCESS、2011を参照）。

*6　こどもの都市への参画については、

サーヴィス関連を含めれば、こども関連市場の潜在力は高い＊3。こどもは大切なユーザーである。マンガやゲームソフトにいたっては、大人との境界はもはやなくなっている。しかし大人とは異なり、こどもはユーザーとしての評価をことばで表現する技術が未熟であるために、評価をプロダクトに直接反映させることが難しい。ある意味で、大人のこども操作の産物でしかない＊4。

一方で、「こども」に関する感性研究は盛んである。玩具による感性教育を重んじるモンテッソーリ教育に始まり、レッジョ・エミリア市における芸術教育に代表されるように、芸術教育学としてのこどもの感性研究の蓄積は決して小さくない＊5。実際、近年様々な実践が報告されるようになったまちづくりへのこどもの参画などは、こどもの主体的表現の教育的伝統を土台としている＊6。

しかしながら教育である限り、強制的であるかどうかは別として、一方向的であることは否めない。多かれ少なかれ、「学び」は「まねび（模倣）」の対象となる大人のつくりあげた世界の写像である。まちづくりへのこどもの参画でさえ、予定されたシナリオにこどもたちが飲み込まれている可能性を否定できない。本当にこどもたちの主体性が担保されているかどうかさえ疑わしい場合もある。

「誰もがみなデザイナー」＊7と言うのはたやすい。個人としての情報発信は、モダニズムの最終型と言えなくもない。しかしそれは、あくまであらかじめデザインされ、用意された道具があるからこそ実現可能である。メディアを使いこなすことに、こどもの方が卓越している場合さえある。そこに創造性がないわけではないが、結局のところ、それはユーザーとしての役割にすぎない。

そうした一方向性への批判として、「臨床」＊8や「質的研究」＊9などの方法論が教育学や心理学を中心に試みられ、双方向的な営みのなかから「こども」の社会的価値や人間的意味が問い直されている。たしかに、そこから導き出される「共通感覚」＊10や「間主観性」＊11あるいは「身体」＊12の概念は、デザイナーとユーザーという二分法に収まらない可能性を秘めている。

後述のケヴィン・リンチの都市論を発展させたハートの「都市参画」の理論である次の文献に詳しい。ロジャー・A・ハート、木下勇・田中治彦・南博文監修、IPA日本支部訳『子どもの参画――コミュニティづくりと身近な環境ケアへの参画のための理論と実際』萌文社、2000を参照。

＊7　ドナルド・A・ノーマン、岡本明・安村道晃・伊賀聡一郎・上野晶子訳『エモーショナル・デザイン』新曜社、2004などを参照。

＊8　木村敏『精神医学から臨床哲学へ』ミネルヴァ書房、2010を参照。鷲田清一、野家啓一の「臨床哲学」に言及しつつ、木村は「学」を「臨床」（フィールド）そのものにおいて思索し、対話の場において「患者」の概念を覆す。大人とこどもの双方向性を基調とする「こども」論へ応用されるゆえんである。

＊9　客観的データに基づく量的研究とは対照的に、価値や意味を問う質的研究の基本文献としては、佐藤郁哉『フィールドワーク　書を持って街へ出よう』新曜社、1992／ウヴェ・フリック、小田博志・山本則子・春日常・宮地尚子訳『質的研究入門――〈人間の科学〉のための方法論』春秋社、2002／柴山真琴『子どもエスノグラフィー入門』新曜社、2006などを参照。

＊10　「共通感覚」の概念については、中村雄二郎『共通感覚論』岩波書店、1979／ミッシェル・セール、米山親能訳

しかしこれらの方法的概念装置は、人間とそれを取りまく空間の相互作用を認めながら、肝心のこどもの具体的な空間に対する構えは、あくまで「こども」という普通名詞として、ユーザーとして、受動的な身振りを通して描かれている。こどもがそれぞれに個性的な一人の人間の固有名詞として、ユーザーとしてそこから受け取ると同時にデザイナーとして、そこに能動的にはたらきかける「感性空間」の拡がりの原理が問われているわけではない。

感性と知性

「感性」とはことばや言語にならない表現能力である＊13。年齢を問わず、ことばにならないものは意外なほどたくさんある。自然への畏怖、宗教的な祈り、芸術的な感動、そして得も言われぬ愛情。その態度や行為は身振りや叫び、あるいは作品をつくることにいたるまで、すべて表現を伴う。表現である限り、単に受動的に感じるものではない。

それは身体の生理的な反応というだけでも、また言語のように反復可能な表象として他者に伝達するだけでもない。まわりの空間に対する応答としての表現である。応答はたしかに状況的で刹那的かもしれない。しかし、他者に愛情を感じたり、放っておけないと感じたりすることは、ことばが不完全なのではない。ことばに先立って、感性的表現が能動的にはたらきかけることがあるからである＊14。

そして、ことばが生得的にあるものではなく長期にわたる訓練が必要なように、感性を表現するためには身体や技術が必要である。ことばにならない「暗黙知」や「身体知」、あるいは技の「型」は、単に身体が場所に定位して安らいでいる姿ではなく、場所の空間に応答するための一つの構えであり、身体の反復的な所作によって体得されるものである＊15。そもそも、ユクスキュルの「環境世界」＊16やアフォー

『五感　混合体の哲学』法政大学出版局、1991などを参照。一般的に、「共通感覚」には五感に共通する感覚という意味と、非言語的に他者と通じ合える感覚という意味があり、重点の置き方で論旨は異なってくるが、こどもの共感の能力についての理論的根拠となる場合が多い。

＊11　とりわけ幼児のまなざしを通じて例証される自己と他者、自己とものとの「間主観性（相互主観性）」の概念については、モーリス・メルロ＝ポンティ、滝浦静雄・木田元訳『眼と精神』みすず書房、1966、97－192頁を参照。

＊12　メルロ＝ポンティの「間主観性（相互主観性）」の概念もまた、精神の問題だけでなく「身体」の問題が深く関係している。こどもの身体という主題に関しては浜田寿美男『「私」とは何か　ことばと身体との出会い』講談社、1999を参照。また近年では、ジェームス・J・ギブソンの「アフォーダンス」の概念を援用して、こどもの仕草の意味について解釈する研究も多い。

＊13　たしかに、カントの感性論を厳密に適応し、言語は身体化されているために言語に媒介されない感性的経験はない、という考え方もある（岩城見一『感性論』昭和堂、2001）。しかし、ベルクソンは「直観」を言語からの脱却とするし（アンリ・ベルグソン、矢内原伊作訳「緒論（第二部）」『思想と動くもの』白水社、1965を参照）、佐々木は「感性」を「何とも言えないもの」（佐々木健一『美

ダンスの理論＊17をふまえれば、身体とそれを取り囲む空間との相互作用は、もはや生きることの基本的な枠組みと考えてもよい。つまり「感性」とは、人間同士のコミュニケーションのための記号体系以前の、空間的なコミュニケーションのための身体の構えの体系である＊18。

こどもの遊びの場、とりわけ道草遊びにたとえれば、身体の感性的な意味がもっと身近に理解できる。すなわちそれは、身体が場所の空間と呼応している状態のことである。こどもが公園の遊具だけで遊びが完結せずに道端にはみ出していくように、あるいは私有地の境界壁の上が「ねこ道」になるように、決して楽しさの受容だけが遊びの感性の指標ではない。危険と隣り合わせのワクワク、ドキドキの感性は身体の能動的な行為を伴っている＊19。

そのうえ、こどもの遊びは日々の身体能力の変化や居住空間の変化に応じて生成を続けていく。「感性」は、生き延びる身体と空間がある限り、産出したり喪失したりするものではなく、みがかれたりさびついたりするものである。そもそも、変化に対応できるしなやかで独特の知性をはたらかせなければ、感性豊かな遊びは不可能である。それまでに受け継がれた遊びの「型」を体と頭を使って学び「守」りながら、感性のはたらきによってそれをときに「破」り、ときに逸脱して新しい遊びを編み出して元の型から「離」れていく＊20。その意味で、こどもの遊びは感性と知性の協働である。ことば以前のものでありながら、ことばとともにはたらくことによって、感性がみがかれることもある。「こども」には（決してノスタルジーではなく）、「感性」の根本問題が秘蔵されている。そこには知性的なものと感性的なものが混じり合い、溶け合っている。感性を知性の対立概念と捉えるような排中律の論理学は成り立たない。むしろ、感性的なことは感性的でないこと（あるいは知性的であること）によって感性的である、とさえいえる場面もある＊21。

したがって、「感性」だけを取り出して純粋培養することはできない。「感性」という謎を問い続ける

学への招待』中央公論新社、2004を参照）、「何よりもまず、刺戟のわたしの内なる反響」と定義する（佐々木健一『日本的感性』中央公論新社、2010を参照）。さらに根源的に考えれば、三木の「内臓の感受性」にも相当するのであれば（三木成夫『海・呼吸・古代形象』うぶすな書院、1992を参照）、非言語的な「感性」における普遍的次元について言及することが可能になってくる。

＊14 「感性」の受動的機能を重視する理論は根強く、「感情論理 affective logic」のような感情と知性の共通基盤においても、感情そのものは受動的である（ルック・チオンピ、松本雅彦・井上有史・菅原圭悟訳『感情論理』学樹書院、1994を参照）。一方で桑子は、「感性」の能動性を環境論として論じ（桑子敏雄『感性の哲学』日本放送出版協会、2001を参照）、また木村は、精神医学の観点から感性の能動性をことばにならない「生の原理」として捉える（木村敏『あいだ』筑摩書房、2005を参照）。反対に、レヴィナスは人間的存在をその言明不可能な根源的受動性 affectivité において捉える（エマニュエル・レヴィナス、熊野純彦訳『全体性と無限（上）』岩波書店、2005、267－280頁）

＊15 精神によって編み出される知性とは対照的に、身体的修練に体得される知の基本的文献としては、マイケル・ポランニー、佐藤光訳『暗黙知の次元』講談社、2010及び源了圓『型』創文社、1989などを参照。

しかない。その意味では、「感性」そのものが歴史的な産物なのである＊22。平安美人はもちろん現代の美人論に適応できないし、東北美人は関西人にとって必ずしも美人ではない。「感性」を決して断定せず、そのはたらきを問い続けること。そんな答えのない問いには意味がない、あるいは問いには終わりがない、といってしまえば身もふたもないが、実際、問い続けることは予想以上に困難で、それなりの戦略も必要である。「感性」へのまなざしは、単に関心の眼を向けるだけではない。関心を向けたものに作用されて、また新しい問題を見出すことができるような眼が必要である。決して思考停止に陥ることなく、「感性」の諸問題を発見し問い続けること、それは工学の前提となる近代的知性への問いでもある＊23。

こどもと大人

「問い」は、2002年度に始まる。自分たちの眼で見て体で感じた都市空間の地図をつくるプロジェクトを広島大学附属小学校の児童たちと協働で始め、今日まで続いている（3章表1：児童に関しては、4年生から6年生まで、1クラス約40名の持ち上がりで継続的に活動する）。

プロジェクトは、「エコピース」と呼ばれている。都市のなかの自分自身の生活空間を見直す準備段階としてのプレワークショップから、日常を離れた都市の社会空間＊24でのフィールドワーク（探検）とワークショップ（作戦会議）までが螺旋状に継続していくような仕組みである（図1）。基本的な哲学は生きる場所が奪われないで継承可能であること＊25、その問いに関連する場所を探索し、地図に表現することである。活動の中心たる広島大学附属小学校の児童たちは、その深い意味もわからずに「えこぴー」と呼んでいるが、なにより楽しく問い続けることで、都市空間への主体的関与を誘発し、児童の感性をみがき、はぐくむことをねらいとしている。

＊16　動物の知覚圏を主題化したユクスキュルの「環境世界」については、ヤーコプ・フォン・ユクスキュル、ゲオルク・クリサート、日高敏隆・羽田節子訳『生物から見た世界』岩波書店、2005などを参照。

＊17　環境探索による価値づけ、つまり主体と対象の関係性についてのギブソンによる造語「アフォーダンス」については、佐々木正人『アフォーダンス』岩波書店、1994／三嶋博之『エコロジカル・マインド』日本放送出版協会、2000などを参照。

＊18　肉、身体、身振り、言語表現の絡み合いの論理については、モーリス・メルロ＝ポンティ、滝浦静雄・木田元訳『見えるものと見えないもの』みすず書房、1989を参照。「感じること」の奥行きそのものを論じている。

＊19　模倣・競争・眩暈、そして運の混淆としての「遊び」の古典的理論については、ヨハン・ホイジンガ、高橋英夫訳『ホモ・ルーデンス』中央公論社、1973／ロジェ・カイヨワ、多田道太郎・塚崎幹夫訳『遊びと人間』講談社、1990を参照。

＊20　ガダマーが「すべての遊びは遊ばれていることだ」というとき、それはルールや規則以上に、遊びの「型」が身体を規制することを意味している。しかしまた、遊びはミメーシスのように何か真なるものの模倣ではなく、「型」それ自体も変容する（ハンス・ゲオルク・ガダマー『真理と方

選抜試験を経た附属小学校の児童たちは、近隣の学区から通ってくる一般の小学校の児童たちと比較して、比較的多様性を欠いている。附属小学校の特性として、同じような所得層で同じような教育的価値観の両親を持つために、児童の性格や行動さえも均質であるように見える。そして、ほとんどの児童が徒歩通学ではなく、広域から公共交通機関を使って通学している。しかも都心の小学校であるために、高層マンション居住の児童が多くを占める。

図1 「エコピース」のしくみ

フィールドは、都市のなかの身近な生活空間から社会空間まで拡がっている。まず自己の基盤となる生活空間を見直し（プレワークショップ）、自己を延長して都市を歩いて他者とつながり歴史とつながっていく（フィールドワーク）。その社会空間をアイコンで表現し（ワークショップ）、またもう一度身近な生活空間を見直してみる（アフターワークショップ）。「エコピース」マップは、このような終わることのない螺旋の表現活動の持続によって、愛着のある「感性空間」をはぐくんでいく媒体である。
とはいえ、システムはシステムである。継続的な活動のポイントはキーパーソンの育成と手弁当の覚悟である。

法I』法政大学出版局、1986、152−155頁及び源了圓『前掲書』＊15を参照）。

＊21　鈴木大拙『日本的霊性　完全版』角川学芸出版、2010を参照。鈴木は2つのものが2つでありながらかつ1つであることを「霊性」と表現する。しかし山内得立は、その「即非の論理」を批判し、存在の論理の新たな地平を開いていく（木岡伸夫『〈あいだ〉を開く』世界思想社、2014を参照）。

＊22　リュシアン・フェーヴル、ジョルジュ・デュビイ、アラン・コルバン、小倉孝誠編集、大久保康明・小倉孝誠・坂口哲啓訳『感性の歴史』藤原書店、1997を参照。とくにコルバンは、「感性」そのものが歴史的概念であることを強調する。

＊23　近代的「知性」への問いとして提唱された「感性哲学」については、千代章一郎、「特集「感性哲学」に寄せて：「感性哲学」とは何か」、『感性哲学1』東信堂、2001、3−4頁を参照。

＊24　家・通学路・学校という日常的な生活空間に対して、非日常的なフィールドワークの空間を社会空間と呼んでおきたい。日常・非日常、生活空間・社会空間はもちろん弁別できないが、便宜上、小学生1、2年次の「生活科」とそれを受け継ぐ3年生からの「社会科」の名称を踏襲する。

＊25　生存のための物理的自然環境の持続可能性 sustainability だけではなく、エ

特殊といえば特殊である。しかしある意味では、第二次世界大戦後の高度経済成長期を経て、モータリゼーションと高層化によって著しく悪化した日本のこどもたちの生活空間の縮図ともいえる*[26]。地域社会との接点の希薄化はマンション居住だけの問題ではなくなっているし、少子化や過疎化に伴う小学校の統廃合などによって、一般的な学区小学校でも遠距離通学が強いられる場合もある。人口密度の低い農村部などの方が、自家用車送迎による遠距離通学によって、都会のこどもよりもむしろ運動不足となり、身体能力が低いこともある。たとえ児童数の多い小学校区であっても、同じような世代の集中する住宅団地である場合も少なくない*[27]。

とはいえ、こどもたち自身は昔と変わらないのではないかと思わせる場面もある。屋外でのフィールドワークは、日常とは異なる空間での祝祭的な気分を伴っているためか、児童たちはとても素直な反応を見せる。予想以上に近視眼的な視点、生きものへの過剰な反応、高齢者に対するやさしさ、ゴミなどの衛生問題に対する嫌悪、公共性の欠如。もちろん大人の印象にすぎないが、それにしても授業というかたちでは見えてこないこどもの感性の普遍的表現の反映ではないかと思わせる。

しかし児童たちは、大人が仮構する「こども」という概念に必ずしも一致しない。実際のフィールドワークの現場では、「こども」という観念は徐々に崩壊していく。学年を追ってフィールドワークでの振る舞いの変化を観察していると、それぞれの児童はそれぞれに多様で、結局A君はA君独特の感性が身体で表現されていることに気づく。こども研究を積み重ねていけばいくほど、「こども論」ではなく「A君論」になっていかざるを得なくなるのである。児童たちは誰一人として実験室の被験者ではない。

しかしそれもまた、大人である私のまなざしであるにすぎず、本当は絶えず両者のまなざしの交叉する地点に「こども」が成立するはずである*[28]。もしそうならば、「こども」を大人のノスタルジーで塗り込めて神格化することなどは問題外としても、こどもを大人以上に「人間的である」あるいは「感性的で

リクソンの対象関係論的な「世代継承性 generativity」(エリク・H・エリクソン、仁科弥生訳『幼児期と社会Ⅰ』みすず書房、1977、343-345頁を参照)を空間論的に敷衍している。エリクソンは狭義には「生殖性」を問題としているが、そこには「人類に対する信頼」が必要であるという。そこで、地球上のみんな(人と自然)がつながり、過去や未来とつながっていくことを「継承可能性」と呼んでおきたい。この考えの基底には、もしかすると被爆都市広島という文脈が影響しているかもしれない。

*26 都市空間の変化によるこどもの成育にとっての負の側面は、様々な立場から指摘されている。仙田満『こどものあそび環境』鹿島出版会、2009/野田正彰『漂白される子供たち』情報センター出版局、1988/高橋勝『経験のメタモルフォーゼ〈自己変成〉の教育学』勁草書房、2007などを参照。

*27 とくに郊外生活の様態については、消費社会の病理を論じた三浦展『ファスト風土化する日本』洋泉社、2004を参照。

*28 松澤和正『臨床で書く 精神科看護のエスノグラフィー』医学書院、2008を参照。看護の現場において記録=再現することを反省し、対話的(内部者でありかつ外部者であること、同情ではなく、共感すること)、「相互的・生成的」な関係を前提として、患者の語り・身振りから読み取る感性=詩学の重要性を指摘する。

ある」と見なすこと自体、両者の隔絶を物語ってはいないだろうか*29。

隔たりを回避する一つの作法。それは観察者でありながら、フィールドを共有する当事者でもあるという二重のまなざしを持つことである。しかしまなざしの地点は、地球上のどこでも同じではなく、宿命的に他の「どこか」にはない「ここ」の地点である。「ここ」は地域的なものであり、エコロジカルなものである。社会的なものであり、歴史的なものであり、文化的なものである。あくまで「ここ」に留まりながら「こども」の世界に二重のまなざしを向け、生成する「感性」の多様性を示し、さびつくことのない感性をみがくこと。意味を説き明かす質的研究を基調として、都市という空間において感性をみがくための方法論をつくることが、本書のねらいである。これは翻って、「こども」という存在に開かれて、決して思考停止に陥らず、対話し続けるための戦略を描き、都市空間の創造に接続する契機を見出すことに他ならない。

しかし一方で、過度の安全管理や個人情報保護などによって、こどもたちとの接触は実際のところ劇的に困難になっている。直接的には2001年、大阪府の附属池田小学校における無差別殺傷事件が契機となり、一般的な小学校では現在、基本的な属性アンケート調査をすることさえおそらく難しくなっている。家庭に問題を抱える児童もいるからなのであるが、本当の危機はこどもと大人のコミュニケーションの悪化とさえ思えてくる。そのような意味でも、本書はこどもの特性を分析・解剖していくというよりも、「こども」と「大人」が共感を持ってその既成概念を解体して再編していくきっかけを見出すことができるように、可能な限り「実験室の外」で記述することを目指し、「実験室の内」での記述を自己批判したい。

*29　ジャン＝フランソワ・リオタール、篠原資明・上村博・平芳幸浩訳『非人間的なもの――時間についての講話』法政大学出版局、2002／永井均『〈子ども〉のための哲学』講談社、1996は、いずれも大人を「こども」の欠如として見ている。

道筋

都市空間における現代のこどもの感性を描き出そうとする本書の道筋は、まず、家・通学路・学校というフィールドを辿ることから始まる。いうまでもなく、こどもの生活は家を基点として通学路を通って学校へ通い、下校時には道草をしたり塾や習い事をしたりして帰宅する。休日には田舎の祖父母のところに行くこともあればショッピングセンターで買い物をすることもある。海外旅行もそう珍しくはない。いずれにしても現代のこどもたちはとても多忙であり、しかも一つ一つの活動に意味が込められている。

半世紀近く前、ケヴィン・リンチは『都市のイメージ』(1960)において都市空間をパス・エッジ・ディストリクト・ノード・ランドマークの5つのエレメントによって市民的なまなざしを描き出した*30。それに対して本書では、こどもの日常的な生活空間を基本的な区分である家・通学路・学校に再編して辿っていく。いわばリンチのディストリクトに焦点を絞り、それを細分化するところから始めているようにも見えるが、生活空間というディストリクトをこどもにとっての世界を構成する「都市のイメージ」と考えれば、家・通学路・学校のそれぞれのスケールに、都市空間における5つのエレメントを見出すこともできる。つまりリンチとの大きな違いは、生活空間の「イメージ」を、異なる意味の世界(家・通学路・学校)において重層的に捉えようとしているところである。

そこでまず、家・通学路・学校それぞれのフィールドについて、プレワークショップとして描いた児童たち自身の手描き地図を頼りに、こども自身の空間認知や評価の特質、その経年変化、さらに家・通学路・学校の3つのフィールドの相関関係、保護者との認知の差異から、児童たちの感性空間の現代性を描き出したい。

日常的なフィールドを素描した後に、フィールドワークとワークショップという非日常的実践を辿る。フィールドワークとワークショップという方法論そのものは、児童たち自身が主体的に計画して準備した

*30　ケヴィン・リンチ、丹下健三・富田玲子訳『都市のイメージ 新装版』岩波書店、2007を参照。都市形態論を超える都市認知論としてのリンチの理論は今なお参照され、成果が蓄積されている。

ものではない。大人である筆者が勝手に考え出したものである。しかしどのような方法論であれ、日常から離れた都市へ出て行くことそのものは、主体的な行為である。実際、児童たちはしばしばフィールドワークの方法論を無視したり、逸脱したり、改変したりする。

フィールドワークでは見知らぬ人や自然と出会いがあり、そのことによって児童たちは自らの世界を拡張・再編する。そのような他者との出会いの「公共的感性」は、生活空間以上に都市のなかの社会空間においてはぐくまれる。家・通学路・学校以上に、外の世界にははるかに多くの出会いの契機があり、日常生活では馴化している身体感覚をあらためて覚醒することになる。そのうえ、思いがけない出会いは、出会う対象を知るということ以上に、身体が歴史的な時間とつながっているという「歴史的感性」、すなわち、「とき」を感じる能力の問題を孕んでいる。「歴史的感性」はあまり聞き慣れないことばかもしれないが、旅慣れた人はガイドブックを持たなくても、歴史的な場所を嗅ぎ取る。街路の構成や建築物の外壁の肌理のようなものが醸し出す雰囲気と感応する。それは単に時間的な隔たりの感覚でも、知識として得られた史実だけでみがかれる感性でもない。「とき」への感性は、おそらくこどもにもある。

さて、都市という社会空間に出るフィールドワークを経て、学校の教室で実施されるワークショップでは、フィールドワークで主体的につかまえた様々なことを白地図の上に定着させていく。白地図に描くという表現行為は、フィールドワークで集められた単なる情報の「記録」ではない。一日の終わりに日記をつけていてはじめて最中の感情に気付くように、児童たちは現地での感性的な体験の「記憶」を、ワークショップにおいてふと想起することもある。あるいはまた、これまでの人生の履歴で経験してきた価値観を、日記の紙面に暗黙裏に反映していることもある。

フィールドワークでの記憶喚起の装置が、白地図の上に重ねられた「アイコン（絵文字）」である。アイコンによって浮き彫りになるものは、都市という社会空間から受動的に得られた情報だけではない。児童たちは都市という空間について評価するだけではなく、自ら能動的に提案する。たしかに提案は、経済性や機能性が問われていないために「稚拙」であり、具体的なまちづくりに直ちに結びつくわけではない。しかし、こども参画のための都市計画制度設計については、本書の埒外である。むしろ、こどもの提案内容そのものに眼を向けて、都市という社会空間における感性の実践、未来への希望そのものを描き出したい。

ともあれ児童の提案は、自己中心的な「わたし」が他者とつながっていたいとする素朴な願望である。技術的には稚拙であるかもしれないが、他者への配慮は「わたし」や「みんな」の空間をつくるための根本的な動因である。それは学習によって身につくものではない。「みんな」を感じる「公共的感性」が素質としてはじめからあることを児童たちは示している。

こうして、家の内の生活空間から家の外の社会空間まで、児童たちとフィールドを逍遙した本書の道筋は、最終的に感性をみがくための方法論への問いに辿り着く。歴史的感性や公共的感性は、場所や人（私・他者）に対する共感や愛着なしにみがくことはできない。「愛着」とは本来、身体の皮膚と皮膚がお互いにふれあっていることである。ならば、「家」は都市への愛着の最も基礎的な空間である。そして、都市を歩くことはその空間を延長する行為である。歩くことが都市という社会空間において触覚を喚起し、そこに愛着が生まれ、共感を促すのである。

しかしながら、歩くことができる都市、歩きたくなるような肌ざわりのある感性空間は今日、ますます減少している。対話のある社会空間の基点ともいえる「家」はますます孤立化し、都市はますます安全になっていく。そして、ますます管理され、人間はますます阻害されていく。自家用車は公共的空間を暴走する私的空間に他ならない。感性的都市の理論は、原始的かつ現代的な問題群を内包している。

第2章 こどもたちの現在——地図に描かれるいま

地図に描くこと

「エコピース」マップは、児童たち自身が自分の生活空間を見直すことから始まる。そこでまず、プレワークショップとして、生活空間の「楽しい場所」に関する「手描き地図」*1の製作を継続的に実施している。いわゆる「認知地図」*2であり、こどもの空間認知能力を読み取る一つの素材となる。

アンケート調査やインタビュー調査の場合、たとえば同じ質問項目でも文脈によって異なる回答があり得ることは、日常誰でも経験している。意識的にせよ無意識的にせよ、インタビュアーの誘導が不可避に介在し、インタビュイーの真意や実態の正確な理解を妨げることになる。ならば、偶然的な要素を極力排除し、条件を整えた仮想の実験的空間を用意すればよい、ということになる。こどもは被験者となり、発語と行動が観察され、抽象化されたデータが採取される。こどもの存在感はますます希薄化していく。

ことばを介さない方法もある。ことばによる直接の調査よりも、手描き地図による間接的な調査の方がインタビュアーの介在がなく、なにより空間認知の発達過程の一般的傾向を捉えやすい。たとえば、地形的な描写は、自己を基点としたルートマップ型の空間認知と俯瞰的なサーベイマップ型の空間認知に類別されるが*3、一般的には10歳前後を境にして、ルートマップ型からサーベイマップ型へと地図描写形態が変化する*4。それを空間認知能力の発達と捉えるわけである。

もちろん、手描き地図がインタビューの問題点を十分に解決する方法とは言えない。手描き地図の読解には幅があるし、そもそも教室という場所で教諭に指導されて描く地図と教室の外で自由に描く地図とでは、表現が随分と異なるはずである。教諭の思惑通りに間違わずに描かなければならないという教室の中

*1　こどもの手描き地図描写の具体的な読解については、寺本潔・大西宏治『子どもの初航海——遊び空間と探検行動の地理学——』古今書院、２００４を参照。

*2　「認知地図」とは、感覚器官による知覚だけではなく、記憶や無意識が関与する包括的な認知全般の表象である。認知地図の理論については、若林芳樹『認知地図の空間分析』地人書房、１９９９を参照。

*3　地形描写の型を弁別する厳密な定義はないが、寺本・大西前掲論文*1に倣って、地面に近い位置に視点があり行動に沿って描写しているものをルートマップ型、鳥瞰的な視点で全体を俯瞰して描写しているものをサーベイマップ型と定義している。

*4　10歳前後のこどもの空間認知能力の飛躍的発達の過程については、多くの文献で指摘されている事実であるが、発達の理由は実のところよくわかっていない。生得説、後天的な学習説など様々な要素が絡み合った「10歳問題」として知られている。

での気分が、素直な現実表現を阻害する。できるだけ自由な雰囲気で一生懸命に描く雰囲気を教室のなかで演出することは、一朝一夕にできるものではない。

しかも現代のこどもたちは、携帯電話や自家用車、あるいはロールプレイングゲームなど様々なナビゲーションのメディアに親しんでいる。一世代前の同じ学年と比べると、地図を「読む」という能力に関しては間違いなく高く、空間認知能力の発達は低年齢化していくのかもしれない。しかし、地図を「読む」ことと自ら「描く」ことは異なる。後者は地図といえども表現行為である。もちろん、地図を描く技術に個人差があることも事実であるが、小学校では地図の読解能力が系統的に教育されているために*5、技術的なばらつきは誤差と考えてよい。

ともかく、この種の調査はつねに同一の条件設定がなにより大切である。たしかに各々の学年の児童の地図描写の特性を断定することは簡単ではないが、同じ形式と場面設定を担保することで、経年的な変化そのものに、こどもの感性の生成を読み取ることができるからである。

そこで、学校の教室という場所ではあるが、「……のフィールドの楽しい場所・楽しくない場所を描いてください」という主題を4年生から6年生まで3年間同じ条件で設定している*6。「楽しい」は場所の安全性や利便性や機能性以上に、こども個人の価値の問題を含んでいる。「楽しい」は「好き」以上に行為的であり、刻一刻と変化する感性的なものが反映される。

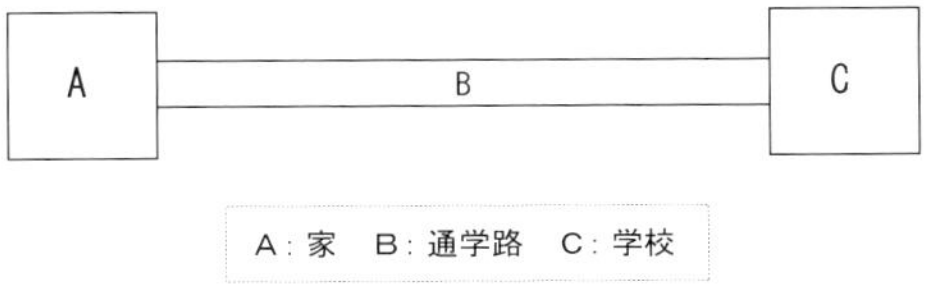

A　B　C

A：家　B：通学路　C：学校

図1　児童の生活空間の図式

家・通学路・学校は、こどもの生活空間の基軸となる3つのフィールドである。どのフィールドにも、ケヴィン・リンチが用いた都市のイメージ要素である「パス・エッジ・ディストリクト・ノード・ランドマーク」がすべて埋め込まれている。しかし現在のこどもたちのフィールドは、どれも拡がりに欠けて極めて点的であり、道草遊びをする時間・空間・仲間も少ない。個人的に尋ねれば、道草を告白してくれることもある。しかし遊びは、どこか点的で自己完結し、面として拡がらず、線としてもつながらない。とにかくみんな忙しく、そして疲れているのである。

*5　生活科や社会科における地図学習の位置づけについては、寺本潔『五感を使ったおもしろ地図学習』明治図書出版、1996、7—10頁を参照。

*6　ユネスコによるGrowing Up in Cities（GUIC：青少年のための都市環境）調査では、「好きな場所 favorite place」が基本的な指標である（ケヴィン・リンチ、北原理雄訳『青少年のための都市環境』鹿島出版会、1980、101—106頁／David Driskell, *Creating Better Cities with Children and Youth, a Manual for Participation*, UNESCO Publishing, 2002を参照）。「エコピース」の「楽しい場所」は、より行為的で主体的な感情表現の指標であり、GUICの主題を発展的に踏襲している。
また寺本は、原初的知覚、「フィジオノミック（相貌的な）知覚」として「こわい場所」「楽しい場所」「わくわくする場所」の手描き地図の空間構造を分析している（寺本潔『子ども世界の原風景――こわい空間・楽しい空間・わくわくする空間』黎明書房、1990を参照）。「感性空間」と重なるところも多いが、「感性」は、相貌的知覚のように10歳前後に喪失するものではない。

家の描写要素

分類項目	描写要素の内容
私有の部屋（自分）	自分の部屋、勉強部屋、遊び部屋、秘密の部屋［個人］
私有の部屋（他人）	兄弟姉妹の部屋、父の部屋、母の部屋、祖母の部屋、両親の部屋、祖父母の部屋
共有の部屋（一部）	こども部屋、寝室
共有の部屋（全体）	トイレ、ダイニングキッチン、浴室、リビング、和室、洗面所、客間、和室、空き部屋
部屋以外の共有空間	ベランダ・テラス、玄関、物置、階段、庭、屋上、外、屋根裏部屋、廊下、ポーチ、犬の部屋、犬の小屋、秘密の部屋［兄弟で共有］、その他

通学路の描写要素

分類項目	描写要素の内容
自然空間	河川、公園、草、木
道路空間	電停、線路（路面電車）、線路（JR）、バス停、信号機、駅、自動車、路面電車、駐車場、電車、土手、歩道、踏み切り、トンネル
建築空間	附属小学校、自宅、橋、店舗、ガソリンスタンド、学校、塾、建物、仕事場、交番、郵便局、ホテル、友人宅、市民球場、原爆ドーム、バスセンター、民家、事務所、市役所、住宅街、商店街、消防署、病院、附属中・高校の校舎、工場、スクリーン・看板、産業会館、体育館、公民館、幼稚園、教会、南区役所、図書館
人的空間	門扉、自動販売機、人、猫、ツバメの巣、犬

学校の描写要素

分類項目	描写要素の内容
普通教室	1部6年、2部6年、1部5年、2部5年、1部4年、2部4年、1部3年、2部3年、1部2年、2部2年、1部1年、2部1年［〜部はクラスの単位］
特殊教室	パソコン室、図書室、家庭科室、特別教室1、特別教室2、特別教室3、理科室、音楽室、造形室、給食室、保健室、印刷室、すずかけ会室、児童会室、資料室、教育相談室、放送室、社会科資料室、男子更衣室、女子更衣室
職員室	社会科研究室、算数科研究室、国語科研究室、音楽科研究室、職員室、理科研究室、校長室、副校長室、体育科研究室、生活科研究室、家庭科研究室、事務室、造形研究室、教頭室
校庭	校庭、遊具、思い出の森、屋上、ネット、プール、サッカーゴール、花壇・樹木・畑、ジャングルジム、門、砂場、丸太、うんてい、コート、トラック、附属中・高校の校庭
その他	トイレ、階段、体育館、男子トイレ、女子トイレ、廊下、渡り廊下、玄関、屋上、プレハブ、工事、講堂、売店、靴箱、ロッカー、ソーラーパネル、出入り口、機械室、倉庫、附属中・高校、ソファ、飼育小屋、机、黒板、その他

表1　生活空間の評価対象の類型

家・通学路・学校のフィールドの「楽しい場所」は、それぞれフィールドに立つ児童自身を基点にして、分類項目を設定することができる。 家については「私有の部屋（自分）」を基点とし、「私有の部屋（他人）」、「共有の部屋（一部の家族）」、「共有の部屋（家族全体）」、「部屋以外の共有の空間」の5つに分類している。 通学路については、こどもの基点となる場所を確定することは困難なため、便宜的に「自然空間」、「道路空間」、「建築空間」、「人的空間」の4つに分類している。学校については、「普通教室」を基点として、「特殊教室」、「職員室」、「校庭」、「その他」の5つに分類している。

フィールド		手描き地図の主題
家	1	住んでいる家についておしえてください。
	2	学校のある日、一日の時間の使い方についておしえてください。
	3	家のなかで、どのようなあそびをしますか?
	4	家のなかの①楽しい（好きな）場所・風景②楽しくない（きらいな）場所・風景はどこですか。家のなかの地図を描いて理由も書いてください。
通学路	5	学校のある日、よくいくところについておしえてください。
	6	習い事をしていますか。
	7	家のそとでどのようなあそびをしますか。
	8	旅行にいくところについておしえてください。
	9	旅行にいってみたいところについておしえてください。
	10	家から学校までの①楽しい（好きな）場所・風景②楽しくない（きらいな）場所・風景③なくなった場所・風景④あったらいいなと思う場所・風景はどこですか。家から学校までの地図を描いて理由も書いてください。
学校	11	学校のなかで、どのようなあそびをしますか?
	12	学校のなかで、いってみたいところについておしえてください。
	13	学校のなかの①楽しい（好きな）場所・風景②楽しくない（きらいな）場所・風景はどこですか。学校のなかの地図を描いて理由も書いてください。

表2　生活空間に関する手描き地図の主題

内容的にはいわゆる属性調査であるが、児童個人に比較的踏み込んだ主題の設定である。開けっぴろげな児童もいれば、優等生を装う児童もいる。表現にばらつきが出るのは当然である。そのうえ、場所の楽しさは恒常的なものではないし、好き嫌いで割り切れないものもある。しかし、児童の描く地図には言外のものも読み取れる（網かけ部分）。ゆっくりと丁寧な線、強い筆圧で描かれた線などからは、児童の生活感の強度が読み取れる。

手描き地図製作の手順＊7

広島大学附属小学校の1クラス（38～40名）を対象に、児童たちは概ね4年生から6年生までの3年間、継続的に生活空間の「楽しい場所」を手描き地図にする＊8。

生活空間の基本的なフィールドは家・通学路・学校である（図1、表1・2）。もちろん、塾や習い事、道草遊びなど家、通学路、学校をはみ出ていくフィールドも重要である。とくに塾や習い事は、ほとんど児童たちの生活の一部である。学校のない日には、気晴らしに自転車に乗って遠くの公園に遊びに行く児童もいる。それも立派な生活空間の一部として機能している。しかし塾や習い事は、ずっと継続しているとは限らない。一方、引っ越しなどをしない限り、家と学校、それを結ぶ通学路の3つのフィールドは恒常的で基本的な空間要素である。

手描き地図の用紙（A3判）は学校の授業時間に担任教諭が児童に配布し、各年度計1回、2校時分（90分）の時間内で実施する。欠席者については宿題とし、回収率は100％である＊9。児童たちが自由に描くことができるように、担任教諭は児童に上手でなくてもよいから一生懸命に答えることだけを指示する。

2　描かれた家——住まいのフィールド

1960年代に急増し、今も着実に増え続けている核家族化を背景に、児童の多くは都心のマンション

＊7　下記の生活空間に関する分析は、とくに注記のない限り、変化の読み取りやすい2006年度の4年生児童から2008年度の6年生児童までの手描き地図に依拠している。
2008年度以後も、もちろん継続的に同じ形式と内容の手描き地図の製作を実施しているが、手描き地図を見る限り、10年間の「エコピース」マップの活動において、児童の物理的な生活空間に際立った変化は認められない。基本的には高度経済成長期以降のモータリゼーション、建築物の高層化を基調とした世代として理解できる。
一方、児童そのものの質的な変化は、たしかに学校という制度のなかでは学習指導要領や担任教諭の教育実践手法によっても異なってくる。この10年間は「総合的な学習の時間」が縮小されながらも定着してきた時期であり、児童たちの主体性が重視され、年を追って発言が活発になり、意欲のない児童は減ってきている反面、塾などによる詰め込み教育に補完されてクラスのばらつきや「むら」は減ってきている。しかし本当は、「はじめに」で述べたように、児童一人一人の個性によって毎年違ってくるのであり、一般的な「こどもの変容」も「こどもの普遍性」も容易には語れない。その意味で、分析には限界があることを認めないわけにはいかない。

＊8　5年生時のクラス替えのために、3年間を通じて対象となる児童、保護者は半数となるが、同じ小学校で地図学習に関して同等の教育を受けているため、全体的な傾向を把握するのに有効であると判断して比較対象としている。

や郊外の一軒家に住んでいる。全国均一に普及したこのような居住形態は、近隣の地域社会とのつながりの欠如、高所や駐車場の危険性、自宅周辺の自然の欠乏による情緒不安の問題などを引き起こしている。はたしてこどもの「家」に対する認識はどのように変わり、「住むこと」はどのように描かれるのであろうか＊10。

たしかに、現代のこどもをめぐる生活空間の激変は、悲観論者と懐古主義者の声を大きくさせる。しかし悲観論者でさえ、自分たちのこども時代にはその時代を憂う大人たちであふれていたに違いない。終末論的な論理に陥らずに、現代における「家」という問題の所在を明らかにすることは、実はそうたやすいことではない。

家の描写形態

児童たちの家の手描き地図の描写要素の数は、学年が上がるにつれて増加している（表3・4）。家のなかを徐々に使いこなしていく様子がわかる。

私有の部屋（自分）については、勉強部屋や遊び部屋など機能的に特化した部屋が比較的早い段階から与えられていて、数として大きな増減はない。一方で、共有の部屋（全体）や部屋以外の共有空間の描写数が学年が上がるにつれて増加している。一世代前なら、独立した自分の部屋が与えられるのは高学年になってからであったが、今日の世代では、はじめに自分の部屋、しかも「勉強」「遊び」「読書」など単一の機能に特化した部屋がはじめからあり、次第に共有の部屋を知っていくという逆転したプロセスである。とくに部屋割りの融通の効かないマンション居住では、すでに勉強や遊びのための自分の部屋を割り当てられている児童が大半であり、学年が上がるにつれて自分の部屋以外のトイレや浴室、リビングなど家庭

しかしながら、クラス替えのない児童に「エコピース」の活動効果が現われて、一概に学年による経年変化を比較検討できないのではないかという懸念もある。効果がないのであれば比較検討に問題はないが、「エコピース」の活動そのものに問題があることになる。逆に「エコピース」の効果があれば、今度は比較検討に問題があるということになる。ジレンマである。

そこでクラス替えを機に、一度「エコピース」マップの活動経験による差異を分析してみたが、大きな違いは認められなかった。つまり、一般的な意味での教育的効果は期待できないようなのである。たしかに、「エコピース」の活動をしてきた児童が、はじめて活動をした児童に比べて「感性がみがかれて」いるという証拠はない。しかし、こどもの「感性」は大人のようなさびついた刃物ならともかく、長い時間をかけてはぐくまれていくものであり、表層的な証拠を求めても意味がないのかもしれない。

＊9　近年では、個人的な生活空間を題材として取り上げること自体、個人情報保護の観点から難しくなってきているが、附属小学校の場合、保護者の教育研究への協力に対する理解があるために、調査が可能になっている。

＊10　とくに高層マンションの問題については、織田正昭『都市化社会の母子住環境学 高層マンション 子育ての危険』メタモル出版、２００６を参照。こどもの高層マンション居住の問題を医学的な観点から明らかにしている。とくに、高層階からの視線の高さがもたらす「高所平気症」や自

表 3　家の描写要素の変化

家の様子は、学年が上がるにつれて詳しくなる。自分だけの部屋は最初からあるが、年齢が上がっても詳しくはならない。勉強をするか、寝るか、いつもすることは決まっているからである。

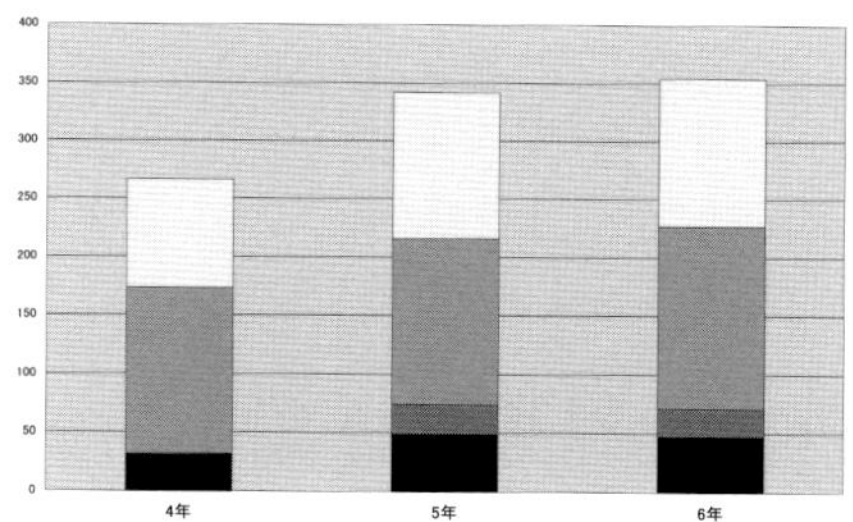

4年生時

トイレ	29
浴室	27
リビング	26
ダイニングキッチン	26
こども部屋	22
自分の部屋	13
兄弟姉妹の部屋	6
勉強部屋	3
玄関	21
洗面所	18
廊下	18
物置	17
和室	14
ベランダ・テラス	12
階段	12
父の部屋	4
母の部屋	4
秘密の所	3
祖父母の部屋	1
犬の小屋	1
空き部屋	1
お母さんたちの家	1
その他の部屋	20
計	278

5年生時

こども部屋	42
自分の部屋	15
兄弟姉妹の部屋	10
勉強部屋	4
遊び部屋	1
その他	12
トイレ	37
リビング	31
浴室	29
玄関	27
廊下	24
ダイニングキッチン	20
ベランダ・テラス	20
物置	18
階段	16
洗面所	14
寝室	12
和室	11
父の部屋	9
庭	4
母の部屋	4
両親の部屋	3
祖母の部屋	3
屋上	1
ポーチ	1
犬の部屋	1
その他の部屋	14
計	341

6年生時

こども部屋	43
自分の部屋	17
兄弟姉妹の部屋	10
勉強部屋	6
その他	10
トイレ	34
ダイニングキッチン	31
浴室	31
廊下	30
リビング	29
玄関	23
ベランダ・テラス	22
物置	16
和室	16
寝室	14
洗面所	13
父の部屋	10
階段	7
庭	5
母の部屋	2
祖母の部屋	2
客間	2
屋上	1
外	1
屋根裏部屋	1
その他の部屋	21
計	354

表 4　家の描写対象

部屋名の記載は、リビングのような比較的大きな空間からトイレ、ベランダ、物置、犬の部屋、洗面所のディテールにまで及ぶ。地図の説明ということもあるが、たとえば廊下などわざわざ名前を書かなくてよさそうなものまで書かれている。児童にとっては、廊下がリビングと同じように空間として意味があるからである。

生活全般に関する諸室も万遍なく描かれるようになる。勉強部屋や遊び部屋などは親による管理空間と言えなくもないが、私有の部屋（自分）がはじめから与えられているからといって、決してその中に籠もる傾向もない＊11。

家の描写形態は、４年生の時には行動に沿って描写するルートマップ型が多いが、５年生以降は家全体を俯瞰したサーベイマップ型が多くなる（図2）。このような描写形態の変化は、被験者実験などで明らかにされているこどもの空間認知能力の一般的な発達過程と一致している＊12。

４年生の時には、移動の中心となる廊下を中央に大きく描き、いくつかの部屋のヴォリュームを連結する。結果として、家全体の輪郭は不自然にデコボコで、家の外観にはまったく無関心である。あくまで家のなかでの生活において、自分の視点から捉えられるものを描写している。「たのしい」ものを大きく描く反面、「たのしくない」という気持ちが強いからこそ「べんきょうべや」も大きく描く。「母のへや」と「リビング」は形状こそ異なるがほとんど同じ大きさであり、「トイレ」の大きさは「キッチン」よりも大きい。たしかに「キッチン」は「りようりのてつだいができる」が、おそらく「トイレ」で「かくれんぼができる」方が楽しみが大きい。描いている部屋の大きさは物理的な広さではなく、意味的な強度によって決まる。

５年生になると、家のなかでの空間認知能力が飛躍的に高まる。家の外部の輪郭を矩型で描き、それを分割することによって内部の部屋を位置づけている。たしかに、マンションのような比較的単純な平面構成であれば描きやすいことは事実であるが、居住形態にかかわらず、５年生以降は多くの児童の地図がルートマップ型からサーベイマップ型へ移行している。しかしながら、やはりすべてを客観的に描いているわけではない。「フロバ」や「ねどこ」は「自分のへや」よりはるかに大きい。「きもちいい」からである。

然空間との隔離を指摘し、さらにコミュニケーション空間の欠如もしくは過剰という根本問題を指摘している。

＊11　共有空間へのまなざしの拡大は、１９８０年代の写真投影法によるこどもたちの「個室人間」化とはむしろ反対の傾向である（野田正彰『漂白される子供たち』情報センター出版局、１９８８を参照）。

＊12　こどもの空間認知能力の一般的な発達過程については、若林芳樹『前掲書』１０７－１１３頁／寺本潔・大西宏治『前掲書』古今書院、２００４を参照。

図2　家の手描き地図
（上：4年生 中：5年生 下：6年生）

家のなかの空間認知は5年生を境に急速に高まり、家へのまなざしは部屋の物理的な容量を算出するようになる。しかしそれは、単に自分の部屋を自分以外の部屋から区別していくことではない。むしろ家という世界にあって、自分の部屋を基点に、様々な部屋と出会っていく過程である。

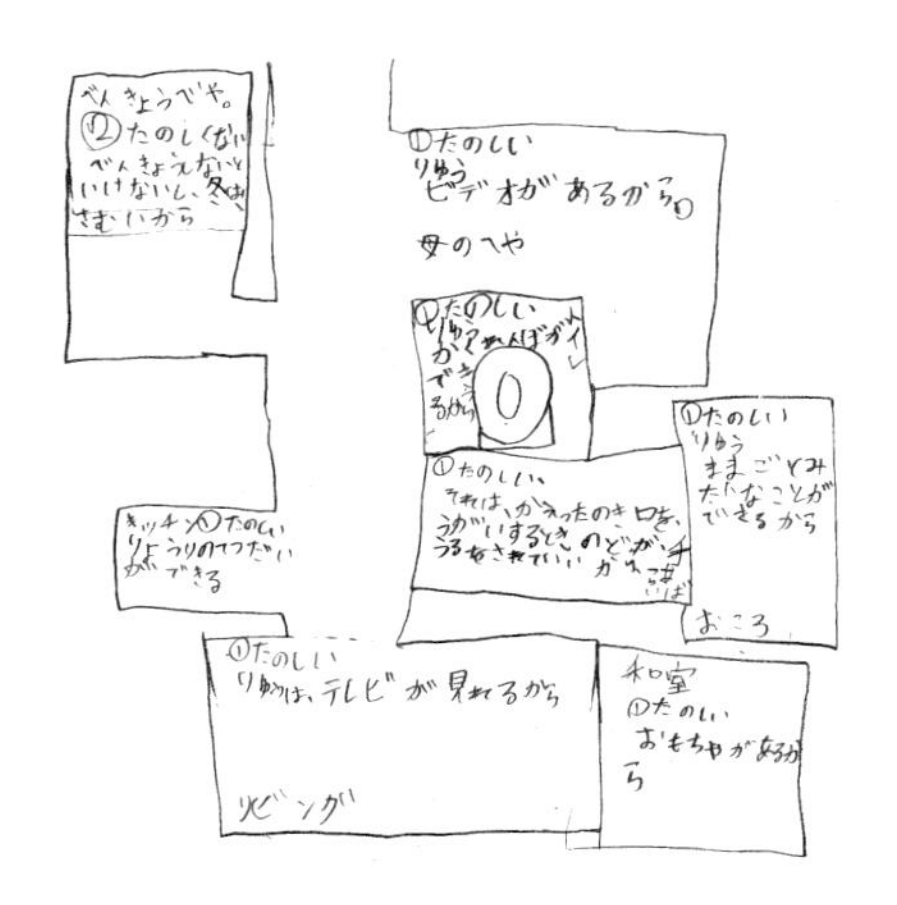

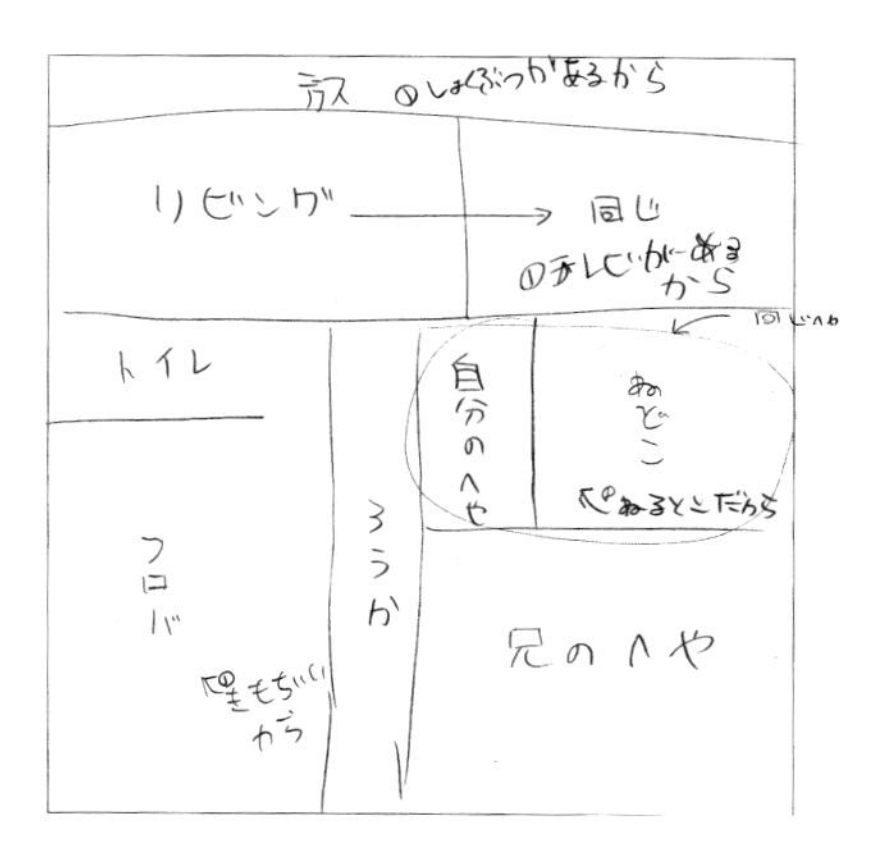

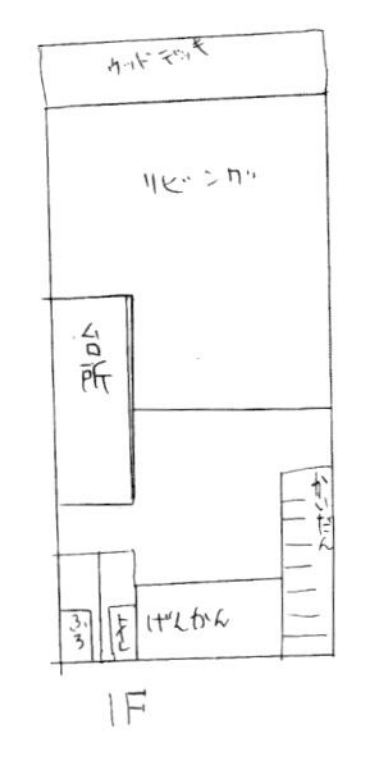

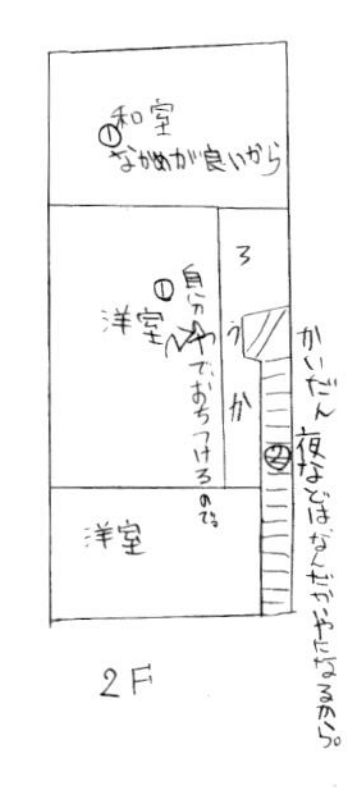

6年生になると、概ね家のなかのすべての要素を描いている。廊下の重要性は相対的に低くなる。部屋と部屋の位置関係が明確になり、階段の長さも1Fと2Fで描き分け、「夜などは、なんだかいやになる」にしても、寸法は比較的正確である。

家の楽しい場所

6年生になると、家のなかの「楽しい場所」の評価の数が増える。ただし、場所の割合は学年が上がっても顕著な変化はない（表5・6）。

最も多く評価している共有の部屋（全体）に着目すると、4年生の時にはリビングやキッチン、浴室などに評価が分散しているが、5年生、6年生の時にはリビングに評価が集中してくる。私有の部屋（自分）は機能が特化されているために、そこにないものを共有の部屋（全体）に求めるようになる。このように、学年が上がるにつれて、楽しい場所が共有の部屋（全体）のリビングと自分の部屋に局所化していく。

「楽しい」という評価の理由は、全学年を通じて、自分の部屋に「おもちゃがあるから」や、リビングで「テレビやパソコンができるから」であり、もの（広義には玩具）への執着が顕著である。一方で、学年が上がるにつれて、「家族みんなが集まれて楽しいから」リビングは楽しく、ものへの執着と人とのつながりという相反するものが共存してくる。

表5　家の「楽しい場所」の変化

一般的に考えて、家全体の楽しさは増していくものである。ただしよく見ると、共有の部屋（全体）の楽しさはあまり変化しない。それに対して、私有の部屋（自分）は不規則に増減している。たしかに、6年生は受験のシーズンである。

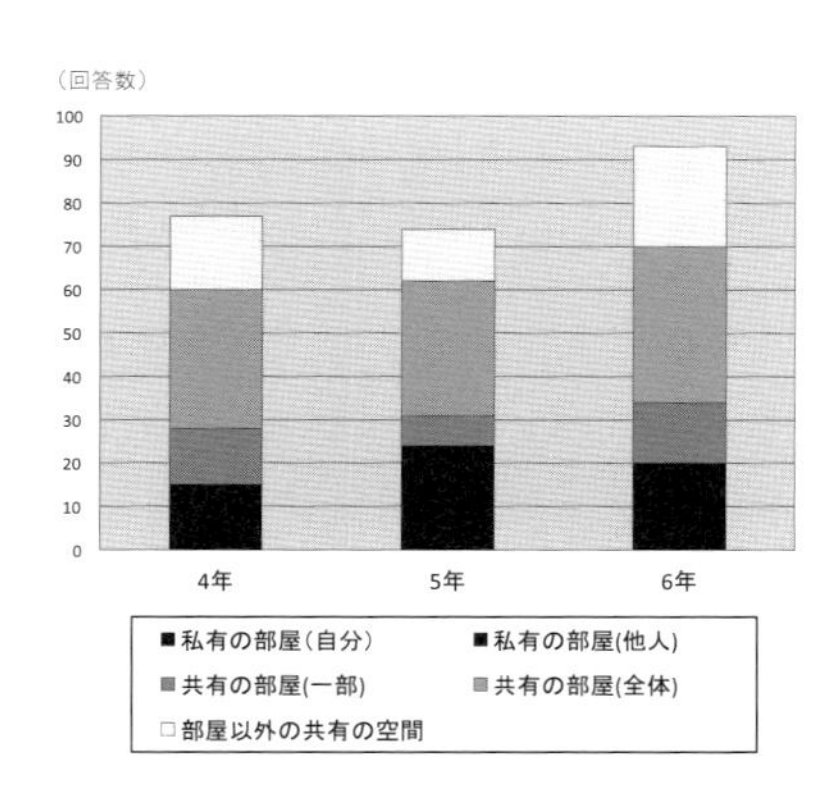

4年生時

自分の部屋	13
リビング	9
寝室	8
キッチン	6
浴室	5
こども部屋	4
押入れ	4
和室（たたみ）	4
ダイニング	2
廊下	2
ベランダ・テラス	2
ベッド	2
パソコン部屋	2
洗面所	1
空き部屋	1
本棚？	1
勉強部屋	1
犬の小屋	1
トイレ	1
ゲームルーム	1
テレビ部屋	1
テニスコート	1
机？	1
母の部屋	1
テレビ	1
ソファ	1
ピアノ	1
計	77

5年生時

自分の部屋	21
リビング	18
寝室	7
ベランダ・テラス	5
浴室	5
キッチン	3
ダイニング	3
和室	2
物置・クローゼット	2
ベッド	2
兄弟姉妹の部屋	2
祖母の部屋	1
パソコン部屋	1
庭	1
おもちゃのある部屋	1
階段	1
洗面所	1
トイレ	1
廊下	1
祖母の部屋	1
計	79

6年生時

リビング	19
自分の部屋	16
ベランダ・テラス	9
寝室	9
浴室	5
こども部屋	5
キッチン	5
和室	3
勉強部屋	2
テレビ部屋	2
ピアノの部屋	2
庭	2
倉庫	2
ベッド	1
厨房	1
両親の寝室	1
押入れ	1
屋上	1
ロビー	1
部屋	1
兄弟姉妹の部屋	1
机？	1
その他	1
計	91

表6　家の「楽しい場所」となる対象

学年が上がるにつれて楽しくなっていくのは、とくにリビングと自分の部屋である。そこには人がいて、ものがあるからである。どちらが欠けてもいけない。

家の楽しくない場所

「楽しい場所」に比べると、家の「楽しくない場所」の評価の数は半数以下である。しかし、やはり「楽しい場所」同様、学年が上がると、家の「楽しくない場所」は6年生の時には増えている。6年生になると、「楽しい場所」も「楽しくない場所」も同時に増えるのは、家のなかのいろいろな場所が両義的な意味を持つようになることを意味している（表7・8）。

最も多く「楽しくない」と評価している共有の部屋（全体）に着目しても、全学年を通じて特定の場所に評価が集中する傾向はない。

家が「楽しくない」という理由は、「楽しい」という理由の裏返しである。実際、全学年を通じて、「なんにもない」キッチンや、「好きなものがない」トイレは楽しくなく、ものの有無によって評価する傾向が強い。同時に、「宿題や勉強をしないといけない」ダイニングのように、人とのつながりの負の側面を問題にしている。

加えて、学年が上がるにつれて、「べたべたしている」キッチンや、「微妙なにおいがする」トイレのように、臭いや清潔さを理由として挙げている。現代の居住空間では、清潔さは前提条件である。おそらくキッチンは、児童が言うほどには汚くはない。

表7　家の「楽しくない場所」の数

そもそも、家のなかで「楽しくない場所」は「楽しい場所」と比べて少ない。しかし6年生になると、「楽しくない場所」は増える。割合そのものは「楽しい場所」と近似している。6年生ともなると、私有の部屋（自分）での勉強のことだけでなく、家族関係も複雑になる。こどもにもいろいろとあるのである。

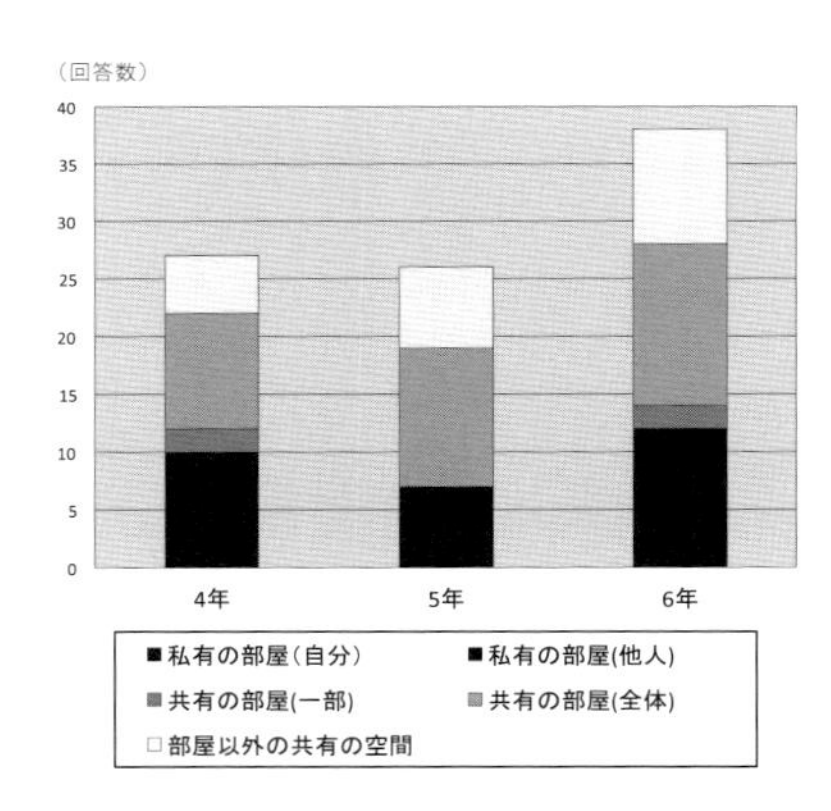

4年生時	
父の部屋	4
トイレ	3
勉強部屋	2
浴室	2
キッチン	2
寝室（ベッド）	2
こども部屋	2
洗濯機置き場	1
玄関	1
押入れ	1
洗面所	1
キッチン	1
祖父母の部屋	1
ダイニング	1
自分の部屋	1
荷物部屋	1
お母さんたちの家	1
計	27

5年生時	
トイレ	5
物置	4
自分の部屋	3
和室	2
リビング	2
キッチン	2
両親の部屋	2
勉強部屋	1
父の部屋	1
裏庭	1
浴室	1
パソコン	1
自宅の外	1
計	26

6年生時	
勉強部屋	4
ダイニング	3
トイレ	3
浴室	2
庭	2
ベランダ・テラス	2
キッチン	2
こども部屋	2
兄弟姉妹の部屋	2
父の部屋	2
机？	2
洗面所	1
仕事部屋	1
書斎	1
押入れ	1
客間	1
階段	1
和室	1
喫茶	1
リビング	1
自分の部屋	1
物置部屋	1
母の部屋	1
計	38

表8　家の「楽しくない場所」となる対象

家のなかで、ものもなく人もいない場所は、たしかに楽しくない。ただし6年生にもなると、楽しくないことの意味が違ってくる。人のいない一人の空間で、勉強しなければならないからである。

3　描かれた通学路──遊びのフィールド

広域の学区であるために、附属小学校の児童の多くは公共交通機関を使って通学している。バス、路面電車、ＪＲなど様々な手段を用いて通学し、徒歩通学の児童はほとんどいない。防犯用の笛を携帯し、見知らぬ人との挨拶や会話は禁止されている。もちろん、寄り道は禁止である。通学路はさながら家と学校を線で結ぶ廊下であり、道草など発生しようがない。

一般の小学校の児童でも、ある意味では同じことである。過疎化した地域では学校が統廃合され、遠距離をスクールバスや自家用車で送り迎えすることも珍しくなくなっている。徒歩通学であっても、交通安全と防犯の観点から地域の住民ボランティアに見守られ、未知なるものとの接触が遠ざけられている＊13。

通学路空間の変化は明白である。おそらくそれは、第二次世界大戦後の高度経済成長期からのことであり、とりわけ目新しいことではない。新しい問題というよりも、問題の深刻化といった方がよい。安全確保の名目で道路にあまねく設置されたガードレールは、道草遊びの駆逐の象徴である。少子高齢化に伴うコンパクトシティが今後不可避であるにしても、自動車への過度の依存が続く限り、こどもの遊び場はますます駆逐されていくように思われる。過剰な信号機・横断歩道・ガードレールに守られた現代のこどもたちは、通学路をどのように描いているのであろうか。「遊ぶこと」は通学路から消失してしまったのであろうか。

＊13　見守りの功罪については、自動車による通学路の危険性を実証的データを用いて示した今井博之「クルマ優先社会と通学路」、仙田満・上岡直見編『子どもが道草できるまちづくり』学芸出版社、２００９、22─31頁を参照。

通学路の描写形態

通学路の描写要素は、学年にかかわらず、通学路に沿った道路空間とその沿線の建築空間が大半である（表9・10）。人工的な都市空間といっても、通学路には公園や河川などがあり、決して自然が乏しいわけではないが、公共交通機関による通学のため、ほとんどの自然空間は地図から捨象されている。山辺や川辺での遊びなどは、日常生活のなかでは皆無に等しい。

学年が上がるにつれて、通学路の描写要素は増加傾向にあるが、全学年を通じて、自宅や学校、あるいは線路（路面電車）や電停などのような交通の結節点などに描写が偏っている。それぞれの場所を線として結んでいるために、道草遊びや「ねこ道」の通り抜けなどの余地はない。描いているのは、毎日繰り返される通学路であり、都市の自然空間は自宅周辺の比較的親の目の届きやすい安全な公園に限られている＊14。

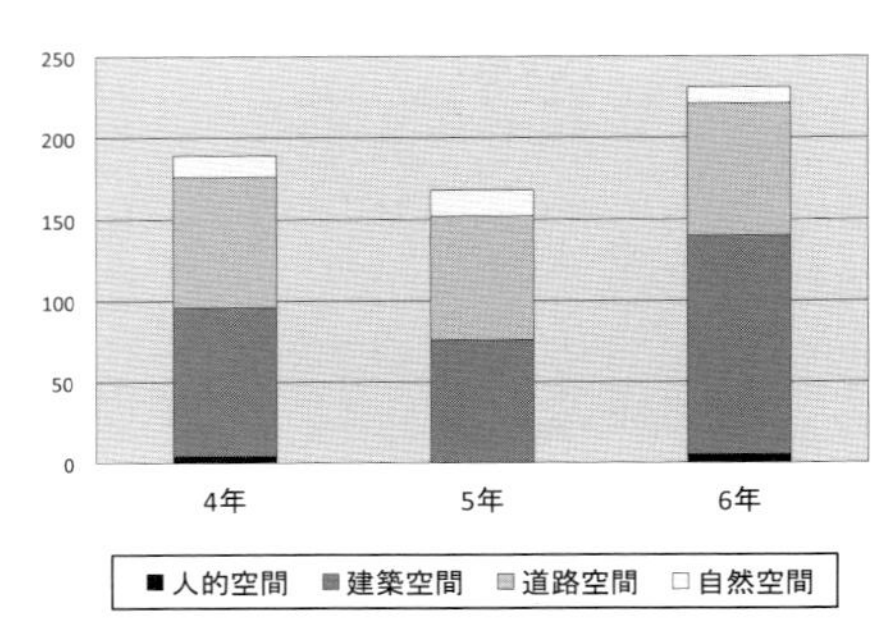

表9　通学路の描写要素の変化

学年が上がっても、通学路空間を構成する要素の配分は大きく変わらない。通学路というよりも、代わり映えのしない通勤路のようである。

通学路の描写形態は、学年が上がるにつれて徐々にサーベイマップ型の描写が増加しているものの、全学年を通じて自宅から学校までを通学の行動ルートに沿って描写したルートマップ型が顕著である（図3）。

学年が上がるにつれて、記述がやや詳細になるものの、道程の折れ曲がりや、距離感などを正確に描くことはない。店舗や公園などの描写は、家周辺にあるものが多い。家のあるマンションに、他の家や店舗が串刺しになっていき、生活空間の拡がりを予感させる一方で、学校周辺はほとんど描かず、公共交通機関沿線

＊14　遠距離を公共交通機関を用いて通学させる保護者の心理としても、家の近所でこどもを遊ばせたいのは当然であり、遠くで遊ばないようにしつけられている児童が多い。

4年生時

電停	35
附属小学校	26
自宅	26
線路（路面電車）	16
駅（JR）	14
河川	11
横断歩道	10
店舗	10
バス停	6
線路（JR）	4
自動車	4
学校	3
公園	2
門扉	2
塾	2
建物	2
路面電車	2
仕事場	1
橋	1
交番	1
駐車場	1
郵便局	1
ホテル	1
自動販売機	1
友人宅	1
市民球場	1
原爆ドーム	1
電車	1
人	1
信号機	1
バスセンター	1
計	189

5年生時

電停	26
自宅	18
附属小学校	16
バス停	16
横断歩道	13
線路（路面電車）	12
河川	10
店舗	10
橋	8
他の家	6
公園	5
歩道	4
駅（JR）	3
広島駅	3
祖父母の家	2
マンション	2
路面電車	2
草	1
事務所	1
市役所	1
住宅街	1
塾	1
商店街	1
消防署	1
線路（JR）	1
建物	1
駐車場	1
土手	1
病院	1
計	168

6年生時

店舗	34
線路（路面電車）	28
附属小学校	23
自宅	19
バス停	17
電停	17
橋	10
駅（JR）	8
川	6
マンション	5
附属中・高	4
土手	4
工場	4
自動車	4
モニター・看板	4
病院	4
住宅街	3
横断歩道	3
猫・燕の巣・犬	3
線路（JR）	3
学校	2
公園	2
ガソリンスタンド	2
駐車場	2
友達の家	1
踏み切り	1
山	1
木	1
バスセンター	1
交番	1
産業会館	1
塾	1
祖父母の家	1
人	1
消防署	1
工事現場	1
体育館	1
公民館	1
幼稚園	1
トンネル	1
教会	1
信号	1
南区役所	1
図書館	1
計	231

表10　通学路の描写の対象

路面電車で通学する児童が多いために、電停の記載が多い。
そして、家と学校を結ぶ線上のランドマークだけを記載している。

図3　通学路の手描き地図
（上：4年生 中：5年生 下：6年生）

通学路に関しては、一般的なこどもの空間認知の発達過程が当てはまらない。公共交通機関での移動は、まわりの世界を体験する機会ではない。眠ったり、読書をしたり、友人とおしゃべりをしたりして学校での勉強の疲れをとる場所であり、また次なる習い事へと気持ちを切り替える場所である。通勤とさほど変わらないのである。したがって、空間の移動に時間という概念はあっても、距離という感覚はない。家と学校が、意味的に直線で結ばれる。しかし、通学路の稚拙な描写には、人や自然のあるまわりの世界に対する関心がにじみ出ていることも事実である。

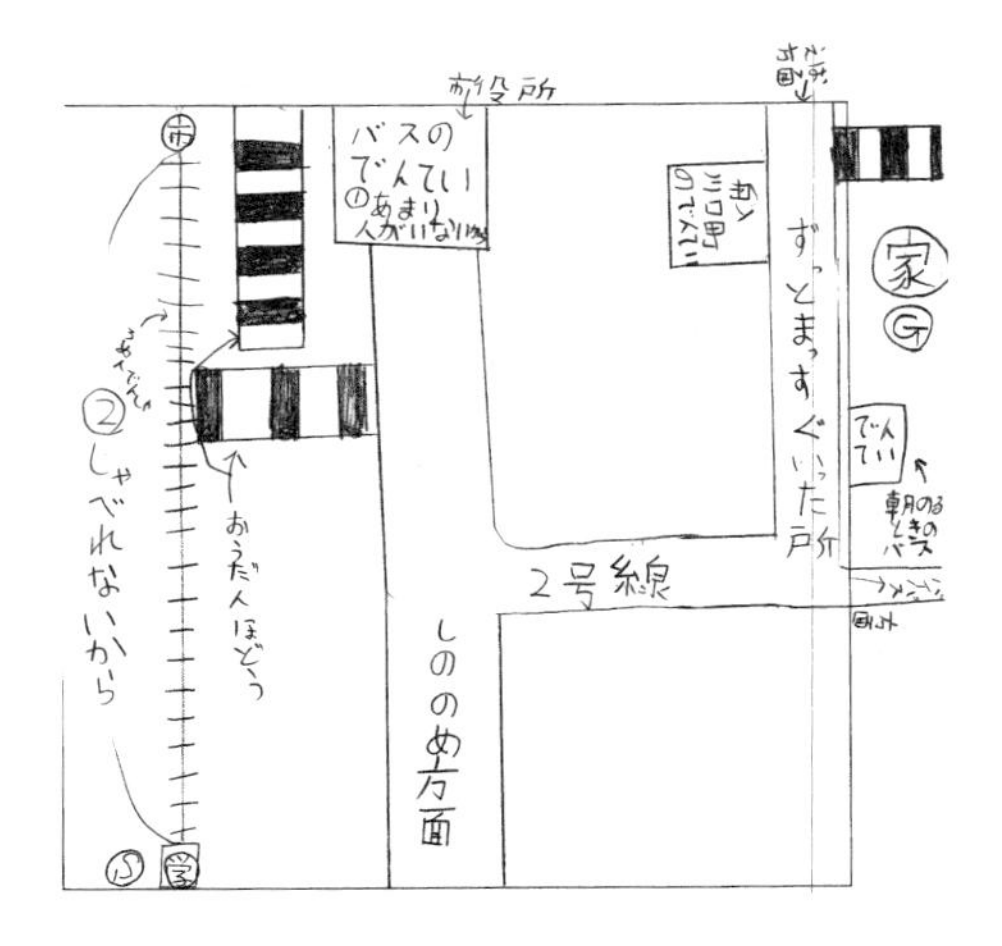

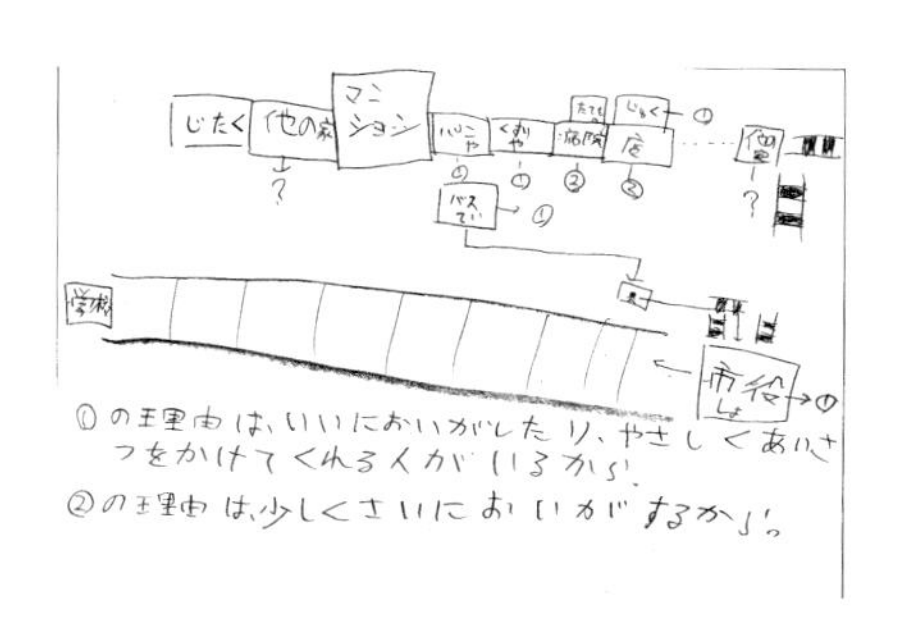

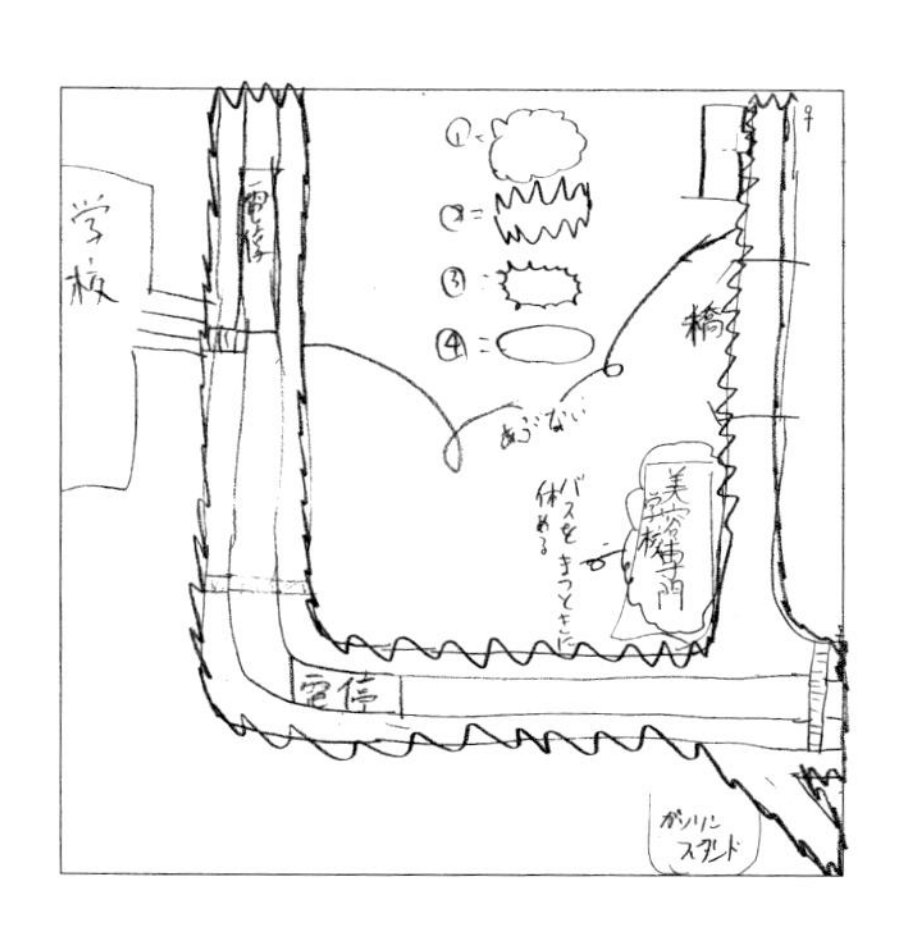

の空間についても学年による変化に乏しいままである。6年生になっても、通学路すべてを「楽しくない場所」としている児童さえいる。実際、児童は公共交通機関の利用中にまわりの景観を見ることはほとんどない。さながら動く教室であり、閉鎖空間と変わりがない。

通学路の楽しい場所

通学路の「楽しい場所」の評価は、5年生時から6年生時にかけて建築空間と人的空間に対する評価が増加している（表11・12）。

最も評価の多い建築空間に着目すると、全学年を通じて店舗を挙げている。しかし、どこかのお気に入りの場所に評価が集中することはなく、学年が上がっても「楽しい場所」は分散したままである。集団下校もなく、共通した通学路の区間が限られていて、共有の時間が少ないために、クラスで共通の人気の場所というものを形成しにくく、あまり行ったことはないものの、個人的に関心のある場所を「楽しそうな場所」として描いている。

通学路が「楽しい」という評価の理由は、全学年を通じて「友達といっしょに帰れる」「友だちと会える」など、学校の空間の延長だからである。そこには、通学路に危険が伴うという感覚はない。

ところが、「楽しい」のは友だちがいるからだけではない。日常的に反復する既知の通学路であっても、「いいにおいがしたり、やさしくあいさつをかけてくれる人がいる」ように、人とのつながりに対する希求がある。たとえ声をかけてくれなくても、「よくしゅじんとおくさんがけんかしてるこえをきく」という風情を楽しむ児童さえいる。

さらに学年が上がると、店舗や歩道に対する「緑もありキレイ」であったり、土手には「木がはえてて、

表11　通学路の「楽しい場所」の変化

通学路で楽しいのは、やはり家や学校にはない建築空間（店舗）である。店舗は実際に行ってみることのできる場所であったり、興味はあるが行けない場所であったりする。そこには必ず人がいる。そういうわけで、人的空間の割合が増える。

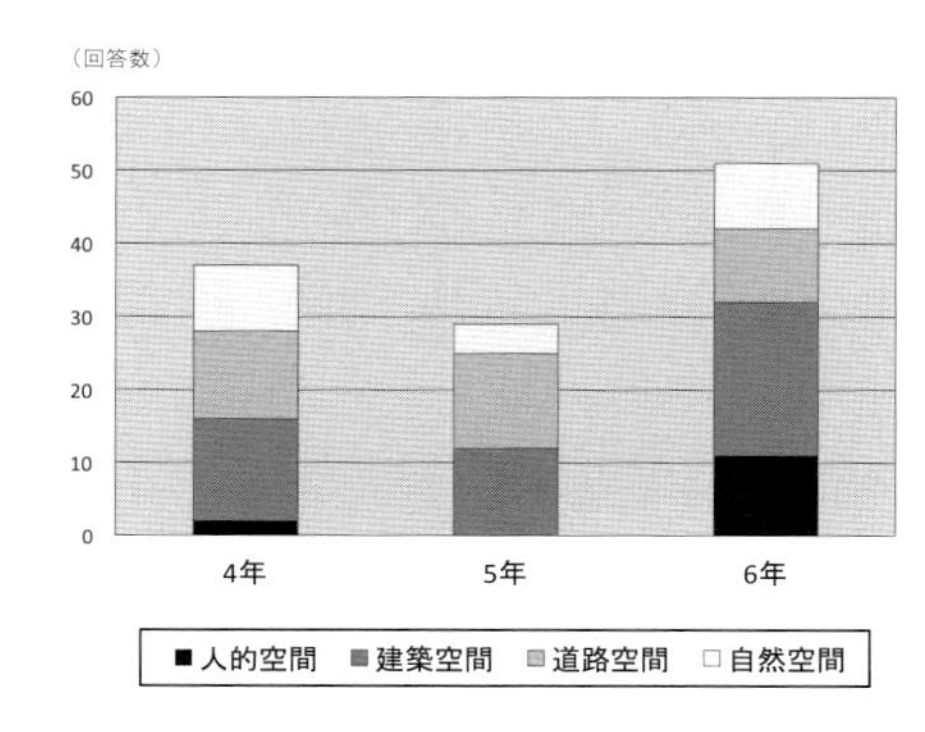

4年生時

店舗	6
道路	6
公園	4
空地	4
バスの中	2
バス停	2
友人の家	2
電停	1
父の仕事場	1
祖父母の家	1
自動販売機	1
住宅	1
植木	1
市役所前	1
広島駅	1
市民球場	1
アストラムライン	1
歩道橋	1
犬のいる家	1
計	38

5年生時

店舗	6
道路	5
小学校	4
駅	2
市・区役所	2
公園	2
地下道	1
ガソリンスタンド	1
他の家	1
祖父母の家	1
塾	1
歩道	1
河川	1
バス停	1
電停	1
バス	1
路面電車	1
土手	1
計	33

6年生時

店舗	10
附属小学校	5
道路	5
看板・モニター	4
公園	4
駅（JR）	3
犬・猫	2
土手	2
川	1
学校	1
紙屋町	1
燕の巣	1
山	1
中国電力	1
富見町	1
竹や町	1
病院	1
友達の家	1
体育館	1
木	1
昭和町	1
女学院	1
バスセンター	1
路面電車	1
計	51

表12　通学路の「楽しい場所」となる対象

学年が上がるにつれて、通学路での「楽しい場所」が増えるのは、店舗であれ自然であれ、そこに細やかなニュアンスが感じ取れるからである。聞こえてくる人の声も、樹木のざわめきも、楽しさを誘発する。

よこには川」があったりして、自然空間を肯定的に捉えて評価するようになる。それは電車やバスに乗って眺める遠景の審美的な景観ではなく、歩いているときの近景、それも花々のにおいや樹木のざわめきが感じられる近さへの親近感に基づいている。このような近景へのまなざしは、「スポーツ用品が手に入る」店舗や「ドラマのポスターがある」看板にも及び、「好きな場所」の評価理由は多様化していく。遊びという積極的な行為を伴わずとも、児童のまなざしは人やもの、そして自然のディテールにまで及んでいく。

通学路の楽しくない場所

「楽しい場所」とは対照的に、数も少なく学年が上がっても比較的変化は少なく、全学年を通じて、道路空間が通学路の「楽しくない場所」となる。交通量の多い通学路であるから当然である（表13・14）。道路空間が「楽しくない」理由は、4年生の時には、「友だちがいないときがある」道路や、「1人でつまんない、立つのがつかれる」電車であり、学校の中のような快適な空間が得られないので楽しくない。あくまで心情の問題であり、一般的に考えられるような「危険」の概念によって評価しているわけではない。

せいぜい、5年生の時のように、「くさいし歩くのにじゃま（犬のフン）」な道路があるだけである。ところが6年生になると、「車に引かれると恐い」道路や「電車が通るとうるさい」線路が楽しくなくなり、交通の危険性が評価の理由に加わるようになる。いずれも、歩くことを阻害する要因に対する否定的評価である。たしかに、歩くことができなければ、「アナーキースペース」や「アジトスペース」などの空間を見出すことなど到底できない＊15。

＊15　こどもの「あそび環境」を「自然スペース」「オープンスペース」「道スペース」「アナーキースペース」「アジトスペース」「遊具スペース」に分類して論じた仙田満『こどものあそび環境』、鹿島出版会、2009を参照。これらの6スペースのうち、とりわけ「アナーキースペース」と「アジトスペース」は、こども独自の行動論理を反映し、他のスペースと概念的には必ずしも同次元ではない。たとえば、「自然スペース」は「アジトスペース」になり得る。

表 13　通学路の「楽しくない場所」の変化

通学路で一番楽しくないのは、道路空間である。本来最も楽しい場所であるはずの空間は、いまや通学のための必要悪である。さっさと家や学校に行った方がいいということになる。

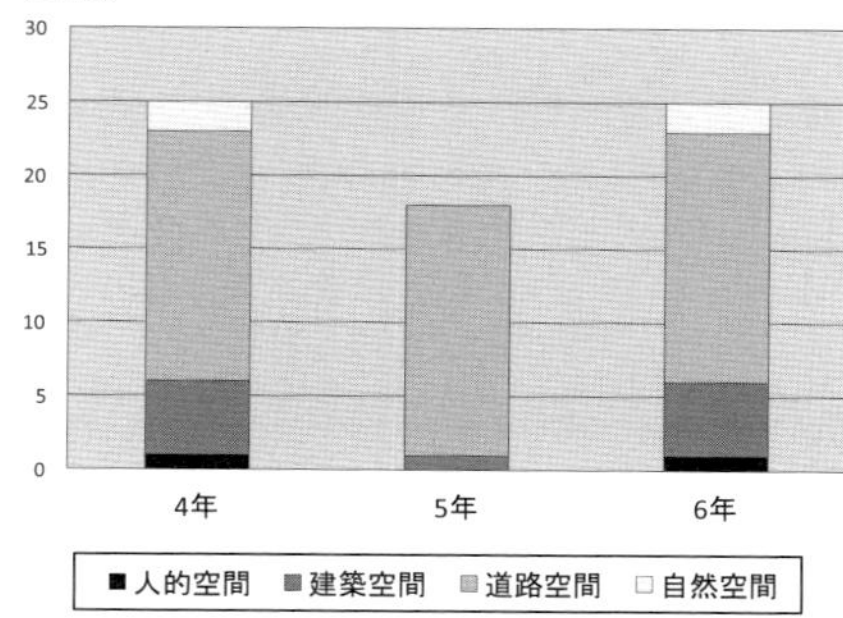

4年生時

道路	8
バスの中	2
JRの中	2
路面電車の中	1
店舗	1
歩道橋	1
横断歩道	1
バス停	1
?（道路）	1
計	18

5年生時

道路	9
電停	2
店舗	1
バスセンター	1
線路（路面電車）	1
附属小学校	1
病院	1
計	16

6年生時

道路	10
店舗	3
線路（路面電車）	2
バス停	2
附属小学校	1
八丁堀	1
信号	1
橋	1
駅（JR）	1
比治山橋	1
川	1
バス・電車の中	1
計	25

表 14　通学路の「楽しくない場所」となる対象

通学路のなかでも、楽しくない道路とは、すなわち歩いていて楽しくない場所である。とくに下校時、児童たちは疲れている。おまけに危険である。歩いていて楽しいはずはない。

4 描かれた学校——学びのフィールド

かつて学校は、少なくとも江戸時代初期から、武士のための藩校として藩や国家の将来を担う人材の育成場所として威信をかけて建設された。学校は、建物自体紛れもない一つの作品であった。明治時代初期には庶民のための手習塾の伝統が制度化されていくが、「学校建築図説明および設計大要」（1895）以来、義務教育における学校建築の類型的変化は災害を契機としていた。そして、第二次世界大戦後の学制改革による平等主義と教室不足から、南側教室北側片廊下の画一的な学校が量産されて急速に広まっていく*16。今日では、壁のないフリースペースやオープンクラスなど、従来の画一的な教室空間を乗り越えようとする試みも数多い。しかし、2001年の附属池田小学校における無差別殺傷事件を契機として、学校内の安全そのものが問われ、地域に対して開かれるべきかどうかという議論が続いている*17。もちろん、地域に開かれつつ安全であることには、建築計画上の様々な工夫もさることながら、多大な人的なエネルギーを必要とする。畢竟、外部から閉ざされた集中管理空間によって安全を担保し、教育以外の労力を最小限化しようとする。教室そのものも戦後的な空間構造の踏襲である。この旧態依然とした「学び」の空間を、現代のこどもはどのように描いているのであろうか。

*16　教育空間の画一化の歴史については、長倉康彦『開かれた学校　そのシステムと建物の変革』日本放送出版協会、1973／上野淳『未来の学校建築』岩波書店、1999／鈴木賢一『子どもたちの建築デザイン——学校・病院・まちづくり』農山漁村文化協会、2006を参照。江戸期から現代までの教育制度・思想史としては、身体性の問題に着目した辻本雅史『「学び」の復権——模倣と習熟』岩波書店、2012を参照。

*17　山本俊哉「第2章　学校の防犯対策」『防犯まちづくり』ぎょうせい、2005、47－72頁を参照。学校を「閉じる」にしても「開く」にしても、しかし議論はどこまでも「管理」のまなざしであることがわかる。

学校の描写形態

学校についての描写要素の数は、5年生の時に急増する（表15・16）。とりわけ、普通教室や職員室の描写が5年生時に増えている。また学年が上がるにつれて、校庭の描写数は減少し、特殊教室の描写数が徐々に増加している。校庭という外部の空間において意味づけられていた学校内での活動が、やがて「勉強」へと変容していく様子を描写要素の増減が端的に示している。

実際、4年生の時には校舎は輪郭だけで、「こうてい」「はたけ」「おもいでのもり」「プール」などの野外の施設を逐一詳しく描いている。そして5年生になると、校舎内の空間分節が比較的明瞭になり、6年生の時は1日の大半を過ごす校舎内の部屋しか描かなくなっていく(図4)。

いずれにしても、学校のことは家や通学路以上に早くからよく理解している。実際、学校の描写形態は、4年生時、5年生時、6年生時の全学年を通じてサーベイマップ型である。たしかに4年生の時は校舎内の描写は少ないが、校庭を含めた学校の空間全体を俯瞰的に描いていることには変わりない。5年生、6年生になると、校舎内をより詳細に描写するようになる。読書・料理・遊び・お話しなど、諸室の位置関係は明快である。L字型の校舎内に規則的に配分された諸室を児童は使いこなすようになり、ある意味では家のなか以上に学校が生活の中心にあることを示している。

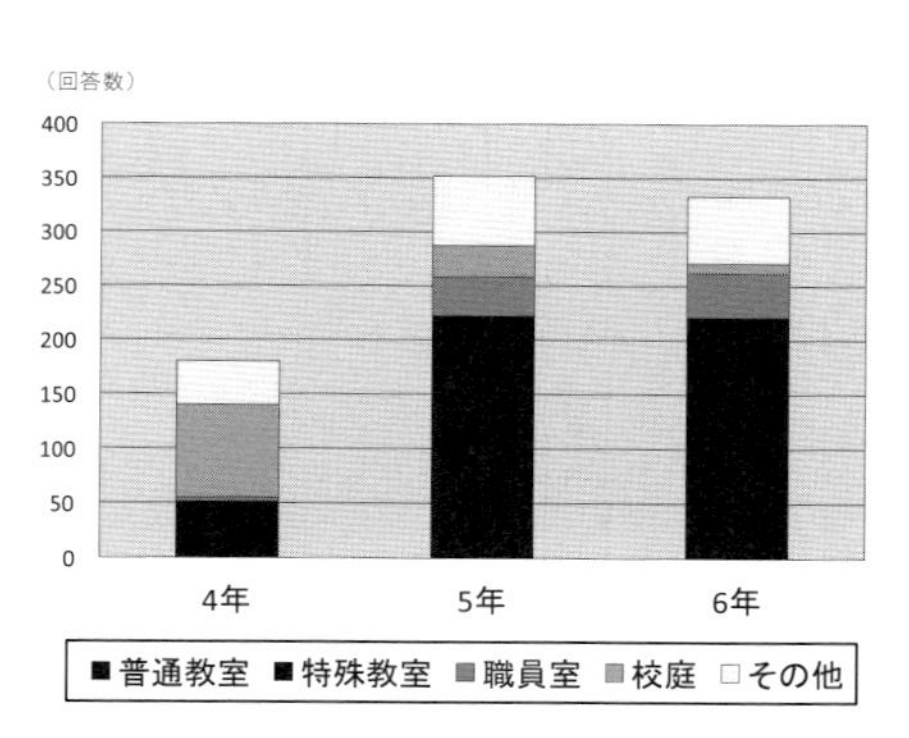

表15 学校の描写要素の変化

学校のなかの描写要素は、5年生の時に急増する。一般的なこどもの空間認知の発達を最も反映しやすい空間が、学校ということなのかもしれない。ただし、問題は認知の対象である。教室の外の校庭の持つ役割は、徐々に減少していく。

学校の楽しい場所

学年が上がると、学校の「楽しい」場所の評価の数は徐々に増えていく。校庭に対する評価が減少する一方、特殊教室に対する評価が顕著に増加している(表17・18)。

4年生時

校庭（グラウンド）	23	2部1年	2	社会科研究室	1
ネット	16	1部2年	2	保健室	1
遊具	10	2部2年	2	校長室	1
階段	7	1部5年	2	事務室	1
トイレ	7	2部5年	2	音楽室	1
コート	7	1部6年	2	教頭室	1
廊下	6	2部6年	2	パソコン室	1
図書室	6	机	2	特別教室2	1
体育館	6	ロッカー	2	特別教室3	1
他の遊具	5	造形室	2	家庭科室	1
プール	4	理科室	2	放送室	1
サッカーゴール	4	特別教室1	2	給食室	1
1部3年	3	門	2	中学校校舎	1
2部3年	3	砂場	2	おもいでのもり	1
1部4年	3	トラック	2	男子更衣室	1
2部4年	3	教室	1	女子更衣室	1
飼育小屋	3	黒板	1	更衣室用靴箱	1
花壇・樹木・畑	3	ソファー	1	丸太	1
ジャングルジム	3	玄関	1	うんてい	1
1部1年	2	出入り口	1	中高の校庭	1
		靴箱	1	計	180

5年生時

トイレ	18	1部2年	7	児童会室	3
1部6年	16	1部1年	7	給食室	3
2部5年	16	理科室	7	ソーラーパネル	2
1部5年	16	造形室	6	資料室	2
2部6年	15	音楽室	6	放送室	2
遊具	15	家庭科研究室	5	理科研究室	2
図書室	14	算数科研究室	4	事務室	2
校庭	13	女子トイレ	4	出入り口	2
パソコン室	11	男子トイレ	4	すずかけ会室	2
家庭科室	10	靴箱	4	印刷室	2
特別教室1	9	職員室	4	社会科資料室	1
特別教室2	9	特別教室3	4	社会科研究室	1
階段	9	保健室	4	思い出の森	1
体育館	8	ロッカー	4	附属中・高校	1
教室	8	音楽科研究室	4	生活科研究室	1
2部4年	7	屋上	3	倉庫	1
1部4年	7	渡り廊下	3	造形研究室	1
2部3年	7	国語科研究室	3	機械室	1
1部3年	7	体育科研究室	3	児童昇降口	1
2部2年	7	校長室	3	計	352
2部1年	7	副校長室	3		

6年生時

トイレ	21	音楽室	6	体育科研究室	1
2部6年	20	造形室	5	児童会室	1
パソコン室	18	1部4年	5	生活科研究室	1
社会科研究室	18	2部4年	5	家庭科研究室	1
1部6年	16	1部3年	5	プレハブ	1
図書館	15	2部3年	5	工事	1
1部5年	14	給食室	5	事務室	1
2部5年	14	教室	4	講堂	1
階段	14	保健室	4	資料室	1
家庭科室	11	国語科研究室	3	教育相談室	1
特別教室1	11	音楽科研究室	3	放送室	1
特別教室2	10	職員室	3	売店	1
運動場	9	男子トイレ	2	その他	5
特別教室3	9	女子トイレ	2	計	333
体育館	8	廊下	2		
1部2年	7	理科研究室	2		
2部2年	6	校長室	2		
2部1年	6	印刷室	2		
1部1年	6	玄関	2		
算数科研究室	6	すずかけ会室	2		
理科室	6	屋上	2		

表16　学校の描写対象

学年が上がっていくと、学校での校庭の役割は教室に移っていく。普通教室だけでなく、特殊教室、教諭の研究室を記述するようになり、
まるで家のなかのように、あるいは家のなか以上に児童たちは学校のなかを使いこなしていく。家とは違って、学校では自分が主人公になれるからである。

図4　学校の手描き地図
（上：4年生　中：5年生　下：6年生）

程度の差こそあれ、少なくとも4年生の時には、すでに学校の全体像をよく理解している。家のまわりに友だちが少なく、通学路でも遊べない児童の多くは、授業の1時間前から学校に行って友だちと遊ぶ。教室よりもむしろ、校庭やプール、畑、飼育小屋などが重要な意味を持つ。しかしやがて、受験を控えて勉強が学校生活の中心となり、異学年が出会う廊下さえ重要な意味を持たなくなり、児童たちは戦後的な空間配置の教室に収まっていく。とはいえ、学校の描写から「あそび」が完全に駆逐されてしまったわけではない。「ペアの1年生と一緒に遊べるから」と「理科の実験が楽しい」はきっと等価である。学校は、いまだ「まなび・あそび」の複合体である。

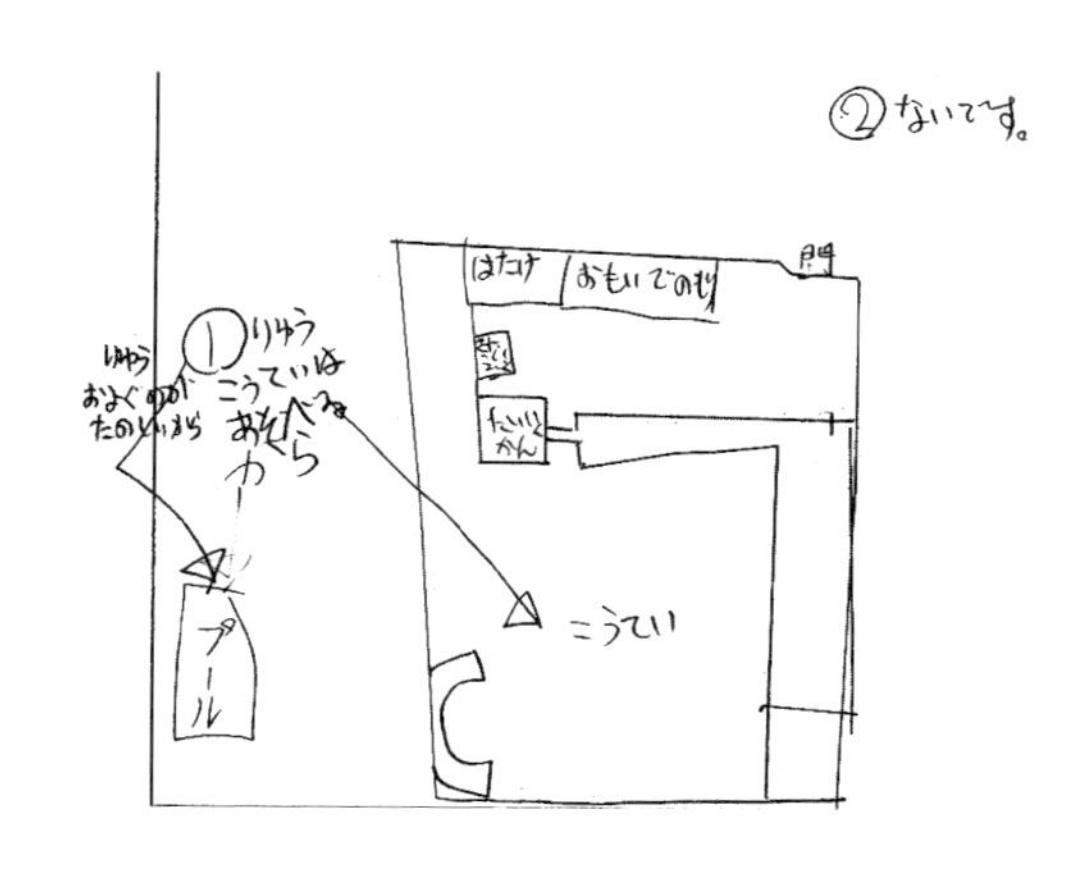

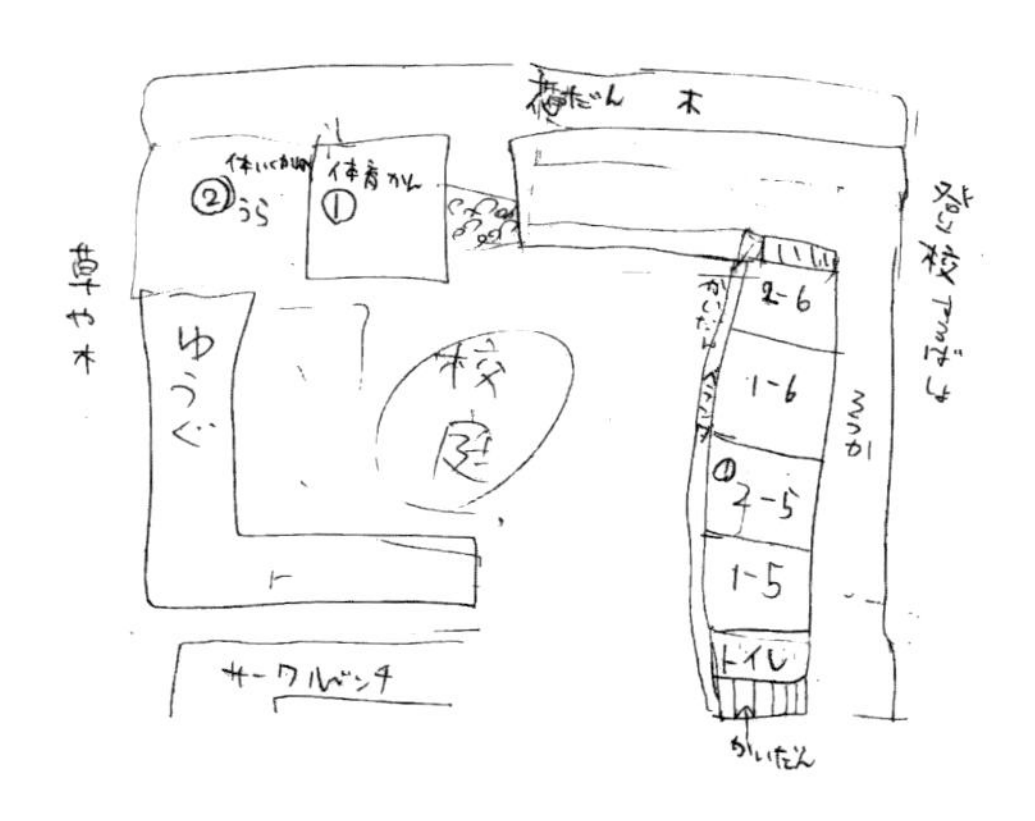

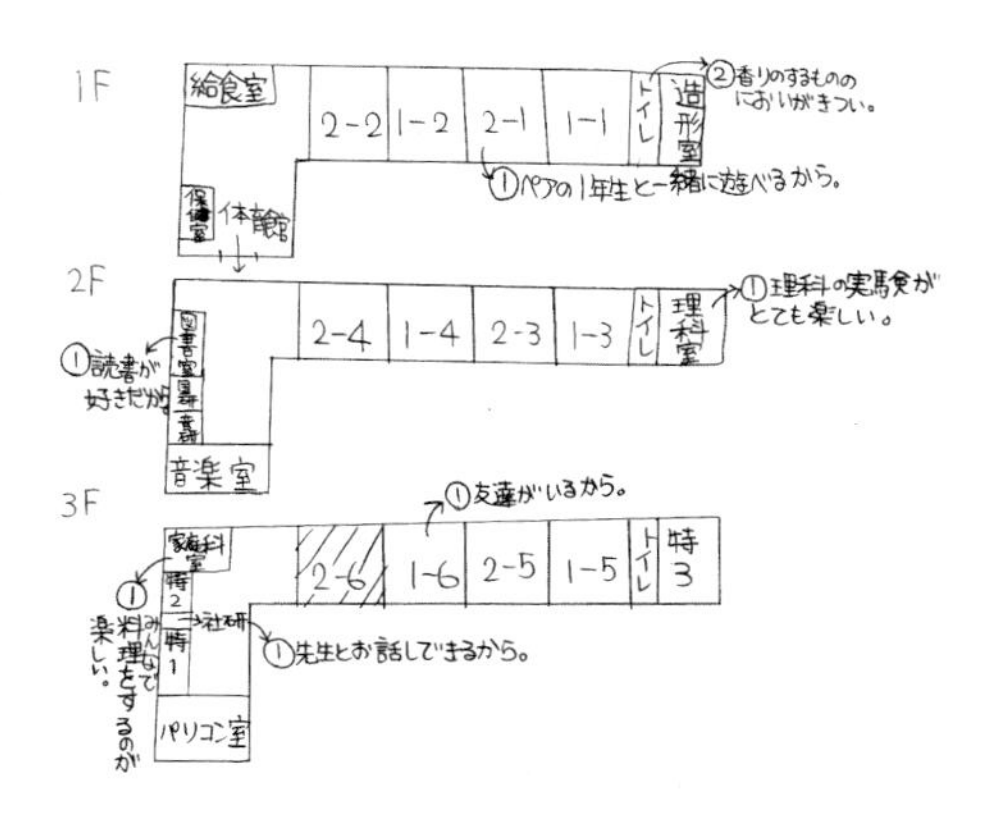

表17　学校の「楽しい場所」の変化

基本的に学校は楽しい空間である。それでも、6年生になると、「楽しい場所」が急に増える。校庭に代わって、様々な教室に楽しさが分散していくからである。

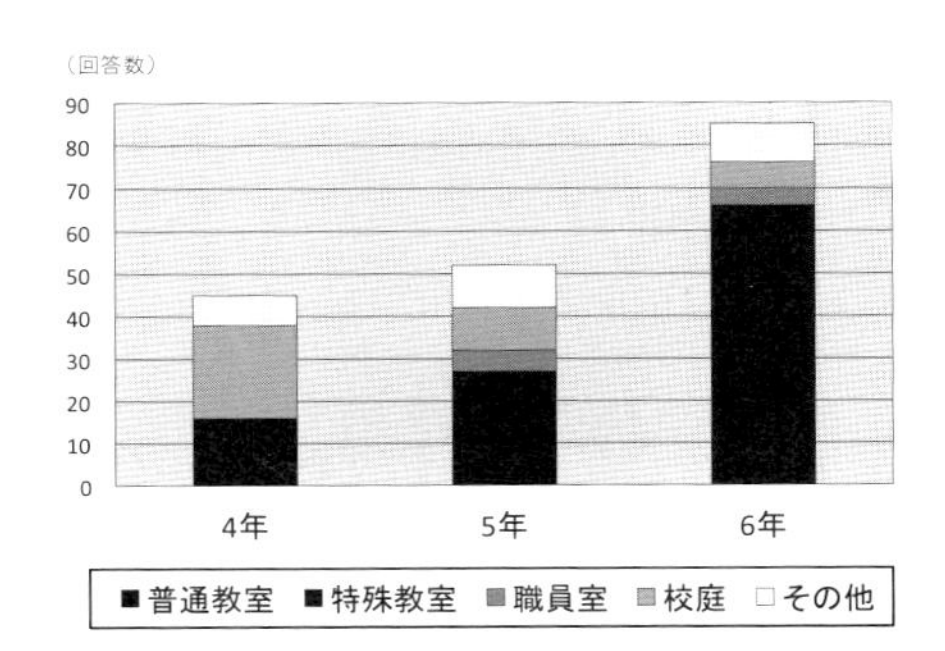

4年生時

校庭	15
図書室	7
コート	6
教室	4
遊具	3
プール	3
飼育小屋	2
造形室	1
放送室	1
理科室	1
3階の教室	1
屋上	1
特別教室1	1
体育館	1
樹木	1
計	48

5年生時

校庭	8
図書室	6
2部5年	6
体育館	5
造形室	3
パソコン室	3
児童会室	2
国語科研究室	2
屋上	2
特別教室	2
遊具	2
体育倉庫	1
放送室	1
屋上	1
トイレ	1
音楽室	1
各研究室	1
副校長室	1
全教室	1
理科室	1
印刷室	1
校長室	1
計	52

6年生時

図書室	16
パソコン室	12
2部6年	11
体育館	7
校庭	6
家庭科室	5
理科室	4
2部1年	4
特別教室1	4
社会科研究室	3
音楽室	2
教室	2
造形室	2
特別教室3	1
1部6年	1
音楽室	1
放送室	1
校長室	1
特別教室2	1
売店	1
計	85

表18　学校の「楽しい場所」となる対象

学校のなかで校庭に代わる楽しい場所の代表は、図書室やパソコン室である。遊びから勉強へ、楽しさの意味の変化を物語っているが、どのような場所であっても、そこには他の児童や教諭との交流がある。

学校での「楽しい」場所として、うなぎ登りに増えていく特殊教室に着目すると、パソコン室に対する評価が6年生の時に急増している。また、図書室に対する評価も学年が上がるにつれて増加し、とくに6年生の時に急増している。受験を控える附属小学校という特殊事情にもよるが、勉強のことでなくても、児童は校舎内の様々な部屋に関心を示すようになっていく。

学年が上がるにつれて評価の数が減少している校庭に着目すると、4年生の時には、校庭そのものだけでなく遊具やコートなども「楽しい」と評価しているが、学年が上がるにつれて遊具をまったくといってよいほど評価しなくなる。遊具の種類にもよるが、特定の機能に特化したジャングルジム、ブランコ、のぼり棒などは、学年や仲間内で流行りすたりがあり、学年を通じた肯定的評価には結びついていない。逆に、遊具を用いないドッジボールやサッカー、かけっこや鬼ごっこなどは単純で素朴な遊びであるがゆえに、通年的に人気がある。

学校が「楽しい」理由としては、4年生の時には「いろんなあそびができる」「じゃんけんゲームをするのが楽しい」校庭のように、人（仲間）との遊びに関する評価が多い。しかし6年生の時には、「色々な本がおいてあっていい」図書室や「パソコンができる」パソコン室のように、もの（知的欲求を満たす製品）に関するものが多くなっていく。「あそび・まなび」の領域が曖昧な学校という空間が、「勉強」の場所へと収斂していくかのようである。

また一方で、学年が上がると、「友達と話せる」普通教室に加えて、「1年生と遊んだり話したりするのが楽しい」1年の教室のように、人（異学年）に接する楽しさを見出すようになる。本来遊びの空間のなかで行われ、現代ではほとんど失われてしまった異世代交流の役割を、学校という空間そのものが担っていることがわかる＊18。

＊18　つまるところ、日常生活空間における児童の遊びの記述・描写が顕著に現れるのは通学路ではなく、学校である。広島大学附属小学校という特殊事情によるものかどうかは別にして、少なくとも手描き地図では、かつての道草遊びのような外遊びにおける異世代交流は、学校内に限定されていることがわかる。

学校の楽しくない場所

4年生と5年生の時には、学校の「楽しくない場所」の評価の数に大きな変化はないが、6年生の時に急に増えている（表19・20）。職員室、とくに教科担任教諭の社会科研究室に対する否定的評価が増加している。一方で、肯定的評価の減少していた校庭については、否定的評価も減少している。校庭に対する関心そのものが薄れているからである。

学校に対する否定的な評価の理由は、4年生と5年生の時には、「ハチとかいる」校庭や「夏にクーラーがあまりついていない、あまり楽しくない」教室のように、「まなび」から「あそび」まで、児童の学校生活全般に及んでいる。

加えて、6年生の時には、職員室に対する評価が増える。「先生とお話しできる」という児童がいる一方で、「社研［社会科研究室］にいったらおこられるから」というように、肯定的か否定的かは別にして、職員室もまた広い意味では異世代交流の役割を担っている。

5 断片化するフィールド

一般に、空間認知能力の発達に伴って、児童期にはこどもの空間認知領域が点から線、線から面へと変化する。たしかに家や学校においてこの傾向が顕著であり、発達心理学の知見と一致する。しかし、現代の家や学校は、それ自体で完結し、不特定多数の他者が介在する機会がますます少なくなってきている。空間

表19　学校の「楽しくない場所」の変化

「楽しい場所」に比べると、「楽しくない場所」は少ないが、6年生時に急に増えていることはたしかである。教諭のいる場所はだんだん楽しくなくなる。こうして、児童たちは学校のなかのいろいろな教室に居場所を見つけていく。

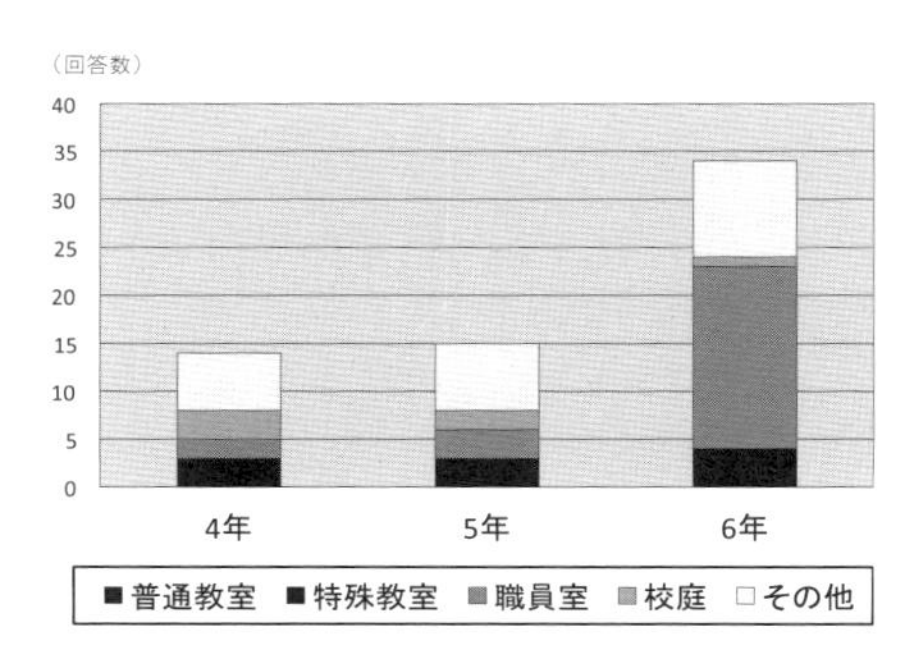

4年生時	
校庭	3
教室	2
廊下	2
トイレ	2
となりの教室	1
机	1
教頭室	1
社会科研究室	1
飼育小屋	1
計	14

5年生時	
靴箱	2
社会科研究室	2
トイレ	2
砂場	1
廊下	1
体育館裏	1
パソコン室	1
女子トイレ	1
思い出の森	1
印刷室	1
2部5年	1
各研究室	1
計	15

6年生時	
社会科研究室	16
トイレ	7
教員室	2
屋上	1
靴箱	1
教室	1
ふくしつ［更衣室］	1
女子トイレ	1
思い出の森	1
2部6年	1
保健室	1
算数科研究室	1
計	34

表20　学校の「楽しくない場所」となる対象

校庭は、どんなに寒くても暑くてもいつも楽しい。一方、学校のなかでの人との交流は楽しいが、やはり嫌なこともある。

認知の一般的な発達傾向が当てはまるのは、あくまで自己完結して閉じられた空間の内部でのことである。

一方、通学路では、空間認知度は増していくものの、点と点を線で結んだ空間認知がつねに支配的で、点的な要素に拡がりをもたらす面的空間認知には乏しい。家や学校の描写形態がルートマップ型からサーベイマップ型になっていくのとは対照的に、通学路はルートマップ型のままである。つまり、家や学校のような不特定多数の他者が介在しない私的な内部空間とは対照的に、多様な他者が介在するはずの通学路については、かえって空間認知能力の発達が明瞭には認めがたい。

さて、「楽しい場所」「楽しくない場所」については、学年が上がるにつれて意味内容が複雑になることは、家・通学路・学校のすべてのフィールドに共通している。どのような場所であっても、人やものとふれあう経験を積み重ねることによって、込められる意味が多層化していくことは、自然なことである。しかしながら、描かれる場所は、家と学校のような内部化された空間では局所化し、ある特定の場所にまなざしが限定されていくのに対して、通学路のような外部化された空間では逆に分散していく。とくに通学路の「楽しい場所」については、この傾向が顕著である（図5）。

ごく自然に考えれば、家・通学路・学校は、それぞれ別の世界でありながら、しかし生活空間として一つの全体像のはずである。少なくとも、大人になって自らのこども時代の生活空間を思い出せば、こども時代の生活空間は弁別不可能である。もちろん、それぞれのフィールドにはそれぞれの意味があったし、家や学校という制度があったからこそ、道草という逸脱の楽しみがあった。しかし、そのどれもが有機的に関係づけられて、成長していく場が全体として構成されていたはずである。児童の生活空間の意味が局所―分散に振れて同期してこないことは、間違いなく現代における一つの大きな特徴である。

このような生活空間の意味づけの断片化がいつ、どのように始まったのかは定かでない。しかし一世代前に比べると、通学路の著しい変化（高層化やモータリゼーション）や家の居住形態の変化（マンション

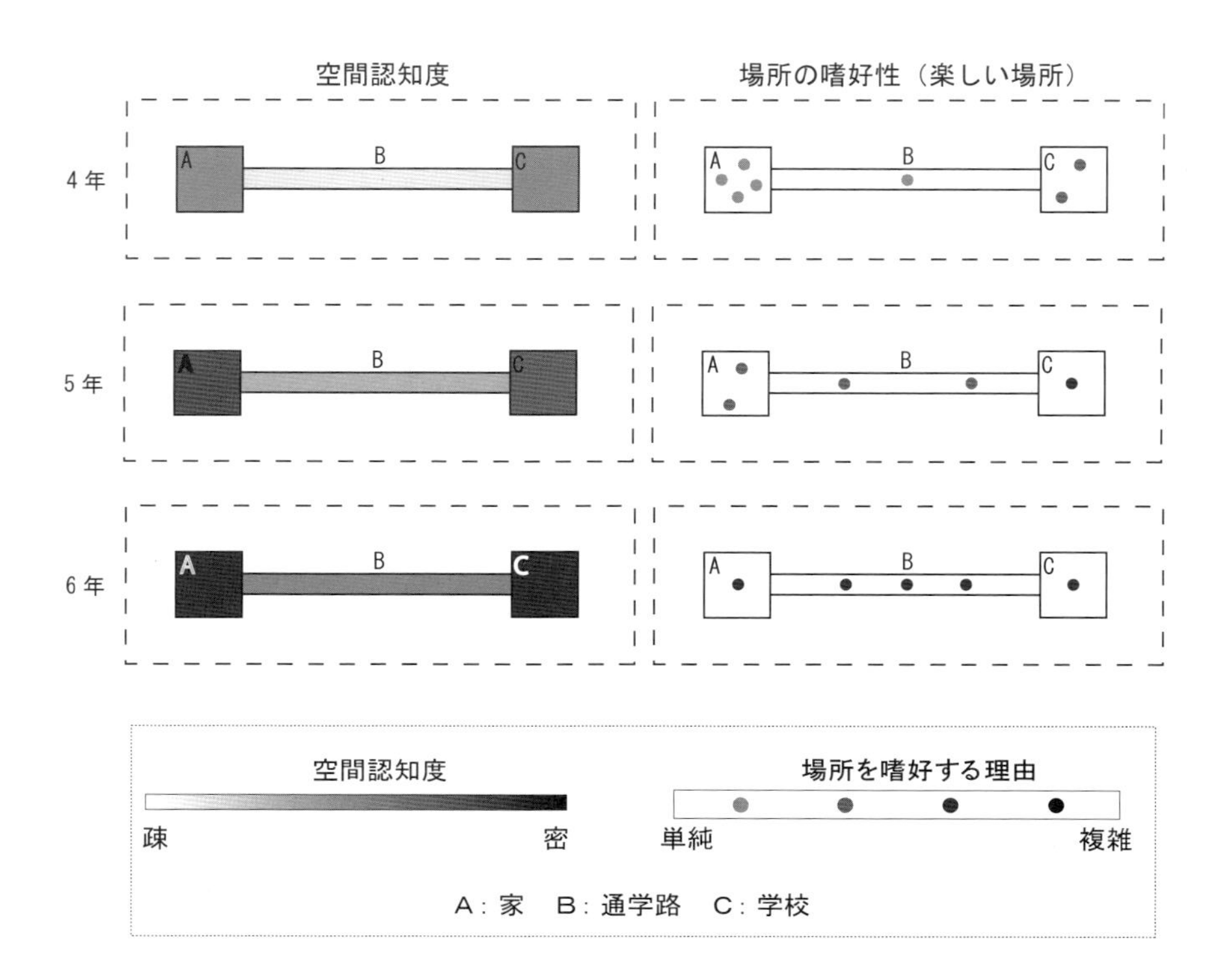

図5　小学生児童の生活空間図式

家と学校は、ある意味で相似型のフィールドである。空間認知が徐々に高まって、場所の嗜好性も特定の場所に局所化し、意味づけられた内なる世界が形成されていく。その一方で、様々な他者と出会い経験の深まりがあってもよいはずの通学路では、空間認知度の変化に乏しく、楽しい場所も定まらず、刹那的である。しかし問題の所在は、現代の家や学校が自閉的な空間であるという以上に、家・通学路・学校のあいだの空間認知のずれそのものにある。ずれは断絶のはじまりである。児童たちは、断片化された世界に生きているのである。

や郊外化）を看過することはできない。

変化の典型は、「高層マンション居住・公共交通機関通学」である＊19。反対に、「一軒家居住・徒歩通学」は最も一般的な従来型の生活空間である。

広島大学附属小学校の児童は、「高層マンション居住・公共交通機関通学」が大半であるが＊20、4年生から6年生まで経年的にアンケートに回答している児童のうち、「高層マンション居住・公共交通機関通学」と「一軒家居住・徒歩通学」という2つの類型に適合する児童計13名に注目してみると、「高層マンション居住・公共交通機関通学」が、家・通学路・学校のフィールドの断片化を最も顕著に表していることがわかる（**図6**）。

公共交通機関を用いて通学する児童の場合、通学路に情報が氾濫しているにもかかわらず、ほとんど徒歩で歩いていないために、生活空間へのまなざしが「開かれて」いない。それは遠距離通学そのものがもたらす問題だけではない。昨今の交通安全や防犯に対する過剰な意識が、歩くことの楽しみを阻害している＊21。そしてそもそも、塾に急がなければならない児童たちは、身体的にも疲れていて、できれば歩きたくない。

公共交通機関通学が、かえって「開かれていない」という逆説は、高層マンション居住についても同様である。高層マンションという建築類型は、地域から孤立した家を形成すると同時に、内部も一軒家に比べて諸室の独立性が高く、地域社会ばかりか家庭内でも家族の一人一人が内へ「閉じて」いく傾向にある。高密度に居住者が生活しているにもかかわらず、閉鎖的なマンションの内外にこどもの隠れ場や秘密基地はつくりようもない。

こうしてみると、高層マンションや遠距離通学などの現代に特徴的な生活空間におけるこどものまなざしは、総じて「閉じて」いることがわかる。自分の外の世界が「見えている」ことと、外の世界に開かれ

＊19　極右は「タワーマンション居住・自家用車送迎」であろうか。中近東や一部のアジア諸国ではすでに当たり前の現実である。

＊20　4年生から6年生のいずれの学年とも、約3割の児童が一軒家居住であり、約7割の児童がマンション居住である。また、いずれの学年も8割から9割の児童が路面電車やバスを用いて通学する公共交通機関通学であり、残りの1割から2割の児童が徒歩通学である。

＊21　高度経済成長期以降のモータリゼーションの加速度的進行や防犯の必要性から実施されることの多い集団登下校もまた、「歩くこと」を阻害する要因となる場合がある（高橋勝『経験のメタモルフォーゼ〈自己変成〉の教育学』勁草書房、2007及び＊13を参照）。

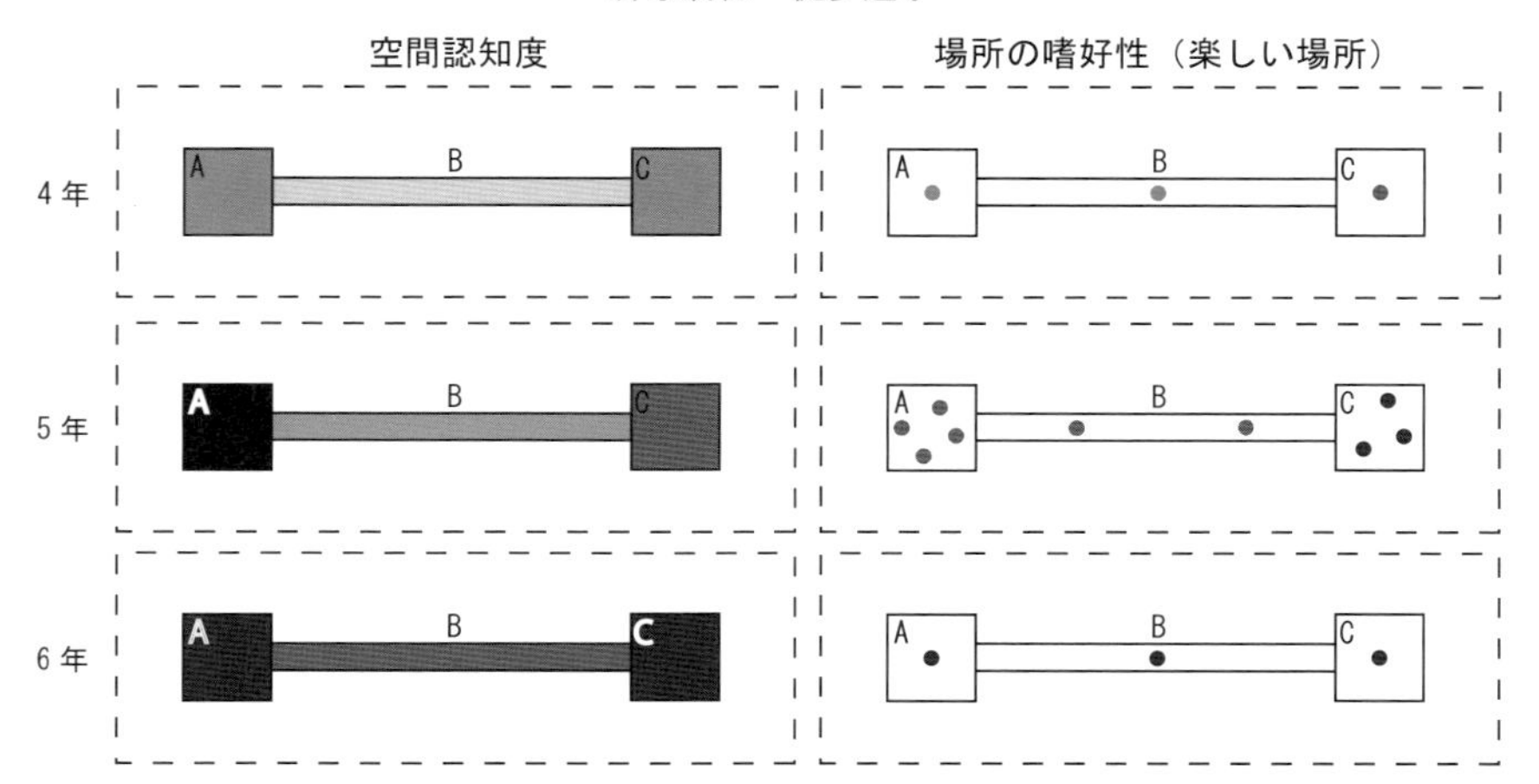

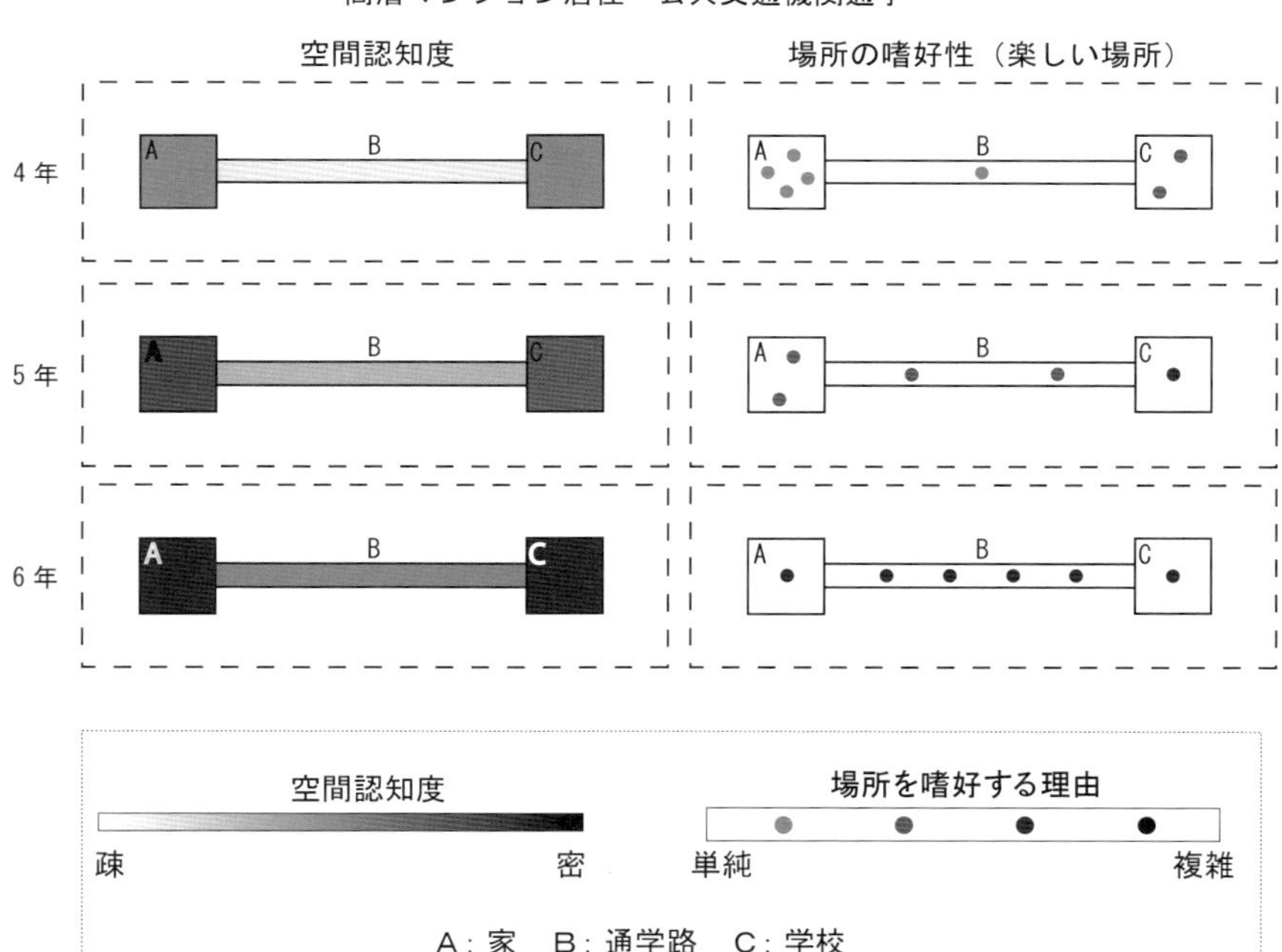

図6　小学生児童の生活形態の差異と生活空間図式

一軒家から徒歩で通学するというかつての児童の生活形態は、高層マンションから公共交通機関を用いて学校へ直行するという形態へ変化しつつある。後者では、家・通学路・学校のそれぞれのフィールドが「閉じた」空間を形成して同期していかない。こうして、本来分けては考えられない家・通学路・学校の連続的な生活空間のフィールドは、ますます断片化していく。

て「見ている」ことは違う。家や学校は、家族や仲間に支えられた私的な空間であり、そこには、異世代間の交流はあっても異質な他者が介在する本来的な意味での公共的な空間という概念は成立しない。

しかし問題は、生活空間を構成する各々のフィールドに留まらない。むしろ家・学校・通学路のフィールドのあいだの空間認知的なずれや意味づけの差異化が、生活空間としての断片化をもたらし、その一体感を阻害していることの方が、重大な問題である。フィールドとフィールドの境界をつなぐ装置がないために、通学路はますます危険で、家や学校はますます安全というわけである。

6 フィールドの時空——児童をもつ保護者の眼

生活空間の断片化は、おそらく今に始まったことではないが、その徴候が知らないうちに緩やかに進行し続けているとしたら、問題は深刻である。

ところで、「楽しい場所」に関する手描き地図は、児童だけでなく、児童の保護者にも描いてもらっている＊22。内容は、児童自身が描いている生活空間（C）と同様に、保護者から見た現代の児童の生活空間（P1）に関するものである。加えて、保護者自身のこども時代の生活空間（P2）についても描いてもらっている。現代のこどもの生活空間の断片化の徴候は、保護者の眼から見た児童の生活空間の時代的な変化（P1とP2）と、現代の生活空間に対する保護者と児童の眼の違い（P1とC）にも読み取ることができる＊23（表21・22・23、図7）。

＊22　2009年度から2011年度までは、3年生児童から5年生児童まで「エコピース」の活動をしている。保護者（約40名）の平均年齢はおよそ40歳前後である。手描き地図を描いているのは大半が母親であり（約8割）、父親の場合は広島市出身の場合が多い。母親の場合、広島市出身は10名程度に留まる。保護者の地図製作の手順としては、学校で児童に配布し、保護者が自宅で記入する。児童との接触によって調査内容が左右されることは避けられないが、児童に家で質問することなく記入してもらうよう依頼している。

＊23　保護者が過去の生活空間を想起して描いている地図内容は、過去の美化・卑下・忘却などによって歪曲されることも事実である。そもそも、児童と同じ年代の生活空間を保護者が詳細に覚えているとは考えられない。しかも、記憶は恒常的ではない。少なくとも、筆者の保護者へのインタビューによると、当時の担任教諭の性格やクラスの雰囲気などによって、学年による記憶内容に濃淡がある。したがって、児童が現在の生活空間を描く地図（C）と大人の想起するこども時代の空間（P2）を単純に比較することはできない。

	評価理由の類型	評価理由の例
	遊び	みんなにあえるから・遊べるから（4C）／石段があってとんでみたり！　ちょっと楽しい（4P1）／近所に友達の家もありよくあそんだ（3P2）
	その他	まがりかたがおもしろい（4C）／年に一度お祭りがあるので（3P1）／通った幼稚園懐かしかった（3P2）
学校	人の有無	友達がたくさん居て楽しいから（3C）／クラスのみんなと楽しく過ごせる（4P1）／友達とおしゃべりしたり遊んだりしたところだから（4P2）
	ものの有無	たくさん本があるから（5C）／道具がたくさんあって見ていて楽しいから（3P1）／遊具でよく遊んでいたから（4P2）
	自然の有無	植物がたくさんある所で虫を見つけて遊んでいます（3P1）／池の中の生き物を見るのが好きだったから（5P2）※Cの例なし
	場の景色	色々な風景が見えるから（3C）／外が見えてゆったりできる（3P1）／長いトンネルのような通路を抜けるとパノラマのように運動場が広がって見えたため（4P2）
	場のにおい	くさいから（4C）／虫の土のにおいが苦手だから（4P1）／昼近くなるとおいしいにおいがしてくるのが楽しかった（5P2）
	場の広さ	広くてみんなとおもいっきりあそべる（5C）／とても広い所で思いっきり走ったり体を動かすことができる（5P1）／ハチの巣型の校舎で広くて楽しい（4P2）
	場の明るさ	くらい（4C）／すこしくらいため（4P1）／トイレが暗くてこわい感じだったので1人で行くのが嫌でした（5P2）
	場のこわさ	なんとなくこわい（5C）／1年生の時トイレで怖い声を聞いてからトイレに行くのが怖くなった（3P1）／おばけが出るといううわさがあって本気で怖かった（4P2）
	場の清潔さ	トイレはきたないのでどこのトイレもいやです（4C）／トイレがとってもきれいでいい（3P1）／フローリングがきれいだった（3P2）
	運動	体を動かすのが楽しいから（5C）／いつもみんなで野球であそんでいるから（4P1）／ドッジボールを毎日のようにしていた（3P2）
	授業	楽しい授業をするから（3C）／体育が好きだから（3P1）／楽器の演奏が苦手で演奏テストが大嫌いだったから（5P2）
	その他	一回おちたことがあって少しこわいから（4C）／はじめて学校に来て副校長先生、3年の先生方にあった所だから好き（3P1）／理科の授業で使ったり休み時間の憩いの場だったから（5P2）

表21 「楽しい場所」「楽しくない場所」についての評価理由の類型

児童（C）、保護者（P1）、こども時代の保護者（P2）の三者は、世代も価値観も異なる。評価理由は人・自然・もの・できごとから五感にかかわるものまで多様である。表では、ブレインストーミングによって、意味のまとまりを存在の有無（物・人・動物など。濃い網かけ部分）、場の状態（明るさ・景色・においなど。薄い網かけ部分）、行為（勉強・遊びなど。網かけなし部分）に分類して整理している。

pp. 57–61：表22　児童と保護者の生活空間へのまなざし（家）

児童（C）、保護者（P1）、こども時代の保護者（P2）の三者では、もちろん生活空間の評価が異なる。しかし、その差異や共通項（網かけ部分）をよく見ていくと、評価がそれぞれの人生の履歴と空間の履歴の両方に支えられていることがわかる。

	評価理由の類型	評価理由の例　児童（C）、保護者（P1）、こども時代の保護者（P2）（ただし頭の数字は児童の学年）
家	ものの有無	色んなものがおいてあっていろんなことができるから（3C）本があるからたのしい（5P1）自分の好きなもの（おもちゃ人形など）があって自分だけのスペースだったから（5P2）
	人の有無	お姉ちゃんと遊べるから（3C）／みんなが集う場所だから（3P1）／家族が集まる場所だから（4P2）
	ペットの有無	ペットと遊べるから（3C）／ペットと遊べるので楽しい（5P1）／犬と過ごす時間は楽しかったから（4P2）
	場の明るさ	くらくてこわいから（4C）／暗くてこわい（4P1）／暗くて怖い感じだったから（3P2）
	場の広さ	せまいから（4C）／狭く閉鎖的だから（3P1）／日がよく当たり広かった（5P2）
	場の温度	ふゆにはこたつになるから　クーラーが涼しい（4C）／夏は西日がきつく酷く暑かった（4P2）※P1の例なし
	場の清潔さ	きたないから（3C）／常に片づけをしなくてはいけないから（4P1）／暗い・じめじめしていたから（4P2）
	場のにおい	べつに楽しいとかおもしろくないしくさい（5C）／穴式便所で暗くて臭いイメージだから（5P2）※P1の例なし
	場の景色	夕方の時にとてもすごい夕日が見えるから（3C）／自分で育てている植物に水やりをしたり夜は月や星を見にベランダへ出て楽しんでいるため（4P1）／庭や周りの野山、空が見渡せて大好きだった（4P2）
	安らぎ	タンスと本だなの間がせまくておちつくから（4C）／ソファーでリラックスできる（5P1）／日当たりが良くゴロゴロゆったりできた（3P2）
	遊び	遊べるので楽しい（5C）／好きな時に本を読んだりおもちゃで遊んだりできる（4P1）／野球、庭遊びなどができた（5P2）
	勉強	勉強しないといけないから（4C）／勉強したりするところだから（5P1）／勉強がきらいだったから（4P2）
	その他	おいしいごはんがたべれるから（4C）／鏡の前でおしゃれができる（5P1）／ピアノの練習が大嫌いだったから（5P2）
通学路	人の有無	友だちがいっぱいいるから（4C）／学校から友達といっしょに帰る道がとても楽しい（3P1）／友達との楽しい思い出のある場所だから（5P2）
	ものの有無	木のぼうがおちているかもしれないから（5C）／南道路のお店の看板を見るのが楽しい（4P1）／特に駄菓子屋、映画館、映画のポスターを見るのが好きでした（4P2）
	自然の有無	きれいな花がある（4C）徒歩での帰り道で見つけた花や石や虫（4P1）畑に植えてあるいちごやトマトを収穫するのが楽しかった（5P2）
	動物の有無	かわいいねこがいるから（3C）／ツバメの巣がたくさんあります。毎朝様子を観察して学校へ行きます。かわいいツバメの赤ちゃんがいます（3P1）／どじょう、金魚、ヤゴをとってあそんでいたから（5P2）
	交通	車がたくさんであぶない（4C）／車通りが多く少し危ない（5P1）／交通量が多い（3P2）
	場の快適さ	るんるんにあるけるから（3C）／待ち時間が長いと疲れる（5P1）／学校へ行くまでの道が長く狭いので好きではなかった（4P2）
	場の広さ	せまいから（3C）／広くて楽しい公園（4P1）／広い土手だったのでよく自転車を乗り回していた（3P2）
	場の温度	あついから（4C）／車内が蒸し暑い。うるさい（4P1）／学校まで遠かったので夏は暑くてつらかった（5P2）
	場の明るさ	くらいから（3C）／ここの道路がうすぐらくてすきじゃないと話していた（5P1）／広く明るい広場（3P2）
	場のにおい	いっつもいいにおいがするから（4C）／下ごしらえのスープのにおいが臭くてきらいだった（3P2）※P1の例なし

C：児童の家の評価の理由（楽しい場所）

3年生時		4年生時		5年生時	
ものの有無	22	ものの有無	46	ものの有無	15
景色	8	安らぎ	14	安らぎ	11
安らぎ	8	景色	14	人の有無	6
遊べる	8	におい	11	遊べる	6
人の有無	6	人の有無	7	昆虫	4
場の広さ	3	遊べる	6	におい	2
におい	2	場の温度	5	景色	2
ペット	2	ペット	3	ペット	1
その他	9	場の明るさ	1	勉強	1
未記入	1	その他	6	その他	13

P1：保護者の目から見た児童の家の評価の理由（楽しい場所）

3年生時		4年生時		5年生時	
人の有無	29	ものの有無	27	ものの有無	35
ものの有無	21	人の有無	23	人の有無	19
景色	8	景色	5	安らぎ	9
ペット	3	安らぎ	6	ペット	3
場の広さ	3	場の明るさ	3	景色	2
よくいるから	3	ペット	2	場の広さ	1
場の明るさ	2	場の広さ	2	遊べる	1
安らぎ	2	昆虫	1	その他	16
その他	6	その他	7	未記入	2
未記入	5	未記入	18		

P2：保護者のこども時代の家の評価の理由（楽しい場所）

3年生時		4年生時		5年生時	
人の有無	22	人の有無	17	人の有無	33
ものの有無	10	ものの有無	7	ものの有無	17
景色	5	景色	7	景色	3
遊び	4	安らぎ	6	場の広さ	2
ペット	3	ペット	3	ペット	2
よくいるから	2	その他	3	安らぎ	2
場の明るさ	2	未記入	8	遊べる	2
場の温度	1			場の明るさ	1
場の広さ	1			その他	2
その他	8			未記入	5

C：児童の家の評価の理由（楽しくない場所）

3年生時		4年生時		5年生時	
場の明るさ	6	におい	9	ものの有無	6
ものの有無	4	勉強	8	勉強	4
勉強	3	ものの有無	6	場の明るさ	4
におい	3	場の明るさ	5	昆虫	3
場の広さ	3	清潔さ	4	人の有無	2
清潔さ	3	場の広さ	3	場の温度	1
場の温度	2	人の有無	3	その他	1
人の有無	2	景色	2	未記入	3
景色	1	昆虫	1		
昆虫	1	その他	8		

P1：保護者の目から見た児童の家の評価の理由（楽しくない場所）

3年生時		4年生時		5年生時	
場の明るさ	14	場の明るさ	8	勉強	5
勉強	2	人の有無	4	場の明るさ	3
ものの有無	2	勉強	2	遊べない	3
景色	2	習い事	2	ものの有無	3
人の有無	2	ものの有無	2	人の有無	3
場の広さ	1	場の広さ	1	その他	2
その他	4	清潔さ	1		
未記入	2	その他	2		
		未記入	4		

P2：保護者のこども時代の家の評価の理由（楽しくない場所）

3年生時		4年生時		5年生時	
場の明るさ	10	場の明るさ	10	場の明るさ	10
ものの有無	5	ものの有無	4	におい	3
人の有無	4	勉強	3	ものの有無	3
危険	3	場の温度	3	勉強	2
勉強	1	こわい	2	その他	4
場の広さ	1	場の広さ	2		
その他	3	危険	2		
未記入	2	人の有無	1		
		習い事	1		
		清潔さ	1		

C：児童の通学路の評価の理由（楽しい場所）

3年生時		4年生時		5年生時	
人の有無	10	人の有無	15	人の有無	6
ものの有無	4	快適さ	3	遊べるから	6
安らぎ	2	自然	3	快適さ	3
勉強	2	風景	2	ものの有無	1
景色	2	ものの有無	2	景色	1
動物	2	動物	1	その他	3
自然	1	におい	1	未記入	5
場の広さ	1	場の明るさ	1		
におい	1	その他	20		
未記入	3				

P1：保護者の目から見た児童の通学路の評価の理由（楽しい場所）

3年生時		4年生時		5年生時	
人の有無	8	人の有無	13	人の有無	20
ものの有無	5	景色	5	景色	4
動物	4	ものの有無	4	ものの有無	3
景色	4	自然	3	運動	2
交通	3	遊び	3	自然	2
自然	3	場の広さ	1	その他	5
その他	9	その他	7	未記入	4
		未記入	2		

P2：保護者のこども時代の通学路の評価の理由（楽しい場所）

3年生時		4年生時		5年生時	
人の有無	10	人の有無	14	人の有無	18
自然	9	自然	2	自然	13
遊び	7	景色	2	ものの有無	4
景色	4	遊び	2	場の広さ	1
ものの有無	4	動物	2	遊び	1
動物	2	ものの有無	2	その他	6
場の広さ	1	その他	7	未記入	2
場の明るさ	1	未記入	6		
その他	3				
未記入	3				

C：児童の通学路の評価の理由（楽しくない場所）

3年生時		4年生時		5年生時	
快適さ	4	交通	6	人の有無	6
人の有無	3	快適さ	4	快適さ	4
場の明るさ	3	人の有無	4	交通	2
交通	1	におい	3	場の明るさ	2
場の広さ	1	場の温度	3	ものの有無	2
勉強	1	場の明るさ	3	におい	2
その他	3	景色	2	場の温度	1
未記入	2	人の有無	1	その他	2
		その他	3	未記入	3

P1：保護者の目から見た児童の通学路の評価の理由（楽しくない場所）

3年生時		4年生時		5年生時	
快適さ	6	交通	7	人の有無	6
人の有無	5	快適さ	4	快適さ	2
交通	1	人の有無	3	交通	2
場の広さ	1	こわい	3	場の明るさ	1
その他	2	運動	1	勉強	1
未記入	3	ものの有無	1	その他	1
		清潔さ	1	未記入	1
		場の明るさ	1		
		場の温度	1		

P2：保護者のこども時代の通学路の評価の理由（楽しくない場所）

3年生時		4年生時		5年生時	
快適さ	7	快適さ	4	快適さ	3
動物	5	人の有無	3	動物	2
交通	4	こわい	3	場の温度	1
場の明るさ	4	におい	2	交通	1
人の有無	4	場の明るさ	2	こわい	1
におい	1	交通	1	その他	3
その他	7	動物	1		
		その他	4		

C：児童の学校の評価の理由（楽しい場所）

3年生時	
人の有無	12
ものの有無	9
運動	6
授業	4
場の明るさ	1
景色	1
場の広さ	1
その他	5
未記入	5

4年生時	
運動	20
ものの有無	9
人の有無	7
授業	5
音	2
におい	2
その他	20

5年生時	
運動	13
ものの有無	10
人の有無	10
授業	6
安らぎ	2
場の広さ	2
におい	1
その他	17
未記入	27

P1：保護者の目から見た児童の学校の評価の理由（楽しい場所）

3年生時	
人の有無	17
運動	13
ものの有無	7
授業	4
景色	1
場の広さ	1
清潔さ	1
自然	1
その他	3

4年生時	
人の有無	20
運動	16
ものの有無	10
景色	1
授業	1
安らぎ	1
その他	7
未記入	11

5年生時	
人の有無	21
運動	19
授業	17
ものの有無	11
場の広さ	1
安らぎ	1
におい	1
その他	5
未記入	26

P2：保護者のこども時代の学校の評価の理由（楽しい場所）

3年生時	
人の有無	20
運動	15
景色	3
ものの有無	3
授業	2
場の広さ	2
動物	1
清潔さ	1
その他	5

4年生時	
運動	12
人の有無	7
ものの有無	6
景色	1
自然	1
動物	1
場の広さ	1
授業	1
その他	7

5年生時	
運動	27
人の有無	19
自然	5
ものの有無	5
におい	2
場の広さ	2
動物	2
授業	1
その他	7

C：児童の学校の評価の理由（楽しくない場所）

3年生時	
におい	3
ものの有無	2
場の広さ	1
危険	1
その他	1
未記入	2

4年生時	
危険	6
におい	5
清潔さ	2
場の明るさ	1
その他	3

5年生時	
こわい	6
ものの有無	4
におい	1
昆虫	1
清潔さ	1
場の明るさ	1
人の有無	11
授業	1
その他	4

P1：保護者の目から見た児童の学校の評価の理由（楽しくない場所）

3年生時	
人の有無	4
場の明るさ	2
こわい	2
におい	1
その他	3
未記入	2

4年生時	
清潔さ	1
快適さ	1
場の明るさ	1
におい	1
人の有無	1
その他	2
未記入	2

5年生時	
人の有無	3
勉強	2
におい	1
場の広さ	1
運動	1
その他	3

P2：保護者のこども時代の学校の評価の理由（楽しくない場所）

3年生時	
場の明るさ	8
ものの有無	4
昆虫	2
清潔さ	2
快適さ	2
運動	2
こわい	2
授業	1
その他	3

4年生時	
場の明るさ	4
清潔さ	3
人の有無	1
勉強	1
昆虫	1
ものの有無	1
こわい	1
その他	6
未記入	2

5年生時	
運動	8
場の明るさ	3
授業	2
こわい	1
動物	1
場の広さ	1
その他	3

家の楽しい場所

100% 90% 80% 70% 60% 50% 40% 30% 20% 10% 0%

C：児童（3年生）（70）
C：児童（4年生）（108）
C：児童（5年生）（73）
P1：保護者（3年生）（74）
P1：保護者（4年生）（87）
P1：保護者（5年生）（79）
P2：こども時代（3年生）（58）
P2：こども時代（4年生）（46）
P2：こども時代（5年生）（58）

□部屋以外の共有空間
□共有の部屋
■私有の部屋（他人）
■私有の部屋（自分）

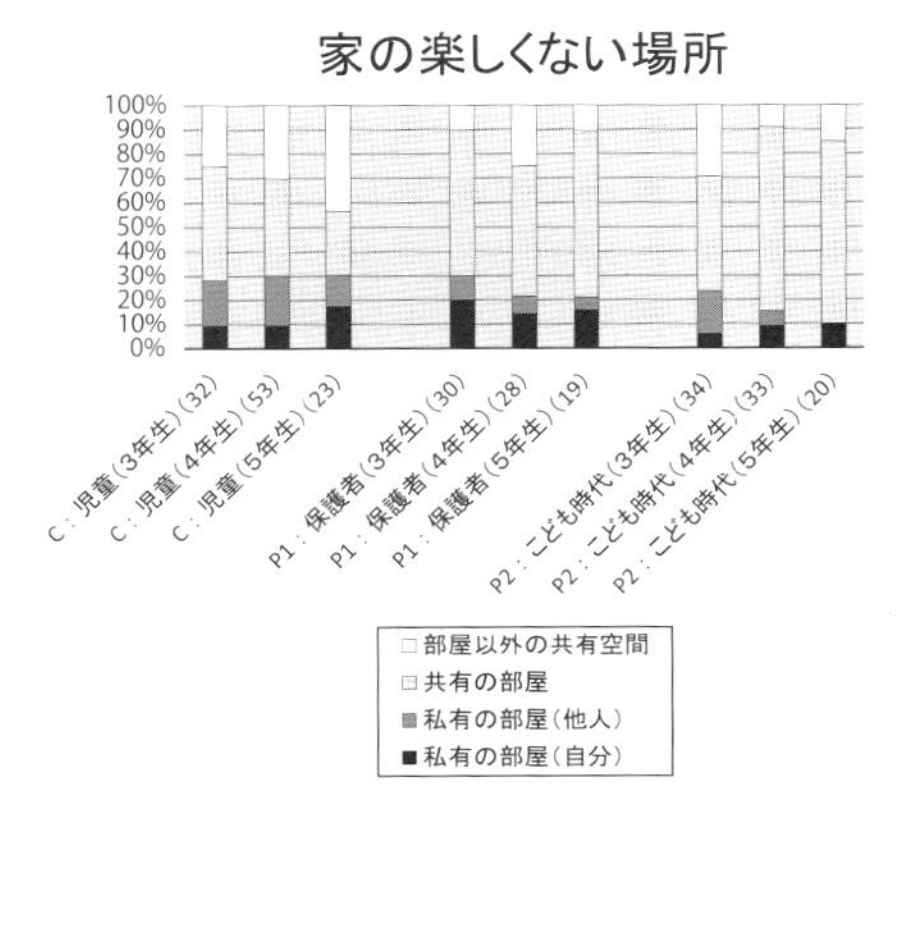

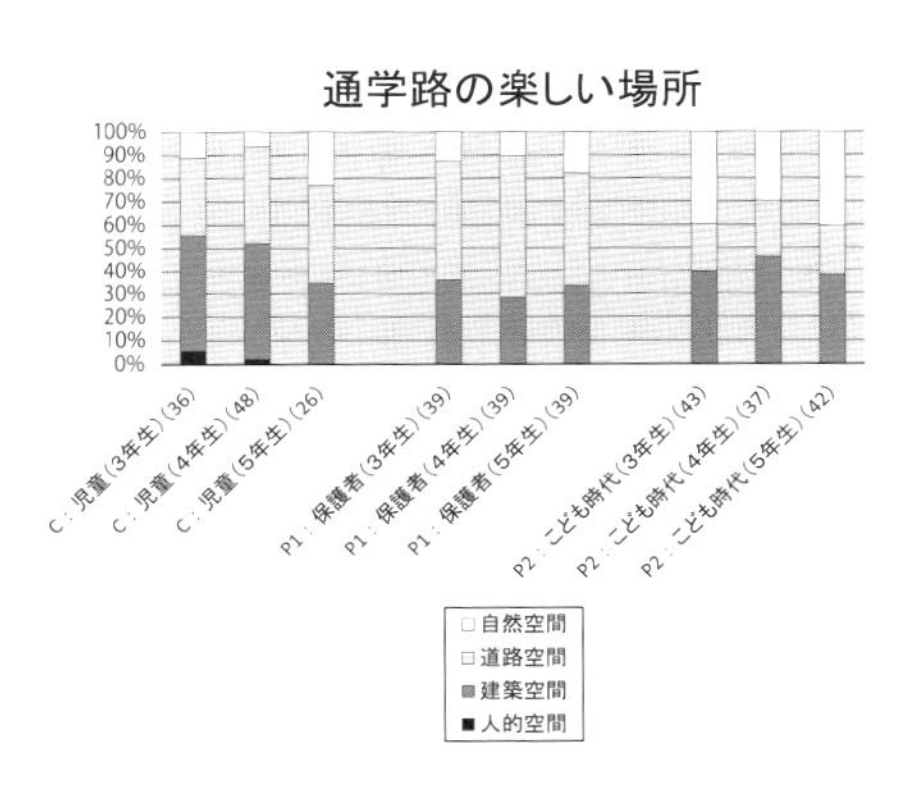

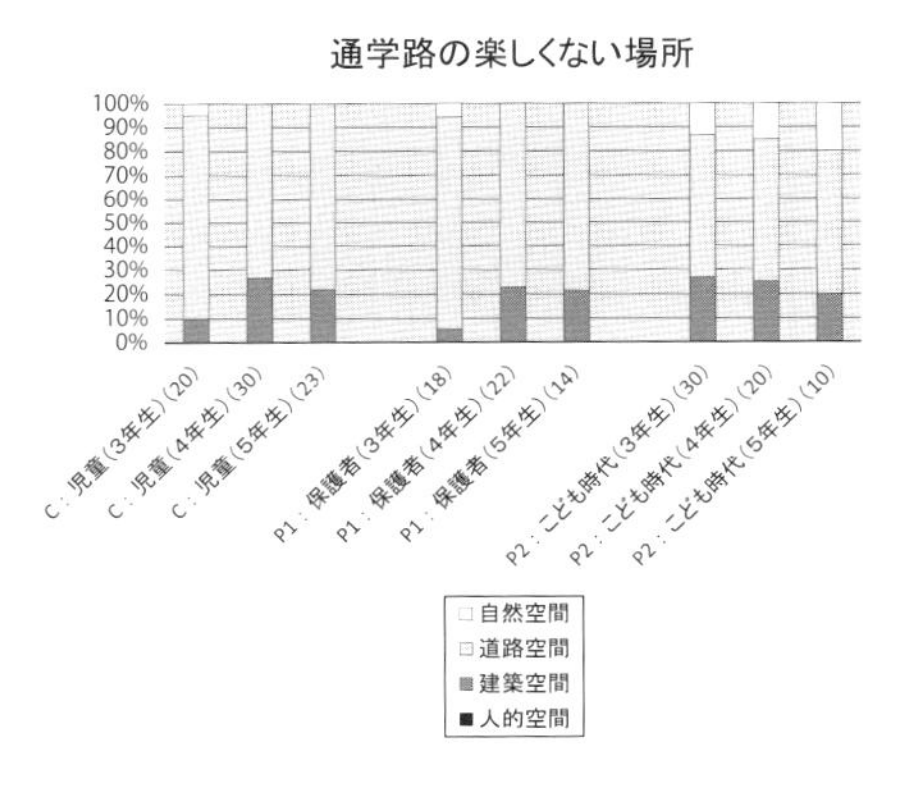

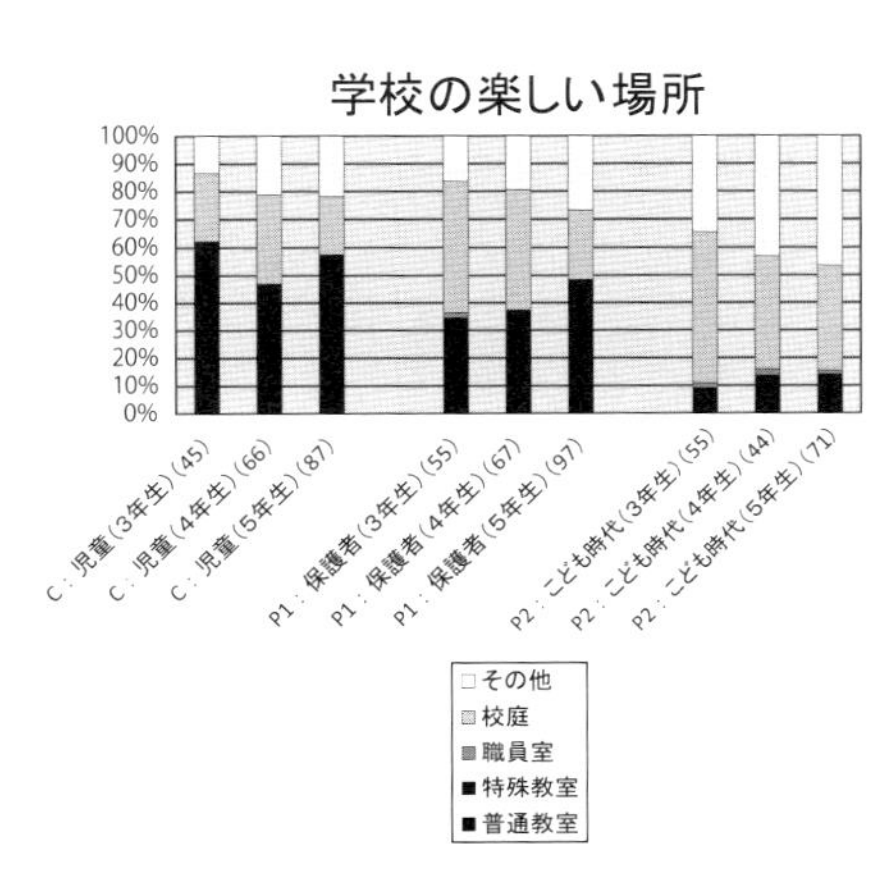

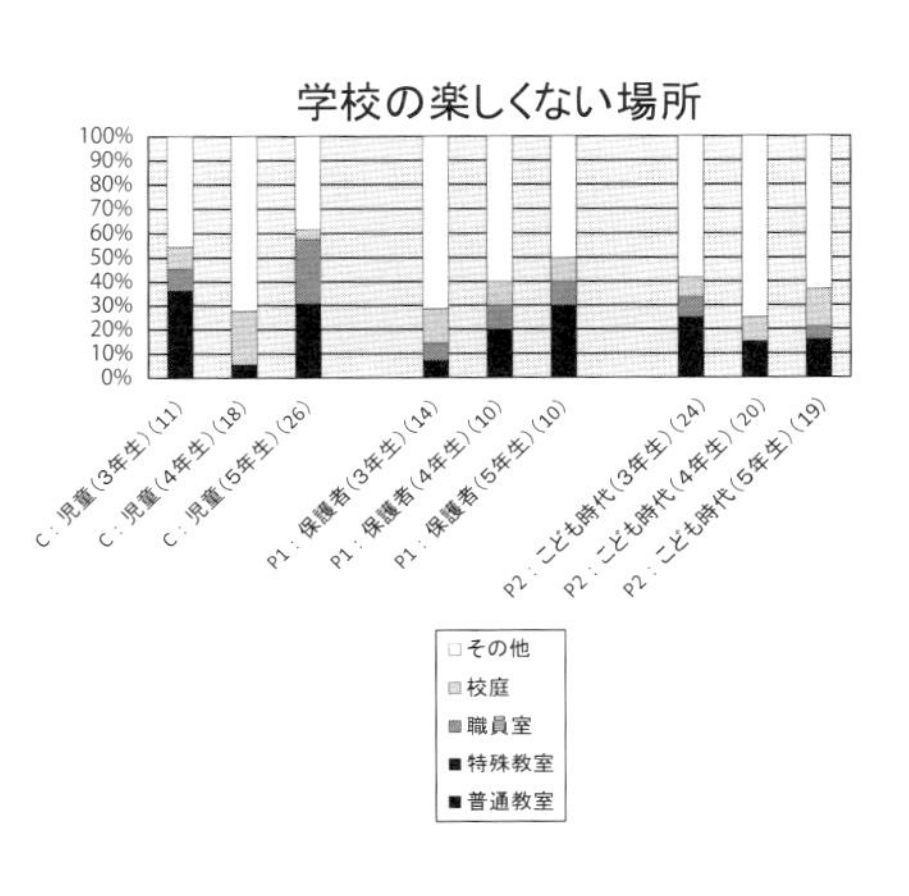

評価対象

<table>
<tr><th>空間</th><th>場所の嗜好性</th><th colspan="3">P1とCの比較</th></tr>
<tr><td></td><td></td><td>3年生時</td><td>4年生時</td><td>5年生時</td></tr>
<tr><td rowspan="2">家</td><td>楽しい場所</td><td>近似している</td><td colspan="2">異なっている</td></tr>
<tr><td>楽しくない場所</td><td colspan="3">異なっている</td></tr>
<tr><td rowspan="2">通学路</td><td>楽しい場所</td><td colspan="2">異なっている</td><td>近似している</td></tr>
<tr><td>楽しくない場所</td><td colspan="3">近似している</td></tr>
<tr><td rowspan="2">学校</td><td>楽しい場所</td><td colspan="3">異なっている</td></tr>
<tr><td>楽しくない場所</td><td colspan="3">評価にばらつきがあり明確な傾向は見られない</td></tr>
</table>

<table>
<tr><th>空間</th><th>場所の嗜好性</th><th colspan="3">P1とP2の比較</th></tr>
<tr><td></td><td></td><td>3年生時</td><td>4年生時</td><td>5年生時</td></tr>
<tr><td rowspan="2">家</td><td>楽しい場所</td><td colspan="3">近似している</td></tr>
<tr><td>楽しくない場所</td><td colspan="2">近似している</td><td>異なっている</td></tr>
<tr><td rowspan="2">通学路</td><td>楽しい場所</td><td colspan="3">異なっている</td></tr>
<tr><td>楽しくない場所</td><td colspan="3">異なっている</td></tr>
<tr><td rowspan="2">学校</td><td>楽しい場所</td><td colspan="3">異なっている</td></tr>
<tr><td>楽しくない場所</td><td colspan="3">異なっている</td></tr>
</table>

評価理由

<table>
<tr><th>空間</th><th>場所の嗜好性</th><th colspan="3">P1とCの比較</th></tr>
<tr><td></td><td></td><td>3年生時</td><td>4年生時</td><td>5年生時</td></tr>
<tr><td rowspan="2">家</td><td>楽しい場所</td><td colspan="3">近似している</td></tr>
<tr><td>楽しくない場所</td><td colspan="3">異なっている</td></tr>
<tr><td rowspan="2">通学路</td><td>楽しい場所</td><td colspan="3">近似している</td></tr>
<tr><td>楽しくない場所</td><td colspan="3">近似している</td></tr>
<tr><td rowspan="2">学校</td><td>楽しい場所</td><td>近似している</td><td colspan="2">異なっている</td></tr>
<tr><td>楽しくない場所</td><td colspan="3">評価にばらつきがあり明確な傾向は見られない</td></tr>
</table>

<table>
<tr><th>空間</th><th>場所の嗜好性</th><th colspan="3">P1とP2の比較</th></tr>
<tr><td></td><td></td><td>3年生時</td><td>4年生時</td><td>5年生時</td></tr>
<tr><td rowspan="2">家</td><td>楽しい場所</td><td colspan="3">近似している</td></tr>
<tr><td>楽しくない場所</td><td colspan="2">近似している</td><td>異なっている</td></tr>
<tr><td rowspan="2">通学路</td><td>楽しい場所</td><td colspan="3">異なっている</td></tr>
<tr><td>楽しくない場所</td><td colspan="3">異なっている</td></tr>
<tr><td rowspan="2">学校</td><td>楽しい場所</td><td colspan="2">近似している</td><td>異なっている</td></tr>
<tr><td>楽しくない場所</td><td colspan="3">評価にばらつきがあり明確な傾向は見られない</td></tr>
</table>

表23　児童と保護者のまなざしの交叉

現代であれこども時代であれ、児童と保護者の評価の差異が著しいのは、自宅及び学校であり、通学路については差異は少ない。保護者の児童に対する安全意識の高さを示すと同時に、道遊びをせず公共交通機関で通学する児童の通学路空間の貧困さが関係している。それに対して、自宅や学校は通学路以上に保護者の眼が届くにもかかわらず、評価の差異が生じている（網かけ部分）。保護者にとっても、児童にとっても、家や学校は互いに聖域をつくっている。児童は保護者の聖域認識に支えられて生活をしているが、その聖域は昔のままではない。

左：児童（C）と右：保護者（P1）

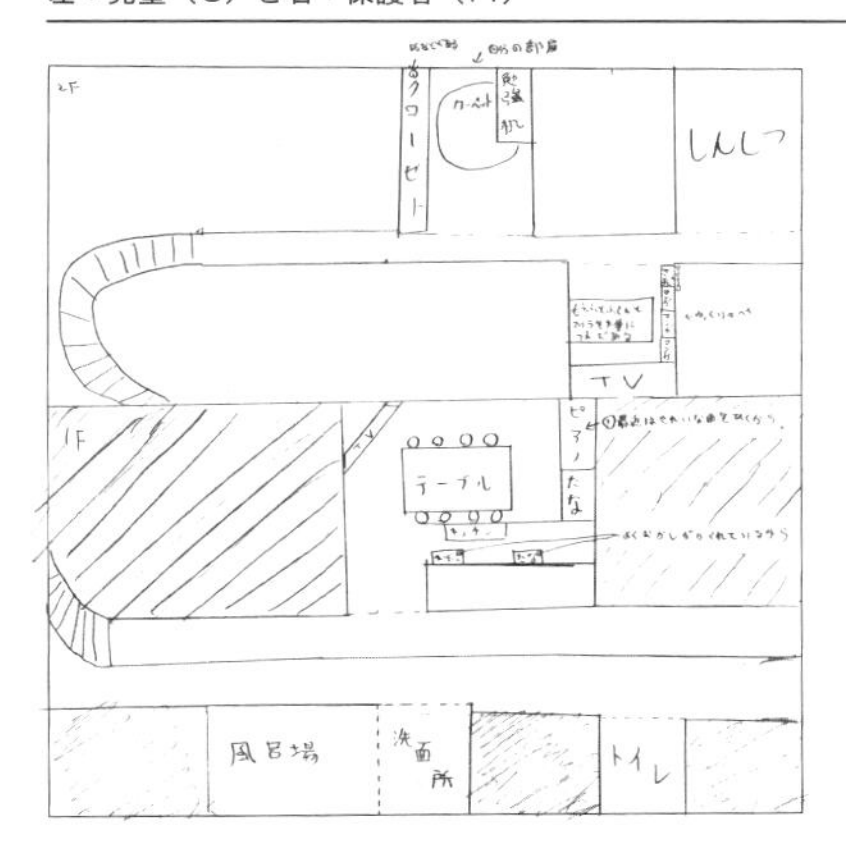

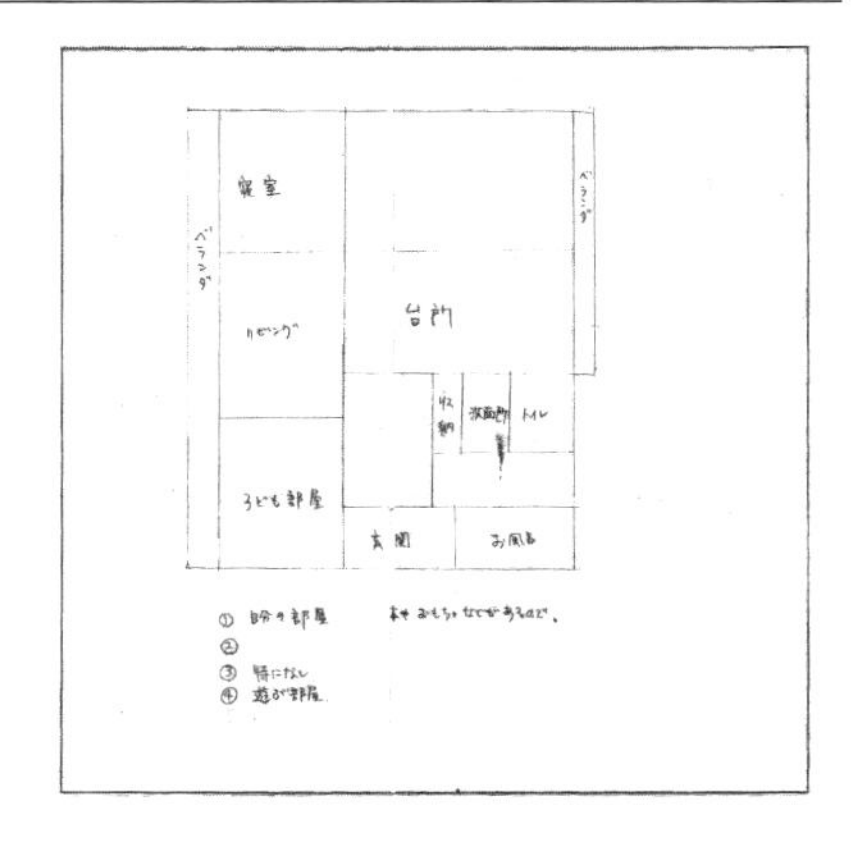

家のなかでの児童の行動は5年生にもなると多様化し、自分の部屋から押し入れのふとん、あるいはピアノまで様々である。一方で保護者は、こども部屋だけを児童にとって楽しい場所としている（5年生時の親子）。

左：保護者の現在（P1）と右：こども時代（P2）

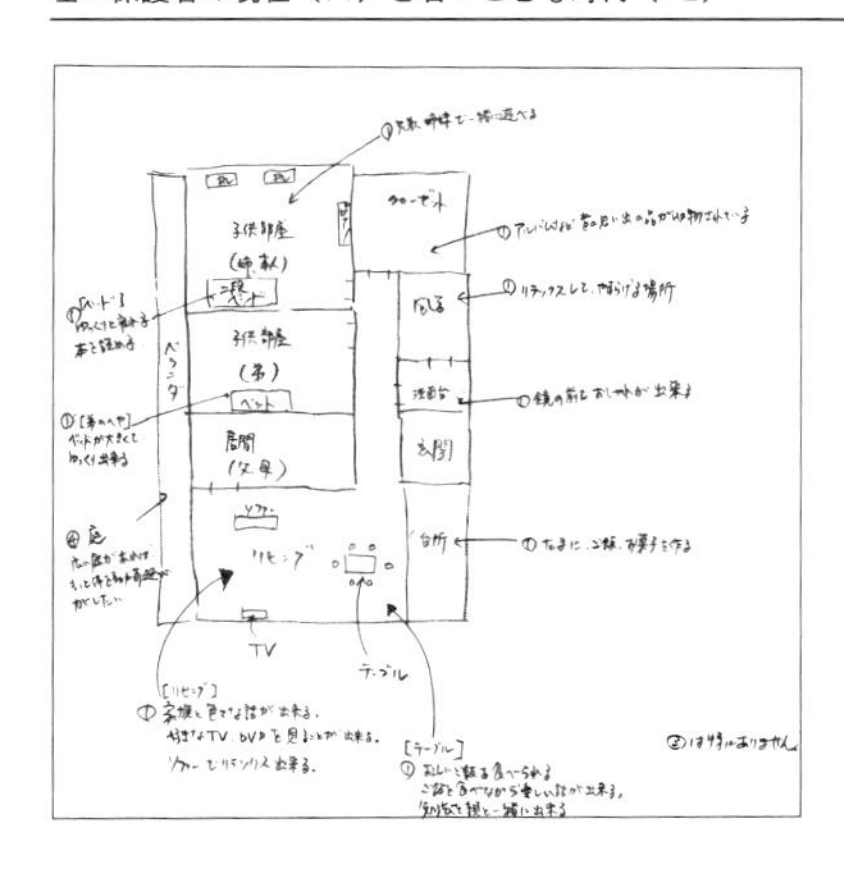

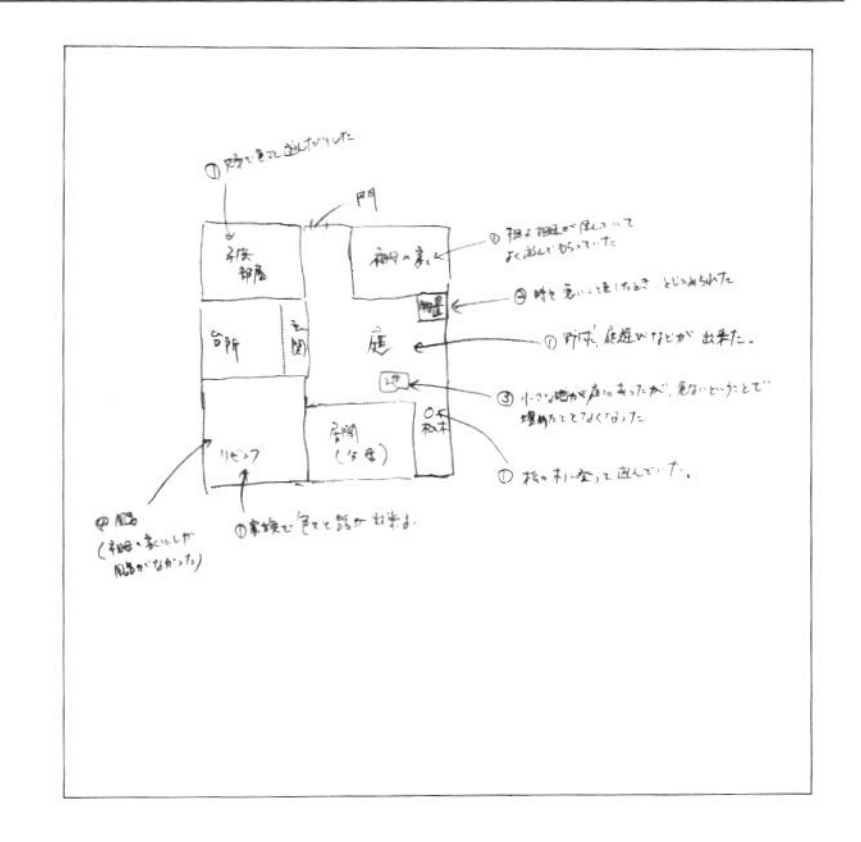

保護者にとって現在のマンションとこども時代の木造平屋とは空間構成が全く異なるが、リビングを含めた様々な部屋でのコミュニケーションの描写という点では共通している。マンションのベランダでも、かつての庭のような「遊び」の場所となる（5年生の親）。

図7　児童と保護者の手描き地図（p. 63：家 p. 64：通学路 p. 65：学校）

児童の現代（C）、保護者の現代（P1）、保護者のこども時代（P2）。もちろん、そのどれもが地図描写として独特である。たしかに空間表象は異なるが、しかし保護者の家の感覚は今も昔もあまり変わらない。

左：児童（C）と右：保護者（P1）

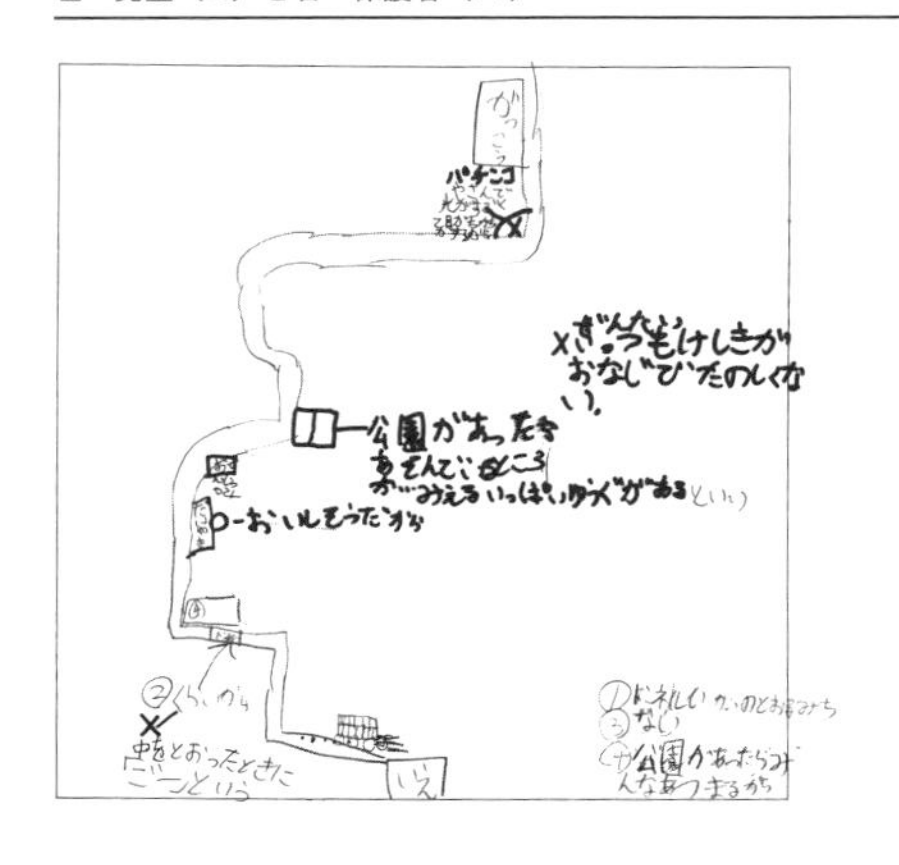

3年生の段階では、児童にとって通学路は「いつもけしきがおなじで」単調であり、パチンコ屋やたいやき屋などの特定の施設が点として描かれている。それに対して保護者は、児童が通学路のバスそのものを楽しんでいるかのように描いている（3年生時の親子）。

左：保護者の現在（P1）と右：こども時代（P2）

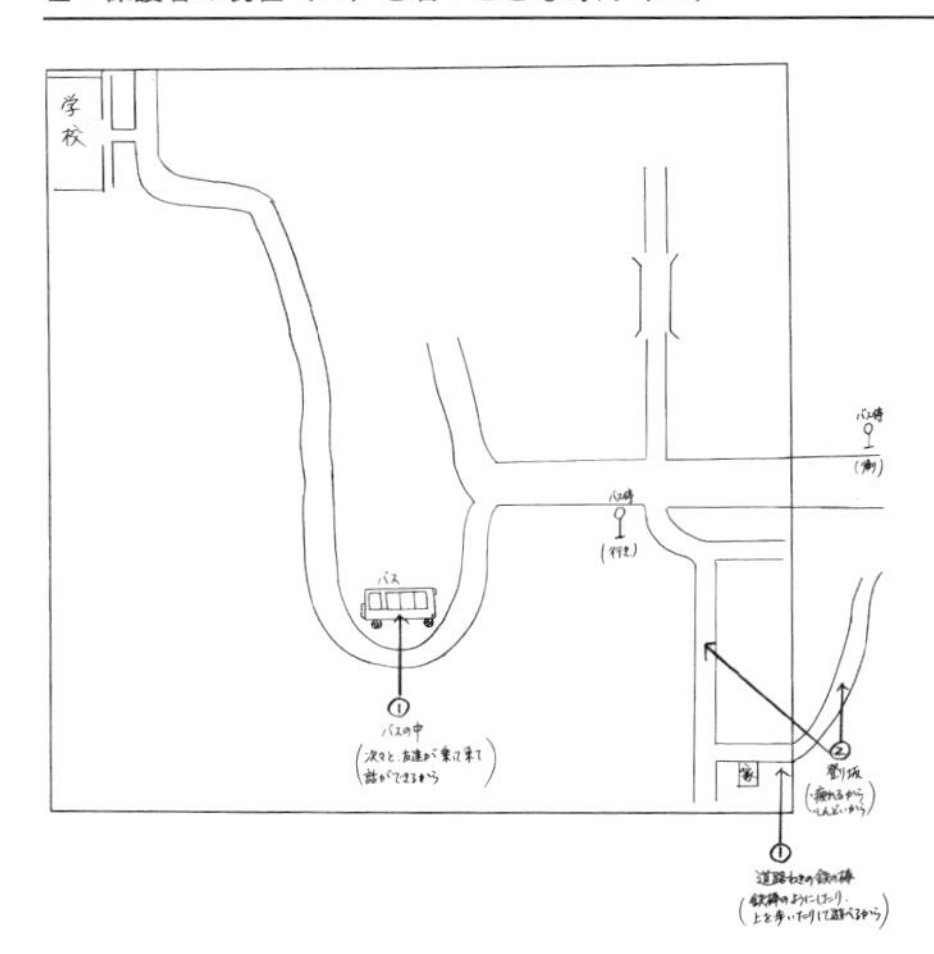

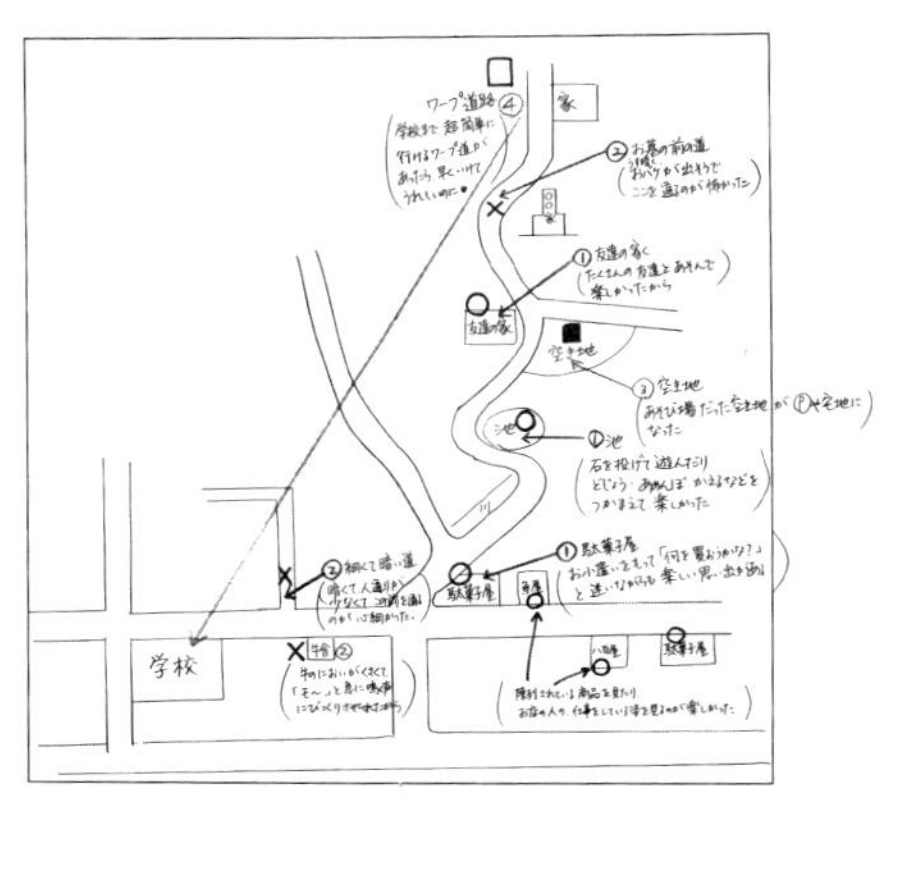

保護者のこども時代の通学路には、空き地や池など様々な自然環境あり、記憶も具体的である。それに対して、児童による通学路は公共交通機関を利用していることにもよるが、自宅からバス乗り場までの描写となる（4年生の親）。

左：児童（C）と右：保護者（P1）

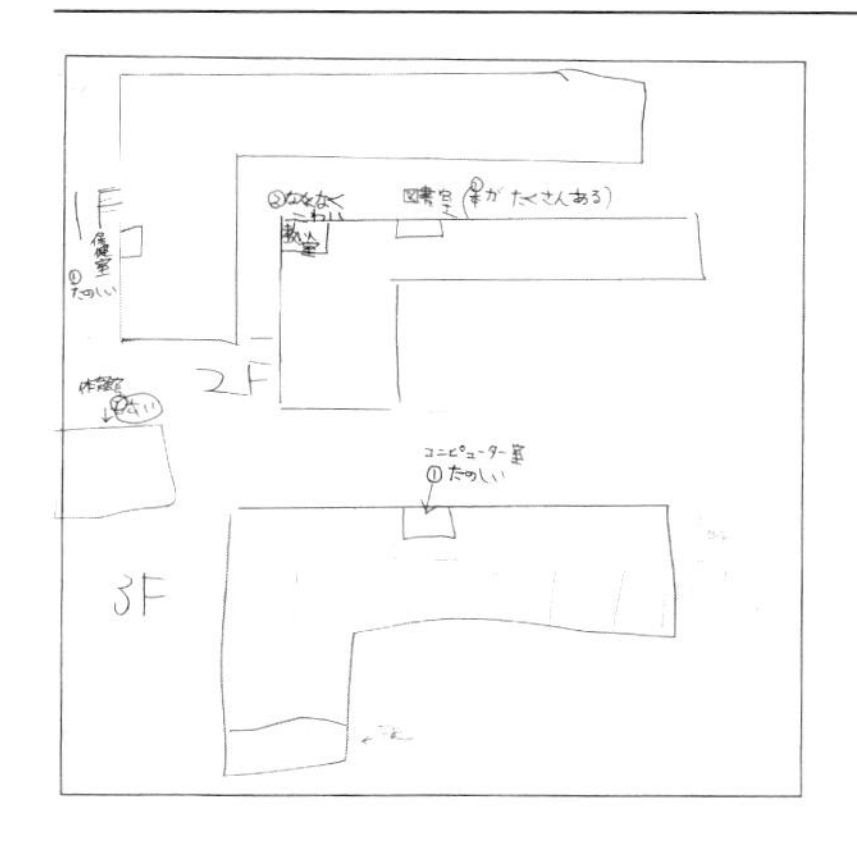

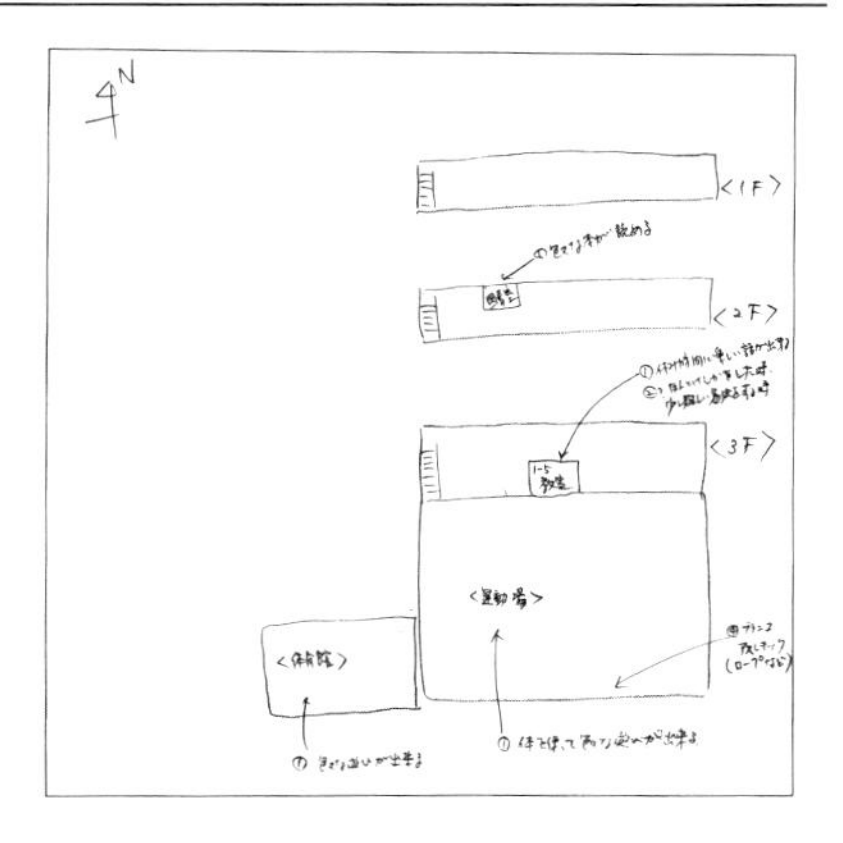

5年生になると、児童はますます普通教室以外の場所、保健室や図書室、コンピューター室も楽しい場所になってくる。それに対して保護者は、日常の普通教室で児童は「少し難しい勉強」が大変になってくると考えている（5年生時の親子）。

左：保護者の現在（P1）と右：こども時代（P2）

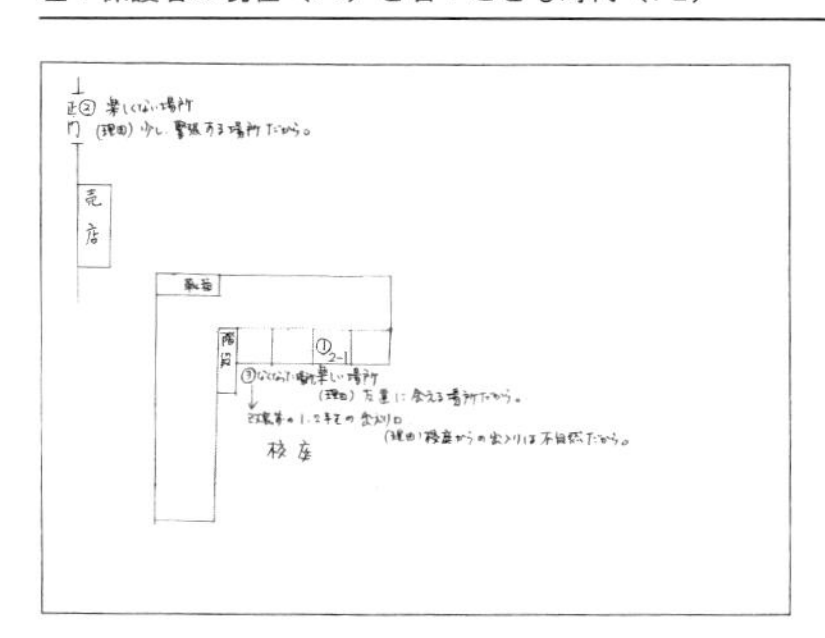

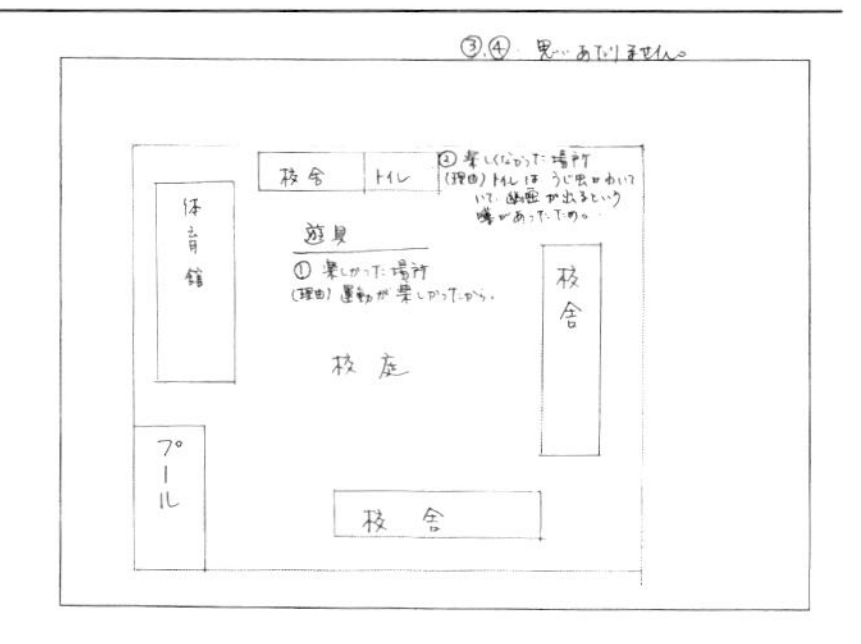

保護者にとって現在の学校は校舎のなかにしか関心がなく、校庭での行動については描かれていない。それに対して、こども時代には、逆に校舎内の活動について記載されず、校庭のことが記載されている（3年生の親）。

保護者の眼から見た児童の生活空間の時代変化――P１とP２

総じていえば、保護者のこども時代は一軒家で徒歩通学が多く、家・通学路・学校は全体として非常に大きな行動領域を形成し、行動は気分や天候に応じて流動的で、多彩である。

とくに通学路では、社寺、河川、空き地などさまざまな行動領域に波及し、遊び方も多様な「楽しい場所」が形成されている。自然空間の多さが、児童の生活空間との決定的な差である。とくに現代の児童の生活空間の特徴として保護者が描いているものは、自宅周辺に偏在している。実態はともかく、保護者として児童の危険に対して目の届く範囲での描写である。

通学路だけでなく、保護者と児童では、家の形態の捉え方についても大きく異なっている。保護者のこども時代の比較的開放的な一軒家は、現代の児童のマンション居住とは根本的に異なる地図描写となる。マンションではじめから部屋の領域が確定され、管理も行き届いている。そして中学受験のための勉強が、保護者のこども時代とは異なった状況とわかっているがゆえに、保護者でさえ児童の私有の部屋（自分）が「楽しくない場所」として評価される。

一方、学校に関しては、現代もこども時代も実体的な空間としてはさほど大きな変化がない。義務教育における平等主義は、学校という学びのフィールドにおける実験的な試みを妨げ、全国一律の学校建築の類型をほとんど発展させなかったことが要因である。それゆえに校庭は、児童の評価とは異なって、保護者にとっては変わらず「楽しい場所」である。

保護者と児童の眼――P１とC

現代のこどもの生活空間について、児童と保護者の認識が最も異なっているのもやはり通学路であり、保護者が最も関心を払う空間である。しかし保護者が懸念しているのは、交通事故より犯罪である。人気のなさ、暗がりが二大要因である。したがって、人混みや交通量の多い道路に保護者はむしろ安心感を覚えている＊24。こと通学路については、児童と保護者で情報が共有されているために、保護者と児童の通学路に関する認識のずれは徐々に解消され、6年生時ではほぼ一致する。

反対に、学校については、ある意味で児童の聖域である。保護者は授業参観や親子面談などで学校の様子を知ってはいるが、普段児童がどのような活動をして、どのようなことを感じているかをすべて知ることはできない。たとえば、現代の児童にとって校庭は運動の場所であるが、保護者にとっては友だちとの交流の場所である。学校については、通学路ほどに親子で十分に共有されていないのである。学校での生活に関心のない親は少ないであろうが、通わせている学校は十分に安全な場所であり、自分のこども時代と変わらぬ生活が繰り広げられているだろうという親の固定観念が、反映されている。保護者にとってもまた、学校は不変の聖域なのである。

保護者の目が最も届くはずの家でも、年齢が低いうちは児童の「楽しい場所」を把握しているが、同じ空間にいながら、学年が上がるにつれて、両者の認識に差異が生じている。児童は保護者ほどに共有の部屋を重視していない。一方の保護者は、あくまで共有の部屋を重視する。居住形態が一軒家からマンションに変わっても同じことである。保護者は、自らのこども時代を当時の痕跡の薄いはずの現代の家にも投影し続けている。保護者にとって、一軒家であろうとなかろうと、家は聖域なのである。

こうしてみると、家・通学路・学校は児童自身において、また親子のあいだにおいて、二重に断片化していることがわかる。家・通学路・学校、そのどれか（あるいはすべて）の病理が問題なのではない。むしろ、児童や保護者による各々の空間の意味づけの差異そのものが、フィールドの断片化とそれに伴う各々の空間の閉鎖系をもたらしているのである。

＊24　保護者に対するインタビュー調査では、保護者は、早朝、自宅から通学のためのバスや路面電車の停留所までは同伴している場合が大半を占める。反対に自動車交通の多い場所へは同伴しない。すなわち、保護者が想定する危険な場所は自動車交通だけでなく、人通りのなさや暗さなど防犯上の問題としてである。

保護者の一人はワークショップの発表の場で、フィールドワークの感想として次のように述べている。

「［平和記念公園周辺のフィールドワークの］感想なんですけれども、この辺りというのが山の中ではないので、自然にやさしい場所・人にやさしい場所ともに人の手がかかっている場所だなぁということが感想です。ですから、自然にやさしいといっても結局は人がつくっている、つくった場所だなぁと思いました。……路地の方は昔ながらの家とか木でできた塀が残っていまして、私たちには昔っぽくっていいかなぁと思ったんですが、反面にもしも災害があった場合に、車がサイドミラーをたたまないと通れないような通りが多くて、もしも災害があった場合消防車が入れないんじゃないかなぁというので危ないし、それからこどもが連れ込まれてもわからないような細い路地が多いし、一長一短かなぁというふうに思います。」（2009年度の3年生児童とのワークショップ）

そこで私たちは、家・通学路・学校の日常的な生活空間を出て、こどもにとって非日常が支配する社会空間、つまり生活空間の断片化をもたらしている当の通学路を拡大し、都市の社会空間へと出ていくことにする。

補　家・通学路・学校以外のフィールド

生活空間の手描き地図は、基本的には児童の主体的な表現である。しかしそれは、教室という空間で描かれるものであり、児童の生活をそのまま反映しているとは必ずしもいえない。そこで、アンケート調査に加えて個別のインタビュー調査も実施しているのであるが、広島大学附属小学校の児童の場合、インタビュー調査ではじめてわかることは意外と少ない。児童をうまくやる気にさせる担任教諭の指導によるところが大きい。しかしそれでも、日常に「よく行く場所」や日常的な生活以外での「旅行した場所」については、新たな回答が得られる場合が多い。そこは、家・通学路・学校という日常的に反復される生活空間に必ずしも収まりきらないフィールドである。

学校という制度のなかで、日常的に道草をしたりするところをアンケート調査用紙に記入することに、児童が躊躇するのは当然のことである。本当は「よく行く場所」に、「行くべきでははない場所」（正確には、大人が行くべきではないと思っているに違いない場所）が含まれてくる。それ以前に、たとえば秘密基地のような場所の場合、他人に知られたくないという気持ちがはたらくこともある。そんな場所を、児童は秘密の打ち明け話をするかのように明かしてくれるときがある。「たまにしか行かない場所」であっても、保護者や先生に内緒で行った場所は、「よく行く場所」として自慢げに告白してくれることもある。

一方、「旅行した場所」については、楽しい旅行なら自慢してよいはずである。海外旅行ならなおさらである。しかし自主的な回答は少なく、児童はインタビュー調査でようやく思い出したかのように答えてくれる。旅行そのものが印象に乏しい刹那的なものなのであろうか。あるいは、回答する必要がないくらいに、日常的で当たり前のことなのであろうか。

よく行く場所

用紙記入のアンケート調査では、「よく行く場所」に関して、いわゆる遊び場は少ない。身体を十分に動かす友達との遊び場は、学校のなかに集約されているからである。一方、インタビュー調査では、学校以外のフィールドがいくつか把握できる（図1、表1）。

主に(1)塾や習い事の場所、(2)市街地の商店街やデパートなどの複合商業施設、(3)図書館・書店、(4)スポーツセンターなどであり、塾の存在がやはり大きい。塾の合間に何かをしたり、塾で疲れたら気分転換をしたりして、学校よりもむしろ塾を中心に生活空間が構成されているかのようにも見える。

コンビニエンスストアへよく行くという児童も少なくないが、全体として、明確な目的地へ

図1　対象児童の通学路（上）と「よく行く場所」（下）　*25

広域から通学してくる児童たちには、ずっと一緒に登下校する仲間が少ない。下校後はすぐに塾や習い事で時間がない。時間がない上に、辺りを探索して意味づける空間そのものがない。空間がないために、仲間のきずなも学校以外で深まることがない。三間（時間・空間・仲間）の喪失は、負のスパイラルを生み、家・通学路・学校のネットワークの外に児童がはみ出していくことを阻害する。

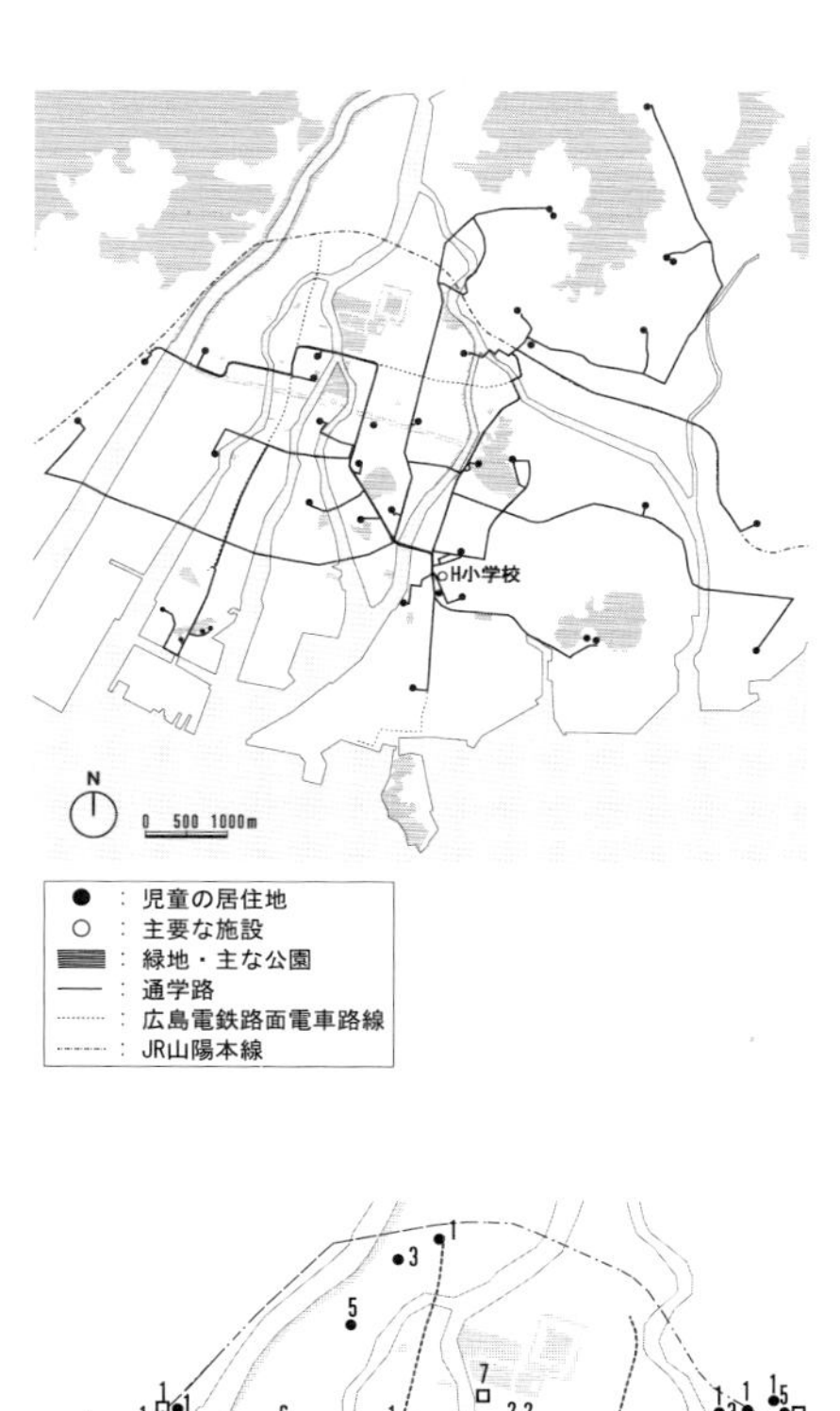

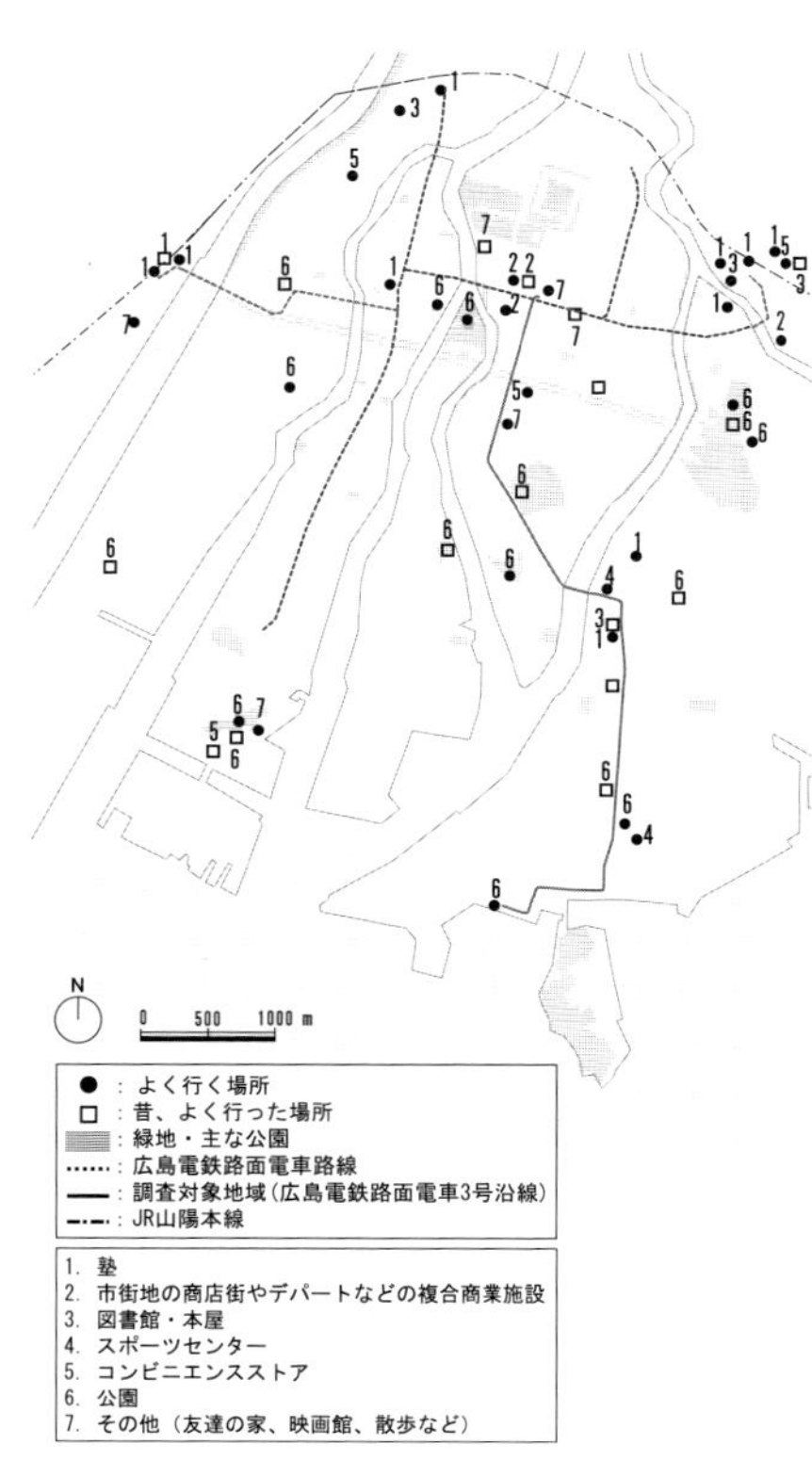

の移動が多く、屋外での道草遊びを告白することはない。児童たちは公共交通機関による通学と塾通いによって、道路遊びのための三間（時間・空間・仲間）そのものの契機を奪い取られると同時に、都市のなかでの遊び空間の減少もそれに追い打ちをかけている。野外の遊びは、公園に囲い込まれているしかない＊26。

それゆえに、「昔よく行った場所」は親に連れられて行ったデパートなどもあるが、やはり公園などの緑地が多い。何をしていたかを思い出せなくても、児童は居住地の近所の公園などで身体を動かしていたことを覚えている。しかしそれは、親の目の届く安全な場所での放牧である。生活空間の管理化そのものであり＊27、主体性のある「遊び」と到底言えるものではない。

旅行に行った場所

過去の旅行先のアンケートでは、無記入、あるいはとくにどこへも行かないという記述が多い。ところが実際にインタビュー調査をしてみると、児童は各地の国内旅行、海外旅行など様々な旅行経験をしていることがわかる（表2）。

傾向としては、東京ディズニーランドをはじめとするテーマパークへの旅行が39名中17名と多い。一世代前なら遊園地に相当するが、友だちのような親子関係をよしとする現世代の場合、こどもを遊ばせておくというよりも、親子ともども楽しむ場所としてテーマパークは格好の場所である。自家用車での移動も容易で、お手軽な旅が家庭内生活の延長として位置づけられている。

海外旅行もその例外ではない。海外旅行を経験している児童6名のうち、5名がハワイであり、海外旅行でも、リゾート地やテーマパーク的な場所への旅行が目立つ。旅行はたしかに、物理的

＊25　２００３年度の5年生児童。自宅の分布に関しては、他の年度と同様に、比較的広域から公共交通機関を用いて通学してくる児童が大半である。

＊26　道草遊びの減少は、もちろん広島大学附属小学校の児童だけのことではない。しかしながら、物理的な空間の減少によって、道草遊びそのものの能力が衰退するわけではない。野外での遊びとなる契機を自主的に見出す能力をこどもたちは持っているからである（水月昭道・南博文「下校路に見られる子どもの道草遊びと道環境との関係」日本建築学会計画系論文集、第５７４号、日本建築学会、２００３・12、61―68頁を参照）。道草遊びをしないということは、ある意味では道草遊びの場所がないこと以上に深刻な問題かもしれない。

＊27　母親の「公園デビュー」の空間論的問題については、千代章一郎「都市空間の制御と場所の公共性――近代京都における「公園」の変容」、木岡伸夫・鈴木貞美編『技術と身体――日本「近代化」の思想』ミネルヴァ書房、２００６、１４８―１６４頁を参照。

アンケート項目		その3　学校のある日、だれとどこへよく行きますか。その理由もおしえてください。別の地図にも書いてください。いくつでも書いてください。	
グループ	氏名（性別）	アンケート記入	インタビュー調査結果
A	FR（男子）	友達と図書室。本が好きだから。	図書室＝学校の。学校以外には東区図書館（車で行く）、塾に週3回（広島駅近くまで）。
	MO（男子）	父と「サティー」の本屋によく行く。理由：今、はまっている本があるから。	サティには本当によく行く。1人で行くことが多い。友達の家は近くにないからいかない。コンビニはお金がないからいかない。寄り道は、比治山に行く。サティから山に登ってぶらぶらする。
	MM（女子）	友達と学校に行く。	塾は広島駅のそば。母親が送っていくから寄り道しない。プール（東雲スイミング）にいく。東雲小の近く。ピアノは東本浦のおばあちゃんちまで先生がくる。
B	SY（女子）	どこにも行かない。	己斐の塾、家の中でマンガ、近所のコンビニ。
	TM（女子）	とくにはないです。	学校から家へ。学校でも外では遊ばない。バスを待つ時は本を読む。市役所の近くのツツジの所、ツツジがきれい。寄り道にならない範囲です。

アンケート項目		その4　学校のない日、だれとどこへよく行きますか。その理由もおしえてください。別の地図にも書いてください。いくつでも書いてください。	
グループ	氏名（性別）	アンケート記入	インタビュー調査結果
A	FR（男子）	ほとんどどこへも行きません。	塾に行く（土・日）、父の会社の友達とアンサンブル。自分はビオラをやっている。その後外食に行くことがある。公民館でやってるけど車で行くので詳しい場所はわからない。
	MO（男子）	1人で公園によく行く。 理由：気分転かんをするため、さんぽをするため。	比治山のマンガ図書館に行く。比治山の公園に行く。眺めは関係ない、見ない。
	MM（女子）	お母さんとお食事。久しぶりだから。	休みの日は塾。家で勉強。どこにもいかない。
B	SY（女子）	どこにも行かない。	図書館に本を借りにいく。本通りの本屋。買い物も微妙にいく。
	TM（女子）	デパートなどの手芸屋さん→しゅみで。手芸が好きなので。	近くのスパークなど。妹の習い事（ピアノに付いていくことがたまにある）

表1　「よく行く場所」のアンケートとインタビュー調査（抜粋）

アンケート調査では、「どこへも行かない」という断言的な回答でも、気さくなインタビュー調査の会話のなかでは、さまざまな寄り道について児童は打ち明けてくれる。教えてくれなかったたくさんの児童も、おそらく普段からいろいろな寄り道や道草をしているはずであり、休日には「気分転換」しているはずである。頻度が重要なのではない。そこに込められた意味が大切である。

グループ	氏名（性別）	アンケート記入	インタビュー調査結果
A	NY（男子）	よく山口や鳥取などの県。	山口はおばあちゃんち。鳥取は砂丘に行く。あと、北海道に4年生のとき兄・母といった（冬）。沖縄も2年生のとき家族でいった。海外にはハワイに1年生のとき家族で。アメリカ、NYに幼稚園のとき家族でいった。
	HR（男子）	あまりいきません。	外国＝アメリカ（LA、ハワイ）、グアム、1年生のときから毎年夏は海外、北海道、群馬のおじいさんち。旅行によくいく一家だと思う。
B	UM（女子）	無記入	一昨年USJ、海遊館を回る、車で家族でいった。山口のきらら博、三河ムーバレー、秋吉台。鳥取のかいり温泉、アクアス、熊野に筆を買いにいった。
C	KH（男子）	行きません	登山、スキー、家族と芸北、北海道、蔵王、長野
D	SA（女子）	特に行きません。	大阪USJ、去年か一昨年。島根の水族館　車で。
E	KS（男子）	夏休み、島根におばあちゃんにあいにいきます。	2年に1度くらいディズニーランドにいく。
	OY（男子）	休日に海田の方へ家族でいく。	キャンプ、バーベキュー。ディズニー、USJ、神戸の中華街など、大きな休みには家族で旅行。

表2　旅行先のアンケートとインタビュー調査（抜粋）

寄り道や道草のように、アンケート調査に回答することが憚られることもないはずであるが、旅行に「行きません」と回答する児童が多い。ところが、インタビュー調査では、実際にはたくさんの旅行を児童は経験していることが判明する。頻度が多すぎて逐一覚えていないのであろうか。あるいは、それほど印象的な旅行をまだ体験していないのであろうか。いずれにしても、「毎年夏は海外」という児童と「おばあちゃんち」という児童とでは、都市空間の評価が同じとは思えない。

には異空間の体験である。しかしながら、アンケート調査には回答しない。空間からはたらきかけられるだけの旅行では、せっかくの楽しいはずの体験も記憶に残らないからである。能動的な契機の喪失は、生活空間における抗えない現実であるばかりか、旅行という場面においてさえそうである。

第3章 感性のフィールドワーク——ときを感じる

1 「フィールドワーク」とは

家・通学路・学校のような生活空間の「フィールド」は、他にもまして児童の具体的な実践の「現場」である。一瞬一瞬の「現場」に人が立ち、「場所」を定位することによって「空間」の拡がりが現象し、意味が醸成される。同じ食卓に着いても、同じ時間に路面電車に乗って通学しても、同じ教室で授業を聴いても、同じことの繰り返しは何一つとしてない。

したがって、「現場」とは、定型化される風景の成り立つ以前の、あるいは成りつつある手前の出来事の場である。「工事現場」や「解体現場」が構築物の誕生と死のプロセスを視覚化しているように、そこにしかないものが生成あるいは消滅する期待感が湧出してくるような場である。あるいは、医療行為の現場（臨床）、芸術表現の現場（サイト・スペシフィック）のように、主体的・実践的行為の基盤、身体を通して「感性」が湧出してくるような場である。「フィールド」ということばには、すでに「フィールドワーク」の契機が含意されている。

「フィールドワーク」*1という主題に関しては、今西錦司や南方熊楠の生物学、あるいは柳田國男や宮本常一の民俗学、近年隆盛する社会学的調査（サーヴェイ、参与観察、ルポルタージュ、オーラルヒストリーなど）、心理学や臨床医学における質的研究などが知られ、生得論と環境決定論、あるいは主体と対象の二元論的枠組みの乗り越えが試みられている。乗り越えようとすると、どうしても当事者性は流動化していかざるをえない。つまり、「フィールド」を問う限り、実践するものとそれを観察するもの、感じるものと感じられるものの境界は限りなく溶け合っていくほかない*2。

その意味でも、児童たちとの「フィールドワーク」は実験室での実験ではない。実験室での評価やアン

*1　人類学を源流とするフィールドワークの可能性については、佐藤郁哉『フィールドワーク 書を持って街へ出よう』新曜社、1992を参照。

*2　社会学や心理学における「フィールド（現場）」は、そこに「参与」することができるにしてもあくまで研究の対象であり、「観察」であることには変わりない（質的研究事例を集めた、やまだようこ編『現場心理学』新曜社、1997でさえそうである）。「エコピース」の都市空間地図は児童との協働であるが、同じ目線で、児童たちの声を聞く身体をもつことは果たして可能であろうか。これは当事者意識の問題である。一つの答えは、子どもの遊びと街研究会編著『三世代遊び場図鑑――街が僕らの遊び場だ！――』風土社、1999に示されるような多世代参加型の実践による自己主張の共存なのかもしれない。1章「はじめに」の*28も参照。

ケートの記述は、場所に密着した「私」の感性からは乖離している。秘室の中で景観写真を提示され、景観の好感度を問われても、本当は何も答えていることにはならない。あの場所で情感を持って景観を眺めるとき、折々の気分、同伴者との会話、天候の移り変わり、さらにそれまでの人生の経験など、当事者を取り巻くさまざまな内在的かつ外在的な要因が意識的かつ無意識的に作用する。それにもまして、フィールドワークは、現場を取り囲む空間を受動的に感知するだけでなく、空間への能動的なはたらきかけである。したがって児童たちとのフィールドワークでは、教室での「発表」だけでなく、現場での「発語」や行動（もしくは両者の差異）にもまさに当事者として留意したい。もしかしたら、「教室」は教育という名目での「実験室」かもしれないからである。

たしかに、防災や自然環境保全や歴史的遺産を主題としたまちづくりなどで頻繁に実施されるフィールドワークという名目の調査は、参与観察とは異なって明確な調査目的があり、目的に適うような実際の発見があり、発見したことを記述していくことが大切になる。しかし、発見が調査目的に促されたものである限り、フィールドワークはよくも悪くも空間の概念化もしくは規範化につながれている。希少生物が見つかれば、他の生物に対する生態系への影響などとは関係なく、ともかく守られなければならない。高齢者にとって不便なところが見つかれば、費用対効果は度外視して、改善されなければならない。児童の場合、フィールドワークが「学習」であれば、なおさら規範的なふるまいになる。もしかしたら、フィールドもまた「教室」かもしれないのである＊3。

しかし一方で、フィールドワークに規定される目的から逸脱して行動することが、児童たちには多々ある。フィールドワークでは、その時その場所における児童の素直な感情が行動に現れる。しかしそれは、単に動物的で本能的で未熟な反応ではない。同じものに出会っても、興味津々に見つめる児童もいれば、嫌悪して眼を背ける児童もいる。知らない人から話しかけられて嬉々として会話に夢中になる児童もいれ

＊3　いかなるフィールドワークも規範的であることを避けることはできず、フィールドにおいてこどもを自由に振る舞わせることは、原理的に不可能である（ジェイムズ・クリフォード、毛利嘉孝・有元健・柴山麻妃・島村奈生子・福住廉・遠藤水城訳『ルーツ――20世紀後期の旅と翻訳』月曜社、２００２／伊東精男「調査する身体」と「実践する身体」　エスノグラフィーにおける認識と身体性」日本感性工学会研究論文集、Vol.6、No.4、２００６、59－66頁を参照）。なぜなら、「参与」している当の私たちのまなざしが、「こども」という概念を不可避に構成しているからである（フィリップ・アリエス、杉山光信・杉山恵美子訳『〈子供〉の誕生　アンシャン・レジーム期の子供と家族生活』みすず書房、１９８０を参照）。

ば、逃げるようにして立ち去る児童もいる。それは性格という以上に、短いがしかし着実なこれまでの人生の履歴の反映であり、これまでに培ってきた価値観の現れである。一回的な場所における不透明な生産には違いないが、そこには「日常的実践」*4に裏打ちされた独特の論理がある。

＊　＊　＊

「エコピース」マップでは、家・通学路・学校という日常的な生活空間とは異なる社会空間でのフィールドワーク（児童たちは「探検」と呼んでいる）を実施している。フィールドワークの仕掛け自体は、とても単純である。要点だけを押さえた単純なものの方が、大人があれこれ工夫を凝らしてたくさんのメニューを盛り込んだフィールドワークよりも、実ははるかに楽しいからである。

単純明快なテーマを設定する

もちろん、フィールドワークの動機づけとなるテーマが、活動の内容を大きく左右する。極端に言えば、方法よりなにより、テーマの共有がフィールドワークでは一番大切であり、成功の鍵である。明快で誰にでもわかる短い言葉でテーマを表現し、参加しているフィールドワーカーに伝え、みんなで共通の理解をしておくことが大切である。他のどこにもないユニークなことばで表現できればなおよい。「エコピース」マップでは、「エコピース」ということばそのものが最も集約的でユニークなテーマを表している。たしかに、それだけでは具体的に何を調査するのか、本当のところよくわからない。ところが、わからないけれど呼び続けていると、なぜか「えこぴー」の活動として共有されるようになる。テーマに含意

*4　読む、話す、住む、料理するなどの「日常的実践」における記憶の生産と消費の論理については、ミシェル・セルトー、山田登世子訳『日常的実践のポイエティーク』国文社、1987を参照。

される深い内容は、後からついてくるものなのかもしれない。

理念はさておき、フィールドワークのように具体的な作業を伴う場合は、もっと単純明快で老若男女が容易に理解できる作業テーマを設定すると、一体感が増す。「まちのお宝を発見しよう」「ランドマークを探そう」「交通の危険な場所を探そう」。どのような合い言葉でもよいが、「エコピース」マップではとても単純である。

「まちのよいところ（〇）、よくないところ（×）をたんけんする」

実際には、〇×の記号だけでなく、△を使ったり＊5、評価の簡単な理由を走り書きしたり、写真に撮って記録したりするが、いずれにしても特別の評価基準をつくらずに自由に〇×の場所を見つけ出す作業である。ほとんど何も言っていないに等しい。児童は困惑するだけである、というのも正論である。しかし、たとえ教条的なテーマを提示しても、野外活動そのものに夢中になっている児童にとって、作業テーマがほとんど意味をなさない場合が多い。だからといって、テーマなしでよいというわけではない。「エコピース」ということばがもつ理念を振り返ることも大切である。

小学校児童の学校活動の場合、フィールドワークは「遊び」ではなく「学習」という位置づけである。「学習」である限り、もちろん限界はある。しかしどのような類のフィールドワークであれ、社会的な制約のないものはなく一長一短であり、またなによりも児童たちにとってそんなことは知ったことではない。本当は「遊び」でありまた「学習」であるような、単純明快なテーマとことばを与えたい。

＊5　△の記号は、「〇か×か判断できない」という意味と、「〇でもあり×でもある」という意味もある。もちろん、後者の方がより高度な空間評価である。

フィールドにルートを設定する

成功のもう一つの秘訣は、フィールドワークのルートの設定そのものにテーマを反映させることである。フィールドワークのルートは、オーケストラの楽譜や演劇の台本のようなものである。ルートの示された調査地図は、連帯感や協働意識をもたらす目に見えない糸となる。

児童にとって、フィールドワークの徒歩での調査の時間は、おそらく2時間が心身ともに限界である。ゆっくり歩いても3時間である。また、頭ではわかっていても、歩きながら地図で現在地を確認するのは意外と難しい。重要な施設でなくても、目印となるものをあらかじめ調査地図上に明記しておくことも大切である。とくに、公園や広場のベンチなど一時的に休息することのできる場所や、公衆トイレ、雨天の場合の雨宿りの場所を調査地図に明記しておく。このことは、小学生児童の場合、円滑なフィールドワークの実施に欠かせない。

もちろん、フィールドの規模や性格によって、ルートを明確に定めないやり方もある。おおよその範囲だけを決めておき、自由に探検することで思いがけない発見があるかもしれない。しかしながら、大人でもそうであるが、フィールドワークという集団活動で、児童たちはまとまった行動が苦手である。身元確認と安全確保という面でも、ルートを設定しておいた方が円滑な活動が保証される。そしてそれ以上に、ルートを共有することによるフィールドワークの一体感がある。みんなと活動していることではじめて体験できる何かが充実感と期待感を生み、継続的な活動につながっていく。

あるいは、フィールドワークのルートを決めるためのフィールドワークがあってもよい。「他の小学校と一緒にフィールドワークするためのルートを探そうフィールドワーク」などは、とても盛り上がるはずである。フィールドを共有して歩くことは、それほど楽しい。

グループを自主的につくる

「エコピース」マップは、大人もこどもも一緒に対等な目線で取り組む活動である。ただし、フィールドワークの現場では主役はあくまで児童たちであり、そういう意識を持たせる演出が大切である。グループもその隊長も副隊長も自分たちで決めて、「探検」を盛り上げる。

フィールドワークの活動単位は、原則として6人である。一般的なフィールドワークやワークショップの活動でも、1グループ6人が上限と言われている*6。年齢にもよるが、8人では行動のまとまりがとれず、4人では特定の児童による影響が大きくなることが多い。とくに小学生児童の場合、女子の主導権が男子よりも突出することが多いので、注意しておく必要がある。いずれにしても、隊長と副隊長は、バランス上男女で構成することが望ましい。

グループを児童たち自身が自主的につくっているということは、グループの構成員は基本的には「なかま」である。お互いに気が置けない関係であるために、なれ合いの危険性がつねにつきまとうが、ワークショップでは意見が異なるかもしれない「クラス」の他のグループと議論しなければならないために、グループに連帯感が生まれ、かえって他のグループの行動や意見の違いにも耳を傾けるようになる*7。反対に、名簿から機械的に割り振ったグループでは、他のグループとの活発なコミュニケーションの前提となるグループ内での円滑な活動を妨げる危険性がある。

サポーターは一人称で語る

児童を主役とするフィールドワークでは、テーマ設定、ルートの仕掛けと同様に、大人であるサポーターによる語りかけによって、児童の行動を誘発することも重要である*8。実際には、フィールドワー

*6　成人ワークショップのグループ活動の規模や運営の詳細については、中野民夫『ファシリテーション革命』岩波書店、2003、71—81頁を参照。

*7　「グループ（なかま）」→「クラス（みんな）」は集団遊びの構造そのものである。たとえば、ドッジボールをするにも、「なかま」の人数が少なければ、多少気の合わないこどもともうまくやって「みんな」で楽しまなくてはならない。

*8　「エコピース」マップでは、1グループ6人の児童に1〜2人の学生サポーターが行動をともにする。学生サポーターは原則として建築学を専攻する学部4年生と大学院生である（社会人や高齢者が参加する場合もある）。教育学の学生のように児童の扱いに慣れていないために、かえって「よいお兄さん、お姉さん」になりがちである。
保護者は自主的な参加である。共働き世帯も多く参加できない保護者もいるが、基本的に教育熱心な保護者が大半を占め、フィールドワークとワークショップには毎年クラスの3分の1から4分の1の保護者（母親）の参加がある。その際、児童が保護者の目を気にしないよう、保護者は助言を与えないことを原則としている（うまくいかない場合も多い）。

クでの児童への語りかけには、高度な技術を要する。注意散漫になりがちな児童に対して見るべきものを促したり、それが〇か×かの判断材料となる情報を提供したりすることが語りかけの目的であるが、児童はサポーターの語りかけをすぐに鵜呑みにしてしまう傾向がある。極端に言えば、児童の空間評価の特性を捉えようとしているのに、実は児童を統率するサポーターの空間評価を分析することになってしまうことさえある。

あるいは逆に、児童がまったく語りかけを聞いてくれない場合もある。とくに「一般市民の迷惑にならない」「交通ルールを守る」「グループでまとまって行動する」「デジタルカメラを大切に」「隊長のいうことをよく聞く」などの一般的な注意事項は、フィールドワークの非日常的雰囲気に飲まれて忘れられがちである。そこで、サポーターは「〇〇してはいけない」ではなく、「ぼくたちは〇〇することにしよう」という約束事をはじめに決めておいて、守られていないときにだけ、「ぼくたちは〇〇する約束だったよね」と語りかけると効果的である。

当然、「ぼくたち」にはサポーターの一人称が含まれている。だから、フィールドのある対象に対して「〇〇をどう思う？」と問いかけるのではなく、サポーター自身があえて「ぼく（わたし）は〇〇と思う」と語りかけてみる。一人称の語りは、児童に未知の知識を植え付けることとは似て非なるものである。不思議なことに、サポーターが本当に素直に一人称で語りかけるとき、児童はその意見を鵜呑みにせず、かえって自分で考えようとする。それは学年に関係がないようである。一人称で語りかけることは、同じ目線で話し、同じ目線で聞くための大原則としたい。

感覚的に記録をとる

同じことを感じても、同じように記録できるとは限らない。

「エコピース」マップのフィールドワークでは、ルートを記載した白地図に鉛筆で記入する（図2）。フィールドワーク・マップはA3判の大きさの地図を半分に折って画板に挟む。大きさゆえの煩雑さについては、児童はあまり気にならないようである。あまり判を小さくすると携帯性には優れているが、細かな気づきを記録することができない。テーマにもよるが、ガリバー地図のような大地図を地面に敷くワークショップもあるくらいであるから、フィールドワークでも大きな地図の方が位置がわかりやすく、多少扱いにくいぐらいの方が、かえって調査しているという気分が盛り上がる。

調査による記述の内容は、できるだけ短時間で感覚的に記録できる方法がよい。最も単純明快な方法は○×による記述であるが、それだけでは記録内容として十分ではないために、ことばを書き添えて補完する＊9。原則的には書きたいだけ書く。多くを書いて褒めることはあっても、少ないからもっと書くように促したりはしない。あくまで、感じた事柄を後で想起するための補助的な忘備録としておきたい。

ことばによる気づきの記録は、児童の場合とくに時間を要し、思ったほどたくさんの記述ができない。そのために、デジタルカメラによる写真撮影も補助的に用いる＊10。ただし児童の場合、撮影に夢中になって撮影が調査の方法ではなく目的になってしまうこともしばしばである（おまけによく壊す）。

それでも、写真は後の想起を助ける有効な材料であり、なによりワークショップの場面で撮影した写真を介して議論が活発になるという効果がある＊11。各グループで隊長・副隊長以外のカメラマンの役割の児童（記録係）を決めて撮影するのも、次善の策である。写真撮影に頼らずに、忘れてしまうのもまた一つの重要な感性のはたらきと考えて、あえて写真撮影をしないフィールドワークをすることもある。

＊9　筆記は、鉛筆よりもペンのような消えないものがよい。鉛筆だと消しゴムで消して書き直したくなり、それだけで時間がかかってしまう。きれいに書きたくなり、一緒にまとまって行動すべきグループのなかまが視界から消えてしまう。

＊10　2人1組でデジタルカメラに撮影された児童の写真は、各組半日で40～200枚と幅があり、一般的傾向は見出せない。

＊11　「エコピース」マップでは試みていないが、フィールドワークで撮影した写真にキャプションを付けたり（キャプション評価法）、代表的な景観を選定したり、コラージュして書き足し、児童提案を具体的なかたちにするなど、多彩なワークショップが展開できる。

身元確認と安全確保

フィールドワークはほとんどが公共空間での活動であり、マナーを守ることが大前提である。とくに児童の場合、無邪気な行動が一般市民の迷惑になることもある。最低限、「まちのひとにあいさつをする」ことは徹底しておきたい*12。

しかしそれ以前に、児童の身元確認と安全確保が絶対条件である。児童の不規則で予測できない行動は頻繁にある。自転車や自動車との接触しそうな飛び出し、道路でのつまずき、高所へのよじ登りや寝そべりなど、絶えず危険がつきまとう。事前準備がたとえうまく機能しなかったとしても、児童が怪我もなく無事であれば、フィールドワークは成功だと考えるべきである。

実際には、安全確保一つとってもマニュアル通りにいかないことがほとんどである。児童の個性もフィールドの個性も毎年違う。しかしそれが楽しみを生み、結果的に継続的な活動につながっていく。その意味で、フィールドワークの技法は、児童との双方向的なまなざしによってつねに改良を重ねていくことに意味があり、不変の一般解というものはない。

「エコピース」マップのフィールド

「エコピース」の活動では、学生サポーターや保護者と一緒に路面電車に乗って広島市旧市街を広域に調査したり、学校周辺をくまなく散歩しながら調査したり、広島市の代表的な場所である平和記念公園という聖地に足を踏み入れて調査したりしている（表1、図1）。フィールドワークの範囲は、狭域から広域まで様々である（図2）。

「エコピース」の活動は、まず路面電車に乗って広域を調査することから始めた。近年LRTとして再

*12 フィールドワークでのよくある苦情は、路面電車内での児童同士のおしゃべり騒音、店舗や住宅の写真撮影によるプライバシー侵害、集団行動による通行妨害などである。多くの場合、フィールドワークの活動とは思われていないことが原因であり、挨拶の励行によって概ね解消できる。ところが、通学路では見知らぬ人に挨拶してはいけないことになっている。矛盾である。

注目されているが、路面電車が今なお存続している日本の都市は少なく、広島らしい調査が可能になると思われたからである。そのうえ、児童の多くが路面電車を利用して通学している。

複数の河川を横断する路面電車は、広島市の特徴的な都市空間構成を反映している。そもそも路面電車は大正年間に旧国鉄の補完的輸送機関として全国の都市に導入されて発達した。広島市のような城下町では堀の埋め立てによって路線が敷設され、沿線に様々な軍事施設（練兵場・軍港・工廠・学校・病院など）が整備されて軍事都市廣島となった。そして第二次世界大戦後には、軍事施設が平和施設（公園・緑地・運動施設・博物館など）に読み換えられて、平和都市広島となっていく。モータリゼーションの著しい発展においても廃線を免れた広島市の路面電車を使ったフィールドワークでは、そのような近世・近代の都市構造を味わうことができる。

広島大学附属小学校もまた、戦前からの学校教育施設の拠点の一つである。「広大附属学校前」の電停があり、小・中・高に通う多くの児童・生徒がこの電停から通学してくる。毎日通る場所ではあるが、近隣学区制ではないために学校の周辺はほとんど知らない。そのため、都市の全体的なイメージをつかむには路面電車を手段としたフィールドワークが有効であるが、空間のディテールを味わうには学校を拠点とした周辺地域が有効である。広島大学附属小学校の周辺は一軒家やマンションの混在する住宅地であり、大型スーパーや病院、公園も大小様々ある。路面電車のフィールドワークとは異なって、公共的な施設は比較的少なく、自らの生活空間と対照させながらまちとふれあうことができる。

一方、路面電車の路線の中心部には、1915年にチェコの建築家ヤン・レツルによって近代施設の象徴、産業奨励館が建てられている。第二次世界大戦後は丹下健三による平和記念公園の設計によって、原爆ドームとして保存され、近世の城郭に代わって現代都市のコアを形成することになる。都市のなかでもっとも公共的な空間であり、歴史的な場所の声に耳を澄ますことができる。

EP	学年／年度		日程	担任教諭・参加人数	フィールドワーク対象	アイコンの数
1	4 2002年度	PRE FW＋WS AFTER	2003.02.14 2003.02.17 2003.03.10, 11	關浩和 児童40名	路面電車沿線 （2号線）約5km	125個 （3カテゴリー）
2	5 2003年度	PRE FW＋WS AFTER	2003.06.27 2003.06.30, 07.02 2003.07.07	關浩和 児童40名 （前回参加者19名）	路面電車沿線 （3号線）約7km	46個 （3カテゴリー）
3	6 2004年度	PRE FW＋WS AFTER	2004.06.24 2004.06.28, 30 2004.07.09, 14	關浩和 児童39名 保護者8名	路面電車沿線 （2号線）約5km	50個 ＋オリジナル4個 （3カテゴリー）
4	3 2005年度	PRE FW＋WS AFTER	2005.10.25 2005.11.2 2005.11.21, 22 2005.12.06	關浩和 児童37名 保護者12名	小学校周辺 直径1km	30個 ＋オリジナル4個 （3カテゴリー）
5	4 2006年度	PRE FW＋WS AFTER	2006.06.23 2006.06.28, 07.03 2006.07.05, 07 2007.02.14, 16	岡本典久 児童38名 保護者13名	小学校周辺 直径1km	20個 （3カテゴリー）
6	5 2007年度	PRE FW＋WS AFTER	2007.11.09, 16 2007.11.27, 28 2008.02.19,20	岡本典久 児童38名 （前々回参加者18名） （前回参加者19名） （転校生1名） 市民8名 保護者8名	路面電車沿線 （2号線・3号線） 約12km	30個 ＋オリジナル4個 （3カテゴリー）
7	6 2008年度	WS	2008.06.26, 07.09, 10, 11	岡本典久 児童39名 （前回参加者38名） （転校生1名） 保護者9名	—	30個 ＋オリジナル4個 （3カテゴリー）
8	3 2009年度	PRE FW WS	2009.10.20, 21, 27, 28 2009.12.15, 16 2010.02.09, 10, 15	岡本典久 児童39名 保護者9名	平和記念公園 中島地区・基町地区	5個 （五感アイコン）
9	4 2010年度	PRE FW WS	2010.6.24, 7.01, 06 2010.11.24, 26 2011.02.15, 16, 18, 23	國清あやか 児童39名	平和祈念公園 中島地区・基町地区	5個 （五感アイコン）
10	5 2011年度	PRE FW WS	2011.6.24 07.06, 08 2011.11.22, 29, 30 2012.02.27, 28, 29	國清あやか 児童40名 （前回参加者19名）	平和祈念公園 中島地区・基町地区・ 広島城	5個 （五感アイコン）

EP：エコピース　PRE：プレワークショップ　FW：フィールドワーク　WS：ワークショップ　AFTER：アフターワークショップ

表1 「エコピース」の活動履歴

まるで10年間の構想がはじめからあったかのようであるが、実際には、「エコピース」の活動をする児童たちを毎年見つめ、担任教諭に教えられ、児童の安全を考えながらフィールドワークの対象や方法を変えている。ただし、持ち上がりで活動するために、6年生まではある程度一貫性のある活動となっている。

路面電車の沿線、学校周辺、都市のコアは、どこも広島市ならではの固有の空間体験のできるフィールドである。フィールドワークといえば、身近なディストリクトの調査が最も一般的であるが、広島大学附属小学校の児童たちにとって、これらのフィールドはどこも非日常的な社会空間に満ちあふれている。こうして、児童たちはフィールドワーク・マップを持って日常生活のフィールドの外に出ることになる（図2）。

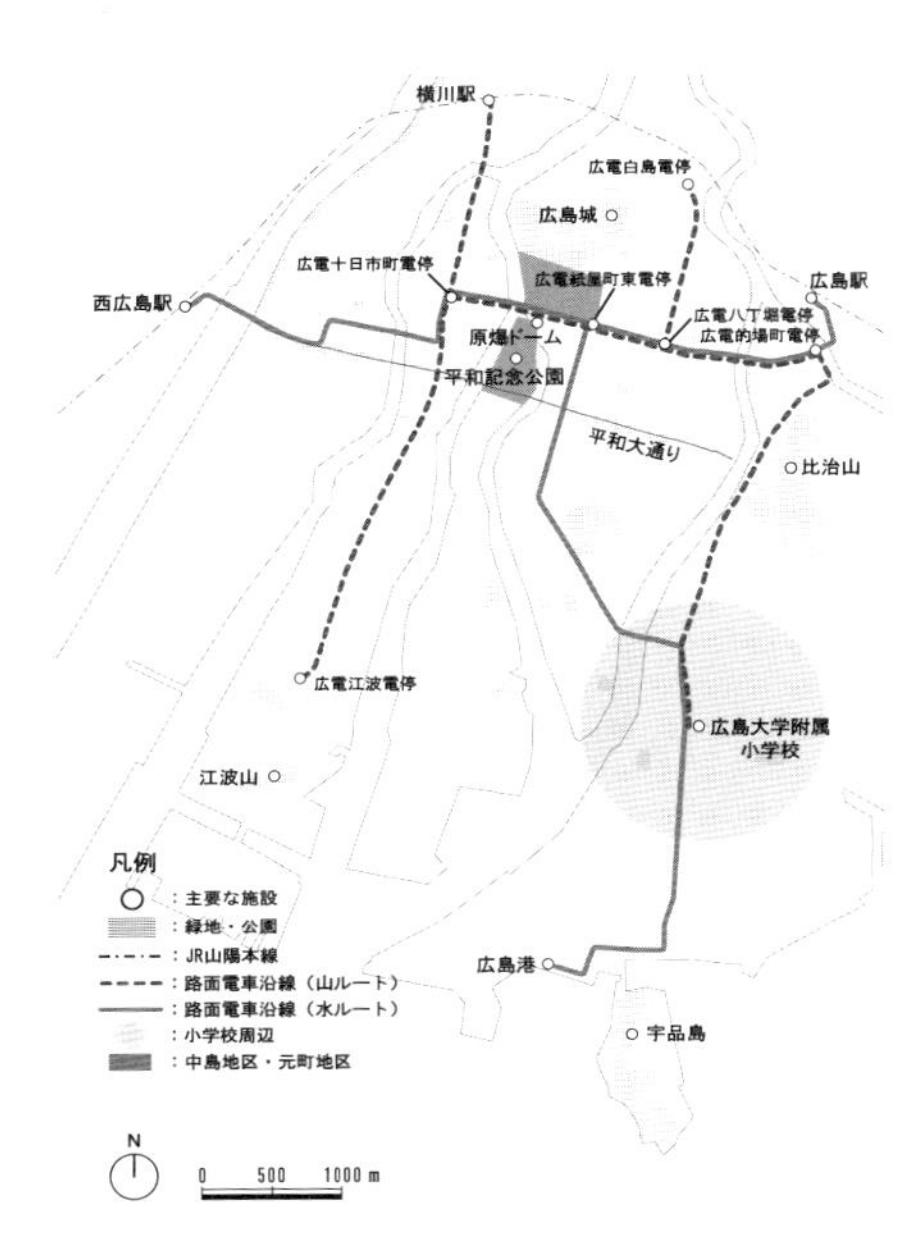

図1　フィールドワークの範囲

都市における社会空間のフィールドワークは、単に日常的な生活空間の外に出るということだけではない。空間のスケール、場所の歴史的な意味、歩く時間や速度によって様々な位相がある。多くの児童にとって慣れ親しんだ通学手段である路面電車は、城下町の堀を埋め立てて敷設され、軍港・軍事施設を結ぶ輸送機関として整備されたもので、軍事都市廣島の発展に寄与してきた。広島市の旧市街の歴史的な構成を明快に反映している路面電車に乗れば、広島というまちの全体像を見ることができる。一方、広島大学附属小学校の半径500mのフィールドは、児童にとって最も身近でありながら意外とよく知らない場所である。また、平和都市広島のまちの固有性は、中島地区の平和記念公園という中心（コア）にもある。児童には周知の場所であり、学校以外では最も教育的な場所である。

5-chome
かいがんどおり
kaigan-dori
もとうじなぐち
ひろしまこう
hiroshima-ko
(hiroshima port)
広島競輪場
駐車場
広島市水上消防署

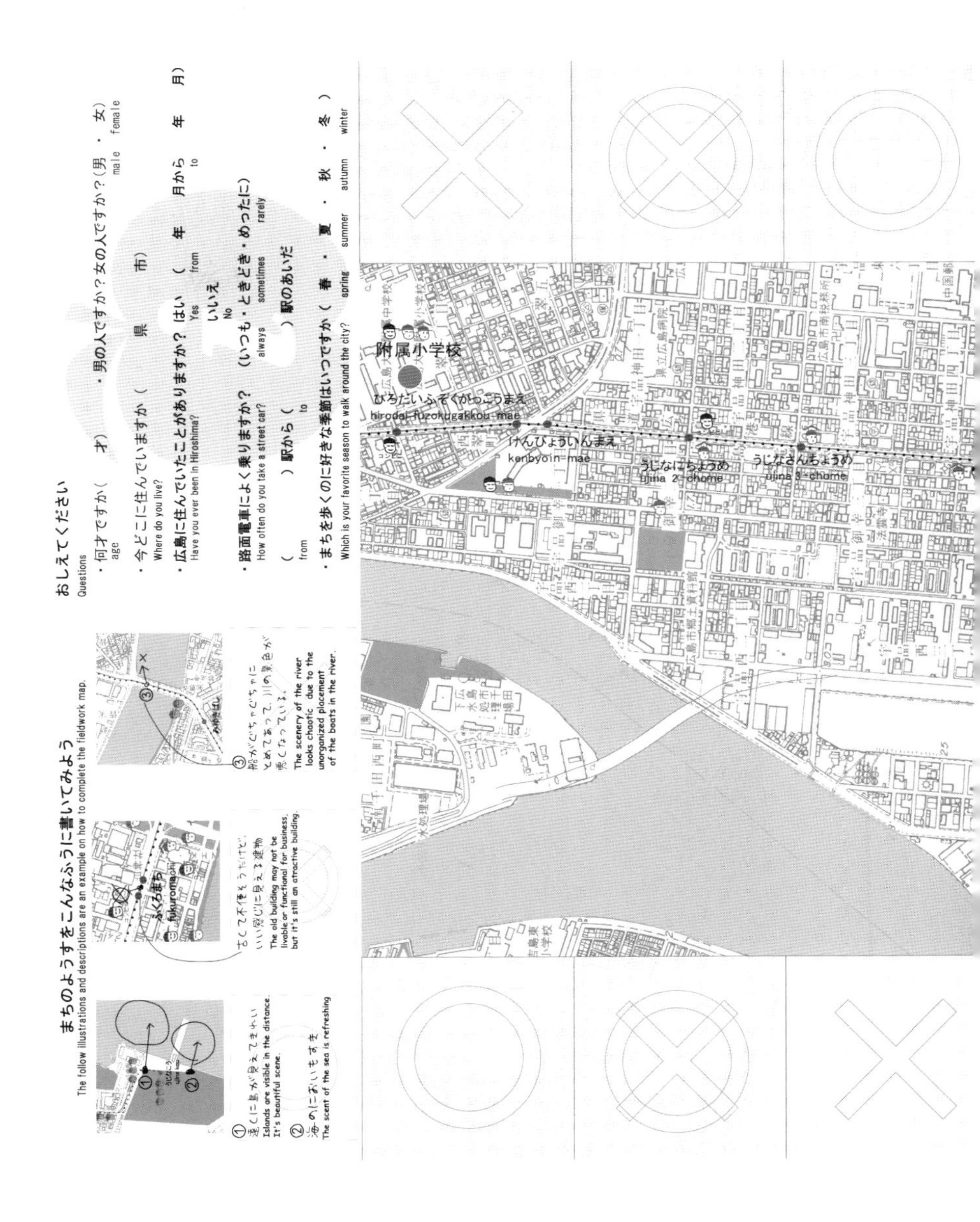

図2　フィールドワークで調べてみる

児童たちは画板にフィールドワーク・マップを挟んで様々な場所を調べてみる。都市のコアとなる大公園、大型商業施設、自然環境、そして路地まで。ひと休みできるところ、雨やどりできるところ、トイレに行けるところもわかるから、水筒が重くても、画板が大きくても構わない。眼と鉛筆が探検の武器である。

2　歩くこと――その身体性

フィールドワークで都市空間を歩くとき、児童たちは何を見ているのだろうか。大人と比べると、なによりもまず身体能力の限界が活動を左右する。空間認知の発達過程を問題にする以前に、とりわけ身長の低さが空間評価の内容にもっとも影響を与えているのである。大人と比べて、なにより見えているものそのものが違っている。しかし、目線の高さだけが身体の問題ではない。あるものにまなざしを向ける当の児童の身構えは、それ自体独特である。

視点の大地性

児童の視線の低さは、路面電車を用いた広域のフィールドワークよりも、小学校周辺のディストリクトをゆっくりと歩いてみたときにはっきりと表れる*13。

児童と保護者では、まず評価対象との距離のとり方が根本的に異なっている。フィールドワーク・マップに記された評価対象について、便宜的に人工空間と自然空間に大別して整理してみると、児童の方が保護者より指摘の割合が多いのは、現代建築物、看板・広告、廃棄物、植物、動物などである（**表2** 網かけ箇所）。保護者が比較的広い視野で都市の空間要素を抽出するのに対して、児童は近くにまで寄って見ないと評価のしようのないものを捉える*14。

実際、児童が撮影する景観写真は概して近景であり、大地の地表レヴェルの景観に対する関心の高さが顕著に表れている（**図3**）。たとえば、保護者の撮影する建築物は全体像がはっきりわかるのに対して、児

*13　たとえば2005年度の3年生児童及び保護者との学校周辺のフィールドワーク。児童と保護者にとって、はじめてのフィールドワーク体験である。

*14　小学校中学年の児童の視野の狭さについては、既往研究でもしばしば指摘されているが、山間部の小学校児童には、遠景の美しさに対するまなざしがある（寺本潔・大西宏治「子どもは身近な世界をどう感じているか」愛知教育大学研究報告44（人文科学編）、113頁を参照）。都市部でのフィールドワークで近視眼的であるのは、おそらく、身体機能という内的要因と同時に、都市空間そのものの物理的要因にも関係している。

*15　2005年度の3年生児童との学校周辺のフィールドワーク。

	児童				保護者			
	指摘割合	○	△	×	指摘割合	○	△	×
人工空間								
まちなみ	0.58%	0.29%	0.00%	0.22%	0.30%	0.30%	0.00%	0.00%
橋梁	0.51%	0.37%	0.07%	0.07%	0.59%	0.59%	0.00%	0.00%
歴史的建築物	0.81%	0.81%	0.00%	0.00%	3.25%	3.25%	0.00%	0.00%
現代建築物	**11.60%**	**8.96%**	**0.51%**	**1.84%**	**9.47%**	**7.69%**	**0.00%**	**0.89%**
工作物	4.85%	4.34%	0.07%	0.22%	1.78%	1.48%	0.00%	0.00%
設置物（バリアフリー）	1.98%	1.91%	0.00%	0.00%	4.44%	3.55%	0.00%	0.59%
設置物（アート）	1.62%	1.62%	0.00%	0.00%	1.18%	1.18%	0.00%	0.00%
設置物（看板・広告）	**5.22%**	**4.56%**	**0.00%**	**0.29%**	**2.96%**	**2.07%**	**0.00%**	**0.59%**
設置物（ゴミ収集所）	1.90%	1.32%	0.22%	0.29%	2.96%	2.07%	0.00%	0.89%
設置物（その他）	3.24%	2.87%	0.00%	0.15%	0.00%	0.00%	0.00%	0.00%
工事現場	1.69%	0.22%	0.44%	1.03%	6.22%	0.00%	0.00%	5.33%
障害物	0.44%	0.00%	0.00%	0.44%	5.03%	0.00%	0.00%	5.03%
廃棄物	**13.37%**	**0.07%**	**0.22%**	**13.01%**	**7.10%**	**0.00%**	**0.00%**	**6.80%**
落書き	0.00%	0.00%	0.00%	0.00%	0.89%	0.00%	0.00%	0.89%
駐車場・駐輪場	1.61%	1.25%	0.07%	0.00%	1.18%	0.59%	0.00%	0.00%
道路	5.00%	2.87%	0.44%	1.10%	13.61%	7.69%	1.48%	3.55%
交通	6.69%	1.84%	0.44%	4.04%	7.69%	2.07%	0.00%	4.73%
人	0.37%	0.37%	0.00%	0.00%	0.89%	0.89%	0.00%	0.00%
小計	61.50%	33.65%	2.50%	22.70%	69.53%	33.43%	1.48%	29.29%
自然空間								
山・海	0.07%	0.07%	0.00%	0.00%	0.30%	0.00%	0.30%	0.00%
河川	6.02%	1.76%	2.42%	1.84%	4.15%	0.30%	1.18%	2.37%
自然地形	0.07%	0.07%	0.00%	0.00%	0.00%	0.00%	0.00%	0.00%
広場・公園	5.52%	4.41%	0.15%	0.81%	12.14%	8.88%	0.30%	2.37%
植物	**20.65%**	**18.15%**	**0.37%**	**1.03%**	**11.84%**	**8.88%**	**0.89%**	**1.48%**
動物	**4.11%**	**3.31%**	**0.29%**	**0.44%**	**1.18%**	**1.18%**	**0.00%**	**0.00%**
小計	36.43%	27.77%	3.23%	4.11%	29.58%	19.23%	2.66%	6.21%
その他	1.03%	0.59%	0.00%	0.29%	0.59%	0.59%	0.00%	0.00%
不明	1.03%	0.37%	0.00%	0.51%	0.30%	0.30%	0.00%	0.00%
小計	2.06%	0.96%	0.00%	0.81%	0.89%	0.89%	0.00%	0.00%
合計	100.00%	62.38%	5.73%	27.63%	100.00%	53.55%	4.14%	35.50%
母体数（指摘数）	1361	849	78	376	338	181	14	120

表 2　児童と保護者による小学校周辺の評価要素（単位：%）　*15

たとえ「まちの遠くの方も見てごらん」と促しても、児童たちが見ているのは「地面」である。「ビルがなくて山並みがきれい」なことよりも、「地面がデコボコしていてお年寄りに危険」なことの方が気にかかる。手の届く範囲の近景は、触覚的な感覚を反映している。大地と接する足の感覚が基本である。児童たちの一見稚拙な空間評価の構造は、根源的な知覚構造を露わにしている。

	児童	保護者
建築物	 	
道路		
河川		
広場・公園		

図3　児童・保護者が撮影した景観写真

大地に立つ身体が感じる興味関心が、景観写真に反映される。児童のまなざしは総じて近視眼的である。対象の近くにまで寄り添って、見つめたり、見上げたり、見下げたりする。一方、保護者のまなざしは俯瞰的である。対象の全体像を把握しようとすると、対象と身体の距離も自ずと遠ざかる。

童の関心は建築物そのものではなく、建築物の看板の文字や、見上げたときの異様な高さそのものであったりする。道路に関しては、保護者は交通量の多い大通りの景観を空まで映り込むようなアングルで撮影しているのに対して、児童は逆に幅の狭い路地に関心を示し、高くても2層の壁に囲われたそれほど見通しのよくない景観を撮影する。公園についても、保護者は公園内の樹木を含めた全体を捉えているのに対して、児童は遊具そのものに関心を抱く（あるいは公園の樹木に寄生するキノコや寄ってくる虫の類に興味を示す）。河川についても同様である。児童は河川と周辺に建設された建築物全体ではなく、河川に泳いでいる魚に関心の眼を向ける。児童は、都市という人工的な基盤の上に成り立つ空間であっても、人間が地球の大地に立っているという当たり前の身体感覚を保有しているのである。

衛生的な都市空間

保護者と異なる近視眼的な児童の視点の大地性は、フィールドワークでの○×評価の内容にも反映されている。フィールドワークの途中の備忘録的な走り書きであるためにことばは短いが、フィールドワーク・マップを詳しく見ていくと、児童と保護者のまなざしの違いが明瞭ないくつかの評価対象がある＊16。

(1) 建築物：医院や教育施設などの公共建築物は、児童・保護者ともにほとんどすべてを○とする。一方、商業建築物については児童の関心が非常に高く、銀行、コンビニエンスストア、薬局、青果店など店舗の種類にかかわらず、景観的な統一性を欠いているものでも、多くを○とする。交通安全・防犯の観点から寄り道が禁止され、日常店舗でお金を使う機会が限られている児童は、保護者にとっては単なる店舗でも好奇心の対象となる。

また、一般の住宅についても、児童と保護者の評価に違いがある。保護者はマンションについてはほと

＊16 保護者の簡潔で客観的な記述と比較して、児童の記述は後で児童自身が見返してもわからないことがあるくらい感覚的な走り書きであり、結果として多様である。たとえば、2007年度の5年生児童との路面電車3号線及び2号線沿線のフィールドワークの場合、「西消防署　人を助けるために働いている人がいるから」（女子）は機能的な評価であり、保護者の一般的な評価と共通しているが、「アーバンビュー　とっても高い（広島一）街で一番目立っている」（男子）、「バスセンター　バスに乗るのがたのしいから」（女子）、「ケーキ屋が安らげるところだから」（女子）、「天ぷらうどんのおいしそうなにおい」（女子）などは五感を伴う感情移入の表現であり、言外に含まれる内容の断片の表現である。

んど評価の対象としていないが、児童はマンションに着目して肯定的に評価する＊17。マンションは「人にべんりなたてもの（○）」（女子）、「いっぱいすめるから（○）」（男子）であり、スケールの大きさや、利便性、多くの人がいるなど様々な理由から、マンションのような住空間を児童はよい建築物とする。

(2)道路：道路に対する指摘は保護者の方がとくに多い。交通安全を考えれば、保護者の関心が高いのは当然のことである。実際、保護者は広い歩道が整備された大通りに対して○、交差点に対して×とし、自動車による交通の危険性と関連させて評価する＊18。一方、児童は大通りのある箇所を「きたない（×）」としているように、機能よりも道路そのものの衛生の観点から評価する。

路地についての保護者の関心も同様で、危険性に関連して×とすることが多い。反面、児童は路地の静けさを○とする。児童は日常から通学には路面電車や路線バス、ＪＲ等の公共交通機関を利用している。都市内の騒音にある程度慣れているために、かえって路地の静けさが新鮮に感じられる。

(3)河川：評価割合は児童の方がやや高いが、児童の評価は○△×と様々に分かれる。反面、保護者は○とする評価が少なく、「橋の下が汚い（×）」「ゴミが浮いている　水がにごっている（×）」など河川の清潔さを評価する。保護者が他にもまして河川の清潔さを評価するのは、保護者のこども時代（1975～1980年）の汚染されていないきれいな河川での川遊びの記憶の反映かもしれない。一方、児童ももちろん清潔さが評価基準となっているはずであるが、「水がきれい、魚がいる（○）」（男子）、「魚がいるけど水がきたない（△）」（男子）など、河川の清潔さに加え、生きものがそこにいること自体を高く評価する＊19。

児童の場合、少なくとも小学校周辺の住宅地では、保護者と比べて表層的な評価であることは否めない。しかしながら、人工空間にしても自然空間にしても、まったく評価軸が異なるように見えて、衛生的であることが、児童の評価の基本的な前提となっていることには変わりがない。いくらワクワクしそうな路地

＊17　たとえば、2005年度の3年生児童との学校周辺のフィールドワークの場合、児童のマンションに対する評価は9事例、うち8例が○、1例が△である。

＊18　都市の社会空間における安全は、日常的な生活空間において保護者が考える児童の安全とは異なっている。生活空間で保護者が問題にしているのは、交通安全よりも、むしろ防犯である（2章6節「フィールドの時空――児童をもつ保護者の眼」を参照）。

＊19　たとえば、2005年度の3年生児童との学校周辺のフィールドワークの後のワークショップで、ある保護者の川辺の自然空間に対する質問に対して、児童（女子）は次のように答えている。

保護者：「［質問をしても］いいですか？　その川の中に描いている黄色い「水の親しむ」の黄色と一緒に書いてあるそのマーク［△評価による黄アイコン］はどういう意味でそのマークになったのか説明してください」

児童（女子）：「水が汚かったのですけど、よく見ると魚が泳いでいたからです」

児童（女子）は何も魚を捕まえたり、泳ぎたいわけではない。あくまで水の生きものが住んでいることを評価している。

があったとしても、「ゴミをすてる　あふれている」（男子）路地は×である。少しでも傷んだところのある住宅は、「きたなすぎ」（男子）で×である。この衛生感覚が身体の皮膚感覚に根ざしていることはいうまでもない。大地を踏みしめる児童の身体にとって、マンションも道路も河川も、都市空間はあまねく清潔で衛生的でなければならないのである。

「新しい」と「古い」

衛生に関する潔癖主義は、都市の歴史的建造物に対する児童の評価にも反映されている。小学校周辺のディストリクトだけでなく、路面電車に乗った広範な都市空間のフィールドワークにおいても、児童たちは市内に点在する歴史的建造物の趣を理解できない（表3　網かけ箇所）。児童たちの都市空間の評価には、次のような図式が存在する。すなわち、

まちのよいところ（○）：新しい、きれい、広い
まちのよくないところ（×）：古い、きたない、狭い＊20

実際、この図式がいかに堅固なものであるかは、はじめてフィールドワークに参加した児童たちと担任教諭とのワークショップ後のコミュニケーションでも明らかである。

担当教諭：「西広島駅の方はきれい、広島駅の方は汚いとか言って、君たちの班もよく言うんだけど、これなんでやと思う？　理由は？　それはどうして？　それ答えてください、お前らなりに。広島駅の方はレッド［まちのよくないところ］が多いわけやろ？　西広島駅の方の近くはグリーン［まちのよいところ］が多いわけや

＊20　2002年度の4年生児童との広島市の中心街区を東西に横断する路面電車2号線沿線のフィールドワーク。児童たちにとって、はじめてのフィールドワーク体験である。

	児童				大人			
	指摘割合	○	×	△	指摘割合	○	×	△
人工空間								
まちなみ	0.8%	0.7%	0.0%	4.2%	0.8%	0.3%	1.6%	0.0%
橋梁	1.1%	1.2%	0.5%	2.5%	1.0%	1.7%	0.0%	0.0%
歴史的建造物	1.6%	2.5%	0.2%	1.7%	7.8%	10.8%	2.2%	14.3%
現代建築物	17.9%	21.2%	12.8%	18.6%	26.8%	26.6%	27.2%	23.8%
工作物	0.7%	0.5%	1.0%	0.8%	2.4%	1.4%	3.8%	4.8%
設置物（バリアフリー）	1.1%	2.0%	0.2%	0.0%	0.4%	0.3%	0.5%	0.0%
設置物（アート）	1.7%	2.2%	0.5%	3.4%	1.6%	1.7%	1.1%	4.8%
設置物（看板・広告）	2.1%	1.5%	3.1%	1.7%	2.6%	0.7%	6.0%	0.0%
設置物（噴水）	0.8%	1.0%	0.2%	1.7%	0.6%	0.7%	0.0%	4.8%
設置物（その他）	7.5%	10.3%	3.3%	8.5%	4.0%	4.4%	2.7%	9.5%
工事現場	2.6%	0.5%	5.5%	2.5%	1.4%	0.7%	2.2%	4.8%
廃棄物	8.3%	1.9%	19.2%	1.7%	1.8%	0.0%	4.9%	0.0%
落書き	0.7%	0.0%	1.9%	0.0%	0.0%	0.0%	0.0%	0.0%
駐車場	0.1%	0.0%	0.2%	0.0%	1.8%	1.0%	2.7%	4.8%
道路	2.2%	0.8%	3.8%	3.4%	4.0%	3.7%	4.9%	0.0%
交通	12.8%	4.2%	26.4%	7.6%	6.8%	3.4%	12.5%	4.8%
人	2.1%	2.4%	1.7%	2.5%	0.6%	1.0%	0.0%	0.0%
その他	0.3%	0.5%	0.0%	0.0%	0.0%	0.0%	0.0%	0.0%
小計	64.4%	53.4%	80.5%	60.9%	64.3%	58.4%	72.3%	76.3%
自然空間								
山・海	1.3%	1.5%	0.5%	3.4%	0.8%	0.7%	1.1%	0.0%
河川	1.3%	1.2%	1.7%	0.8%	1.6%	2.7%	0.0%	0.0%
自然地形	0.4%	0.7%	0.0%	0.0%	1.6%	2.0%	1.1%	0.0%
広場・公園	2.1%	3.0%	1.0%	1.7%	6.4%	7.4%	3.8%	14.3%
植物	12.3%	20.4%	2.6%	5.9%	14.6%	19.6%	7.6%	4.8%
動物	1.6%	2.5%	0.7%	0.0%	0.2%	0.3%	0.0%	0.0%
その他	1.9%	2.2%	1.4%	1.7%	2.4%	0.7%	4.9%	4.7%
小計	20.9%	31.6%	7.8%	13.6%	27.5%	33.5%	18.5%	23.7%
その他	1.8%	1.7%	2.7%	0.9%	2.2%	2.4%	2.1%	0.0%
不明	12.9%	13.3%	9.0%	24.6%	6.0%	5.7%	7.1%	0.0%
小計	14.7%	15.0%	11.7%	25.5%	8.2%	8.1%	9.2%	0.0%
合計	100.0%	100.0%	100.0%	100.0%	100.0%	100.0%	100.0%	100.0%
母数（指摘数）	1131	592	421	118	501	296	184	21

表3　小学生児童と大人の広域都市空間の評価要素（単位：%）　＊21

児童たちは、基本的に「ピカピカ」の建築物が大好きである。かたちというよりは、建築物の表面の肌ざわりが大切である。したがって落書きで汚れていたり、歴史的建造物のように古びていたりしてはいけない。埃臭い工事現場などもってのほかである（網かけ部分）。

ろ？　それなんで？　なんでやと思う？」
児童（男子）：「広島駅の方がなんか、そういう店とかが多いし、本通りとかであの辺が店が集まっているところだから、そこでゴミが出たり、えっと、その店に行くのに自転車を止める人たち、違法駐車とか駐輪とかする人がいるから。西広島駅の方は店がないってわけじゃないけど、そんなに本通りの方みたいに店がたくさん並んでいるとか、そういうのはない」
担任教諭：「どっちの方がよいん？　まちとしては。西広島駅の方がよいん？　せやけど広島駅の方が便利やん。本通りの方が便利」
児童（男子）：「……西広島駅」＊22

問われた児童は、都市の活力といったものに目を向けさせようとする教諭の意図をおそらく理解している。それでも、実際にフィールドワークを行った自らの体験を思い返してみて、やはり西広島駅の方が「新しい」まちのイメージとしてよいと感じ、「新しい」現代建築物のファサードの目新しさを「きれい」として肯定的に評価する。反対に、広島駅周辺のような賑わいのある場所は、多かれ少なかれ「古い」建築物が混在し、どこか猥雑なところがあり、衛生的でもない。それゆえに、「古く」危険である。

実際、路面電車に乗った広域の都市空間のフィールドワークでは、歴史的建造物に対する関心は薄く、歴史的建造物の趣を概念的にしか理解できずに、評価自体が少ない。感覚的に理解できるのは、「新しい」のよさである。それが児童の衛生感覚に根ざしていることはいうまでもない（表3）。

ある児童（男子）は、フィールドワークの後に次のような感想を述べている。

児童（男子）：「歴史を感じたとこは、プリンスホテルの周辺にある、今も使われている木造の家でした。

＊21　2003年度の5年生児童との広島市の中心街区を南北に横断する路面電車3号線沿線のフィールドワーク。

＊22　2002年度の4年生児童とのワークショップ。

自然を感じたところは、海の近くとか山の近くとかにありました。広島らしいところは、水が豊富で、水の都とも呼ばれています。そして、歴史のある都市です。だけど、川などが汚れていたり、歴史のある建物がだんだんだんだん減っています。なので、もっと広島らしくするには、歴史のある建物を残すことや、ゴミを減らすと広島らしくできると思います。今日活動してみて、人工のものは、自然をつぶしているので×だと思うけど、人のためになっているものもあるので、〇でもあると思います」＊23

たしかに、歴史的な空間に対する注視によって、児童（男子）はそこに過去の時間の蓄積と「広島らしさ」を見出している。それゆえに、歴史のある都市の自然をつぶす「人工」のものはよくない。ならば、1994年に建設された全面ガラスのカーテンウォールの「新しい」プリンスホテルは、「人工」であるはずである。論理的には×であるが、そうとは思えずに、「人のためになっているものもあるので、〇でもあると思います」という表現で肯定する。児童（男子）には、「歴史のある建物」もまた「人工のもの」（あるいは「かつては新しかったもの」）という認識はない。

危険な工事現場

歴史的建造物の趣に対する無関心は、時間感覚の欠如と言い換えることができる。フィールドを歴史的な時空間として評価することは、児童にとって簡単なことではない。都市空間を利便性によって評価することに慣れた大人でも、やはり難しい。

ところで、都市における時間は歴史的建造物だけに体現されているわけではない。たとえば、「工事現場」もまた、たとえ短くても都市の時間の流れを視覚化したものであり、かつ「新しい」ものである。そ

＊23　2003年度の5年生児童とのワークショップ。

して、大人や保護者と児童の指摘割合につねに顕著な差異が認められるのも、工事現場である。

広域な都市空間のフィールドワークの場合サポーターである社会人や学生などの大人と比較して、児童は工事現場を見落としなく調査用紙に記録している。結果的に、フィールドワークの調査用紙に記録される工事現場の割合が、大人と比較して顕著に高くなる。交通に対する指摘が多いのと同じ理由で、児童は刺激反応的なのである。

工事現場は、おそらく都市の成長・変容を最も端的に表す空間要素であり、スクラップ・アンド・ビルドを続ける現代日本の日常的な都市景観要素として無視できない存在である。ある場所の痕跡が消え、新しいものにとって代わるという意味では、工事現場は都市空間における時間の速度を端的に表す。こどもにとって、「新しい」未来への兆候を示すものでもあるはずである。そのような場所に、何らかの期待感が込められたとしても決しておかしくはない。

しかし児童は、建設工事、土木工事にかかわらず、工事現場を場所の意味を考える前から「まちのよくないところ」と評価する。廃棄物は「捨てないようにすべき」であり、放置自転車は「放置しないように注意するべき」であるのと同様に、建築物を破壊する「工事はしないようにすべき」である＊24。様々な工事現場に眼を向けているが、児童たちの発語や地図の記述には、必ずといっていいほど「危ない」ということばが出てくる（表4）。そして、工事の騒音や特有の臭い、交通の妨げとなる工事機材や資材運搬のダンプカーなどに身体的な危険を感じて、否定的に評価する。児童には、そこがかつてどのような場所であり、今後どのような場所になるのかという想像力ははたらいていない＊25。

撮影された景観写真も同様である。高層建築物の工事現場は、頂部のクレーンが都市景観として眼につくために、大人は比較的遠景からでも撮影しているが、児童の場合、地上レヴェルの近距離からの写真が大半を占め、アーバンビューグランドタワーのようなフィールドワークの現場からは遠い超高層建築物の

＊24　2003年度の5年生児童とのワークショップの発表では、放置自転車や廃棄物について、たとえば次のように言及されている。
児童（男子）：「もっと広島らしくするには、歴史のある建物を残すことや、ゴミを減らすと広島らしくできると思います」
児童（女子）：「私たちが電車に乗って気がついたことでよいことは、広島は歴史がつまっているということでした。日赤病院のところに、被爆した建物があったり、昔からあるお店が色んなところにたくさんあったりしました。悪いところは、自転車が自転車置き場じゃないところにも道沿いにたくさん置いてあったりしていて、道を通る人が通りにくそうにしていたところです。よいことはそのままにしてほしいけど、悪いことは、広島の人一人一人が気をつけることなので、広島をよくするためにも直して欲しいと思いました」
児童（男子）のなかでは、「広島らしくする」ことにおいて、建築物の保存と公衆衛生が不可分である。

＊25　変化への期待感を込めて、工事現場を肯定的に評価する児童もいないわけではない。広電広島港電停北側の更地について、ある児童（男子）は次のように調査用紙に書き記している。
児童（男子）：「いまはさらちで役にたたんから×↓だけど、ちゅう車じょうとかにしたらやくにたつから○になるかも!?（たとえば、うじなはくぶつかん）」
（2003年度の5年生児童とのフィールドワーク）

フィールドワーク会話	調査用紙記録
「待って待って、ここ砂がたくさんある。砂がたくさんあったらさ、自然破壊じゃない？だって山から取ってきたんでしょ？」 「違うよこれ掘ったんじゃないん？」 「いやわからんよ、掘った跡ないしどっかから持ってきたんだろうね」 「まずね、ここが通れなくなったしね。道を作ったからここが通れなくなったんよ」 「え、なに？　砂があったらなに？　あぶないわけないよね」 「そうなの？」 「砂があったらね、雰囲気に合わないんよ。変でしょ？」 「砂がなに？　なんて書けばいい？」 「風景が乱れるの」 「あとさっきの、砂を取ったら環境破壊ってやつも書いたらいいんじゃない？」	砂があるので　山からとってきているのでかんきょうはかいしている（？）
「またマンションになったりするんだー。工事工事工事」 「先生、空地がなくなってしまわないかちょっと心配。予算がなくなってしまわないように、空地をどんどんどんどんマンションにしてしまうことが多いんだって」 「へー本当」	記録無し
「あっ危ないよ、あそこ」 「あー工事中じゃん」 「工事中はばつ？　あぶないから？」	記録無し
「工事しよるとこ。撮った、工事」 「ばつ？」 「うん、自然壊すしな」	記録無し
「うわーでかーい［NTTドコモビル］」 「自然に悪いからばつ」 「あっ落ちてきたっ　うそよ」 「本当かと思ったじゃん（笑）」 「落ちてきたら楽しい」 「楽しくない楽しくない」 「俺ら死なんけど」 「わからんよ破片とか落ちてくるかも（笑）」 「もし落ちてきたらこん中に飛び込む」	記録無し
「あれ、消防署つくるところがあるよ？　あそこ消防署つくるんだって［NTTドコモビル］」 「あれ？　またでっかいのをつくりよるね」	こうじでしぜんはかい

分類		工事現場写真	グループ	
更地	広電宇品4丁目電停ー5丁目電停周辺		D	児童1（女子）： 児童2（女子）： サポーター： 児童2（女子）： 児童2（女子）： 児童1（女子）： 児童1（女子）： 児童2（女子）： 児童3（女子）： サポーター：
	広島港付近	写真撮影無し	B	児童4（女子）： 児童4（女子）： サポーター：
地上階の工事車両	広電広大附属学校前電停周辺		D	児童2（女子）： 児童1（女子）： サポーター：
防御フェンス	NTTドコモビル		E	児童5（男子）： 児童6（男子）： 児童5（男子）：
高層建造物の躯体	NTTドコモビル		C	児童7（男子）： 児童7（男子）： 児童7（男子）： サポーター： 児童7（男子）： サポーター： 児童7（男子）： サポーター： 児童7（男子）：
			D	児童1（女子）： 児童2（女子）：

pp. 100–101　表4　児童による
工事現場での発語と写真（抜粋）　*26

工事現場写真は、工事の進捗状況により、更地・地上階の工事車両（道路工事を含む）・防御フェンス・高層建築物の躯体に類型化できる。いずれの工事現場に遭遇しても、児童はにわかに活気づく。電車や消防車などと同じで、動くものに対してはとりわけ関心が高い。発語は、怖いもの見たさと同じ感覚から出てくる。そこには、「自然を壊す」ことによって都市の空間が成立しているという感覚はない。

図4　児童による工事現場へのまなざし　*27
（上：フィールドワークにおける実際の工事現場
下：児童による指摘箇所）

大規模な工事現場としては、中心市街地の高層ビル（NTTドコモビルやアーバンビューグランドタワー）の大規模建設現場、広島港付近の再開発地区の現場がある。児童は乗車した路面電車沿線の工事現場のほぼすべてに関心を持って撮影するが、遠景に建ち上がって見えるはずのアーバンビューグランドタワーの工事現場などに関心の眼を向けることはない。身体的危険を感じる範囲内で、はじめてその眼を向ける。

工事現場については、指摘も撮影もしていない（図4）。たしかに、児童の撮影した景観写真では、都市に立ち上がる高層建築物の工事現場への着目が顕著である。しかし、児童が着目しているのは都市景観を特徴づける最上階のクレーンではなく、地上階において出入りするダンプカーや工事職人たちであり、身体の延長において工事現場を捉えていることを物語っている。

一方で、新築の建築物については、「新しい」「きれい」として例外なく肯定的に評価する（表5）。児童にとって新しい都市空間をもたらす工事現場と、工事現場によってもたらされた新しい空間との脈絡はなく、あくまで工事現場は否定的評価、新築建物は肯定的評価と二分する。

したがって、当然のことながら、「この場所は前からよくなかったのだから、工事をして新しくするべきだ」、もしくは「この場所は前からよかったのだから、工事をするべきでない」というような、時間的な遡行に導かれる論点もない。たしかに、児童には場所の履歴に関する認識が希薄であるのかもしれない。大人でさえ、いったん壊された建築物を思い出すことは難しい。しかし、たとえある場所に対して多くの情報を持っていなくても、「この場所はかつてどうであったか」、少なくとも「この場所はこうなってほしい」と想像することは、生得的な能力として備わっているはずである＊28。児童の場所の意味に対する想像力の欠如は、身近な都市空間への無関心や、さらに敷衍していうならば、児童の居住空間のあり方とも関連している。

家のなかの工事現場

生活空間の手描き地図では、家の改修についても項目を設定しているが、ほとんどが無記入である。学年にもよるが、おそらくほとんどの児童には改修工事の記憶がない。そもそも、大半がマンション居住で

＊26　2003年度の5年生児童とのフィールドワークの場合。工事現場についての会話例17、調査用紙の記録数26より抜粋。

＊27　2003年度の5年生児童とのフィールドワーク。調査時のデジタルビデオカメラの記録から路線周辺の工事現場を特定し、プロットしたもの。

＊28　児童には、場所に対する想像力が完全に欠落しているわけではない。フィールドワーク後のワークショップでの発表で、工事現場についてある児童（女子）は次のように述べている。

児童（女子）：「色んなところを工事して、使いやすくしたりしてよいところもあったけど、身近にいる鳥などの住みかを破壊する場合もありました。そういう人がつくり出した歴史もありました」（2003年度の5年生児童とのワークショップ）。

児童（女子）は工事による自然の破壊を強調してはいるものの、フィールドワークで感じたことを思い返して比較的素直に述べている。ここで重要なことは、自然破壊の功罪そのものではなく、そこが以前「身近にいる鳥などの住みか」であったということの発見である。

グループ	児童（性別）	認知対象物	評価理由
B	（女子）	広島港ターミナル	橋があるのにフェリーがある。人に来てもらえるように新しくしている
B	（女子）	広島港ターミナル	広くて、新しいガラスが大きくてけしきがいい
D	（女子）	広島港ターミナル	ターミナルがきれい（新しい！）
D	（女子）	広島港ターミナル	ターミナルが新しくてきれい
B	（女子）	広島港ターミナル	きれい
A	（男子）	広電海岸通電停	きれい（電停）
E	（女子）	広電海岸通電停	電停がきれい
E	（女子）	広電海岸通電停	電停が新しかった
A	（男子）	広電広島港電停	きれいすぎる
D	（女子）	広電広島港電停	駅が新しい
A	（女子）	広電鷹野橋電停	新しいでんてい、おとしよりにやさしい
B	（女子）	広電広島港電停	きれい、新しい
B	（女子）	広電広島港電停	駅がきれい
B	（女子）	広電紙屋町東電停	電停がきれい
D	（女子）	NHK放送会館	ビルがきれい
A	（男子）	マンション	マンションがきれい
C	（女子）	マンション	マンションがきれい
D	（男子）	マンション	マンションがきれい
D	（男子）	プリンスホテル	たてものがきれい（プリンス）
D	（女子）	プリンスホテル	プリンスホテルキレイ

表5　児童による新築の建築物に対する肯定的評価の例（抜粋）　*29

児童の「きれい」という表現は、大人が考えるような「きれい」ではない。人間の皮膚と同じように、ガラス壁面の多さ、素材の新しさ、白色などが基準となり、基準を満たす建築物は一様に「きれい」である。貧困な語彙は、貧困な認識の反映である。おそらく児童にとって、建築家池原義郎のグランドプリンスホテル広島とコンビニエンスストアは、同じように「きれい」である。

あり、親のマンション購入時期からさほど時間が経っていなければ、実際に改修工事が行われていないのかもしれない。

しかし後のインタビュー調査の結果、改修・改築経験は大規模なものは少ないものの、小規模の改修、たとえば壁紙の張り替えなどを経験している児童は少なくない（表6）。利便性や美観の観点から概ね肯定的に評価しているが、「大工さん邪魔だった」という発言のように、工事そのものには無関心であることが多い。

さらに、家の中からの景色についてもインタビュー調査を行うと、「まわりはビルしか見えない」など、自宅から見える景色を閉鎖的と見ている児童は意外に少なく*30、さほど高層階でなくてもマンションからの景観は開放的であると回答している児童が多い。しかしながら、日常的に見えるはずの工事現場や都市景観の具体的なディテールについての回答は、皆無である（表7）。

おそらく、高層化した児童の居住空間は、まわりの景観に対して開放的である。代償は地域社会からの孤立である。居住空間が視覚的に開放的であればあるほど、地域住民の生活のディテールから遠ざかり、閉鎖的な居住空間を形成する。近所のおじさんのステテコ姿も、都市の工事現場も、等しく眼にとまらない。工事現場に対する否定的な評価は、単に児童の空間認知の未熟さだけによるものではなく、広く社会的な都市構造の問題である。

時間を止められた「平和」

工事現場に対する評価を考えるとき、児童たちは本当に都市に愛着を持って住んでいるのか、どの程度地域社会に根ざして暮らしているのかという疑問を持たざるを得ない。誰もが現代の居住空間の耐用年数

*29　2003年度の5年生児童とのワークショップ。調査用紙の記録の中から新築の建造物への肯定的な評価をしている47事例より抜粋。

*30　2003年度の5年生児童とのフィールドワークとワークショップに参加した児童39名に実施したアンケート・インタビュー調査の回答者のうち7名（そのうちマンション居住者は5名、一軒家居住者が2名）。

グループ	児童(性別)	アンケート調査記述 いつ頃	 どこを	インタビュー調査内容
A	(男子)	去年	古い部屋	ドアをつけかえた。ちょっときれいでうれしい。なおしてるときは大工さん邪魔だった。部屋のタンスを新しくきれいにした。2年のときNくんのばあちゃんちで、庭のコイの家を直してた。
B	(女子)	無記入	無記入	風呂から水漏れしてたのを直した。ドアが閉まらなくなったのを直した。おばあちゃんちの風呂のシャワーの場所を変えた。タイルを変えた。キレイだから入ってみたい。
	(男子)	無記入	無記入	電気をかえたり、机の位置かわった。友達が1つの部屋を2つにした。=あんまり変わってない。無駄遣い? シーンとしてしまう。
	(男子)	無記入	無記入	自分ちではなし。おばあちゃんちが新しい。うれしい、面白い。変わった後住み心地(食べるとき)
	(男子)	無記入	無記入	壁紙をはりかえる。でも手伝わない。冷蔵庫を入れるために柱を直した。木の色がない種類。
D	(女子)	無記入	無記入	酒屋の倉庫、今のマンションで、自分の家ができると思っただけ。他人の家でも知らない。

表6 家の改修についてのアンケート調査とインタビュー調査(抜粋) *31

児童にとって家の改修は、言われれば思い出せる程度の出来事であり、児童には改修工事そのものに対する関心は低い。そこには、大工さんの姿はない。

グループ	児童(性別)	インタビュー調査内容
A	(男子)	遠くの山が見える(けっこうよい)、広島インターチェンジが見える(車いつも通っていてうるさいからよくない)
	(女子)	前に田んぼ、ほとんど山。あとはマンションがみえる。田んぼと道の雰囲気がよいから好き。
B	(女子)	キレイなのは広大跡地が夜きれい。昼は木がきれい。高いマンションが夜きれい。リビングから見た景色。
C	(男子)	夜、北側の夜景がきれい。
D	(女子)	黄金山、右手に比治山、公園、自然と街が見える。サティも見える。
	(男子)	平和公園がみえる。暴走族がうるさい。
	(女子)	海が見える。不満は特にないが、別に好きなわけでもない。
E	(女子)	平和公園がみえる。

表7 家のなかからの景色についてのインタビュー調査(抜粋) *32

家のなかからの景観について、否定的な評価はほとんど皆無である。しかし、肯定的な評価についても、人工空間であれ自然空間であれ、どこか無感動である。そもそも、児童は普段あまり家のなかから見える景色に関心を払わない。これは、こどもに限らず景観の馴化という根本問題である。

はせいぜい50～70年程度、と言われて信じている。ある意味では、自家用車同様の使い捨ての道具である。道具には不具合が生じる。そこで、まるで自家用車を車検に出すかのように、工事は必要悪として見えないところで進行する。この消費社会の構造に抗うのはとても難しい。児童たちの工事現場に対する評価は、大人の固定観念の縮図ともいえる。

工事現場だけではない。工事現場のような破壊と創造を両義的に体現する場所とは反対に、破壊と創造を止められたかのような場所についても同様である。一般的には建造物、記念碑、跡地などの歴史的な場所や出来事の痕跡が、それに相当する。過去の遺産として凍結的に保存されているにしても、再生されて活用されているにしても、過去という時間をより強く意識させる場所である。

広島市の小学校児童にとって、過去の時間の痕跡は、被爆、具体的には「被爆建造物」「被爆樹木」などの「平和」にかかわる場所にある。過去の遺産＝被爆＝平和という論理が教育的に構築されているために、児童の「平和都市」のイメージは「非核反戦」「国際理解」が中心であり、足下の場所の歴史に対する実感には乏しい。「平和」の概念そのものは揺るぎなく不変、そして思考停止である（表8）。いわゆる「平和教育」の功罪である。

路面電車を利用した広域都市空間のフィールドワークにおいて、フィールドワーク・マップに「平和」あるいは「被爆」という言葉を記す対象は、目に見えてそれとわかる建造物である（原爆ドーム、旧日本銀行広島支店、日本赤十字病院、御幸橋、白神社などの施設）（図5、表9）。これらはすべて、歴史的な時間を留めるモニュメントであり、児童たちにとってかけがえのない「平和」の証である。

路面電車を利用した広域都市空間のフィールドワークの第1回では（2002年度）、原爆ドームを「被爆」「平和」あるいは「広島らしい」などと記述しているが、調査対象地域を変えた第2回（2003年度）では、旧日本銀行広島支店や日本赤十字病院など、原爆ドームほど馴染みのない被爆建築物にも

＊31　2003年度の5年生児童とのフィールドワークとワークショップに参加した児童39名に実施したアンケート・インタビュー調査の回答の中から典型的なものを抜粋。マンション居住は39名中25名。

＊32　2003年度の5年生児童とのフィールドワークとワークショップに参加した児童39名に実施したアンケート・インタビュー調査の回答の中から典型的なものを抜粋。

「古い」「歴史がある」などの表現を用いるようになる。旧日本銀行広島支店は、たしかに新しくなく古そうであるものの、原爆ドームのような被爆の痕跡を外観からにわかに判別できない。児童が評価できるのは、旧日本銀行広島支店を知識として「学んで」いたからである。

調査対象地域が第1回（2002年度）と同じ第3回（2004年度）では、個々の被爆建造物に加え

形容詞対（正／負の印象）	4学年（活動前）	4学年（活動後）	6学年（活動前）	6学年（活動後）
単純な／ふくざつな	0.42	0.32	0.11	−0.22
強い／弱い	0.11	0.42	−0.05	0.50
良い／悪い	0.79	0.68	0.63	1.29
はやい／おそい	0.33	0.32	−0.05	0.22
やさしい／むずかしい	0.42	0.05	0.32	0.50
かっこよい／かっこわるい	0.42	0.37	0.53	0.65
するどい／にぶい	0.42	0.17	−0.16	−0.11
深い／浅い	0.32	0.47	0.00	0.56
明るい／暗い	1.16	1.00	1.05	1.00
積極的な／消極的な	0.79	0.47	0.68	0.71
重い／軽い	0.37	−0.05	0.05	−0.11
親切な／不親切な	0.84	0.58	0.74	0.94
生きた／死んだ	1.00	0.95	0.89	1.11
やわらかい／かたい	0.44	0.16	0.32	0.50
信頼できる／信頼できない	0.89	0.94	0.79	0.67
静かな／さわがしい	−0.47	−0.53	−0.16	−0.39
広い／せまい	0.63	0.74	0.32	0.39
親しみやすい／親しみにくい	1.32	0.89	0.95	1.11
元気な／つかれた	1.42	0.84	1.42	0.89
まとまった／ばらばらな	0.37	−0.11	0.28	0.56
好きな／嫌いな	1.26	0.95	1.42	1.56
のんびりした／いそがしい	−0.16	0.05	0.16	0.22
大きい／小さい	0.21	0.42	0.11	0.22
安全な／危険な	0.53	0.37	0.00	0.00
やる気のある／やる気のない	0.53	0.74	0.53	0.83
高い／低い	0.47	0.53	0.26	0.33
おもしろい／つまらない	0.58	0.95	0.95	0.56
平和な／平和でない	1.42	1.37	1.32	1.44

表8　広島のまちのイメージ調査　*33

広島のまち全体に関するイメージ評価調査では、まちなみの印象に関する28組の形容詞対から28項目の質問紙を作成し、5段階で評定する。正の印象値は肯定的な形容詞に寄った印象の強さを表し、負の印象値は否定的な形容詞に寄った印象の強さを表す。全体的な傾向としては、6年生になると「ふくざつな」という印象が強くなっていることからもわかるように、都市空間の多様な意味を理解するようになる。そのことは、6年生時において「単純な」という印象が弱くなる一方で、「好き」という印象がより強くなる反面、「安全な」という印象が弱くなり、正負の相反する印象が混在していることからも明らかである。
「平和な／平和でない」「明るい／暗い」「生きた／死んだ」などは比較的高得点のままで変化はなく、一方で、「安全な／危険な」は著しく点が低くなっている。低学年のときは気づかなかったバリアフリーなどの知識によって、身近な空間の負の側面が捉えられるようになる反面、「平和」に関する空間認知は、危険度と関連づけられることはなく、アンケート調査の結果を見る限り変化はなく肯定的であり、その内実は不明である（網かけ部分）。

て、慰霊碑など、史実を示すオブジェへの関心が高まっていく。被爆建造物に対する知識が増えて、その知識を用いて評価できるからである*35。ましてや、広島市の小学生は、他県の小学生に比べて密度の濃い平和教育を受けている*36。また、平和記念資料館を訪れ、被爆者証言を耳にし、親戚縁者に被爆体験者がいる児童にとって、「平和」とは非核・反戦（あるいはそれを可能にする国際理解）が重要であることを十分に教育されている。それゆえにかえって、「平和」に対する個性的な場所の発見は困難である。フィールドワークをする身体は、「平和」に関する限り、場所に密着した感性より、場所のコンテクストを離れた概念が勝り、身体を規制している。

したがって、フィールドワークを重ねても、被爆建造物をオブジェとして、「平和」という概念を認識

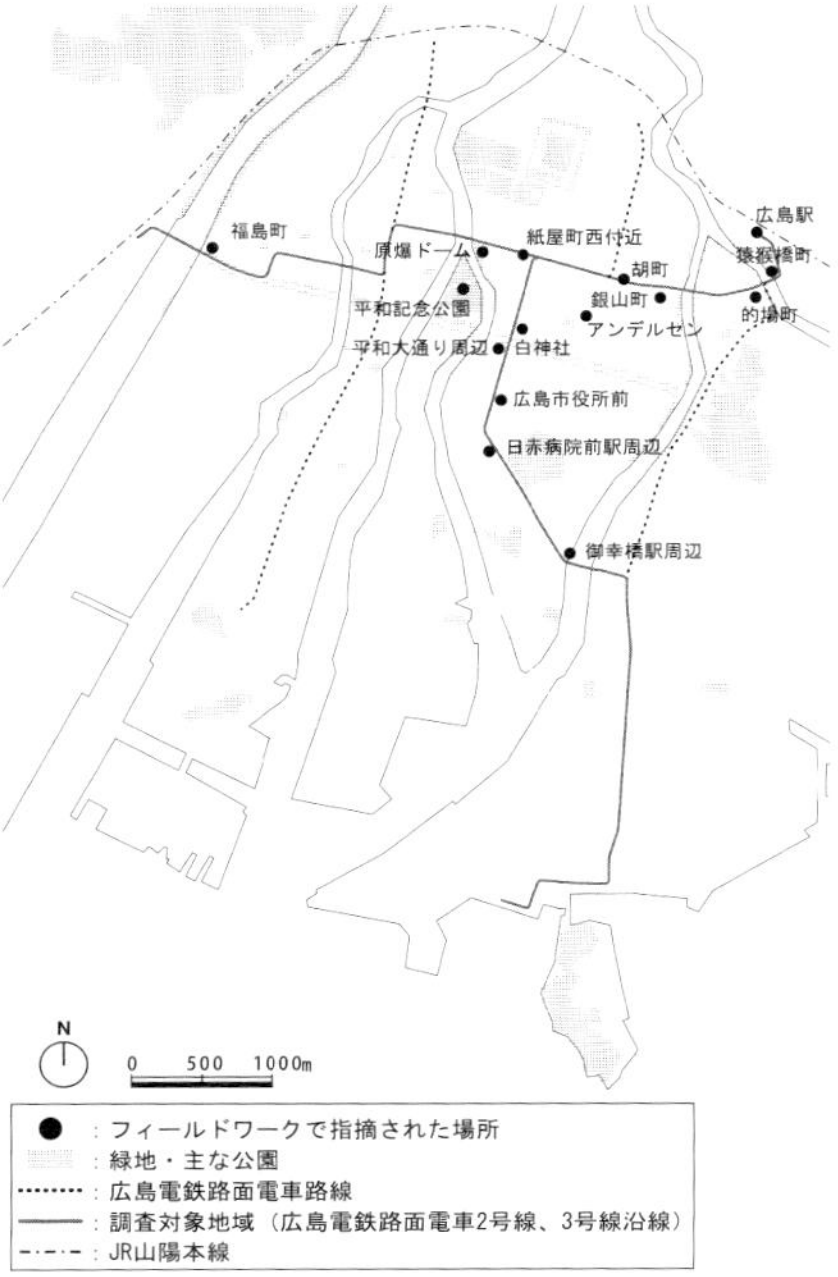

●：フィールドワークで指摘された場所
：緑地・主な公園
……：広島電鉄路面電車路線
――：調査対象地域（広島電鉄路面電車2号線、3号線沿線）
-・-・-：JR山陽本線

図5　児童による広域都市空間における「平和」へのまなざし　*34

「平和」であるという理由で地図に記述される場所の多くは、被爆建造物である。第二次世界大戦後、多くが失われたが、路面電車沿線にはまだいくつかの煉瓦造や鉄筋コンクリート造の被爆建造物が残っている。学校建築を含め、多くが堅牢な軍事施設である。児童は学年が上がるにつれて、様々な歴史的建造物を評価していく。そして、被爆建造物＝平和の図式はより強固なものとなる。

*33・34・37　2002年度の4年生児童から2004年度の6年生児童までの各学年およそ40名の児童による。

*35　評価に客観的な指標を求める傾向は、対象とする児童の小学校が進学校であることと無関係ではない。6年生時には受験を控え、児童は正解を答えることを否応なく求められるようになる。担任教諭によれば、高学年ほど「総合学習」のような考えさせる授業の展開が困難になってくる。

*36　小学校カリキュラムにおいて、高学年化による平和教育の蓄積と同時に、断片化が生じている。広島大学附属小学校では、総合学習・社会科・生活科で平和教育に重点が置かれているが、メニューは豊富であるにもかかわらず、科目間連携の難しさもあり、必ずしも体系的な平和教育とはなっていない（**表13**）。

たとえば、原爆ドームを素材にこの建築物の歴史的価値を学習させる授業では、「原爆ドームを残したほうがいいと思うけど原爆にあったわけではないのでどっちがいいかわからない」という素直な感情を述べた児童（男子）は、学習によって「これからも原爆ドームを大切にしていきたい」という道徳的視点を獲得するのであるが（中丸敏至「多面的、多角的に社会を見る目を育てる――四年生単元「原爆ドーム」の実践から――」『学校教育』No.1152、2013年8月、広島大学附属小学校学校教育研究会、48―53頁を参照）、「保存ありき」で他教科から学べるはずの多角的視点には開かれていない。

広電日赤病院前駅周辺（広大東千田キャンパス付近）

評価	平和に関する記述	その他の記述
○	たて物のれきしがよくわかる（広島赤十字原爆病院）／被ばく建物／古くていい	古いけど歴史を残していてきれい／門がある（東千田公園）／広場らしくない広場でやすらげそう／赤と青の建物がにあう／マンションがきれい／ポプラの上に草がいっぱいあった／家がれき史を感じる／でんきついたらきれいのはず／木が多くてきれい／紙が貼ってない（○）／木がたくさんある／緑のビル／きれい／緑がある／マンションがきれい／歴史をのこしている　りっぱな木／公園がきれい（東千田公園）／ビルがきれい／タバコのポイ捨て防ぐためのたばこすてば／フリマ　自然／緑がたくさんある／みどりがたくさん／かんばんがあかるい／木がたくさんある公園
△		やしの木がかっこいい／マンションの色がまぶしい／きれい／こげのこった家／自転車ルームに自転車がなくて、ほかのところに! 自転車が多い／お店の前の箱がじゃま／きたない（東千田公園）／歴史を感じる（東千田公園）／うすぎ
×	原爆でのこっていたかど	たない／紙がはってある（×）／ゴミがある／ゴミ袋がある／自転車を止めていてあぶない／病院があった

平和大通り

評価	平和に関する記述	その他の記述
○		緑いっぱいの公園か、花などがボランティアの人によって作られている／緑がたくさんある／自然がある／木が多い／木がたくさんある／花が植えてある／交通安全のはたがある／みどりがいっぱいある
△	げんばくのこわさがわかるから○だけどげんばくで×	緑はたくさんあるけど車がたくさんある
×		へんなもの（黒）（←平和大通りのオブジェ）／（もと）川（×）／車がいっぱい、事故がありそう／危ない

広電御幸橋駅周辺

評価	平和に関する記述	その他の記述
○	いろいろおりづるなどのれきしをのこしている（カブト）（←京橋川西側緑地帯、原爆関連展示）／平和的／せきひ　歴史をかんじる／げんばくでのこっていてれきしをかんじる	
×		くずれそうな古い建物がある

2002年度4年生児童（広島駅〜西広島駅）

広島原爆ドーム

評価	平和に関する記述	その他の記述
○	広島らしい／原爆ドーム・緑が多い・きれいな所・人が多い／でかくてかっこいい／原爆ドームが見えて広島らしい／緑が多くて、人も多くて、少しできごと悲しいところ／原爆ドームがきれいだから／原爆ドームが広島らしいから／原爆ドームが広島のシンボル／原爆ドームがあった／原爆ドームが見えて、きれい／広島らしい／原爆ドームがある／広島らしい／世界遺産がある／歴史を感じる／歴史がそのまま残っている／平和を感じる／原爆ドームがあり広島らしいから／広島らしい、市民球場［原爆ドームに隣接］	そうじをして広島をきれいにしている／きれい／きれい、しんせい、川がきれい／きれいだから／市民球場もあるそうじをして広島をきれいにしている／きれい、しんせい、川がきれい／きれいだから／市民球場もある／人がにぎやか／地面がコンクリート／広くて意外と新しい／その周辺がきれいとても楽しいから／緑がきれい／とても大きくていい／緑の字でわかりやすい／広そう（市民球場）［原爆ドームに隣接］／大きくてきれいだった／並木がきれいだった／緑がある／大きくてにぎやか／建物がきれい／緑が多くてきれい／かっこいい／かっこいい、にぎやか／木がたくさんある
×		ゴミがいっぱいある／まぶしいから／入り口がきたない／ゴミが多い

的場町―稲荷町駅周辺

評価		その他の記述
○	平和に関する記述 平和的（？）	神社があった。人が多そう／古い店があってなつかしそう！／寺が広島市のような都市にあるからめずらしい／むかしながらでいい

2003年度5年生児童（紙屋町東駅〜広島港駅）

広電袋町駅周辺

評価		その他の記述
○	平和に関する記述 古いけど新しい建物（スロープがある）（←旧日銀）	森林がきれい／花／芸術的／寺社が歴史をかんじる／歴史がいっぱいつまっている（白神社）／歴史がある（白神社）／きれいなビル／花がきれい／時計がある（NHK）／お祭りが楽しそう／じんじゃ／木がきれい（気持ちいい）（植物）
△		渋滞気味／でかい／きれいなビル（環境に悪そう）
×		きたない／でんていがあぶない／でんていがない（×）／車がすれちがうのがぎりぎり（×）／自転車がとめてあってあぶない／通行のじゃま／階段が長い（NHK）

2004年度6年生児童（広島駅～西広島駅）

広島駅

評価	平和に関する記述	その他の記述
○	はとがいるから平和を感じる／はとがたくさんいて平和そう	歴史がある／おじいさんが原ばくについて話してくれた／歴史をかんじる／れきしをかんじる／歴史が詰まっている
△		昔からある／歴史をかんじるけどきたない

猿猴橋町駅周辺

評価	平和に関する記述	その他の記述
○	ひばくした橋古くてれきしを感じる	橋古くてれきし感じる／れきしをかんじるはし
△		古そうな橋／昔の建物があっていい／歴史的だけどふんいきがあってない

的場町付近

評価	平和に関する記述	その他の記述
○	ここにも被害があったことがわかり、れきしを感じる／原爆いれいひがあって原爆のことを忘れないように伝えている	歴史が残っていていい

稲荷町―銀山町付近

評価	平和に関する記述	その他の記述
○	電停に平和のしょうちょうのはとの形があった	神社／いなり寺／神社がよい／橋、歴史／橋が古く、歴史がある／橋、歴史／れきしのあゆみがかんじる／いなり神社／古い店でごちゃ
×		古くて汚い（建物）

胡町付近

評価	平和に関する記述	その他の記述
○	れきしをのこしている／ひばくの碑があって	

紙屋町西付近

評価	平和に関する記述	その他の記述
○	じゅんしょくのひがありへいわをかんじる	

原爆ドーム周辺

評価	平和に関する記述	その他の記述
○	原爆ドーム、れきし、外国人／木、川、ドームがいっしょになって良い／原爆ドーム／げんばくの橋／げんばく／げんばくどーむ／原爆ドーム、歴史が残っている	歴史に、残る、たてもの／れきし、いいとこ、悪いとこ／歴史がつまっている／なんでも／昔ながらの電停がきれい
×	くずれそう／古くて広島におちてげんばくの象徴	

福島町付近

評価	平和に関する記述	その他の記述
○	碑がある（ハナミズキ）歴史らしいのを感じる	

表9　児童の広域都市空間でのフィールドワークにおける「平和」の記述　*37

学年が上がるにつれて、歴史的建造物に対する概念的評価が成熟するのであれば、表現することばも洗練されなければならない。しかしながら、相変わらずことばは幼稚である。

する傾向が強い。そこには時間の連続性に対する感覚はなく、時間を止められたオブジェがただ存在しているだけである。空間の時間の流れは、「被爆」という事実の重みを超えられないのであろうか（表10）。歴史的なモニュメントは、すなわち1945年8月6日の記憶にしかなり得ないのであろうか。

原爆ドームという「歴史」の拡がり

広域都市空間のフィールドワークで路面電車から見る歴史的建造物は、あくまで外から眺める表象である。しかし、ただ漠然と表象的なファサードの記号を見ることと、生きられる空間としてそこを歩くことは別である。

原爆ドームは建設当初の大正時代から、近代化の強力なシンボルであった（図6）。もちろん、当時産業奨励館と呼ばれた近代化のシンボルと今日の負の遺産となったシンボルとは意味が異なるが、ランドマークとしてはむしろ戦前の産業奨励館の方が際立っている。周囲に木造の建築物が多くを占めるなかで、ドームを冠する建築物は、それまでになかった都市景観を出現させた。ところが、第二次世界戦後の原爆ドームは、いわば周囲から孤立したオブジェとなり、周囲の高層建築物のなかに埋没している。観光客であれば感じるであろう違和感は、一般市民にはほとんどない。味覚や嗅覚がそうであるように、景観に対する馴化・習慣化である＊38。問うべき対象ですらなくなっているのである（図7）。

もちろん、児童たちも、原爆ドームは広島らしい平和の象徴として世界的にも意味のあるモニュメントであると教育されている。実際、路面電車に乗るフィールドワークにおいても、必ずすべてのグループが立ち寄って、写真を撮影している（図8）。

路面電車を用いた広域都市空間のフィールドワークで、4年生時にはじめて立ち寄った第1回

＊38　いわゆる「順応」と呼ばれる感覚の馴化の問題については、岩堀修明『図解・感覚器の進化』講談社、2011／イー・フー・トゥアン、Y－H、山本浩訳『空間の経験』筑摩書房、1988／木岡伸夫『風景の論理』世界思想社、2007を参照。もちろん、「暗黙知」のような身体化された感性的な知については、別の問題である。

＊39　2004年度の6年生児童39名。自由記述アンケートにおける「平和」に関する設問は、以下の通り。「いままでのエコピース・マップの活動を通して「平和」のイメージは変わりましたか？　ひろしまらしい「平和」についてあなた自身の意見を聞かせてください」

回答の類型	記述内容
被爆	平和のイメージは世界にも戦争があるからかわりません 。
	私たちの班は、外国人の人に「広島で、好きなところはどこですか？」と聞くと「平和公園や原爆ドーム」と言っていました。やっぱり、外国の人たちから見ても、広島で一番大きな事件は原爆が落ちたことでした。これからはもうこんな戦争、争いはないように、心がけてほしいと思います。
	ひろしまらしい「平和」とは、原爆ドームやいれいひなど原爆にかんけいしているものがのこされていることだと思います。原爆ドームは、原爆のひさんさを後にもつたえるためにのこっているんだと思います。だからそういうものがのこっているかぎり「あー戦争ってこんなことになっちゃうんだーしちゃダメだなー」と思えるから、戦争をする気にならないと思うからです。
人間の暴力性	平和といえば、戦争がないと思いますが、犯罪などがおきているかぎり、完全な平和とは言えないと思います。でも、他の人は、戦争がなければ平和と思うかもしれませんが、私は、戦争をしないだけが平和ではないと思います。犯罪などがあるかぎり、本当の平和はこないと思います。
	戦争のない日々を毎日送ること。殺人などのあらそいがないことが1番ひろしまらしーへいわだとおもいます。
	平和は、のどかでのんびりとしたものと思っていたが平和とは、たくさんの人たちがたのしくのどかにあらそいのない世界をきずいていくものだとおもった。
自然の暴力性	ゴミなどがちらかっていなくて、落書きもなくなって川も底が見えるほどきれいになっていて、暴走族もいなくなって、始めて、ひろしまらしい平和ができると思った。
	広島にはいろんな生物がいて平和というのは生物がたくさんいて自然がのこっていて静かな場所だと思う。
	平和というものを今までは戦争をしない、それだけで平和だとおもっていたけどエコピースを通じて平和というのは、生き物と共ぞんしあっていくことが平和だと思いました。

表10　児童による「平和」に関する自由記述（抜粋）　*39

3年間、3回目にわたる路面電車を利用した広域都市空間のフィールドワークとワークショップの総括として、6年生児童には「平和」に関する自由記述のアンケートを実施した。

選択式のアンケートとは異なって、「平和」に関する小学生6年生児童の自由記述は意外にも多様である。多くの回答に見られる「戦争」「被爆」などの破壊は、「犯罪」「殺人」「暴走族」など、人間の暴力性（人災）の問題への言及につながっている。つまり、直接経験したことのない非日常の「被爆」から、日常的な生活にまで「平和」が拡がっている。

さらにまた、人間の暴力性の問題は自然破壊（人災かつ天災）への認識とも連動し、「生きもの」との共存が「平和」であるという認識と結びついている。環境保全教育に重点を置く今日の学校教育の影響でもあるが、フィールドワークにおける児童の生きものへの関心の反映とも考えられる。

図6　広島県物産陳列館（昭和初期）

原爆ドーム（世界遺産登録名称 Hiroshima Memorial）は建築家ヤン・レツル（Jan Letzel）によって設計され、1915（大正4）年に広島県物産陳列館（1933年に広島県産業奨励館）として完成、物産展示や美術展が頻繁に開催され、文化拠点としての役割を担った。川側に玄関を設けた斬新な構成で、ドームの銅板の緑が都市景観を際立たせ、当初より名所となっていた。とりわけ、路面電車の敷設された橋から見える景観は、公共的な景観として定着していた。

図7　平和記念公園の景観の変化
（上：1952年のはじめての平和記念式典、
下：1995年の被爆50周年平和記念式典）

第二次世界大戦後の復興都市計画が進むなかで、危険建造物として取り壊しも検討されるが、1947年に建築家丹下健三が構想した平和記念公園計画の軸線上に位置づけられ、被爆のモニュメントとして新しい視点場・視軸が生み出された。

公園化の歩みは遅々としていた。最終的に保存が決定されたのは1966年。「あのとき」からおよそ20年後のことである。

後の1994年には、再開発事業の一環として超高層ホテルが原爆ドーム近隣の基町に建設されるが、都市活性化の機運の中で、原爆ドームの背後に現れるホテルの景観が議論されることはなかった。1996年には、世界遺産に登録されるが、周辺住民の利権を法的に剥奪しないことで、バッファーゾーンの設定にこぎ着けた。しかし、法律的な規制の根拠を持たないために、原爆ドーム周辺には乱立するマンション景観が生み出されていった。そこには、過去を払拭して新しい開発を行うことこそが「復興」であり「平和」であるとする根強い市民感情が横たわっている。乱立するマンションは、被爆者にとって平和の景観そのものである。

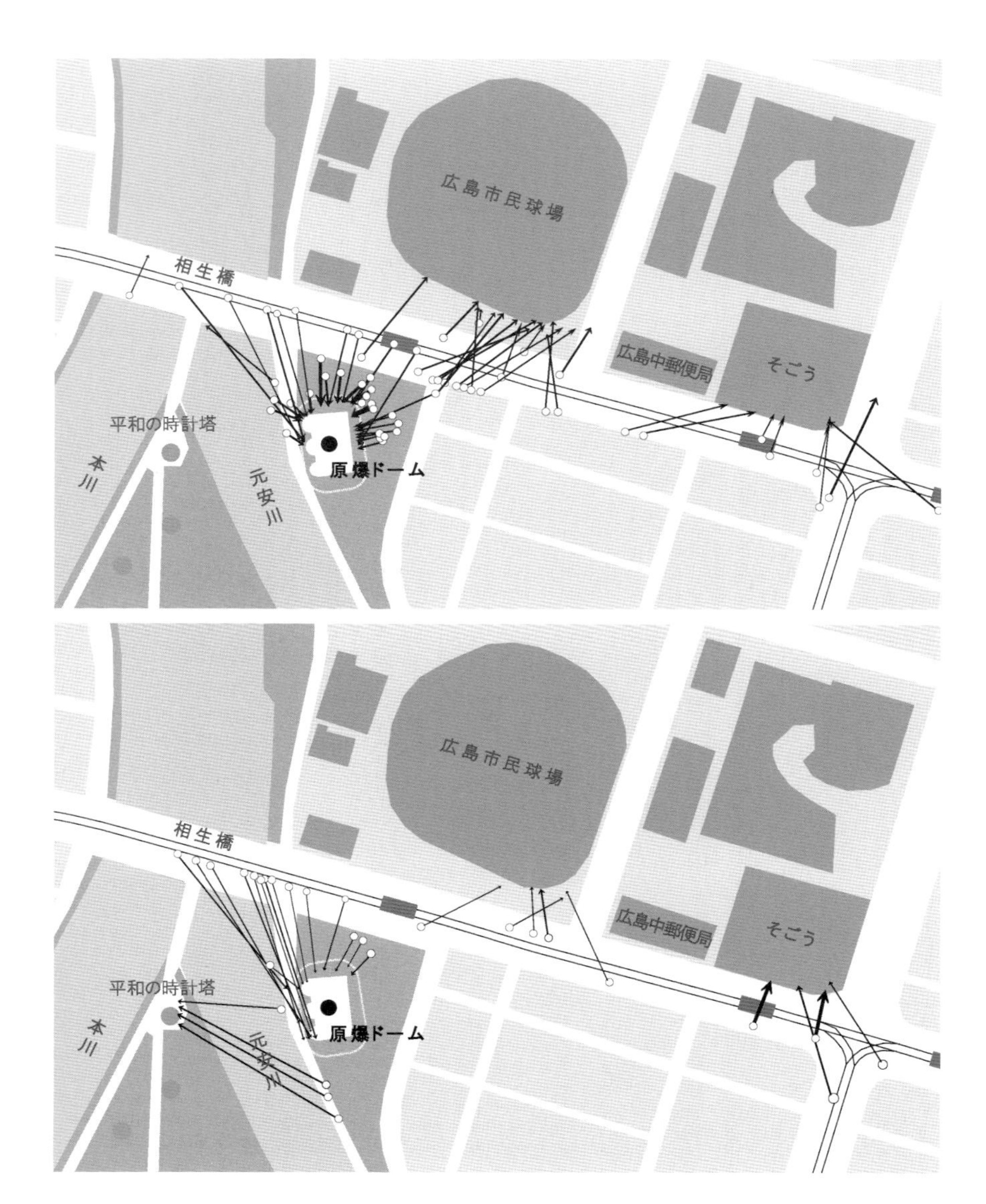

図8　路面電車を用いた広域都市空間のフィールドワークでの児童による写真撮影位置
（上：第1回（2002年度）、下：第3回（2004年度）　*40

はじめてのフィールドワークで路面電車から降りて原爆ドーム周辺を眺めてみると、どの児童も原爆ドームを写真に撮る必要があると思う。とはいえ、近くにある百貨店そごうや広島市民球場も捨てがたい。児童の関心はあちこちに分散する。そのうえ、市民球場が戦後復興の過程でできたことは、児童もよく知っている。その意味では、原爆ドームだけが「歴史的建造物」ではない。市民球場にもしっかりと歴史が刻まれている。

ところが、2年後に再訪したとき、児童の関心は原爆ドームに集中していく。児童は、いろいろな視点から原爆ドームを歩いて見ている反面、そごうや市民球場は表面的な撮影で満足している。

（2002年度）と6年生時にもう一度立ち寄った第3回（2004年度）の写真撮影位置と撮影対象を比較すると、第1回（2002年度）の方が市民球場など周辺の建築物にも興味が拡散しているが、第3回（2004年度）では原爆ドームへと意識が集中している。そして、歩いて原爆ドームを様々な角度から眺め、原爆ドームを集中的に見ている（図8）。

第1回（2002年度）のフィールドワークの記述用紙に書かれた児童のことばでは、緑が多いことを肯定的に評価している（表12）。しかし、フィールドワークの現場での発語では、原爆ドームの写真を撮りたいのに「この緑しか撮れん」（女子）。周辺の樹木が原爆ドームを遮って邪魔なのである。あくまで近くに寄って見たいのであり、原爆ドームを包むまわりの景観への関心は低い（表11）。

原爆ドームそのものについても、「前何回も行ってるから飽き飽きしとる」（男子）と言うように、原爆ドームは見慣れた場所であり、すでに知っている対象の再確認でしかない。いきおい、そのまなざしは注意散漫になる。

第3回（2004年度）では、フィールドワークの発語には、児童のまなざしに散漫を示すものはなく、記述用紙でも「歴史」ということばによって対象を肯定的に評価している（表11・12）。実際、第3回（2004年度）では、原爆ドームの周囲に設置されたモニュメントや案内看板にも注目するようになり、原爆ドームとその周辺を景観としてフレームに収め、様々な角度から眺めている（図9）。

かりに、事前の学習知識や現地の案内板など歴史に関する言語情報に依拠して歴史的なモニュメントの価値を理解するのであれば、それは必ずしも感性的とはいえない。少なくとも、児童は、現在の原爆ドームという歴史のモニュメントそのものから昔の景観を想像することはできない＊41。児童が無条件に原爆ドームやその周辺を肯定的に評価してその景観を特権化していく過程は、第二次世界大戦後の原爆ドームの景観が、被爆の証としてポケットパーク化していく過程と同期している。言い換えれば、景観に対する

＊40・42−44　2002年度の4年生児童と2004年度の6年生児童とのフィールドワーク。

＊41　原爆ドーム対岸の案内板には被爆直後の産業奨励館の写真があり、都市の時間性を理解する一つの手掛かりとなる。観光景観としてのその表象性を批判することはたやすいが（ジョン・アーリ、吉原直樹・大澤喜信監訳『場所を消費する』法政大学出版局、2003を参照）、古写真に代わるものは多くない。被爆体験者やボランティアガイドによる現地説明でさえ、観光客に時間のリアリティをもたらすとは限らない。現前と再現前に関する観光景観の根本問題である（西村孝彦『文明と景観』地人書房、1997を参照）。

広島市民球場

児童1（男子）	「みんな原爆ドーム前行こうやー」
児童2（女子）	「市民球場をうまくとりたい」
サポーター	「よしじゃぁ原爆ドーム前行こうか。じゃあ原爆ドーム前まで行って、降りて、色々見て、戻ってきますよ。よろしい？」
児童1（男子）	「よろしい」
サポーター	「市民球場とったんならちゃんと書いとかなきゃ」
児童3（女子）	「書いた。広島らしい（笑）」
児童4（男子）	「市民球場とらな」
サポーター	「なんで×なん？」
児童4（男子）	「光ってるから」
児童5（男子）	「市民球場！」
サポーター	「おっ市民球場どうね？　これはいいやろ、広島のシンボルやろ」
児童5（男子）	「これはOKだろー、かっこいいだろー！　人が集まってよい」
サポーター	「市民球場どう？　市民球場○？　×？」
児童6（男子）	「まるっ」
サポーター	「なんで？」
児童6（男子）	「楽しいけー」
サポーター	「楽しいけー。よーし。撮った？　市民球場？」
児童6（男子）	「撮った」

そごう

児童1（女子）	「そごうの看板とりたい」（紙屋町西にて）

2004年度6年生児童

原爆ドーム

児童1（女子）	「この緑しか撮れん」
児童2（男子）	「これどうやって書けばいいん？」
児童1（女子）	「○とか×とか○×とか」
児童2（男子）	「歴史的？」
サポーター	「それは自分で考えんと（笑）」

広島市民球場

児童1（男子）	「大好きな野球場を撮るぞ！」
児童1（男子）	「今市民球場撮ったよ」
児童2（女子）	「書くの？」
児童1（男子）	「書けば？」
児童2（女子）	「夜になったら騒がしい」

2002年度4年生児童（広島駅～西広島駅）	
原爆ドーム	
児童1（男子）	「原爆ドームが見える！　原爆ドームとって」
児童2（男子）	「原爆ドームってどこ？」
児童1（男子）	「緑が多いけー見にくいかも」
児童2（男子）	「緑が多いって書いとこっか」
児童1（男子）	「特にここなんて」
児童3（女子）	「じゃぁ紙屋町西」
児童4（男子）	「原爆ドーム前がいい。原爆ドーム前」
サポーター	「原爆ドーム前はどうっすか？」
児童4（男子）	「原爆ドーム前何回も行ってるから飽き飽きしとる」
児童5（男子）	「原爆ドームの説明とっていい？」
サポーター	「いいよ」
児童6（男子）	「暗っ暗っ」
児童7（女子）	「木がじゃま」
児童6（男子）	「今だ、今がチャンスだ」
児童8（男子）	「原爆ドーム。はよとれ、とれ」
児童9（男子）	「広島らしい」
児童10（女子）	「とっちゃおうか原爆」
サポーター	「おう、撮りたいと思ったら撮るんやで」
児童11（女子）	「撮って撮って」
児童12（女子）	「原爆ドーム撮った」
児童12（女子）	「木で見えんじゃん。どうやって撮ろう」
相生橋	
児童1（男子）	「この橋、橋を撮って！　橋がきれいである」
元安川	
サポーター	「今なにをとったの？」
児童1（女子）	「なにもとってない。あっ緑がにぎやかって書いた（笑）ここに人って」
児童2（男子）	「きれいって書いとこう」
児童3（男子）	「多分誰もとらないだろうというものをとった」
サポーター	「なに？」
児童3（男子）	「さぁ何でしょう」
サポーター	「あれ？　ゴミ拾ってる人？」
児童3（男子）	「うん。多分誰もとらないよ」
サポーター	「そうかな」
児童4（女子）	「おもしろい木がある、これもとろうかな」

表11　児童のフィールドワークの発語（原爆ドームとその周辺）　*42

4年生の時のはじめてのフィールドワークでは、すでにお馴染みであるとはいえ、やはり原爆ドームがお目当てである。児童たちは電停から降りると、一目散に駆け寄る。しかし、6年生になると、会話そのものは減る。写真に収めれば満足なのであろうか。それとも、感じ入るものがあるゆえの沈黙なのであろうか。

2004年度6年生児童

原爆ドーム

評価	平和に関する記述	その他の記述
○	原爆ドーム、れきし、外国人／木、川、ドームがいっしょになって良い／原爆ドーム／げんばくの橋／げんばく／げんばくどーむ／原爆ドーム、歴史が残っている	歴史に、残る、たてもの／れきし、いいとこ、悪いとこ／歴史がつまっている／なんでも
×	くずれそう。古くて広島におちてげんばくの象徴	ゴミがあり汚い／すずしいが汚い&うるさい

原爆ドーム前電停

評価	平和に関する記述	その他の記述
○		昔ながらの電停がきれい／れきしのあゆみが、かんじる
×		（電停の）屋根がよごれている

相生橋

評価	平和に関する記述	その他の記述
○		芸術的／めずらしくて目印になる

元安川

評価	平和に関する記述	その他の記述
△		川が少ししか濁っていない、魚がいっぱいいる／水がきれい

本川

評価	平和に関する記述	その他の記述
○		雲と川の重なり合いが美しい／並木道

2002年度4年生児童

原爆ドーム

評価	平和に関する記述	その他の記述
○	広島らしい／原爆ドーム・緑が多い・きれいな所・人が多い／でかくてかっこいい／原爆ドームが見えて広島らしい／緑が多くて、人も多くて、少しできごと悲しいところ／原爆ドームがきれいだから／原爆ドームが広島らしいから／原爆ドームが広島のシンボル／原爆ドームがあった／原爆ドームが見えて、きれい／広島らしい／原爆ドームがある／広島らしい／世界遺産がある／歴史を感じる／歴史がそのまま残っている／平和を感じる／原爆ドームがあり広島らしいから／広島らしい、市民球場［原爆ドームに隣接］	そうじをして広島をきれいにしている／きれい／きれい、しんせい、川がきれい／きれいだから／市民球場もあるそうじをして広島をきれいにしている／きれい、しんせい、川がきれい／きれいだから／市民球場もある／人がにぎやか／地面がコンクリート／広くて意外と新しい／その周辺がきれいとても楽しいから／緑がきれい／とても大きくていい／緑の字でわかりやすい／広そう（市民球場）［原爆ドームに隣接］／大きくてきれいだった／並木がきれいだった／緑がある／大きくてにぎやか／建物がきれい／緑が多くてきれい／かっこいい／かっこいい、にぎやか／木がたくさんある
×		ゴミがいっぱいある／まぶしいから／入り口がきたない／ゴミが多い

相生橋

評価		その他の記述
○	平和に関する記述	橋がTの字／相生橋がいい、それときれいだから／橋がきれいだから

元安川

評価		その他の記述
○	平和に関する記述	川／川がきれい
×		川がきたない

本川

評価		その他の記述
○	平和に関する記述	川がきれい

広島市民球場

評価		その他の記述
○	平和に関する記述	市民球場もある／広島らしい、市民球場／市民球場がある／広そう

そごう

評価		その他の記述
○	平和に関する記述	そごうがあってにぎやか

表12　児童によるフィールドワークの記述（原爆ドームとその周辺）　*43

フィールドワークでの記述も、現場での会話に対応している。6年生の記述は簡潔である。それは、ある一定の概念や社会通念によって評価するということなのであろうか。それとも、ことばにできないものがあるということなのであろうか。

図9　路面電車を用いた広域都市空間のフィールドワークでの児童による原爆ドームの写真の典型（上：第1回（2002年度）、下：第3回（2004年度））　＊44

都市空間のなかでひときわ異彩を放つこの建造物は、児童には見慣れた存在である。評価の証拠を残すための写真撮影では、まわりの樹木は「邪魔なもの」にすぎない。しかし、再度この場所を訪れたときには、いろいろな角度からこの歴史的建造物を歩き、むしろ広角が好まれる。それは、「絵葉書のような」イメージの流通によるものなのだろうか。それとも、歴史的なものに対するこれまでにない児童のまなざしの芽生えなのであろうか。

p. 123　表13　広島市における平和教育カリキュラム事例（『教育課程1998』（広島大学附属小学校）より作成）

大なり小なり、多くの教科書で「戦争」「歴史的空間」「エコロジー」に関する「平和」の単元が設定されている。実に多様であるが、問題はそれらが有機的に関連づけられていないことである。

領域／教科	1年	2年	3年
教科の学習			
国語科			
社会科	――	――	●広島市の様子と人々の仕事（40）
算数科			
理科	――	――	
生活科	■ランドマーク1（30）		――
音楽科			
造形科			
家庭科	――	――	――
体育科			
総合学習			
テーマ研究			
自然・社会体験	●自然に親しもう（6） ■文化に親しもう（4）	●自然に親しもう（6） ■文化に親しもう（4）	●自然に親しもう（6） ■文化に親しもう（4）
情報教育			
国際理解教育			▲ヒロシマ（5）
英語教育			

領域／教科	4年	5年	6年
教科の学習			
国語科	▲物語の世界を広げよう 「一つの花」（10）	●報道番組をつくろう 「地図が見せる世界」 「大陸は動く」（10） ●麦畑への道 ～自然をみつめて～（7） ●環境問題を話し合おう ～わたしたちの生きる地球～（9）	●ぼくもわたしも ニュースキャスター 「ガラパゴスの自然と生物」 「人類はほろびるか」（13） ▲戦争を考えよう 「石うすの歌」（6） ●地球に住む住人の 一人として考える 「国境を越える文化」 「わたしたちの生きる今」（8）
社会科	■広島市のうつりかわり（48）	●わたしたちの日本と世界（21）	■日本の歴史（60）
算数科			
理科			●人の生活と環境（10）
生活科	――		――
音楽科	・街の名前でカノッちゃおう（7）		
造形科			■屋上から見た風景（3）
家庭科			・ふれあいのくふう（9）
体育科			
総合学習			
テーマ研究			
自然・社会体験	●自然に親しもう（6） ■文化に親しもう（4）	■文化に親しもう（4）	■文化に親しもう（4）
情報教育			
国際理解教育			▲みんなでつくる平和（5）
英語教育			

▲：戦争　■：歴史的空間　●：エコロジー

価値の多様性やダイナミズムが言語情報によって失われ、一義的な価値によって、そのモニュメントが、その場所が、囲い込まれていくのである。

しかしながら、一義的な価値による囲い込みによって広角の絵葉書のような写真をいろいろな地点から撮ることは、負の意味をもたらすだけではない。原爆ドームとは直接関係のない景観を歴史的な時間に取り込んでいくことを意味することがあるからである。原爆ドームそばの路面電車の電停は、第3回（2004年度）にはじめて「昔ながらの電停がきれい」（女子）「れきしのあゆみが、かんじる」（女子）のである。児童は、原爆ドームを歴史的モニュメントとして特権化していく一方で、必ずしもことばにならない時間的なものを原爆ドーム周辺の景観にも見出していく。いわば、小さなこどもが杖をついた長老のまわりの空気に何かオーラを感じるようなものである。

たしかに、原爆ドームは、他の被爆建造物以上に自立したオブジェとして際立っている。被爆という歴史のモニュメントであるという知識に引き寄せられながら、児童はその周辺をときに立ち止まりながら「歩いて」いる。しかし児童は、概念だけを携えて歩いているのではない。だからこそ、旧広島市民球場にも原爆ドーム前電停にも何か時間的なものが感じられるのである。原爆ドームが隣接していなければ、もしかしたら旧広島市民球場はただの「古い」建築物かもしれない。それは、都市空間のあらゆるところに漂っている時間の蓄積に対する感性の問題である。

歴史のある空間は「古い」のか

ごく一般的に、史実の痕跡を残す場所、あるいは希少性が高く地域的な様式が残る場所（「伝統的」と形容される）が、「歴史のある空間」と見なされる。しかし、歴史とは知識であると同時に、時代の価値観の反映である。今でこそ、誰もその存在価値を疑わない原爆ドームを被爆のモニュメントとして保存することが政治的に保証されたのは、被爆から20年あまり後のことである。「歴史のある空間」は、決して客観的事物の集積と時間の長さによって形成されるものではない。ましてや、建造物の寿命の長さに一線を引く文化財行政のような絶対的基準が誰にでもあるわけではなく、個人的あるいは社会的な価値観に左右される。

「歴史のある空間」を「時間のつながりが感じられる空間」として捉え直してみると、実際、我々が都市の旧市街を歩くとき、観光情報に拠らずとも「歴史のある空間」の雰囲気に感じ入ることがある（あるいは農山漁村における禁忌の場所についても）。とくに、旅慣れた人はそうである。時間の痕跡、たとえば外壁の肌理や道路の屈折などを手掛かりに過去の出来事を知的に読み取ることもできる。場所への嗅覚という比喩的表現があるように、たとえ目に見えるあからさまな痕跡がなくても、たしかに「歴史のある空間」を感じるときがある。それは「〜時代」とか「〜年前」とかの計測可能な時間の隔たりを捉えることではない。

そもそも、「古い」ということばが、歴史的建造物や歴史的空間というものを誤解する最大の要因かもしれない。歴史的ではない場所や建造物や空間はあり得ないからである。たとえば、日本の都市空間を包囲するまわりの山林や農村の里山でさえ、自然管理の歴史を反映している。

ところが小学校教育では、自然の保全・維持・回復は理科教育の範疇に属する。そんなに難しいことではないのであるが、歴史的視点は皆無である。歴史は社会科で史実として学習する*45。そして、教科書に掲載されるような場所が「古い」のであり、価値もある。逆に言えば、教科書に載らないような場所は「古い」という感覚さえ児童には芽生えない。あるいは、「古い」けれども「きたない」だけであり、時間の積み重なりを見過ごすことになる。

それゆえに、フィールドワークでは、児童は「新しい」を無条件に肯定する反面、本当は否定的な「古い」ものであっても、戦争・被爆の痕跡のある場所、歴史的モニュメント、あるいは学習して知っている史実の残る場所であれば、肯定的に評価する。

しかし、「新しい」場所への親近感と比べて、「古い」ものはよいという比較的単純な評価は、「私」との距離の隔たりを物語っている。歴史的な空間に対する学習の難しさである。知識が多いほど、歴史的な空間への知識が増えるほど、史実は「わたし」の生きる空間からはますます疎遠になっていく。

*45 表13を参照。文部科学省の学習指導要領では、わずかに3年生より始まる社会科の授業において、歴史教育は6年生時の日本史が位置づけられている。広島大学附属小学校では3年生時に「くらしのうつりかわり」として主に明治以降の広島市の郷土史に関する教育を約12時間実施している。

*46 2003年度の5年生児童とのフィールドワーク。

まちの「古さ」

児童の撮影する現代建築物の写真は、看板や広告のディテール、ファサードの表情などの局所的で断片的なものが多い。局所的な撮影表現に対し、歴史的建造物の場合、原爆ドームの場合がそうであるように、建造物を部分ではなく全体として収めようとして、「古い」オブジェに対する説明的な写真になる。現代建築物と歴史的建造物とでは、醸し出す存在感が異なるのである(図10)。

しかし、歴史的建造物というオブジェだけに「古さ」が感じられるわけではない。ある児童(女子)は、

名称	現代建築物	名称	歴史的建造物
セブンイレブン (広島市民球場前)		原爆ドーム	
鯉城会館		旧日本銀行広島支店	
NHK放送 センタービル		白神社	

図10　児童による現代建築物と歴史的建造物の写真（抜粋）　*46

児童は、現代建築物の場合は部分に、歴史的建造物の場合は全体に、ある一定のまとまりを捉えている。歴史的建造物はオブジェとして自立しているのに対して、現代建築物にはファサードしかないからである。どちらが優れているのではない。存在の在り方が違うのである。

路面電車に乗った広域都市空間のフィールドワークの後、ワークショップの教室で次のように述べている。

児童（女子）：「歴史について、3号線を通って広島について思ったことで、古い建物がいっぱいありました。原爆ドームは世界遺産になっています。他の家は世界遺産ではありませんが、それなりに古さが出ていて、広島らしいものがたくさんあったと思います。それと、古いものが電車に乗っていて見えて広島らしいと思いました。最後に、広島らしいで、古いと新しいがあって一番よいと思いました」＊47

児童（女子）は、おそらく戦後に建てられたであろう一般の民家に眼を向けて、教科書では学習することのない「古い」都市空間を見出している。「それなりの古さ」は、「出ている」のであって「ある」のではない。それは雰囲気として感じられるものであり、具体的に説明できるものではない。

さらに同じフィールドワークで、児童たちは戦後復興期の雰囲気を残す市場（宇品ショッピングセンター）を発見することになる。後日実施したアンケート調査によれば、スーパーマーケットのようなレジ一括精算の営業形態をとらず、狭い路地に個人商店が集合するこの市場に、休日を利用して再度出かけた児童もいたほどで、この場所を「歴史がある」と同時に「ふれあい」があると見なしている（表14）。

フィールドワークの現場において、児童たち自身による市場の発見は、次のような会話に表れている。

児童1（男子）：［市場周辺を歩いて］おもしろい」
サポーター：「おもしろい？　いいとか悪いとかない？」
児童1（男子）：「ない」
［児童1（男子）がそろばんを使って勘定する総菜屋の初老の女性に興味を示す。］

＊47　総合的学習の時間を利用した2003年度の5年生児童とのフィールドワークの総括発表。

＊48―51　2003年度の5年生児童とのフィールドワーク。

乾物屋：「そろばん写しとるん？　昔はそろばんだったんよー。他聞くことない？」

サポーター：「他に聞くことないかって。この商店街のこととかなんかないか？」

児童全員：「……［無言］」

サポーター：「ありがとうございます」

児童2（男子）：「おぉすごいね、この魚。色んな魚がおる」

児童3（男子）：「おぉイカイカ」

児童4（男子）：「コイワシ、今社会の勉強［社会科の自由課題］でやっとるやつがある」

児童2（男子）：「これ昔のお菓子」

児童3（男子）：「安い」

サポーター：「安いー、欲しい」

児童4（男子）：「これ書いたほうがいいかね」

サポーター：「なんか感じたら書いたほうがいいんよ」

児童4（男子）：「昔を感じる」＊48


たしかに、自分たちにとって未知の世界がそこにあること、「古さ」のなかの新奇性に児童たちは注目し、現在の自分たちの日常生活ではそれが失われているということの発見が、「昔を感じる」という発語につながっている。

そのことは、児童の撮影した写真にも現れている。市場では、市場内の様々な未知なる「もの」が撮影されると同時に、人間の表情を捉えた写真も多い。他の場所での児童たちの写真撮影には、人を撮影することそのものに躊躇が見られるが、ここではそうではない（図11）。

この間の活動でいままで気づかなかったまちの自然や歴史をみつけましたか。
そこはどこですか。またその理由も書いてください。いくつでも書いてください。

宇品五丁目です。その理由は、そこではたとえばレジのかわりを、そろばんで行っているから。

私は宇品の五丁目の商店街で歴史をみつけました。それは、今はスーパーで無口でも買えるけど、やおやさんは、「〇〇を〇こください。」など会話をしながらたのしく買えるのでいいと思いました。それは昔のくらし、歴史があると思いました。それと、おまけなどもつけてくれるかもしれないからです。

宇品4丁目のあたりの商店街が、外から見ればなんかきたないけれど、中にはいってみてみるといいところもありました。どこにも、大きいたてものや、しせつがある所は、木がうえてありました。

自然があった所は、平和大通りあたりの木がたくさんはえている所です。ベンチもあるので、休むのにぴったりでした。あと宇じな4丁目から宇じな5丁目までに歴史がありました。しょう店街や古い家（店）などがあったからです。

宇品には時々行くけれど、古くからある商店街があったとは気づきませんでした。それと、広島港が前行った時よりきれいになっていたからおどろきでした。

宇品の豆屋　木ぞうで木を黒くなっているからだいぶ前からあるんだなぁと思った。

歴史をみつけたところは、宇品五丁目の宇品みゆきショッピングセンターで、豆やや、花やの店です。

ぼくはとても歴史をかんじるとこがありました。それは「うじな」にある「あいとう市場」です。それをなぜ歴史をかんじたかというと昭和21年からずっとありかんばんも古く昔なみのしな物の売り方をしていたからです。

宇品の商店街が昭和27年からやっていること。そこでは、牛乳パックに土を入れ、植物を育てていた。ほかにも一度売ったパックをもう一度あらって再利用をしていた。ふくろまちにある電車から見える建物は、スロープができていた。本通りもにぎやかでお店がいっぱいで便利。

いままで気づかなかったまちの歴史……本通り、あいとう市場、本通りにはたくさん人があつまり、1番ざわざわしているところだと思ったけど、れきしがたくさんつまっていて、いいなぁと思いました。あいとう市場は、スーパーやデパートなどではレジの人が機械でいつも同じようにやって会話もほとんどないけど、あいとう市場では店の人と買いにきた人の会話があっていい。

私は、宇品には、あんまり行ったことがないので「あいとう市場」という、商店がいを見ると、とても歴史をかんじました。商店がいを外から見るときたないけど、中に入るといいなと思うところがありました。

グループ	まちをしらべてみたり、アイコンで地図をつくったことについて教えてください。
A	商店街の人達がやさしくせっしてくれてよかった。
	宇品五丁目などの昔のれきしのわかる商店街に電車からおりて、じっくり見て昔の生活にはどんな道具を使っていたことや、昔は買い物にもふれあいがあることがわかったこと。
	2日目で気になったところをおりてみたとき、宇品五丁目の古い商店がいで、やお屋さんとおきゃくさんが楽しそうにしゃべっていました。私は「人と人とのふれあいがあっていいな」と思いました。
	楽しかったことは、グループで決めた所に行って、じっくり観察したことです。とくに、港町は静かで、ゆっくりできるところだったので、いい所だなと思いました。宇品5丁目では古くからあるだけあって、ふれあいがあり、だがし屋さんのような所があったから、こんな所が残っているのだなと思いました。
	紙屋町などの商店街などには、人と人とのふれあいがないので、宇品五丁目のように、できるだけふれあいをふやせばいいと思った。
C	
E	スーパー等の反面、昔ながらの商店街があり、おちつけ、人々のふれあいがあるという面が良かった。おかげで、活動をしたので自分に、グリーンマップの面からみるということができるようになりました。これはとてもよい事だと僕は思います。
	初めてワークショップ（地図をつくったこと）をして自分の意見をさいようされたりしてうれしかった。ワークショップをして、宇品の方のこともよく分かったし、一番心に残ったのは宇品の商店街です。いろいろリサイクルをしていていいなと思ったしすごかったです。
	あいとう市場で、しょう店がいの人に「こんにちは」と言ったり、言ってもらったりしていいなぁと思いました。本通りも、あたらしい場所だと思っていたけど、げんばくでのこったたてものがあったりして、こんなところにもれきしがあるなと感じました。
	ふだんは行かない、うら道や、小さなお店をみれました。土日にそのお店に行けたりして、とても広島のことをしれました。

表14　児童による宇品ショッピングセンターに関する記述（抜粋）＊49

児童たちが発見した宇品ショッピングセンターの記述は、他の調査対象に比べて非常に字数が多く、具体的なエピソード記述が多い。未知の場所という以上に、「もの」でしかない原爆ドームとは違って、「ひと」の姿に歴史が感じられるからである。

図11　児童による宇品ショッピングセンターの撮影写真（抜粋）　*50

児童たちにとって、対面型の売買を見るのははじめての体験である。販売人との距離も陳列方式も、会話の内容も違う。その身体的な親密感、距離の近さが写真に表れている。

同じ市場をフィールドワークした別の児童たちの会話である。

サポーター：「古い商店街やな、これなー。よくまわり見てごらんよ」
サポーター：「おっ、良いにおいするな」
児童1（男子）：「メロン」
サポーター：「メロンかな？」
児童2（男子）：「写すでー」
サポーター：「何撮るん？」
児童2（男子）：「この商店街撮りたいんよ」
一般市民：「市場が少なくなってるから珍しいでしょ」
サポーター：「本当はこういうところで買った方が新鮮なんだけどね」
児童3（男子）：「まちになじんでる」
筆者：「こういうところ［八百屋］もあるよ」
サポーター：「あっちは八百屋さんだね。古いなとか新しいなとか、これはいいなとか思ったら書いてね」
児童4（女子）：「［店に設置された看板を読んで］適正表示の店」
一般市民：「あいとう市場［宇品ショッピングセンターの古称］っていうところなのよ。戦後間もなくできたの」
児童5（男子）：「古い歴史が残っていますねぇ」*51

児童たちは古さにおける未知なるものの発見と同時に、コミュニケーションの距離の近い極めて人間的な空間への興味によって、市場の営みの時間的連続性を発見する。「古い歴史が残っていますねぇ」というやや批評めいた発語は、小学校5年生の児童（男子）の表現として珍しくはないが、「まちになじんでる」という発語は物珍しさから出たものではない。市場において営まれる場所の空間そのものに対する実感のこもった比較的素直な発語である。児童（男子）は部外者として客観的に都市空間を調査しているというよりも、むしろ声をかけられたことをきっかけに、生活空間そのものへの親近感が生まれ、そこに入り込み、「ふれあう」*52ことによってはじめて生活の時間の蓄積を感じているのである。市場での撮影写真の対象に人が多いのは、その証左である。

自然の「古さ」

フィールドワークにおいて、歴史的建造物のモニュメントから市場のような都市空間にまで敷衍される「古さ」の感覚は、さらに自然にまで拡がっていく。それは、自然の生きものに時間を感じる感性である。

ある児童（女子）は、後日アンケート調査の「この間の活動でいままで気づかなかったまちの自然や歴史をみつけましたか。そこはどこですか。またその理由も書いてください。いくつでも書いてください」という質問について、次のように答えている。

児童（女子）：「そこは、植木や植物です。社会人チームの人の自然はすごくちゅうもくしていてよかったです。Dはんを見ていたら、みどりが多い所があり、りっぱな木も多かったのでよかったです。広島のみどりは広島の歴史だと思いました。わけは、広島にはりっぱな木が多いからです」*53

広島市には被爆樹木が散在し、いくつかはよく知られているので、第二次世界大戦との時間的なつなが

*52　フィールドワークでの会話の「なじみ」ということばの意味は、後日小学校での総括において、「ふれあい」という文脈で、次のように説明されている。

児童1（男子）：「僕は、宇品5丁目を最初見てみて、古いなぁと思っていたけど、降りて詳しく見てみると、人と人とのふれあいがあってよいなぁと思うようになりました」

筆者：「はい、B班の方から発表してもらいましたが、まずみなさんの方から質問があったら手を挙げてください」

児童2（女子）：「宇品3丁目の方にある、歴史のつまったところというのはどういう意味なんですか？」

筆者：「どういう意味だろう？」

児童1（男子）：「あのー、汚いって言ったら悪いんですけど、何か汚れている、色んな何か車とかで、汚れていたりして。だけど、みんなのふれあいがあったり、色んな歴史がつまっているので、良いところもあったり」

筆者：「だからさっきの発表でも最初こう、あったけれど、古そうだけど、人と人とのふれあいがあるって言っていたけど。ふれあいってどういうものなの？　誰か宇品のところでおじさんに説教されてた人いましたね、あいさつがなっとらん、とか言われて」

児童1（男子）：「僕たちは、実際に宇品5丁目の商店街に入って、それで算盤とか売っているおばさんに声をかけたりしたら、地域のことをたくさん話してくれて、色々と話すことが出来たので、そこが何かふれあいというか……」

筆者：「普段のみんなの生活とはちょっ

りは比較的容易に理解できる。実際、他のグループにおいても、児童たちは被爆樹木の存在を指摘し、広島固有の歴史として道徳的には理解している。

しかし、Aグループのこの児童（女子）は、単に公園の被爆樹木が「古い」というだけではなく、無名の「りっぱな木」に樹木の生命の履歴を捉えている。フィールドワークにおける児童たちの行動を見ても、樹木の形態と同時に、古木の肌ざわりやそこに寄生するキノコ類や虫にも児童たちは強い関心を示している。「被爆」しているかどうかという事実が問題ではない。児童（女子）にとって、植樹されて日の浅い若木には見られない時間の営みそのものが、「りっぱ」なのである。それは、理科学習のような科学的観察のまなざしとは異なっている。

一方で、比較的古い個人住宅の緑（鉢植え等の園芸）への関心も高い。児童は、高層マンションで閉鎖的に営まれているベランダ園芸よりも、公共の道路にはみ出し、隣家との境界が曖昧な戸建て住宅の園芸空間について肯定的に評価する。

実際、人の撮影に対する躊躇とは対照的に、植物などの自然の生きものについては、児童は多様な視点で多様な場所を撮影している（表15）。撮影対象にも公的・私的の区別はない。たしかに、フィールドワークに同伴しているサポーターなどの大人も個人住宅の園芸空間などをよく観察し、比率的に大差はない*54。しかし、大人が私的な緑地をそれと認識した上で、公的緑地にはない特殊な空間として撮影し評価しているのに対して、児童の場合、はじめから公的か私的かというはっきりとした認識がなく、いたるところに植物を発見し、物珍しさから等しく肯定的に評価する。

最も象徴的な例が、以下のフィールドワーク後の発表である。

児童1（男子）：「あいとう市場とはここです。あいとう市場は、昭和27年からできていて［店のおばさんから

と違う?」

児童1（男子）：「うん、そこの生活みたいなのがわかった」

発表の苦手な児童1（男子）が宇品ショッピングセンターで発見したものは、未知の生活の断片的事物というよりも、むしろ場所に密着した生活そのものである。

*53　2003年度の5年生児童とのフィールドワークに関する後日のアンケート調査。

*54　2003年度の5年生児童とのフィールドワークにおける児童の緑地撮影枚数221枚に対する公的緑地撮影枚数122枚（55・2%）、私的緑地撮影枚数79枚（35・7%）。大人の緑地撮影枚数132枚に対する公的緑地撮影枚数64枚（48・0%）、私的緑地撮影枚数61枚（46・2%）。なお、ここでの公的・私的の区別は、対象空間の管理の主体による（判定できないものは除外）。

場所	公的・私的
紙屋町交差点周辺 （商業ビル）	私的
広電皆実町6丁目ー 広電日赤病院前駅周辺 （個人住宅）	
広電宇品4丁目ー 5丁目駅周辺 （個人商店前）	
広電宇品4丁目ー 5丁目駅周辺 （個人住宅）	
広電市役所前駅周辺	公的
広電元宇品口駅周辺	
広電元宇品口駅周辺	
広電紙屋町東駅周辺	
平和大通り	

表15　児童による緑地に対する発語と撮影写真（抜粋） *55

児童の近視眼的なまなざしは、様々な植物を視野に収め、生き物の息吹を捉える。そこには、公私の、あるいは大小のヒエラルキーはない。生き生きとしているものは、すべて同じである。生きているということは、時間が積み重なっていくことでもあるということを、児童は無意識的に感じているのかもしれない。

グループ	発語
D	児童1（女子）:「見てあれおもしろいじゃん、あれビルの上に木があるー。ビルの上に木があるー」 児童1（男子）:「ほんまじゃ。終わっとるし［どうしようもない］」 児童2（女子）:「あれ水漏れするんよー」
D	児童1（男子）:「もっとまるなものないかな」 児童2（女子）:「あれ［植栽が多い家］すごいな、森林が」 児童3（男子）:「はは（笑）」
E	児童（男子）:「草。緑がたくさんある。まる」
E	児童（男子）:「あった？」 児童（男子）:「緑がたくさん」 児童（男子）:「ほぼまるじゃん。しかも緑がたくさんばっかり」
B	サポーター：「何撮ったん？　花か？」 児童1（女子）:「うん」
D	サポーター：「これは？　刈った草」 児童1（女子）:「ばつ？　植物があるのはいいけど、はみ出してる。まるばつにしとこうか」 児童2（女子）:「でも雑草を刈ったあとだから……。あっ、ちょうちょおるよ」
D	児童1（女子）:「きれい、これ。草が生えてる」
D	児童1（男子）:「木がたくさんある」 児童2（女子）:「これはいいんじゃない？　木は」
E	サポーター：「ほらあそこ木いっぱいあるよ」 児童1（男子）:「どこ？　あっほんまじゃ」

仕入れた情報である」、とても歴史を感じました。そして、とても新鮮な野菜や魚や肉が売っていました」

児童2（女子）：「あいとう市場ではリサイクルがしてあって、1つは牛乳パックの再利用です。飲んだ牛乳パックに土を入れて、植物を育てていたことです。捨てずに再利用していてよいと思いました」

児童3（女子）：「2つ目は、1度使ったパックを洗って、そのパックを乾かして再利用していたことです。環境にもよくていいなと思いました」＊56

たしかに、小学校の教室での総括というかたちでは、フィールドワークの現場で捉えられたものが捨象されることは否めない。牛乳パックのリサイクルを強調しているために、中央で半分に切って牛乳パックに入れられた小さな植物（図11 右中）は、いわゆる自然の保護という文脈での説明である。しかし、児童たちがフィールドワークで驚きとともに発見したのは、なによりもこの植物の小ささであり、この小さな植物が市場の人々によって育てられているということである。極小の自然空間に、人間的な生活の営みを感じ取っているのである。たしかに、公共的な緑地にそうした時間の流れを読み取ることは困難である。

「歴史的感性」――「とき」を感じる

フィールドワークにおいて、「歴史のある空間」は歴史的建造物によって代表されるような「古い」ものだけでなく、空間の時間性という意味では、工事現場にも、そしてさらに自然の生きものにも感じ取ることができる。本来、都市という性格上、時間の長短はともかく、いたるところの空間に時間が内包されているはずである。

見出したのは、児童自身である。単に過去の「もの」として見るようなロマン主義的なノスタルジーは、そこにはない。児童は都市空間における時間を、人工的であるか自然的であるか、公共的であるか私的で

＊55　2003年度の5年生児童とのフィールドワーク。

＊56　総合的学習の時間を利用した2003年度の5年生児童とのフィールドワークの総括発表。

＊57　「参与」とは、人間の身体の場所への接合感のことであり、シカゴ派社会学による「参与観察 perticipation observation」の方法論とは必ずしも同一ではない（本章1節「「フィールドワーク」とは」の＊2も参照）。しかし、空間への「同化」や「没入」という表現では、人間と空間との対話的な次元が捨象されてしまうため、差し当たり「空間への参与」という表現を用いる。

＊58　「出会い」とは次章における「共感（響感）」の空間的な身構えのことである。「出会い」における時空の根源的な交わり、あるいは他者性の承認と自己の否定については、木岡伸夫『風土の論理――地理哲学への道――』ミネルヴァ書房、2010を参照。

＊59　「歴史的感性」とは、一方では類的な感性の普遍性を前提とせず、感性そのものが歴史的な産物とする見方である（カール・マルクス、城塚登・田中吉六訳『経済学・哲学草稿』岩波書店、1964、208頁）。もう一方では、「時間をかぎ分ける」身体的な能力とする見方である（桑子敏雄『感性の哲学』日本放送出版協会、2001、59－70頁）。問題にしたいのは後者であるが、前者の問題がそこに含まれ

あるかにかかわらず、今という時間に生きられる空間のなかに発見していく。

「時間のつながり」への感性は、児童の即物的な評価の記述（あるいは教室での模範的発表）に隠れてしまうことが多い。実際、児童の概念的枠組みが大人が想像する以上に強固であることは、「平和」を通して見たとおりである。しかし、フィールドワークの現場において、単に「もの」ではなく、人間が密着する場所に、児童たちはたしかに「歴史のある空間」のなかの時間を感じている。「歴史のある空間」についてのこどもの感性は、ことばによる概念的理解の成熟を前提とするものではない。それは、「空間についての評価」という以前に、時間を内包する「空間への参与」*57の能力である。フィールドにおける「出会い」*58と「ふれあい」によって、「歴史的感性」*59とでもいうべきものがはたらいているのである。

それは、あくまで「いま」を基点にした「とき」への感性である。単に自らの体験によって記憶されているものの同型を重ねて未知の「むかし」に想いを馳せることではない。プルースト的な自己体験の記憶の想起*60というよりも、自分とは異質の計測不可能な「とき」を感じることである。それが生得的な能力であるか、あるいは記憶による類推であるかは、もはや問題ではない。「とき」への参与の契機となるものを見極めていくことが、時間を喪失した現代人として空間に生きる我々の重要な課題である。

ていないわけではない。マルクスが指摘しているように、「感性」とは極めて人間的かつ歴史的なものであるからである。そして、「歴史的感性 historische sentatie」は「歴史的接触 historische contact」とも言われるように、ことばを超えたものである（ヨハン・ホイジンガ、里見元一郎訳『文化史の問題』東海大学出版会、1978、48−60頁を参照）。ホイジンガが問題にしている歴史は、あくまで記述もしくは描かれた過去であり、空間的なものの中にある過去のことではないが、過去と自己との接触は、超越性の問題を別にすれば、メルロ＝ポンティの想起のヴェクトルの双方向性と無関係ではない（4章3節「評価してみる」の*100を参照）。

*60　たとえば、『失われた時を求めて』（1913−1927）における「私」のマドレーヌの味やマルタンヴィルの鐘楼の眺めやサン＝マルコ寺院のタイルの感覚の記憶。

第4章 感性のワークショップ——みんなを感じる

1 「ワークショップ」とは

「工房」を語義とする「ワークショップ」[*1]は、「レクチュア」の対概念である。「ワークショップ」は19世紀半ばに成立する近代教育、すなわち教師という代理者が書物の知識を万人に保証するという閉鎖的な教育制度に対する批判として、ジョン・デューイが記した社会構成主義的な教育論を源流としている[*2]。欧米においては、演劇や絵画の創作術の一つとして用いられ、学習そのものに重点を置いた美術鑑賞や環境教育、さらには医学療法などにも適用される一方、まちづくりの手法[*3]としても用いられている。どのような領域であれ、双方向的な協働性という点では共通している。すなわち、他人の意見に耳を傾けることによって、自分が変わることがワークショップの理想である[*4]。

いわゆるまちづくりやまち学習のワークショップに限定しても様々な形式があり[*5]、会議形式のものもあれば、フィールドワークによる調査と一体とした「フィールドワークショップ」による合意形成を目指すものもある[*6]。合意形成は多数決や総和の論理はなく、地域的な課題を再発見し、創造的な提案へ熟成させることによって成立する。地域特性を凝視すればするほど、あるいはワークショップに参加する当事者の人格を尊重すればするほど、ワークショップの成果は特殊解であることが避けられなくなる。普遍的な一般解を見出す近代的な手法とは正反対である。ワークショップとは本来、普遍的な論理の構築よりも、「現場性」や「当事者性」を重視して、論理の社会還元に重点を置くやり方である[*7]。

まちの持続可能性という観点から見ても、ワークショップの成果が暫定的な解であることは避けがたい。それゆえに、見出された解をその都度見直しつつ継続的にワークショップを実践すること、また問い続けることを可能にするような仕組みをつくることが重要になる。ワークショップは一過性のイベントではな

*1　近年の様々なワークショップの形態については、苅宿俊文・佐伯胖・高木光太郎編『ワークショップと学び』全3巻、東京大学出版会、2012などを参照。

*2　「ワークショップ」の源流の考察については、真壁宏幹「古典的近代の組み替えとしてのワークショップ――あるいは「教育の零度」」、慶應義塾大学アート・センター編『慶應義塾大学アート・センター／Booklet16 ワークショップのいま――近代性の組み替えにむけて』慶應義塾大学アート・センター、2008、112−128頁を参照。

*3　1960年代以降、アメリカ合衆国における都市問題や人種問題を契機として、住民参加のためのワークショップが盛んとなり、「デザインゲーム」などの手法が開発されていく。いずれもいわば合意形成のための運動論であり、都市参画のための計画論へと受け継がれる（こどもの都市参画については、ロジャー・A・ハート、木下勇・田中治彦・南博文監修、IPA日本支部訳『子どもの参画――コミュニティづくりと身近な環境ケアへの参画のための理論と実際』萌文社、2000を参照）。

*4　ワークショップは、最終的に自己と同一の価値観を共有する閉鎖的なグループに回帰していくことではない。「構成員は水平的な関係のもとに経験や意見、情報を分かち合い、身体的な動きを伴った作業を積み重ねる過程において、集団の相互作用による主体の意識化がなされ、目標に向かって集団で創造していく方法」（木下勇

い。

問いの発見には、様々な道具が用いられる。今日では、携帯性と機能性が格段に高まったスマートフォンなどのメディアを利用したり、検索性や集積性の高いＧＩＳなどのアプリケーションを用いて、遠隔での多人数によるワークショップも可能である。仮想空間での非場所的・非身体的なワークショップの手法は加速度的に洗練されてきているが、生の現実空間体験が基盤にあってはじめて有効にはたらくことは、いうまでもないことである。

したがって、ワークショップそのものは、とても素朴な道具立てでこと足りる。まちづくり・まち学習の三種の神器、マジック・付箋・模造紙さえあれば、生身の人間が輪になって話し合いながら問いを構造化することができる。模造紙に描かれた図解図は、ブレインストーミング＊8の視覚化であり、ワークショップの一つの成果として参加者の達成感を高める。

地域のイメージに具体性を持たせる場合には、地図が有効な手段となる。とくにこどもたちとのワークショップでは、防災・防犯・交通安全・自然環境保護・歴史発見など、目的に応じて空間情報の地図へのプロットがワークショップの作業の中心となる＊9。

地図化の対象は、地域のコミュニティから地球全体にまで様々である。１９６０年代以降、地球環境問題が明白になると、世界地図はにわかに地球環境の危機への警告書や環境保全の啓蒙書などと同等のイデオロギー的性格を持つようになる＊10。今日、一般に「環境地図」と呼ばれているものは、通常の地形図やガイドブックには見られない地域の自然環境情報を記載し、自治体、大学、ＮＰＯ法人などの組織や、地域住民が主体となって製作活動が展開されている。製作動機も自然保護に加えて、地域のコミュニティ形成、環境学習、エコ・ツーリズム開発などのプログラムが組み込まれている場合が多く、地図の目的と内容も多岐にわたっている。

『ワークショップ 住民主体のまちづくりの方法論』学芸出版社、２００７、15―16頁）の先にある、限りなく他者に開かれつつある自己の成長のことである。とはいえ実際には、いかなるワークショップにおいても閉鎖性から免れることは難しい。

＊5 まちづくりに関するワークショップについては、木下勇『前掲書』＊4を参照。

＊6 社会的な合意形成の方法論として開発された「フィールドワークショップ」については、桑子敏雄編『日本文化の空間学』東信堂、２００８を参照。

＊7 桑子敏雄「コミュニティとしての地域空間をどのように治めていくか」『岩波講座哲学8 生命／環境の哲学』岩波書店、２００９、１７１―１９５頁を参照。桑子は「みんなで話し合い、熟慮した提案を採択し、笑いを含む工夫をこらしながら、決断へと導くプロセス」（１９４頁）を「合意形成」の核としている。桑子は提案が個別的で特殊的であることを「現場性」として承認した上で、個別性の先にある原理を読み解こうとする。

＊8 よく知られているブレインストーミングの方法としては、川喜田二郎『発想法――創造性開発のために』中公新書、中央公論社、１９６７年のＫＪ法などを参照。

＊9 寺本潔・愛知県豊田市立堤小学校『エコ総合学習――創造を生み出すワークショップ授業――』東洋館出版社、

もちろん、厳格な基準に則った客観的データでも、データの取捨選択には製作者の意図や願望、価値観などが多かれ少なかれ反映されている。もちろん、読み方も様々である。ましてや、こどものまなざしを大人が客観的データに還元することはできない。たとえば、多少怪我をしても遊びたいこどもの心情をくみ取りきれない大人がつくった「安全マップ」などの情報を過信すればするほど、こどもの危険察知能力が減衰するという矛盾が生じることになる。「とにかく怪我をさせてはならない」という大人と、「骨折まではよしとしよう」という大人がつくった安全マップとでは、随分と違ったものになるはずである。そこには絶対の基準はなく、私たちの生きる空間に対する主体の構えの方が、はるかに重要である。地図とは空間へのまなざしの表現なのである。

＊　＊　＊

「エコピース」マップは、単に都市空間のフィールドワーク（探検）に基づいて採取したデータを記録した地図ではない。「エコピース」マップのワークショップ（児童たちは作戦会議と呼んでいる）では、社会科の授業と連携した総合的学習の時間を活用している＊11。まず、フィールドワークで体験した空間を「評価」した地図をつくる。そしてさらに、「アイコン」を再編することによって、評価を未来の都市空間のための「提案」にしていく（図1）＊12。大切なのは、大人から見れば純粋無垢で奇想天外な児童たちの提案内容を大人に褒めてもらうことではない＊13。児童たちの提案は、ワークショップである限り協働であり、独善ではない。自分たちの提案が都市の時間につながっていること、あるいは都市に生きる他の人々とつながっていることを実感できるようになることが大切である。そこには、いくつかのちょっとした仕掛けがある。

1999／寺本潔『総合的な学習で町づくり』明治図書出版、2001を参照。寺本は、ワークショップにおいて児童の郷土への愛着をはぐくむという効果をねらっている点で、「エコピース」と同様の目標がある。

＊10　「環境地図」の歴史については、ジェレミー・ブラック、関口篤訳『地図の政治学』青土社、2001、100－113頁を参照。

＊11　「エコピース」は、学校行事の活動として位置づけられている。しかし、総合的な学習時間の減少、英語教育の早期化などの影響で、活動時間が短くなってきていることも事実である。

＊12　ただし、「エコピース」の活動に一定の流れができたのは、ようやく7年目（2008年度）からのことである。これからも変わるかもしれない。

＊13　児童の「稚拙な」提案内容に包含される根源的身体性、他者への共感（響感）については、本章4節「提案してみる」で論じている。

分類	(1) 調べてみる		(2) 評価してみる		(3) 提案してみる
空間的指標	○ × △	→	緑・赤・黄	→	緑 → 緑 赤 → 緑 黄 → 緑
表現方法	記号		アイコン		アイコン

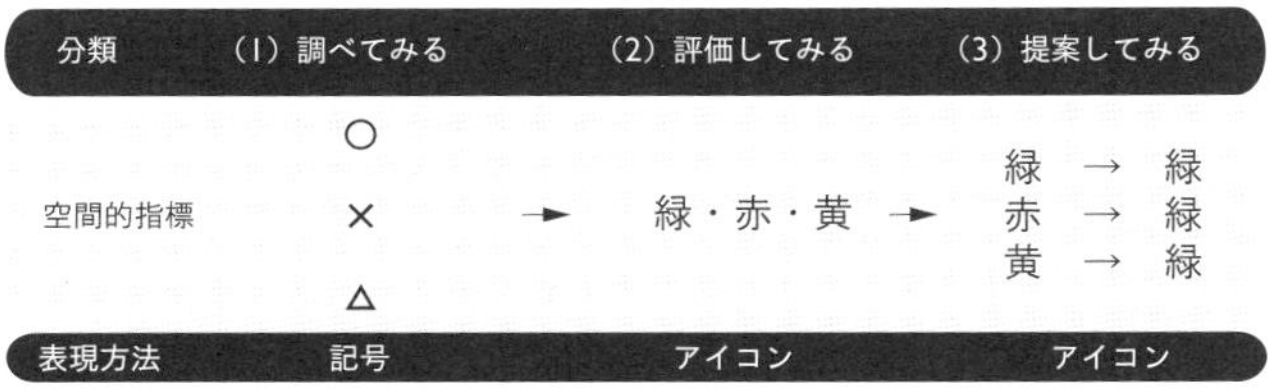

図1　フィールドワークからワークショップへの地図製作の流れ

フィールドワークでは、○×△を使って感じたことを即興的に現場で書き留め「調べてみる」。ワークショップでは、現場のメモを頼りに緑・赤・黄のアイコンで「評価してみる」。そして、最終的にすべてが緑になるように「提案してみる」。一連のプロセスがことばの論理ではなく、「アイコン」という非言語的な道具立てで進んでいくところがミソである。フィールドワークで○と感じたものを自動的に緑アイコンにしなくてもよい。思い返して黄アイコンで表現することもできる。記号からアイコンへの変換のプロセスは、合理的でなくてもよいのである。

楽しい道具（アイコン）を使う

周知のように、リンチはパス・エッジ・ノード・ディストリクト・ランドマークの5つのエレメントを記号化して都市のイメージを視覚化している。しかし、記号そのものは無味乾燥で、かたちそのものに必然性はない*14（図2）。

それに対して、「エコピース」マップの地図づくりワークショップでは、世界共通の「アイコン」（絵文字）を使う*15。そして、「まちのよいところ」の○は緑アイコンで、「まちのよくないところ」の×は赤アイコンで、まちの△は黄アイコンで表現する*16（図3）。

まちの△は、もともとフィールドワークで○か×か断定できなかったところに用いる記号である。○×で評価できなかった理由は様々であるが、フィールドワークの短時間の記録作業では、○か×かの評価が難しく、○×の理由の明確なことばがその場では見つからない場合も少なくない。ワークショップでは、もう一度アイコンを使って、緑（○）か赤（×）のアイコンで表現するが、それでもなお評価理由が定まらなくて、黄（△）のアイコンの場合もある。あるいは、評価を一歩進めて、一つの場所がある側面から見れば○、別の側面から見れば×として、黄（△）のアイコンと

*14　ケヴィン・リンチ、丹下健三・富田玲子訳『都市のイメージ 新装版』岩波書店、2007を参照。リンチは都市の集合的イメージからさらに進んで、こどもの主体に着目していくが（ケヴィン・リンチ、北原理雄訳『青少年のための都市環境』鹿島出版会、1980を参照）、都市イメージの多様性・重層性を明らかにしているわけではない。

*15　「エコピース」マップで用いるアイコンについては、本章補「グリーンマップ」とは」を参照。ただし、「アイコン」に色分けをしたり、それを提案に変える仕組みは、「エコピース」マップ独自のものである。

*16　「アイコン」のかたちと意味の特徴については、本章2節「アイコンという道具」を参照。

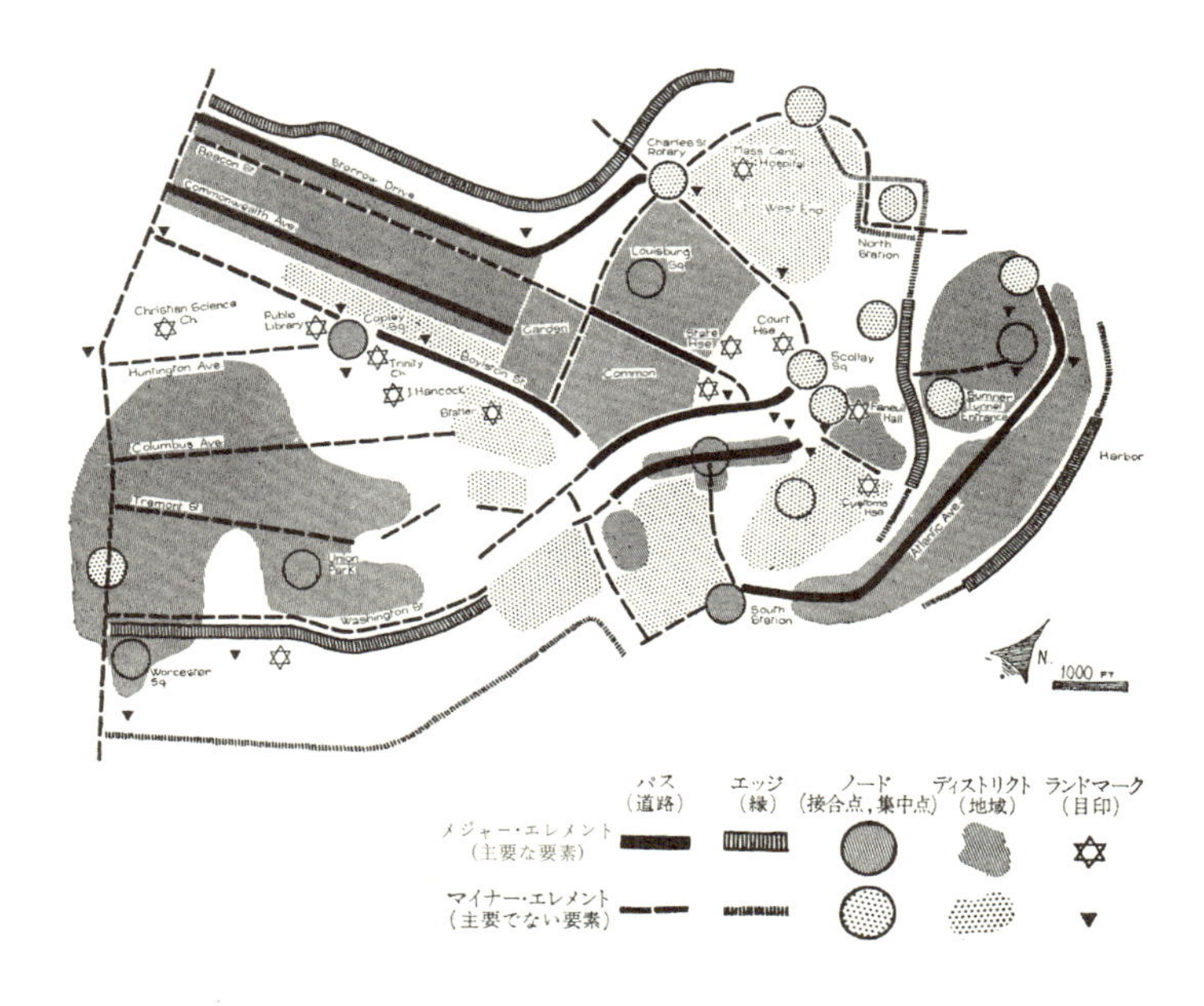

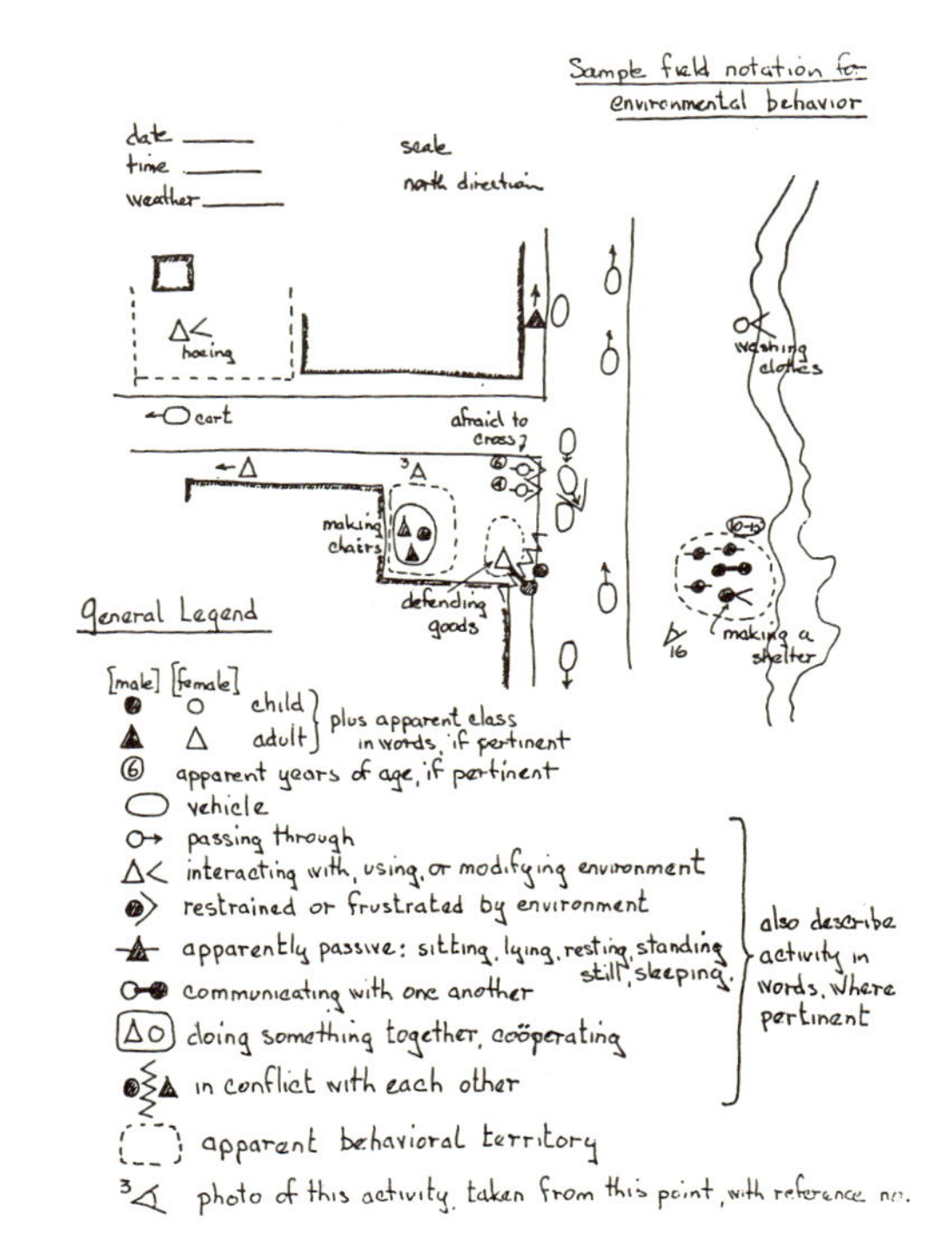

図2　ケヴィン・リンチによる都市イメージ・マップ

面接調査の結果に基づいて、都市空間の特徴が5つの記号を用いて表現されている(上)。統計的な処理によるものではなく、必ずしも都市民の最大公約数というわけではない。リンチの目的は、あくまで住民が主体的に参画して都市空間を改善するための手段としてイメージ・マップを用いることにある。

こども成育空間の改善のための国際比較調査の場合は、より一般的な指標が用いられている（下)。こどもの行動図式の一律な凡例は一見わかりやすく、比較もしやすいが、地域のこどもの成育空間の多様性を捨象することになりはしないであろうか。

なる場合もある（この場合は緑（○）か赤（×）のアイコンが併存してもよい）。

また、すべての○×をアイコンに置き換える必要はなく、アイコンにしないものや、フィールドワークで記していない場所をアイコンにしてもよい。場合によっては、○を赤アイコンにしたり、×を緑アイコンにしてもよい。アイコンは単なる置換作業の道具ではなく、フィールドワークという体験の記憶を様々なかたちで想起するための方法論であり、たとえことばで表現できなくても、身体に沈殿した記憶を表現するなら、記号とアイコンの合理的な対応関係はなくてもよい。アイコン化は、フィールドワークの内容をより感性的に表現する作業だからである。

もちろん、既存の「アイコン」にとらわれる必要はない。自分たちで「アイコン」のようなスタンダードな道具を設定してもよい。ワークショップはフィールドワークのトレースではなく、それ自体が楽しくなるような仕掛けが必要なだけである。

年齢や性別に関係なく、「お〜」という声の回数は、ワークショップの成功度を測る一つの指標である。「お〜」は単なる驚きではない。承認の声であり、共感の声である。いろいろな発見をみんなで共有していくワークショップの楽しみの表現である。楽しい道具があると、「お〜」はますます大きな声になる。

みんなで見せ合う

「エコピース」マップでは、アイコン化の作業はガリバーマップのような大きな地図にはじめから「みんな」で描くのではなく、まずは児童個々の「わたし」が自分の地図を描く。

トレーシングペーパーを用いれば、グループみんなの地図を重ね合わせて比べてみることができる。アイコンを描いているところも、付けているアイコンの種類も色も違う。違うことが児童間のコミュニケー

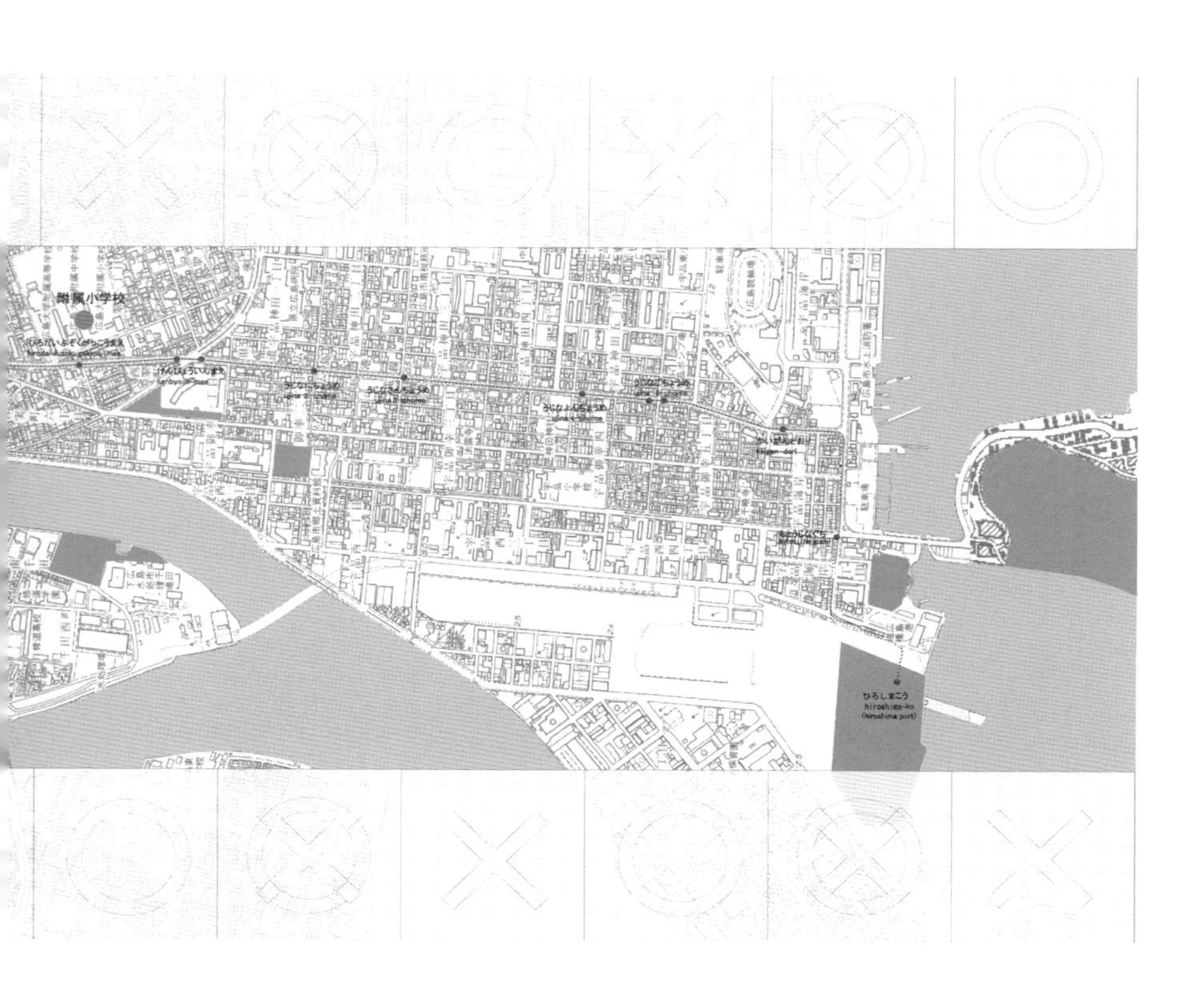
附属小学校
ひろだいふぞくがっこうまえ
けんびょういんまえ
うじなにちょうめ
うじなさんちょうめ
うじなよんちょうめ
ひろしまこう
hiroshima-ko
(hiroshima port)

① 緑がきれい。
③ 手入れされていない土地。

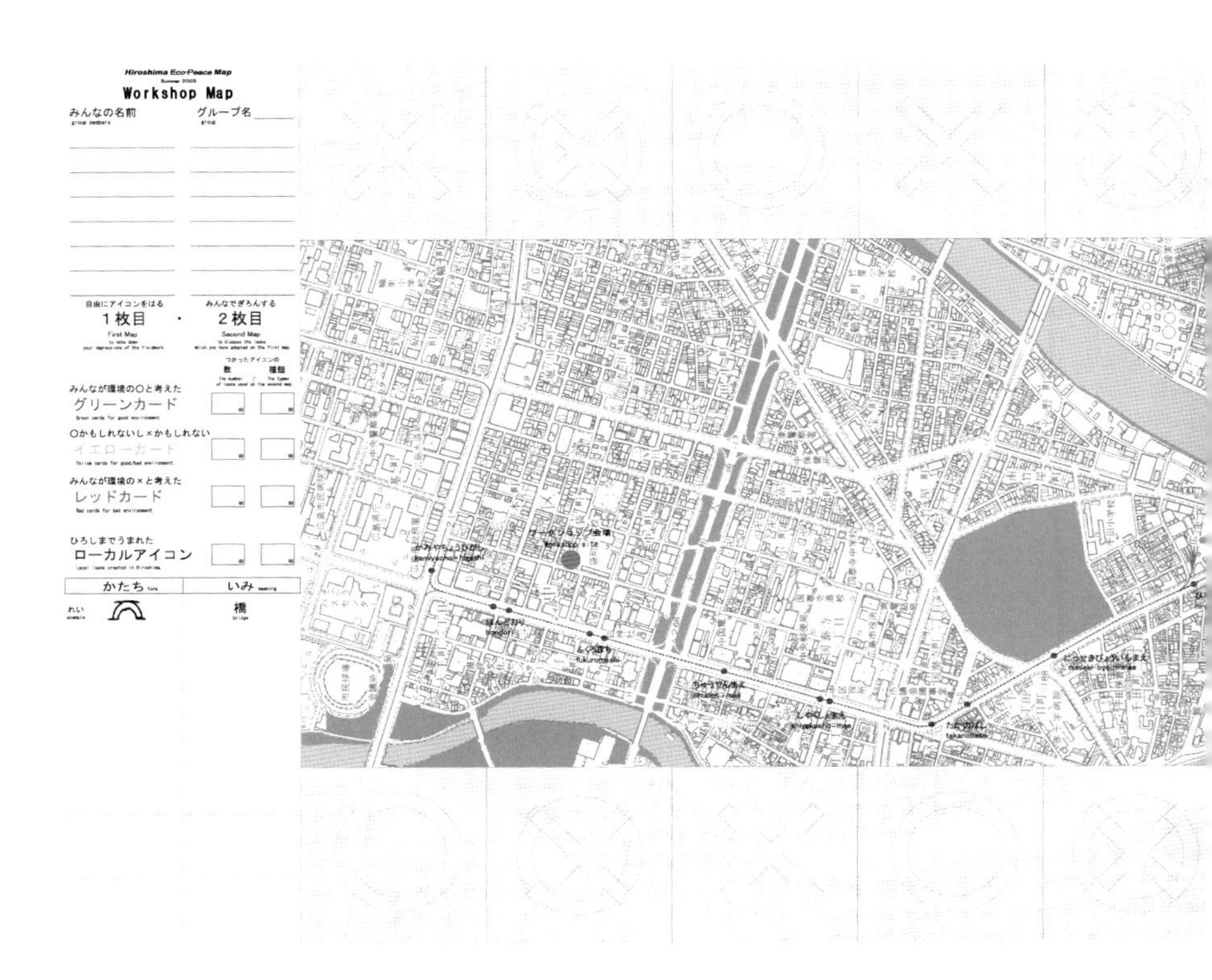

図3　アイコンを用いた「エコピース」マップの製作過程

フィールドワークでの○×調査を、アイコンを用いて地図にプロットして評価する。それぞれのアイコンにはもちろん固有の意味があるが、必ずしも定量的・定性的な定義ではない。同じ場所でも児童によって使いたいアイコンも異なってくる。アイコンの誤読があっても、児童のあいだで共有されていればそれで構わない。用いるアイコンのかたちは同じでも、できる地図は一つ一つすべて異なる。

図4　教室で「エコピース」マップを比べてみる

それぞれに異なる「わたし」の「エコピース」マップは、他の「わたし」のマップと比べてみると、マップの多様性が顕著になる。「わたし」たちの最大公約数を発見することも、「わたし」をすべて足し合わせて総和の意味を考えてみることもできる。

ションを誘発する（図4）。地図製作そのものは一人の作業であっても、ここにワークショップのおもしろみがある。見せ合いは、自分とは異なる感性の他者の発見であり*17、それが自分の感性の振り返りとなる。はじめに合意形成ありき、でなくてもよい。

比べてみるのは、「わたし」と他の「わたし」の地図だけではない。さらに、ここにはいない「わたし」の地図と比べてみることができる。つまり、同じアイコンを用いた他都市や昔の広島の地図と比べてみることで、現在の広島を空間的にも時間的にも相対化することができる（図5）。他の都市については、すでに製作されているアイコン地図を取り寄せて利用するが*18、昔の広島については自分たちで聞き取り調査を行って製作したものである。「アイコン」というものさしがあれば、単にクラスのみんなで見比べる以上に様々な「見せ合い」ができる。

ワークショップは本来協働的なものである。一人では気づかないことに気づいたという感覚がとても大切である。

*17　桑子は、人間以外の生命の立場に身を置く「自分以外のものになって一言」というワークショップの手法を開発している（桑子敏雄『生命と風景の哲学』岩波書店、2013を参照）。「エコピース」では、あくまで「わたし」を保持しているが、桑子の手法はそれとは異なったベクトルからの「視線の協働」である。

*18　グリーンマップ・システムによる世界のアイコン地図については、http://www.greenmap.org/greenhouse/en/maps/allを参照。

図5　時空を超えて「エコピース」マップを比べてみる

クラスの児童同士で比べてみるだけではなく、空間的に離れている他の都市や、時間的に離れている昔の広島と比べることもできる。アイコンは同じである。時空間が異なれば、同じかたちのアイコンでも、意味が異なってくることを実感できる。

未来をつくる

「エコピース」マップでは、フィールドワークで調べたことや発見したことをアイコンで表現したら、次はすべての評価要素が緑アイコンであり続けるような、世界に開かれた未来の都市「ひろしま」の「提案」をする。ただし、赤↓緑の空間改善だけが提案ではない。黄↓緑や緑↓緑の空間保全・維持も立派な提案である。というより、むしろ後者の方が、提案としてはもっと奥が深い*19。

さらに、提案は、評価したアイコンと同じ種類のアイコンでなくてもよい。赤の「におう」アイコンの場所に何かを提案しようとして、緑の「みる」アイコンを付けてもよい（たとえば、あまりおいしそうなにおいのしないお店を、せめて外装だけでも変えてみる提案のように）。道具は単純であるが、提案は限りなく多様である。アイコンに縛られて、未来への想像力が妨げられるおそれもあるが、アイコンは想像力を増幅させる道具にもなる。

提案の作業は、評価以上に正解がない。模型をつくるような大がかりなワークショップでなくても、「つく

*19　開発・再生・保存の提案の詳細については、本章4節「提案してみる」を参照。

図6 「エコピース」マップを発表してみる

グループの中で、それぞれの「わたし」の地図表現の違いがわかるだけでなく、違いからどのように合意を形成していくのかも重要である。特定の児童によるリーダーシップによって強権的にアイコンが取捨選択されるのか、それとも民主的にすべてのアイコンを表現するのか、児童たちは自分たちのグループの合意形成の意味について、つまり「みんな」ということの意味について考えるようになる。

る」感覚の楽しさがあれば、ワークショップに達成感が生まれる。

耳を澄まして

ここからが、本当の作戦会議である。「エコピース」マップでは、児童個々が考えた「わたし」の提案をグループで議論し、さらにクラスで議論するという手順を踏む。つまり、「わたし」の提案を気の合う「なかま」で議論し、もしかしたら気の合わない児童もいるかもしれないクラスの「みんな」に伝え、話し合って、「みんな」の提案にする。そしてさらに、最終的にはもう一度「わたし」の提案を見直してみる（図6）。

単純な流れであるが、児童たちの合意形成は容易ではない。評価にもまして、提案の合意は基準がないために甚だ困難である。いきおい多数決になる。声の大きな児童の意見に押される。殴り合いのけんかなら、まだ救いがあるかもしれない。感情を吐露することもできずに、挙げ句の果てにはジャンケンである。そこで、合意形成のための仕掛けが必要になる。

　仕掛けは、「しっかり話す」ではなく、耳を澄まして「しっかり聞く」という約束。自分の提案を声高に主張する児童は、まず他の児童の考えを聞いていない。聞いていても、聞こえているだけである。大切なことは、相手の話すことばを文字どおり聞くだけではなく、言いたくてもうまく言えないことにも耳を澄まそうとする姿勢である。

　この一つの約束事を徹底すれば、比較的容易に議論がまとまることが多い。それでも議論が平行線を辿るときには、「賛成の反対ボード（緑と赤を両面に貼った段ボールのボード）」*20でお互いの意見を体を使って表現する。実質的には多数決であるが、自己表現の達成感は残る。そしてなにより、ボードによる自己表明を経ることで、後の自由討論の質問も洗練されてくるという効果がある。

みんなが演奏家

「エコピース」マップでは、地図づくりの単位は、フィールドワークと同じグループ（6人程度）である。サポーターもまたフィールドワークと同じような作法で児童のワークショップを支援する。すなわち、サポーターは「一人称で語る」。

　ただし、サポーターとして限られた時間の中で児童の地図づくりの作業を収斂させることは、フィールドワークで時間を調整する以上に難しい。グループでの議論を取り仕切る隊長をサポートすることや、時間内に議論をまとめていく作業は、ファシリテーターに近い*21。司会進行役なら議事次第にしたがって進めるだけであるが、全体を盛り上げて、一人一人の個性を測りながら議論を促進させる立ち位置は、さながらいろいろな演奏家をまとめるオーケストラの指揮者である*22。同じ演目でも、指揮によってまっ

*20　「賛成の反対」は、赤塚不二夫『天才バカボン』（1967―1992）のバカボンのパパの台詞。「エコピース」では、視点を変えれば賛成にも反対にもなる道具としてボードを使用している。合意形成における理想は、創造的な第三案を見出すことであるが（猪原健弘編著『合意形成学』勁草書房、2011を参照）、その準備体操である。

*21　ファシリテーターの一般的な解説書としては、中野民夫『ファシリテーション革命』岩波アクティブ新書、岩波書店、2003を参照。ただし、学校教育の現場での応用例には乏しい。

*22　ワークショップ全体のプロセスマネージャー（進行管理者）としてのファシリテーターは筆者であるが、児童を注視し、かつ全体のプロセスの変更に伴って臨機応変に各々のグループを調整するという意味で、グループのサポーターは実はプロセスマネージャー以上に難しい役割である。

たく別物になる。もちろん、指揮は児童を誘導することではなく、児童たちの潜在力を最大限引き出すことによって可能になる。

理想論ではある。実際のところは、児童は一人一人が個性的な演奏家である。指揮者たるファシリテーションの技術を一般化することは難しい。ファシリテーターとしての唯一の要点は、グループ内の複数の視線を一つにして共有する仕掛けをつくることである。発言する児童の後ろに立って他の児童の注視を促してもよいし、「トーキング・スティック」のような、持ったときにだけ発言できるマイクに見立てた棒で指揮者の役割を演じてみてもよい。要するに、児童たちに「耳を澄ませて」と言っていることを自ら実践し、どの児童もみんなが演奏家になる機会をつくるだけのことである。

ワークショップという舞台

あまり指摘されないことであるが、ワークショップという場はある種劇場的な空間であり、児童を主役とした舞台である。

「エコピース」マップのワークショップは、普段の授業を受ける普通教室ではなく、非日常的な雰囲気をつくるために特別教室で行っている。地べたに座ることのできる体育館や講堂などでもよいが、広すぎるよりもやや狭くて作業しづらいくらいの方が、かえって連帯感が出てくる。机や椅子は自由に動かせるようにしておき、グループでの作業のときはグループごとにアイランド型の配置構成とし、発表のときは発表者が中央に出て話せるようにサークル型に変えることにしている。アイランド型やサークル型の配置のよしあしはともかく、普通教室の空間を異化することが大切である。

こうしてできた地図は、たしかに小さな成果である。児童の提案の実現可能な機会は限られている。住民参加のまちづくりに加えて、こどもの都市参画は日本ではまだまだ少ない。よほど行政との強い連携の仕組みがなければ、こどもの提案が実現することはないし、取り上げられることすらない。しかしながら、そもそも都市計画とは実現されなかった無数の提案の集積とも言え、児童たちのアイコン地図、「エコピース」マップもまた、一つの「実践」である＊23。

2　アイコンという道具

アイコンとは

「アイコン（icon）」とは、画像を意味するギリシア語エイコン（eikōn）に由来するイコンに着想を得たことばである。第一次世界大戦を契機に考案されたピクトグラム（絵文字、pictogram）の一種で、日本では、１９６４年に開催された東京オリンピックにおけるサイン計画によって、飛躍的に一般化した＊24。まったく異なる言語、まったく異なる文化を持つ者同士のコミュニケーション・ツールとしてのアイコンは、コンピュータのディスプレイ上でも当然のごとく用いられている。米ゼロックス社の「ＡＬＴＯ」（１９７３）の研究開発に始まるＧＵＩ（graphical user interface）を備えたオペレーティング・システムは、アイコンを用いることによってプログラムやファイルの種類をシンボル化し、直感的にわかりやすい操作を可能にする。東方正教会における板絵の聖画像イコンが小アジアからエジプトに広まり、後にバルカン半島やロシアへ波及していくように、アイコンは、アップル・コンピュータが１９８４年に発表した Mac

＊23　とはいえ、「エコピース」マップの発表での児童の指摘によって、千田廟公園の塀の補修工事が行われた。発表会の場に呼ばれていた南区役所の市民部区政振興課振興係の職員による自発的なはたらきかけによって施策として採択されたものである。「こどもの指摘」であるために、かえって予算がつきやすかったという。２００６年度のことである。

＊24　「ピクトグラム」の体系的研究については、太田幸夫『ピクトグラム［絵文字］デザイン』柏書房、１９９３を参照。

OSにはじめて採用され、1995年に発売されたマイクロソフトのWindows 95にも採用されるにいたって世界中に普及した。

非言語的（nonverbal）でイメージ価の高い表記的な表現を用いてコンピュータにおける汎用性を獲得しようという目論見は、世界標準化機構（International Organization for Standardization（ISO））における57個の「図記号（Graphical Symbols）」（ISO7001）の思想ともよく似ている。交通エコロジー・モビリティ財団（The Eco-Mo Foundation）はISO7001を改良し、「一般案内用図記号（Public Information Symbols）」を提案しているが、いずれも不特定多数の利用者を想定した交通施設や観光施設などであり、主として公共機関に関する点的情報である＊25。居住者だけでなく、観光旅行者を含む万人に理解可能な場所を表示するために、かたちは必然的に一般的で抽象的になる。

しかし交通関連施設など、ある程度一般化した施設の「図記号」ならまだしも、本来社会的かつ歴史的な地域固有の空間情報を「アイコン」という世界共通のツールを用いて地図に表現しようとすること自体、矛盾である。一般に、ローカリティとグローバリティ、もしくはダイバーシティとユニヴァーサリティは両立しないからである。そもそも、地図情報の科学的データでさえ、データの採取方法によって導き出される結果は異なってくる。客観的データが必ずしも客観的価値を持つとは限らない。地図情報の公開には政治的な問題を孕むことさえある＊26。

空間の地図化には、多かれ少なかれ何らかの社会的な意図を反映している。地図におけるアイコンの汎用性は、「誰にでも理解できるかたちとその意味の使用」という一般的な定義のみでは不十分なのである。記号論が明らかにしているように、記号表現と記号内容の定性的な関係（コードの恒常性）は厳密にはありえない＊27。

たとえば、「エコピース」マップでも用いている「アイコン」、環境保全をベースとした持続可能な社会

＊25　公益財団法人交通エコロジー・モビリティ財団、「案内用図記号の統一化と交通、観光施設等への導入に関する調査研究」報告書、1999を経て、2001年には「標準案内用図記号ガイドライン」の125項目が作成され、110項目についてJIS（日本工業規格）として制定されている。2002年には早速追加改訂された。

＊26　実際、ゴミ処理施設や有害物質保管場など環境に悪影響を及ぼす可能性のあるアイコンを記載した環境地図を公表している地域は少ない。

＊27　公共的デザインの可能性と限界の探求としては、赤瀬達三『サインシステム計画学　公共空間と記号の体系』鹿島出版会、2013などを参照。

の世界的ネットワークを目指すＮＰＯ「グリーンマップ・システム」＊28が標準化している170個（第3版）の「グローバル・アイコン」もまた、「一般案内用図記号」同様、点的情報が主であり、線的、面的情報は乏しく、「一般案内用図記号」とテーマが近似するアイコンは、かたちも似ているものもある（表1）。

しかし、似ているのはわずかであり、一見わかりにくいグローバル・アイコンも多い。そこで、グリーンマップ・システムによる個々のグローバル・アイコンには、名称と定義が明文化されている。名称そのものも、具体的な施設を示すものもあれば、漠然とした場所のイメージでしかないものもあり、様々である。定義についても、内容の記述に関する形式的な統一性はなく、比較的幅の広い緩やかな定義である。アイコンの名称が多様であるように、定義もまた多様であり、エコロジーの科学的指標に基づく定量的な情報によって定義されるものもあれば、そうでないものもある（表2）。アイコンの選定経緯が体系立ったものではなく、一部のコア・メンバーによって比較的短期間にまとめられたからであるが、そうでなくても、グリーンマップ・システムが自然だけではなく文化の保全やコミュニティの持続可能性を目指している限り、アイコンのかたちや定義はどうしても質的な価値の問題を含まざるを得ない。たとえば、「安らぎの場」を定量化することなど、ほとんど不可能である。ある文化圏では公園が「安らぎの場」であり、また別の文化圏では寺院が「安らぎの場」である。

グローバル・アイコンそのものの出自が、ローカルな地域空間の表現であることも特徴である（表3）。一般的な地図記号のように、はじめから普遍的な主題を示す記号として考案されたものではなく、ローカルな地域空間のためのアイコンがグローバル・アイコンとして採用されている。つまり、ローカルな地域空間における主題は、表面的には似ていなくても、突き詰めればなんらかのかたちで地球上に偏在すると考えるわけである。もしそうであるならば、逆に、グローバル・アイコンはローカルであることを認識す

＊28　詳細については、本章補「「グリーンマップ」とは」を参照。

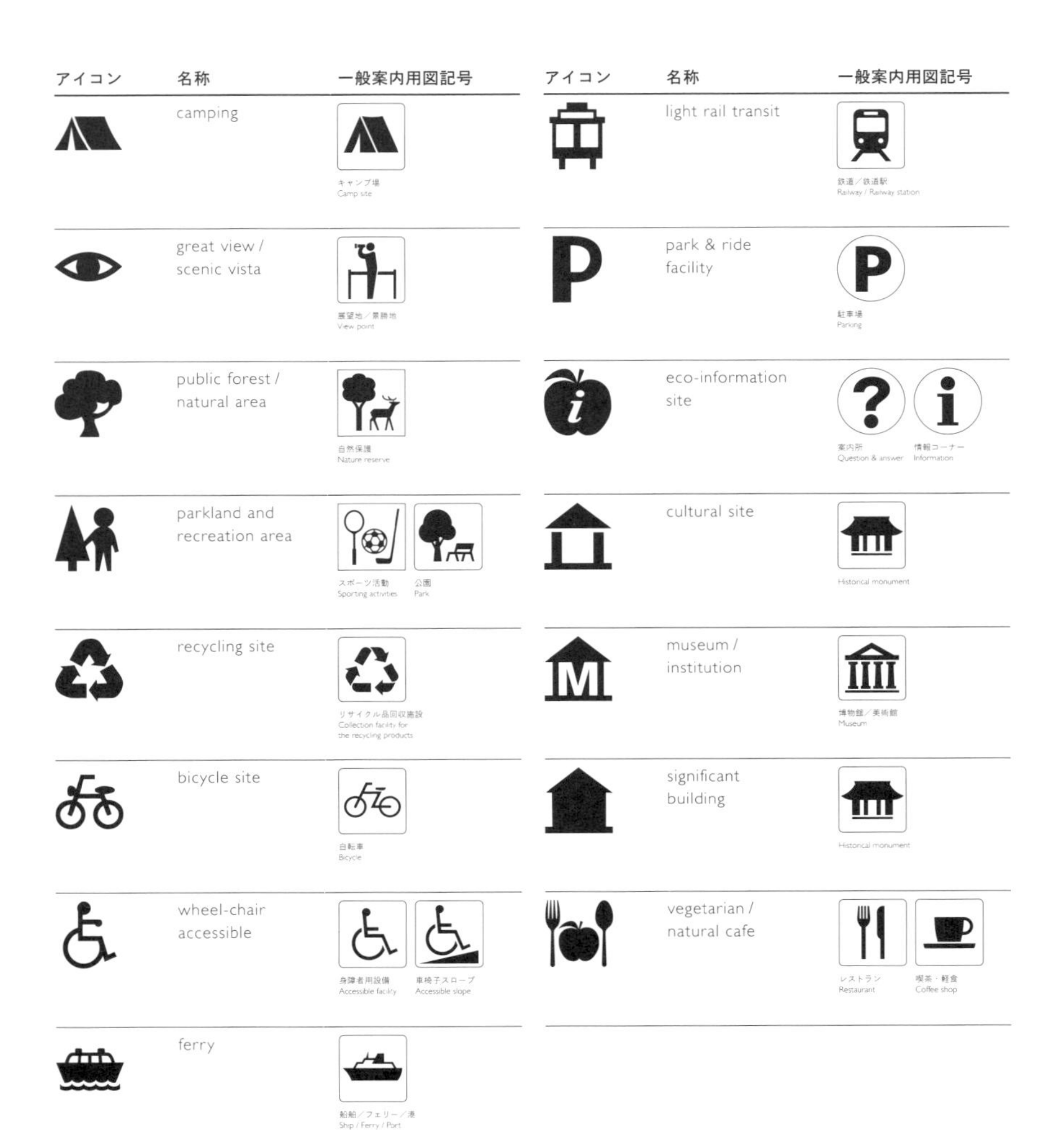

アイコン	名称	一般案内用図記号
	camping	キャンプ場 Camp site
	great view / scenic vista	展望地／景勝地 View point
	public forest / natural area	自然保護 Nature reserve
	parkland and recreation area	スポーツ活動 Sporting activities / 公園 Park
	recycling site	リサイクル品回収施設 Collection facility for the recycling products
	bicycle site	自転車 Bicycle
	wheel-chair accessible	身障者用設備 Accessible facility / 車椅子スロープ Accessible slope
	ferry	船舶／フェリー／港 Ship / Ferry / Port
	light rail transit	鉄道／鉄道駅 Railway / Railway station
	park & ride facility	駐車場 Parking
	eco-information site	案内所 Question & answer / 情報コーナー Information
	cultural site	Historical monument
	museum / institution	博物館／美術館 Museum
	significant building	Historical monument
	vegetarian / natural cafe	レストラン Restaurant / 喫茶・軽食 Coffee shop

表1　グリーンマップ・システムのアイコンと一般案内用図記号（交通エコロジー・モビリティ財団）との対応表

アイコンと図記号はよく似てはいるものの、たとえば「自転車」や「フェリー」のかたちの違いに、アイコンのデザイン上の特徴がよく表れている。一般的な図記号はオブジェクトの全体像を簡略化して細部を捨象しているが、グリーンマップ・システムのアイコンは人の目に付いて気になるディテール（前照灯や波）が省略されていない。ユーザーとしての感覚をうまく表現している。

アイコン	名称	定義（定量的）
	風力エネルギー	風力エネルギーによる発電をしている風力発電機あるいは風車のある場所。小規模な風力発電所から大規模なウィンドファームまでこのアイコンが適用される。風力の容量に関する情報を載せてもよい。
	コンポスト（堆肥）	落ち葉、庭木の剪定や芝刈りのくず、食べ残しが生物分解されて豊かな土壌をつくるところ。大規模実験・実践プロジェクト、収集場、地産の堆肥を買える場所、情報を入手できる場所、室内ならびに庭での堆肥づくり用の虫やその他の材料を入手できる場所を含めてもよい。
	飲料水源	自分たちの飲んでいる水の水源地や貯水池、給水システムの主要な箇所を示すのに使える。水の澄み具合や保全情報も付加できる。アイコンを線のように並べて地下のパイプラインまたは飲用の湧き水を示すこともできる。
	下水処理施設	通常、排水を処理する地方自治体のシステム。情報センターや見学コースのある場合もある。浄化用の生物システムも含めてもよい。
	オーガニック・カフェ／健康食堂	地元で生産したものやオーガニックな成分を使った健康的で新鮮な食品に力をいれた店。「ベジタリアン」むけの食品を提供している。肉や乳製品は「放し飼い」のものか、草食動物のものか、倫理的に処置されたものである。絶滅の危機にある魚、海産物その他は扱わない。協同所有のカフェ、自作の食品を提供するカフェ、「スローフード」の店や伝統的な料理や地方独特の料理の店もいれてもよい。
	被災地区	嵐、洪水、火事、地震などの自然災害、あるいは化学薬品の漏出、戦争などの破壊により損害を受けた場所。

アイコン	名称	定義（質的）
	美しい眺め	その地域の環境を特徴づける人気の場所。これらの場所を幅広く探し、それを保つことを考える。
	コミュニティ・ガーデン	公共用地または放棄された土地を利用した庭園。多くはボランティアで野菜や草花を植えて運営管理している。自然との接触や人とのふれあいが目的。ときにフェンスで囲んで、鍵をかけている。土地開発に脅かされることもあるが、たいていは参加者全員に開放され、住民の生活社会を高め、同時に大気と土壌の改善に役立っている。直接ガーデニングについて学べる機会を提供している場であり、鳥や昆虫には棲息地を提供している。
	遺跡／旧跡	墓地、建物、道具、陶器など現在に残っているものを発見・研究することで過去の人間の生活と文化について系統だった研究をしている場所。
	子供にやさしい場所	子供が安全に遊べて、しかも歓迎されている、環境が配慮された地域。遊技場、屋内・屋外の施設を含む。
	高齢者にやさしい場所	歩行困難な高齢者も自然とグリーンな生活を楽しめる場所。休息できる地域、シニア・センターやエコ集会所などの関連組織や施設も含める。
	安らぎの場	自然について考察したり、精神的な探求をしたりする場所。宗教組織の礼拝堂、環境プログラム、深遠なほど美しい場所、古い墓地、忙しい地域の中の「オアシス」でもよい。

表2　グリーンマップ・システムのアイコンの定義（抜粋） ＊29

定量的か定性的かは、あくまで程度問題である。「被災地区」などの線引きは物理的にも政治的にも変わりうるし、長い目で見れば「飲料水源」でさえ変わりうる。アイコンの定義をよくよく考えてみると、アイコンの対象となる「もの」や「こと」は、すべて質的なものであることに気づく。

アイコン	名称／出自	アイコン	名称／出自	アイコン	名称／出自
	名水・湧水・滝／Kyoto		野生生物観察地点／Kyoto		コミュニティ・センター／community center（NYC）
	緑の広場・空き地／open space（Rhode Island）		海洋生物／marine habitat（NYC）		環境ツアー案内／green tour available（many）
	大自然の残る場所／wilderness info / site（Scranton）		両生類／amphibian habitat（Adelaide）		伝統医療・健康法／alternative health resource（Kyoto）
	キャンプ場／camping（Cape May）		昆虫観察／insect watching（Kyoto & Calgary）		公害モニター／pollution monitor（Tel Aviv）
	雪と遊ぶ／snow activity（Calgary）		野生動物保護センター／wildlife rehabilitation / info（Adelaide）		文化施設／Kyoto
	公共の森と自然のエリア／Kyoto		風力エネルギー／wind energy sites（Gouda）		博物館・環境学習施設／arts center（NYC）
	レクリエーションエリア・公園／Kyoto		再生技術施設／regeneration opportunity sites（Berkeley）		音楽スポット／world music（many）
	名木・特別な木／Kyoto		水循環システム／Kyoto		手作り住宅・スラム街／shantytown（Buenos Aires）
	花の名所［春の花（果樹）］／spring blossoms（Kyoto）		バイオ利用再生施設／Kyoto		子供にやさしい場所／child friendly site（Calgary）
	落葉の名所／autumn leaves（Kyoto）		危険地帯／danger zone（Calgary）		高齢者にやさしい場所／senior friendly site（many）
	竹林 Kyoto		車椅子OK／wheelchair accessible（many）		エコ農場／eco-agriculture（Scranton）
	並木道／shaded boulevard（Tel Aviv）		路面電車／Light Rail - Trolley（Kyoto）		環境ビジネス／Kyoto

表3　グリーンマップ・システムのアイコンとして採用されたローカル・アイコン　＊30

ローカル・アイコンは、他の地域にはない独自のものである。しかしよく見ると、ローカルのように見えても、根本的にはグローバルである、というのがグリーンマップ・システムのアイコンに対する考え方である。「大自然」はアルプスの壮大な山脈であるかもしれないし、枯山水であるかもしれない。「大自然」も感じ方なのである。

るための一つの指標となる。「グローバル」であるということは、形式としての「スタンダード」とは似て非なるものである*[31]。「アイコン」において、グローバルかローカルか、客観的意味か主観的意味か、万人に理解されるのか一部の人間にしか通用しないのか、その境界は極めて流動的で相互補完的であり、そのことがまた「アイコン」というコミュニケーション言語の本質でもある*[32]。

それゆえに、かたちとしてのユニバーサル・デザインが原理的に実現不可能であるのと同様に、グローバル・アイコンの使用においても、誤解や誤用が避けられない。むしろ、「アイコン」は、誤読を楽しむことで、ローカルを考え続ける道具ともいえる。そこで、「エコピース」マップでは、グローバル・アイコンをカスタマイズしたり、ローカルな環境を新しいオリジナル・アイコンとしてつくることも、ワークショップに取り入れている。

ただし、オリジナル・アイコンはローカルであることを説明するための単なる絵ではない。「アイコン」である限り、少なくともワークショップに参加しているみんなの「誰にでもわかる」もの、「誰にでも描ける」ものでなければならない。オリジナル・アイコンをつくるのが大好きな児童たちは、そこで悩む。本当に描きやすくて誰にでもわかるものであるかどうかを考えていくと、オリジナル・アイコンよりもグローバル・アイコンの方がよいことに気づくこともある*[33]。

こどもの道具としてのグローバル・アイコン

児童が地図を製作するとき、100以上のグローバル・アイコンを使いこなせるであろうか、あまりに煩雑すぎて主題が不明瞭にならないであろうか。懸念は杞憂である。ほとんどの児童は多数のアイコンを難なく使いこなし、一つ一つのアイコンの意味を熱心に調べ、かたちをアレコレと批評し、自分たちでも

*29　最新の第3版（2008）のグローバル・アイコンのかたちと定義を抜粋している。第3版と比べると、第2版（1999）の定義は曖昧で洗練さに欠ける。

*30　「グローバル・アイコン」（第2版）から抜粋。最新の第3版のグローバル・アイコン改訂では、ローカル・アイコンの形態的特徴が弱められているために、ローカル・アイコンの出自を特定できないものが多い。

*31　たとえば、広告代理店ジェーシードゥコー[JCDecaux]による標準化されたデザインの停留所では、ファサードの広告のイメージは都市それぞれに多様であるにしても、「ジェーシードゥコー」というブランドによる洗練されたデザインの規格が、どの都市も変わらない均質な印象を与えている。

*32　国際標準であるISOの図記号でも、国内標準化（JIS化）する過程でディテールの変更を行っている。こうしたローカル化は日本だけでなく、ISOに参加しているほとんどの国で認められる。アイコンに限らず、成人の話す一般的な言語においても、特定の状況に応じて発語される個体言語と多数の第三者に向かって話される公的言語との関係は、ローカルとグローバルの関係と類似する。個体言語を喪失することによって公的言語を獲得するのであれば、その公共圏の外部に対しては排他的であることを意味し、私的言語と変わらないことになってしまう。公的言語が公

Aグループ合計		1			2		3				
Bグループ合計									4	1	
Cグループ合計				1	2				1		
Dグループ合計					2		2	10			3
Eグループ合計	1		1		8	1	2	1			2
総計	1	1	1	1	14	1	7	11	5	1	5

Aグループ合計						6		2			
Bグループ合計	3	2				2				2	1
Cグループ合計				1		3		4	1	1	
Dグループ合計		3				7					
Eグループ合計	1	6	1		1	9	5		3		
総計	4	11	1	1	1	27	5	6	4	3	1

Aグループ合計						5			1		
Bグループ合計		1				2					
Cグループ合計		3	3			1	1		8		
Dグループ合計				13		7			6		3
Eグループ合計	2			3	1			1	6	1	
総計	2	4	3	16	1	15	1	1	21	1	3

Aグループ合計				1	1		8	1			3
Bグループ合計			6	2		1	3	4	1		
Cグループ合計			7					1			1
Dグループ合計			7		10		7				5
Eグループ合計	1	1	9		1	2	3	2	1	1	6
総計	1	1	29	3	12	3	21	8	2	1	15

表4　児童による地図のグローバル・アイコンの種類と数　＊34

対象の空間が同じであっても、アイコンの使用は児童によってばらつきがある。とくにグループでアイコンを表現するときには、あるアイコンが牽引して同じアイコンばかり使うこともしばしばである。たとえば、Aグループは「路面電車」のアイコンを使わず、「交通障害地区」でそれを表そうとする（網かけ部分）。そして、他のグループと見比べてみると、Aグループの児童は、他のグループとは違って自分たちがいかに路面電車を否定的に評価し、森や水を肯定的に評価しているのかということに、はじめて気づく。

新しいアイコンを創作しようとする。アニメやゲームのキャラクターに慣れ親しんでいる現代のこどもたちの感覚であり、やすやすとグローバル・アイコンを使いこなして楽しんでいる。

児童が比較的万遍なく使用するグローバル・アイコンは、「公共の森と自然のエリア」「飲料水源」「路面電車」「交通障害地区」などである（表4 網かけ部分）。河岸緑地と路面電車が特徴的な広島市のフィールドワークであれば、当然である。しかし、各グループの地図では、グローバル・アイコンの種類や頻度にはかなりばらつきがあることも事実である。

では、児童にとって、好きで使いたくなるグローバル・アイコンの選択基準は何であろうか（表5 網かけ部分）。

(1) 抽象的なデザインよりも、具象的でアイコンから具体的な空間を想像しやすいものが好きである。男子は交通関連に、女子は自然関連のグローバル・アイコンに関心が高いが、「子供にやさしい場所」「高齢者にやさしい場所」「安らぎの場」など、より人間らしい意味を持つ空間のアイコンも好きである。「安らぎの場」などは、実際の地図製作で必ずしも頻度の高いアイコンではないが、「人の顔を使ってとても安らいでいるように見えるから」「本当に「やすらげる」というのが一目で分かるので……」「見ているだけで心が和らぐアイコンだから」と回答しているように、グローバル・アイコンのかたちによる意味のわかりやすさが基準になっている。

場所の意味のよしあしには、あまり関係がない。本来なら、否定的な意味のアイコンは使いたくないはずである。「危険地帯」は「好きというか、きけんというのが一目で分かる「！」のマーク」であり、「騒音源」が「にぎやか」と誤読され、「音のマークはふつう♪だけどもっとかっこいい」ために、使いたいアイコンである。

(2) 反対に、抽象的で意味のわからないものや、わかりにくいもの、勘違いしそうなアイコンは、好きで

的言語として機能するためには、ある意味で言語の不明瞭性が必要である（正高信男『ことばの誕生 行動学からみた言語起源論』紀伊國屋書店、1991、195－198頁を参照）。

＊33 新しいアイコンの提案は、学年が上がるにつれて数の上では減少している。たとえば、2003年度の4年生児童の場合、103個だったオリジナル・アイコンは、2004年度の5年生時には59個とほぼ半減する。フィールドワークの地形的特徴にもよるが、グローバル・アイコンの使用技術は、加速度的に向上していく。

＊34・35 2002年度の4年生児童との広島駅から西広島駅までの路面電車のフィールドワークに基づく地図製作とアンケート調査より。第2版のグローバル・アイコンを用いている。

	数（男／女／計）	いみ	○×それぞれのりゆう
	○ 2／2／4	おとしよりの人／お年よりにやさしい場所	おとしよりにやさしいのはいいことだから。／おとしよりにやさしい所があるとおとしよりの人は喜ぶと思う／みた目ですぐわかる。／おとしよりがつえをついているので分かりやすい。
	○ 3／4／7	安らぎの場	やすらげるのはいいことだから／このアイコンを見るとなんだか自分もやすらぐから／人の顔を使ってとても安らいでいるように見えるから／いかにもくつろいでいるようだったから。／アイコンが、やすらいでいるから。／（このアイコンの絵が描かれている）のマークは、本当に「やすらげる」というのが一目で分かるので……。／見ているだけで心が和ぐアイコンだから。
	○ 1／0／1	[空欄]	地球にやさしいとすぐにわかるから。／自分でも地球を大切にしたいから。
	○ 1／0／1	（このアイコンの絵が描かれている）	きれいそう
	○ 1／0／1	（このアイコンの絵が描かれている）	おちつく
	○ 2／0／2	（このアイコンの絵が描かれている）	かっこいい／かっこいいから
	× 0／1／1	[空欄]	ぱっとみても、なんのことか分んない。
	× 1／0／1	[空欄]	カーブかなにか分からない
	× 0／1／1	[空欄]	見た時にいみが分からないので使いにくい。
	○ 3／5／8	公きょうの木／みどりや木／木が生えている場。／緑がある所／森（木）（緑）が多い○×	ちきゅうに自ぜんをふやしているということがわかるから。／きれいな木みたいだから。／いろんなことに、つかったから。／自然がたくさんあるから。／緑が多いのが好きだから／木の絵がかいてあるから。／木がかっこいいから/わかりやすいから
	○ 0／1／1	休む	安心してやすめる
	× 0／1／1	レクレーション／公園	（このアイコンの左側の絵が描かれている）と（このアイコンの右側の絵が描かれている）をまちがえやすいから。
	○ 0／1／1	花の名所	すーぐみてわかるから

	数（男／女／計）	いみ	○×それぞれのりゆう
	○ 0／1／1	りんご？	おいしそうだから。
	○ 3／1／4	レストラン／レストランだとはっきりわかる。／食事ができるところ？／レストラン	フォークとスプーンがあってレストランと、わかりやすい。／そうしたらわかる人もすぐわかるから。／ごはんが大好きだから／ここだと、食べれるなどとわかるから。
	○ 0／1／1	［空欄］	
	× 1／0／1	かんきょうビジネス	絵と意味がつながらないから
	× 0／1／1	［空欄］	見た時にいみが分からないので使いにくい。
	○ 1／0／1	太陽エネルギー	太陽の感じがでていて、明るい感じだから。
	× 2／0／2	［空欄］	何のアイコンかもわからないから。／かとりせんこうに見えるから。
	× 2／0／2	［空欄］	二等辺三角形が4つでよくわからないから。／なんなのかわからない／もうちょっとくわしくかいてほしい。
	× 1／0／1	［空欄］	初めて見ると何かまったく分からない
	○ 0／2／2	アートスポット	アルファベットを使っているところ。／人工的に作った所だけど川のそばなどのスポットは、とてもキレイだからです。
	× 1／0／1	アートなど	Aというもじのかたちでアートというのは、はっそうしにくい
	○ 0／1／1	音楽スポット	音楽が流れている所だから。
	× 1／1／2	しせき／歴史的の○×	わかばマークでれきしというのはわかりにくい。／どうしてれきしなどが（このアイコンの絵が描かれている）わかばのマークなのかわからないから。
	× 0／1／1	たてもの？	家とは分かるけど、中のeの意味が分かりません。
	○ 3／1／4	子どもの遊べる場所／こどもにあんぜんなところ／子どもにやさしいばしょ	ぼくたち子どもにもやさしいばしょだから／楽しそうだから。／こどもが笑っているから分かりやすい。／かっこいいから。

	数（男／女／計）	いみ	○×それぞれのりゆう
	○ 3／2／5	犬放しOK	ここでは、犬をはなしていいかわからないけど、目だつのですぐわかるから。／いぬをかっている人が多いからその場所にいっしょに行けるからかい者はよろこぶと思う／犬が自由そうにいるとこがいい。／犬を放していいとすぐわかるから。
	○ 0／2／2	わたり鳥飛来地	鳥が好きだから。見た時にいみが分かる。
	× 1／0／1	［空欄］	
	○ 0／1／1	広島市	広島というしるし
	× 0／1／1	［空欄］	
	× 2／0／2	［空欄］	なにがなんだかさっぱりわからないから。／なみ線と矢印だけだと分からない
	○ 1／1／2	まだ自然がのこっている／大自然ののこる場所	自然がのこっているというのはとてもいい
	○ 1／0／1	キャンプ場	キャンプが好きだから
	○ 0／3／3	雪と遊ぶ／雪と遊べる場所。	広島には、あまりふらないけど、私は雪が大好きだからです。／アイコンが、きれいだから。
	○ 0／3／3	星のきれいな場所／星が見える所／星かんさつポイント	見た時にいみが分かる。／星が夜見えると、きれいだから。
	× 1／0／1	［空欄］	よくわからない／星が見えやすい場所だったら1つのほうがいいから
	○ 1／0／1	夕日のきれいな場所	いみがわかりやすいから
	× 1／0／1	［空欄］	
	○ 2／3／5	きれいな水／飲料水源、上水路／水が○×／いんりょう水げん	きれいな水だと、おいしい水が飲めるから。／こんな所がふえてほしいから／水の形をしているから。／ちきゅうは水の星だけどいまはどんどんおせんされているのできれいな水がまだあるのはうれしい。／これは水だとちょっかんでわかったから
	× 0／1／1	下水処理場	分かる人には分かるけど、「におい」とまちがえたから。
	○ 1／0／1	リサイクル	（このアイコンが描いてある）がリサイクルされているものでくるくるまわるでリサイクルというところがかっこいい

	数（男／女／計）	いみ	○×それぞれのりゆう
	○ 0／2／2	モミジのきれいな場所／こうようの名所	モミジが好きだから。
	○ 1／3／4	なみきみち／道がひろい所/なみきということ（たぶん）	アイコンから、どうろがひろくて気持ちよさそうなことが伝わってくるから。／大きな道路があるから。／絵がわかりやすい。
	○ 0／1／1	庭園	意味がわかりやすくてかわいいからです。
	× 0／1／1	花	とまちがえそう
	○ 0／2／2	ハート？／カップルが、できる場所	ラブリーだから。／みた時、おもしろいとおもったから。
	× 2／0／2	[空欄]	ハート　健康にいいとこ？
	× 2／0／2	[空欄]	なんのいみかわからない／いみがわかりません
	○ 0／1／1	虫のいる所	虫がいると楽しく遊べるから。
	○ 0／1／1	わたり鳥せいそく場	わかりやすいから
	○ 0／3／3	海洋生物／水族館／さかな？	見た時にいみが分かる。／分かりやすいし、魚もかわいいから。／かわいいから。
	○ 1／0／1	はちゅうるい	はちゅうるいということがわかりやすいから。
	× 0／1／1	両せいるい	そういう動物はあまりいないから。
	○ 1／1／2	こん虫などの○×／こん虫かんさつ	虫（テントウ虫）の形をしているから。こん虫だということがわかりやすかったから。
	× 0／1／1	こん虫がいるマーク	ふくざつだから
	○ 3／1／4	[空欄]	動物が好きだから／ぞうを図案化したからわかりやすかった。／ぞうのように動物をつかっているから。動物をつかっていて楽しいから。／ぞうの絵がかっこいい
	× 0／1／1	[空欄]	何なのかわからない。

数（男／女／計）	いみ	○×それぞれのりゆう
○ 0／1／1	信号機	三つの丸がついているから
× 0／1／1	交通しょうがい	交通しょうがいといってもいろいろあるから。（車、自てん車など）
○ 1／0／1	にぎやか	音のマークはふつう♪だけど（このアイコンの絵が描いてある）はもっとかっこいい
× 0／1／1	にぎやか○×	（絵が描かれている）音符がかいてあって、どうして、おとなのかわからないから。
× 0／1／1	［空欄］	見た時にいみが分からないので使いにくい。
× 1／4／5	不法とうき／ごみの放置場	このようなことは、あまりあってほしくないから。／なにを表しているの？／どっちがどっちか、分かりにくい。／廃棄物処理基地とわかりにくいから
× 0／1／1	［空欄］	

表5　児童によるグローバル・アイコンの好感度　＊35

アンケート調査をしてみると、児童たちは抽象化されたかたちを好まない。具象的なものが人気である。アイコンを描くのに時間がかかっても、一生懸命に地図に表現する。たとえ描きにくくても、フィールドワークで感じた「ここ」の場所にいることができるからである。

	数（男／女／計）	いみ	○×それぞれのりゆう
	× 1／4／5	ゴミ運搬基地／ごみ	これは、あかりがついてるようにみえてわかりにくかった。／どっちがどっちか分かりにくい。／一回、私は人の顔とまちがえてしまったから。
	○ 0／1／1	火が多い	「え」がかいてあってわかりやすい
	× 0／1／1	［空欄］	見た時にいみが分からないので使いにくい。
	○ 2／1／3	自てん車が多い所／いほうちゅうりん	「自てん車」って分かりやすいから／これがあればわかりやすいから。
	× 1／0／1	知りません	たてせん4本だけだとわけがわからない。
	× 1／0／1	じてんしゃ	なんのマークかわからなく、じてんしゃのことと、わからない。
	○ 1／1／2	くるまいす	見てすぐわかる／よく見かけるからなになのかよく分かる
	× 1／1／2	［空欄］	見た時にいみが分からないので使いにくい。／なんなのかよくわからない
	× 2／0／2	ほこうしゃてんごくまちの広ば	まちの広ばはわかるけどほこうしゃてんごくとはわからない。／なんなのかわからない
	× 1／1／2	みなと／船（みなと）のアイコン	船だけではわかりにくい／ふねがむずかしいから。
	○ 2／0／2	電車／路面電車	ここに電車がとおるんだなとわかるから。／感じがでているから。
	○ 4／0／4	ちゅう車場	ちゅうしゃ場のマークなのでわかりやすいから／車の整理がつくから／こうしたらどこがちゅうしゃじょうだかすぐわかるから。／よく見かけるから何か分かる
	○ 0／2／2	けしきがわるい	わかりやすい／目からなみだを流しているので、どういうことか、わかりやすい。
	× 0／1／1	［空欄］	
	○ 0／1／1	きけんスポット	好きというか、きけんというのが一目で分かる「！」のマークがあるから。

はない。たとえば、英語の頭文字を使ったアイコンは、5年生から英語教育が始まる4年生の児童にはすぐにはわからない。「ゴミ不法投棄」は「廃棄物処理基地」を反転したアイコンであるが、児童には「どっちがどっちか、分かりにくい」。「廃棄物処理基地」そのものも「一回、私は人の顔とまちがえてしまった」など、アイコンそのものが別のものを想起させるために使いにくい。また「交通障害地区」は、「交通しょうがいといってもいろいろあるから。（車、自てん車など）」であり、場所への自己移入の障碍があるアイコンは好まない。

　ある児童（女子）は、グローバル・アイコンの使用について、ワークショップで次のように述べている。

児童（女子）：「このマップはどちらかというと緑［アイコン］が多くを占めていました。川には赤［アイコン］が少なく、緑［アイコン］がほとんどでした。川から川へ行く間には、木があったり、交差点もいくつかあり、危ないところもいくつかありました。……思ったことは、緑の自然はとても心地よいということでした。そして、全体でアイコンがある場、ない場が決まっていました。このグループの地図は見たこと、思ったこと、感じたことをどんどん書き入れました」＊36

　児童たちは、グローバル・アイコンの厳密な意味よりも、フィールドワークの現場で関心を向けたものに適合するグローバル・アイコンのかたちを比較的直感的に選択する＊37。本来なら、グローバル・アイコンという定式化された道具によって場所を概念化し、都市の空間の地図として一定の客観性を獲得するはずである。しかし、児童たちのグローバル・アイコンの選択においては、現場での感性が概念的思考に勝っている。グローバル・アイコンの意味によってフィールドワークの現場を再読するというよりも、グローバル・アイコンのかたちによって現場の体験が誘発されるからであり、アイコンにすることそのもの

＊36・40　2002年度の4年生児童とのワークショップ。

＊37　「直感」を本能、「直観」を本質把握として弁別すべきかもしれないが感性と知性の混合を見る場合、二つの用語の違いは等閑視せざるを得ない。第1章「はじめに」の＊13も参照。

が、地図上での仮想の現場体験なのである。児童（女子）は、自分のグループの地図のアイコンを説明しながら、ありありとフィールドワークを想起しているに違いない。

こどもの道具としてのカスタマイズ・アイコン

児童たちはグローバル・アイコンを使いこなすだけでなく、自分たちで新しいアイコンをつくることも大好きである。新しいアイコンの創作の動機は、ローカルなフィールドにグローバル・アイコンを適用することへの違和感から生まれてくる。

児童（女子）1：［Cグループの発表後］アイコンづくりのことで質問なんですけど、アイコン［オリジナル・アイコン］の中にここに出てるアイコン［グローバル・アイコン］でも使えるやつがあるんですけど。たとえば看板のアイコンだとアートスポットとか」

筆者：「うん、どうでしょう。新しくつくってくれたアイコンなんですけど、元々のアイコンと、もしかしたら同じ意味かもしれないな、という質問だけど。どうだろう、難しい？　でも違うと思ったからつくったんだよね？」

児童（女子）1：「こっち［Bグループ］で「臭い」とかいうのをつくろうとしたら、「大気汚染源」に入るって言われたんで」

筆者：「あーそっか、でも臭さにもいろいろある」

児童（女子）2：「私たち［Cグループ］の場合は、駅の方にシュークリーム屋さんがあったんですけど、その匂いがちょっと気持ち悪いだとか、そういう意味の匂いだから、大気汚染とかそういうのはもっと広

グローバル・アイコン	オリジナル・アイコン	いみ／りゆう
		平和なれきしの所／れきしのつまったマークにピースのかしらもじPをいれた。
		歴史がたくさんつまった町の建物／町の建物の中に歴史のアイコンを3つかいて、歴史がたくさんつまった町の建物というようにしました。
交通		
		アストラムライン／広島ならではのアイコンだから。
		駅／路面電車の絵が使えそうだった。
		自転車の放置／上の車のじゅうたいのローカルアイコンとほとんど同じ理由で、なぜ二つの自転車にしたかも、かんたんに、単純につくるためです。
		自転車放置／自転車が放置されておこっている。
		電停／[空欄]
その他		
		[空欄]／アート＆エコといういみ
		エコアート／エコロジー（e）なアート（A）だから、合わせただけ。
		ふんすい（水をつかったアート）／水のアートということで。
	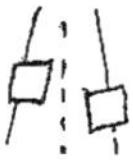	細い道／このアイコンは、道がせまくて、車が、すれちがうのがぎりぎりということで、このアイコンにしました。
		広い道／このアイコンは、細い道と反対で、車が、すれちがうのにじゅうぶんなきょりがあるということで、このアイコンにしました。
		りっぱな木の並木道／[空欄]

グローバル・アイコン	オリジナル・アイコン	いみ／りゆう
建築物		
		いっぱいお店があってにぎやかな所／（お店の絵が描かれている）はお店のマークで（お店の絵に矢印を引いている絵が描かれている）にマークをいれます （音符の絵が描かれている）がにぎやか
		お店があってにぎやかで明るい／（音符の絵が描かれている）がにぎやかで（店の絵が描かれている）がお店で（線が3つ描かれている）が明るい
		新しい家／新しい家は、大きいしとてもきれいだから。
		古いお家／おばけが出そうだから。
		古い家、又は、れきしがある家／古い家は、こわれかけているから。
		新しいお家／新しい家は光って見えるから。目立っている家などが多かったから家の上にある線は、目立つ光りを表そうとしてしました。
		お店がきたなくて暗い／[空欄]
		落ちてきそうな家があってあぶない／[空欄]
		大きな建物／たてものが大きい
		アルミでできているたて物／[空欄]
		古い家（古いお店）／古い家は、そうじをしてなく、きたないから
		きねんぶつ／[空欄]
		学校／みんながやすめる学校
	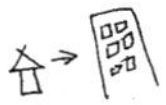	発展（都市化）／小さな古い家が巨大なビルにかわることから。

グローバル・アイコン	オリジナル・アイコン	いみ／りゆう
	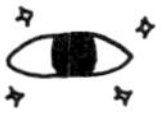	キラキラしている／キラキラしていてすごく目がキラキラしているということ
	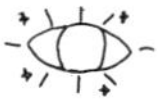	きらきらしている→緑の場合　まぶしい→赤の場合／（星の絵が描かれている）がキラキラしている（目のまわりの線が描かれている）がまぶしい　目がキラキラ（まぶしい）しているから
		しずか／おとがうるさいアイコンのみどりはにぎやかだから音がないというしずかをつくりました。
		ビルや建物がにぎやか／ビルの近くでうるさいので、うるさいということでかいた。
		ふねがあってにぎやか／（船の絵が描かれている）が船で、（音符の絵が描かれている）がにぎやか
		平和／地球の人たちが手をつなぐという意味
		カップルにさいてきな所／ラブラブ

表6　児童によるグローバル・アイコンのカスタマイズ　＊38

児童たちのオリジナル・アイコンは、グローバル・アイコンを参照しているのであろうか、それとも、オリジナル・アイコンが、結果としてグローバル・アイコンに似るのであろうか。おそらく、その両方である。

p. 177：**表7　グローバル・アイコンにおけるカスタマイズの手法**　＊39

カスタマイズ手法が、合理的、体系的に考え出されたのか、感覚的につくられたアイコンが、結果としてカスタマイズしたように見えるのか。おそらく、その両方である。

グローバル・アイコン	オリジナル・アイコン	いみ／りゆう
		けしきが悪い／良くないビルなどで、木や森がかくれてしまうから、ビルと木がかくれているようにしました。
		ミニいのちの水／そんなに大きくやくだつ水ではなくて、けど、やくだつ水なので。
 		木と木の間ですずしいから気持ちいい／うるさいところのアイコンぐらいしかなかったから
		ふん水／ふん水の水
		消火器具せつびがある所／火を水で消す　火事の時、前もってできるから。
 		安らげる公園／千田町公園のように、やすめて遊べる公園があったから。
		子どもにとってきけんなところ／子どもにとってきけんだから、泣いている顔にした。子どもにとってだから、子どもにやさしい場所をだいざいにつくった。
		子どもにとってきけんな場所／子どもが泣いているところから、こどもにとってきけんなばしょ。
		やさしい人／声をかけて、やさしくしてくれる人のマーク
		イヤな所／イヤな暗いふんいきがする所のマーク
		目がまわる／目がくるくるまわってあぶないところ
		まぶしい／目がちかちかしているということをあらわしたかったから、目の周りにテンテンをつくった。
		目にやさしい所／目がぱっちりひらく所と、目がひらきにくい所があったから。
		まぶしい／まぶしくて目がチカチカするということ

いものだから、違うと思う」
筆者：「そうだねぇ、大気汚染……シュークリームは大気汚染かなぁ？」
児童全員：「シュークリームが？」（笑）
筆者：「匂いね。でもラーメンの匂いが嫌いな人とかだったらあの匂い、うっとなるかもしれない。でも好きな人は、もうなんかこう、食べたいなぁっておなか減ってきたなぁってなるよね」＊40

定義の曖昧さにも関係するが、グローバル・アイコンは必ずしも児童たちの間で共有された空間の客観的要素を示しているわけではない。その上、シュークリームのにおいの例のように、フィールドワークでの現場感覚は、誰もが同じわけではない。意識せずとも、個性化されている。したがって、オリジナル・アイコンはグローバル・アイコンでは表せない空間の表現であるだけでなく、グローバル・アイコンの標準的な意味を変奏したものにもなり、場合によってはグローバル・アイコンを感性によって誤読したものにもなる。

実際、ワークショップにおけるオリジナル・アイコンの提案については、多かれ少なかれグローバル・アイコンを参照していて、できたものはグローバル・アイコンのかたちの変奏（以下、カスタマイズと呼ぶ）の度合が高い（表6）。

カスタマイズには、意味をカスタマイズするものと、かたちをカスタマイズするものがある。後者の意味のカスタマイズの場合、多くはグローバル・アイコンの誤読であるが、たとえばハートのかたちの「Community garden」→「カップルにさいてきな所」、音符のかたちの「Noise pollution source」→「にぎやか」とする解釈は、状況によっては成り立つ解釈であり、必ずしも誤読とは言いきれない。

一方、前者のかたちのカスタマイズは、基本的にグローバル・アイコンに何らかのかたちで手を加えた

＊38　2002年度の4年生児童と2003年度の5年生児童の路面電車のフィールドワークに基づく地図製作である。共に第2版のグローバル・アイコンを用いている。

＊39　第2版のグローバル・アイコンにおけるカスタマイズの手法。

1. 色変換

公共交通主要駅→
ローカル公共交通駅

公害認定地区→
有害廃棄物処理施設

公共の森と自然のエリア→
エコ農場

環境優良店→
フェアートレード店

重要建築物→文化施設

太陽エネルギー→
夕日がきれいな場所

2. 形態付加

有機作物・自然食品店→
自然食レストラン・喫茶店

親水公園→湿原・干潟

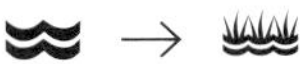

有害廃棄物発生源→
石油漏出被害地区

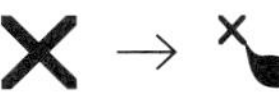

眺望ポイント→環境荒廃地区

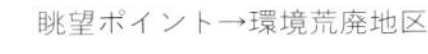

公共の森と自然のエリア→
並木道

有害廃棄物発生源→
公害認定地区

史跡・文化財→伝統的生活区域

公共交通隣接駐車場→
電気自動車駐車充電施設

飲料水源→水循環システム

ゴミ処分場・埋立地→
廃棄物処理基地

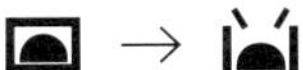

地下貯蔵タンク→水質汚染源

飲料水源→下水処理場

3. アイコン融合

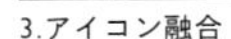

環境優良店＋
有機作物・自然食品店→
産地直売店

コミュニティ庭園・菜園＋
庭園→
特に優れたコミュニティ庭園

重要建築物＋
コミュニティ庭園・菜園→
コミュニティセンター

コミュニティ庭園・菜園＋
エコ散策コース→
環境ツアー案内

4. 文字添付

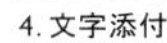

重要建築物→
博物館・環境学習施設

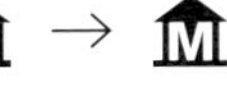

コミュニティ庭園・菜園→
環境情報センター

重要建築物＋
エコデザイン事例→
環境配慮建築

5. 回転

廃棄物処理基地→
ゴミ不法投棄

有害化学物質保管場→
有害化学物質流出地区

ものである。グリーンマップ・システムによるグローバル・アイコンのデザインそのものに認められる手法であるが（表7）、それだけではなく、児童は同じかたちを「反復」して群を表現したり状況を強調したりする。さらに、道路の道幅を広くしたり狭くしたり、水滴を大きくしたり小さくしたりする「誇張」の表現、「しずか」や「活気がない」のアイコンに見られるような「点線」による表現手法もある。児童特有の表現である（表6）。図式期と呼ばれる5～8歳の絵画技法と類同しているが＊41、ほとんどのカスタマイズが「反復」「誇張」「点線」を用いて「こと」として表そうとしていることが特徴である。

こどもの道具としてのオリジナル・アイコン

児童がカスタマイズ・アイコンで表現したいものは、オリジナル・アイコン（表8）の表現ではもっと明快である。男女とも、新しいアイコンの提案は自然に関するものが少なく、グローバル・アイコンにはない現代建築物や城（広島城）、橋、自動車、道などをオリジナル・アイコンとして表現する。デルタ地帯に築かれた広島市では、橋は当然アイコンにしたい都市の空間要素であるし、現代建築物や自動車も、ある意味では戦後復興を遂げた近代都市広島市に特徴的な空間要素である。また、道の主題は、児童の眼がフィールドワークにおいて大人に比べ、より近景の大地に近い対象に向いていることの証左である＊42。

さらに、オリジナル・アイコンは、グローバル・アイコンにない物理的な「もの」の表現だけではない。カスタマイズ・アイコンでもそうであったように、空間の状況や現象、すなわち「こと」を表現している。「きたないかべ」「はりすぎ」「こわれかけ」など「もの」に付随する「こと」の表現は、空間を認知する主体の感性のより直接的な反映である。対象を客観的に記述することの未熟さともいえるが、概念的思考によって場所を客体化し、人間の経験的意味を捨象する以前の思考の反映ともいえる。「もの」

＊41　青年期までのこどもの絵の心理学については、東山明・東山直美『子どもの絵は何を語るのか』日本放送出版協会、1999／フィリップ・ワロン、加藤義信・井川真由美訳『子どもの絵の心理学入門』白水社、2002などを参照。

＊42　フィールドワークにおける児童のまなざしについては、3章2節「歩くこと」を参照。

を捨象した「まぶしい」「活気がある」などのオリジナル・アイコンは、他のアイコンと組み合わせてカスタマイズすることも可能な現象的アイコンである。同じ「もの」であっても、児童の空間における「こと」の気づきの内容は、人間とのかかわり合いによって多様である。「活気がある」か「うるさい」かは、しゃべっている人によっても、それを聞いている人によっても変わる。しかし、そもそも人がいなければ、「活気がない」。人間をアイコン化したオリジナル・アイコンの提案が多いのは、人間的意味の付与されない空間などあり得ないことを物語っている。

許容と喚起

地図製作において、都市の地域を詳細に調査すればするほど、ローカルなフィールドとグローバルなアイコンとのずれが生じることになるはずである。客観的科学、美的規範、社会常識などの概念によってフィールドの空間を抽象化、一般化し、「もの」化することによってグローバル・アイコンを選択し、大人はこのずれを調停、あるいは忘却する。

しかし、概念的空間把握が未熟な児童たちのグローバル・アイコンのカスタマイズや自分たちのオリジナル・アイコンは、客観的な空間情報（「もの」）だけでなく、空間現象（「こと」）をも捉え、都市空間に対する自己の感性を表現する。児童は、ローカルなフィールドへの感性とグローバルなアイコンの概念とのずれをグローバル・アイコンのカスタマイズや自分のオリジナル・アイコンとして表現しようとするのである。その意味で、都市の空間地図のアイコンは、感性に基づく多様な空間解釈を許容するものである。カスタマイズして変えてみたくなること自体、既存のアイコンを却下してオリジナル・アイコンをつくりたくなること自体が、アイコンというグローバル・ツールの定義とさえ言える。

	かたち	いみ／りゆう
工事現場		工事していてあぶない所／きけんちたいのマークと、下の「工」というのは、工事の工からとりました。
		きけんな所／あぶない所はよく工事現場だから工というじをつかった。
		工事現場／工事道具で工事している様子。
		工事げん場／クレーンをよくつかうので
城		城／昔の矢や弓
		城／城はきちょうな物です。江戸時代にできた城。その城がきにいったから城のアイコンをつくった。
	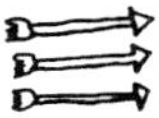	広島城／毛利もとなりの三本の矢
		城／城にはさむらいの刀があるから刀をかいた。／城にたくさんのアイコンをつくると楽になるから。
		歴史的／広島城の上にしゃちほこがあったから。
その他		電車のえき／えきのアイコンがなかったから。
	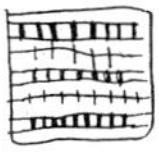	大きな駅／線路のかたまり
	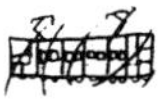	JRの駅（しんかんせん・〇〇本線）／おもしろい。
		げんばくドーム周辺がきれい／[空欄]
		地下／ちかはおとしよりにやさしくない！　これからはスロープもつけたらいいと思う。
		電停／でんていのやねにみえる

	かたち	いみ／りゆう
建築物		
現代建築物		建物がきれい、または高いビルでかげができる。／［空欄］
	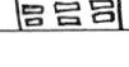	でかいから／なかったから
		大きなたてものが多い／［空欄］
		たてものがたくさんある／このごろのたてものは、たいていビルだから。
		高いビルがあってにぎやかで明るい所／ビルが3つでたくさん、（線が3つ描かれている）で明るい（音符の絵が描かれている）でにぎやか
		空港／自動車や電車があるのに空港がなかったから。
	 	けいさつしょ／すぐわかるから。にげこめるから。
		ほいくじょ／ほにゅうびんのイメージ
		銀行／お金の100円
		銀行／$は、世界で一番使われているので、$にしました。
		学校／［空欄］
		エレベーター／［空欄］
		消費税ぬき（のお店）／金のマークに羽がついていて、消費ぜいがとられるといういみで、×で消費ぜいぬきです。
	 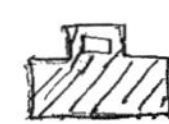	くらい所／くらくて、さびしい所。かげができている。

	かたち	いみ／りゆう
		車が多くてあぶない／[空欄]
	 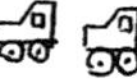	車の渋滞／ぼくがアイコンづくりをしていて、くるまのじゅうたいのアイコンがないとこまったので、つくろうと思いました。それでも、単じゅんで書きやすいアイコンにしようと思ったので、車を二つかきました。
	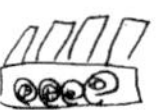 	空欄／きけんのマークと、空気がよごれているマークをあらわしたマーク
		じゅうたいする所／道がよくこむ所があったから。
道		せまい道／[空欄]
		カーブが多い／[空欄]
		道／道ってかんじてたんじゅんに
		細い道／町中の細い道を表すのにかんたんにしてみると、こうなった。
		ちか道（シャレオなど）／あんぜんだから
		大通り／あったけどしょぼかったから。
	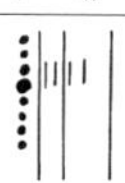	電停と道路の高さがいっしょ／（●が並んで描かれている）が電車の線路で、（短い線が描かれている）が同じ高さで、（長い線が描かれている）がどうろと電停です。
		じばんがわるい所／ひびがはいっている所を発見したから。
その他		でんてい／でんていのアイコンがなかったから／でんていの形からとりました。
		ちかてつ（モノレール）もふくむ／駅はわかりにくいから。

	かたち	いみ／りゆう
交通		
橋		はし／単にふつうの橋
		橋／ブリッチ型の橋を図合化
		橋／自分で想ぞうした橋がこの橋だったから。
	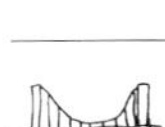	はし／はしのアイコンがなかったから／☆の形のはしからとりました。はしのアイコンがなかったから。
	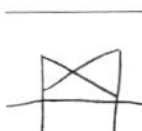	橋／橋のアイコンがなかったから。橋の上につなのようなものでつないでいるものを×で表した。
	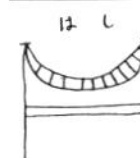	はしとそうぞうしたらこれと思ったから／はしがたくさんあるから
		はし／にてる
		橋!!!!!／川から橋をみたところ
		橋／むずかしく考えたらかきにくかったから、かんたんにした。
		橋／橋の丸いところ？に道で橋！
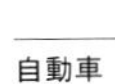自動車		車／車がたくさんとまっているということから
		事故が多い所／（衝突を表す絵が描かれている）がぶつかっているということで車と車がしょうとつする所をかきました。
	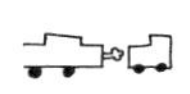	じゅうたいがよくあるところ／（車の絵が描かれている）と（車の絵が描かれている）がならんでて全々うごかないということ
		ろじょう駐車が多い／［空欄］

	かたち	いみ／りゆう
		吹き替え／[空欄]
	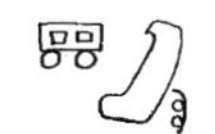	のりものの中のでんわ／左上の電車マークはのりものといういみで、右のでんわマークはでんわといういみです。
植物		草／草が道に生えていることをあらわして、自然が少しあるからです。
場所		ごみいっぱい／[空欄]
		きけん地たい／しっぱいしたらむざんなすがたになるよという意味
	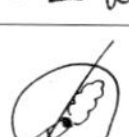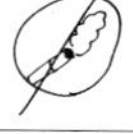	タバコきんしのばしょ／タバコをきんししているところ
	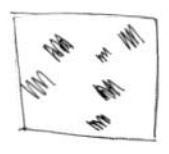	きたないかべ／たくさんよごれているようにしたかったから。
		こわれかけ／はしや、かんばんがこわれかけているのを見て、それを表すアイコンがいると思ったから。
		貼りすぎ／[空欄]
		らくがき／よくかんスプレーでかいてあるから
		らくがき／[空欄]
	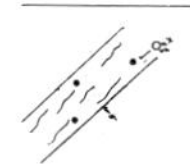	前まできれいだったのに今ではごみだらけな川／電車に乗ってたり、歩いた時じっくりみるときたない川がある。なんだかげんめつしちゃう。きれいにしようとゆういみもふくめてつくりました。
		荷物おきば／荷物のおける、べんりなところといういみです。
	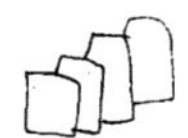	はりすぎ／はりすぎアイコンです。店しょてんでこのようにしているとゴミが出てめいわくといういみです。
		かんばんがある地区／かんばんがあってみためがきたないので、このアイコンをつくりました。

	かたち	いみ／りゆう
その他		
物	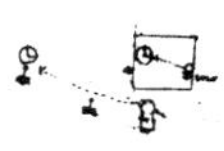	時計の見えるところ／時計がなくてこまった！　というときに、木と木の間からひょっこり……！　たすかったことがあって、これをつくりました。
		時計がある所／[空欄]
		ふん水／[空欄]
	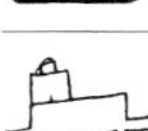	せき／広島にある高せぜきのイメージ
	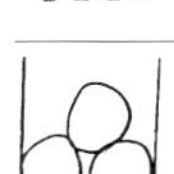	ゴミばこ／ごみぶくろをすてているようす。
	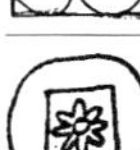	植物園／花を四角形でかこって植物が花だんにさいていること。
		は虫類／両生類があるから。
	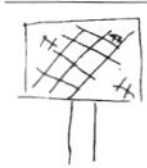	かん板／よくある「かん板」だから
		原ばくにあった物／原ばくにあったもの。
		きれいな岩／岩が白くてきれい
		きれいな貝／貝がきれい
		時計台／時間がよくわかるというかんじ。
	 	ポイすて／よく人が、あきかんやビニールをすてているからこのアイコンにしました。
		国際化／英語や中国語になおしている所がかんばんでほしは、地球の人が全員みれるから。

	かたち	いみ／りゆう
人		へんな人があつまる所／へんな人とまじわりたくないから。
		あやしい、又はあぶない人がいるところ。／こうしゅうでんわの近く、コンビニの前、駅など思まぬところにいつもいてあぶないから知っておくため！
		くさい所／くさくて鼻をつまんでいる様子
		くらい／[空欄]
		人が多くてにぎやか／[空欄]
		人通りが少なくて活気がない／[空欄]
		あまやどりができるところ／かさはあまやどりできるから
		かんきょうにやさしい所／（星の絵が描かれている）はきれい（葉っぱの絵が描かれている）はかんきょう
		ごみを集めている人／ゴミを集めている人もいる、ということを表したかったから。
		[空欄]／かんきょうのために人から人へ物をくばる人のマーク。一はひと。←はわたす。口は配る物です。
		そうじしている人／そうじをしてくれる人のマーク
		人が多い場所／にぎやかだから。
		ポイ捨て／広島はポイ捨てが多いから。
		活気がない／活気がないというアイコンがなかったので人の気はいがしないといういみでつくりました。

表8　児童によるオリジナル・アイコン　*43

児童のオリジナル・アイコンは、どれも生きていることの気配を感じさせる。児童は日頃大好きな動きもの（交通関連）だけをオリジナル・アイコンにしたいわけではない。「へんな人」もオリジナル・アイコンにしてみたい。アイコンにしたいものは、空間のあらゆるところにある。

	かたち	いみ／りゆう
		空気がきたない所／むせる所があったり、目がかゆい所などがあったから。
		きんえん場所／タバコに火がつき、けむりが、出ているので、「タバコをすっている」といういみで、×は「タバコをすわないばしょ」といういみです。
現象		新しくてきれい／(星の絵が描かれている) がきれい (棒のついた星と数字の２が描かれている) が新しい
		まぶしい／ひかっていてまぶしい (ぴかぴか) しているというところから
		活気がある／いっぱいの人がにぎやかにしゃべっているから。
		かっこいい (きれい)／(☆と数字の２が描かれている) がかっこいい
		明るい／[空欄]
		[空欄]／光っていてまぶしいということで
平和		平和／平和といったらやっぱりピースだから
		平和のしょうちょう／おりづるを図あんかしたもの
		平和のしょうちょう／平和のハト
		ハトがいて平和らしい／[空欄]
		広島らしい／[空欄]
		平和のしょうちょう／広島の原ばく後、「千羽おると願いがかなう」から、おりづるのマーク

したがって、アイコンに手を加えることは、単に無知や誤読ではない。いわば新訳・超訳である。アイコンというかたちがあってはじめて感じられる同意、あるいは微妙なずれの感覚や違和感は、芸における「型」の表現のように＊44、グローバルな「型＝アイコン」をなぞることによって、はじめてローカルな空間の「かたち」の表現を喚起する＊45。

アイコン表現におけるこうした「許容のデザイン」あるいは「喚起のデザイン」こそ、一義的な意味をもつサインやユニヴァーサル・デザインと異なる点であり、誰にでもわかる「公（みんな）」の意味を表示するのではなく、誰にでもわかるかたちを契機として、空間と絡み合う「わたし」の感性がそこに表出しているのである。それゆえに、都市の空間が無場所的であればあるほど、アイコンが一般的な記号へと還元されていくのは、むしろ自然なことである。

＊43　２００２年度の4年生児童と２００３年度の5年生児童の路面電車のフィールドワークに基づく地図製作である。共に第2版のグローバル・アイコンを用いている。

＊44　源了圓『型』創文社、１９８９を参照。「型」における固有性と普遍性の二重性について、日本における身体文化を通じて論じている。

＊45　したがって、アイコンは、携帯電話の絵文字やデコメのような単純化された記号ではない。たとえば、富士山は日本全国に散在する様々な「富士」のアイコンのかたち（逆さ富士、小富士、etc.）と意味を生み出したが、(^o^) のような表情に笑いの多様性を読み取ることはできない。

補　「グリーンマップ」とは

グローバル・アイコンの誕生

１９９０年代に本格的に活動を始めたＮＰＯ法人「グリーンマップ・システム」は、「持続可能なコミュニティ」の形成を理念とし、自然や文化の保護や保全を方法論化しようとする。理念の表現手段として、また地域的なコミュニケーションを誘発する手段として「グローバル・アイコン」を定め、１９９２年にニューヨークではじめて「グリーンマップ」を製作し、改訂版もつくっている（図1）。

「グリーンマップ」では、「グローバル・アイコン」だけでなく、地域独自の「ローカル・アイコン」の提案も推奨している＊46。一見矛盾するようであるが、「グローバル・アイコン」が地球規模のコミュニケーションの道具であるとすれば、「ローカル・アイコン」は地域内でのコミュニケーションの道具である。あるいは、地域のアイデンティティを認識し、世界の多様性を世界に発信する手段である。

グローバル・アイコンは改訂を重ね、現在では第3版170アイコンである＊47。アイコンは1996年春に初版が出来上がったが、この時点では統一的な基準はなく、提案者ウェンディ・ブラウアーが1992年にニューヨークのダウンタウンで始めた調査項目を基礎に、主に地元アメリカの地図製作者（マップメーカー）が提案したものと、京都で右衛門佐美佐子氏がデザインしたものをニューヨークでまとめたものである＊48。

1999年には、初版を拡充し、より完成度を高めたグリーンマップ・システムのアイコン第2版が完成する。ブラウアー氏へのインタビュー調査によれば、第2版のアイコンは、インターネットを介したオープンな議論を通して、北米を中心とする15人のコア・メンバーによって選定している。最終的に、一人のデザイナーによって、125のグリーンマップ・システムのアイコン第2版が完成する＊49。その後、地球環境問題の深刻化や人間のアクティビティの多様化に伴って、アイコンの増補改訂の必要性が生じ、2008年の第3版では、170個のアイコンを「持続可能な生活・自然・文化と社会」の3つのカテゴリーに再編し、さらに初心者やこども用にスタンダード・アイコン58個を選定している。

2000年初頭にはコペンハーゲン、京都、トロント、メルボルン、ブエノスアイレス、シン

＊46 「エコピース」マップでは、「ローカル・アイコン」では児童には否定的に響くので「オリジナル・アイコン」と呼んでいる。

＊47 「グローバル・アイコン」の詳細については、グリーンマップのHP、http://www.greenmap.org/home/icondef.htmlを参照。

＊48 グローバル・アイコンの初版時の資料はほとんど散逸しており、詳細な分析は不可能である。NPO設立当初からかかわりのある右衛門佐美佐子氏によれば、初版は後の第2版につながるアイディアをほぼ網羅している。

＊49 助成金申請用にまとめられた文書、Wendy Brawer, "Green map Icon Updating and Public Stewardship Resources", 2003.7.12を参照。

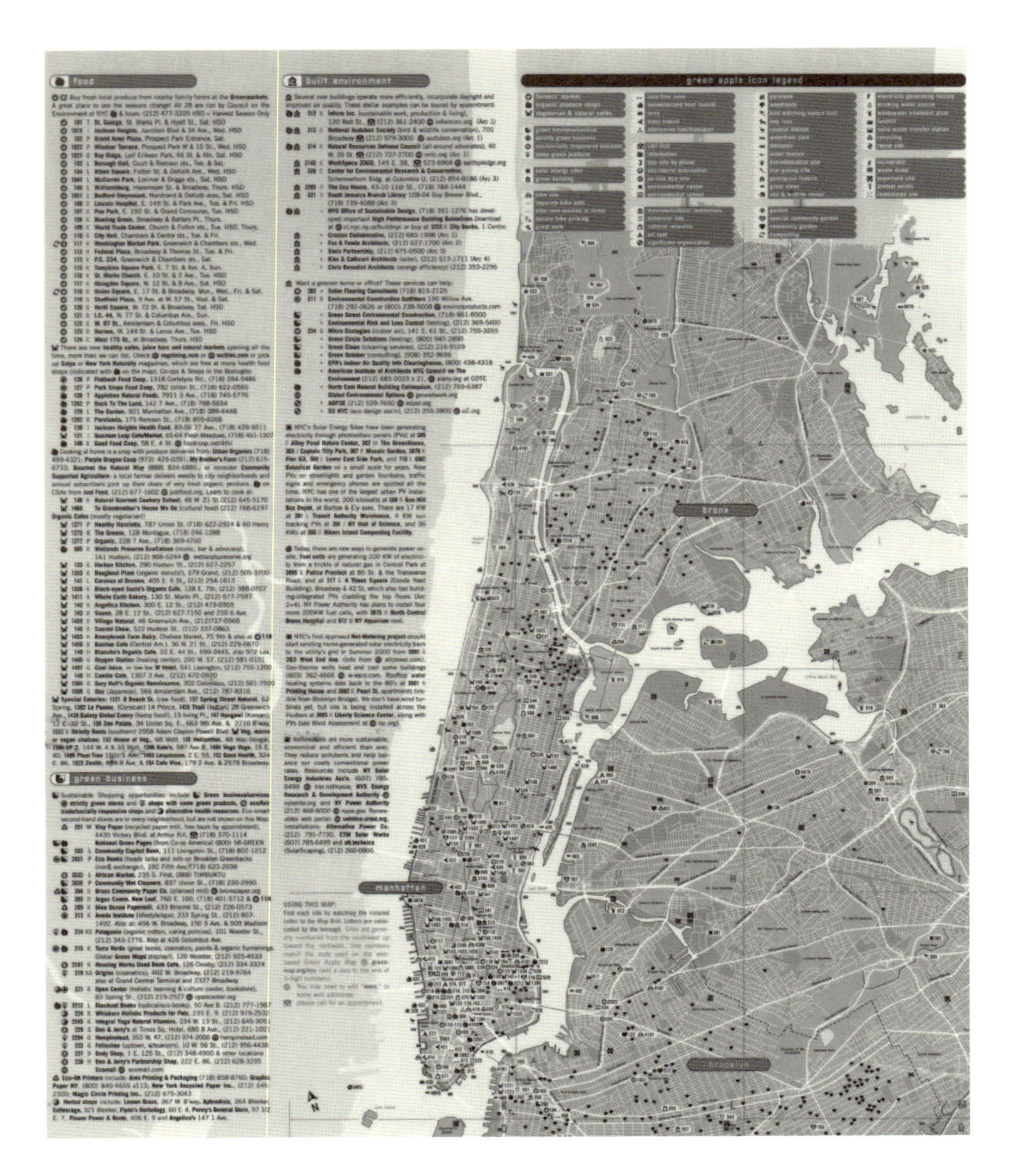
food
built environment
green apple icon legend
green business
bronx
manhattan
brooklyn

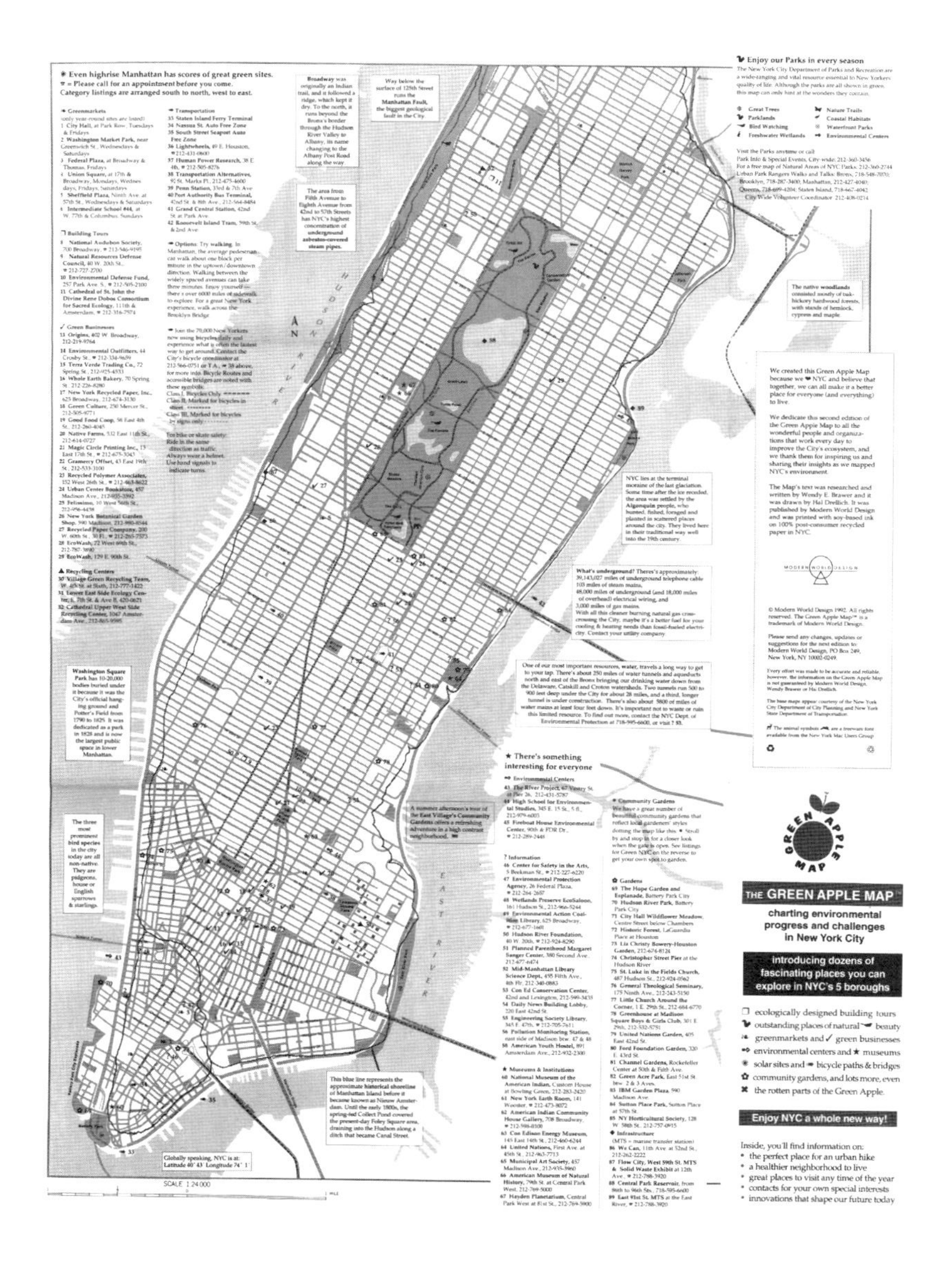

図１　ニューヨークのグリーンマップ「The Green Apple Map」、1992年作成（左）、2000年作成（右）

「グリーンマップ」の提唱者であるデザイナー、ウェンディ・ブラウアー Wendy Brawer は大の自転車好きで、マンハッタンで気持ちよく自転車に乗れるような都市空間改善を考えるようになる。そこまでは誰もが思いつく。ところが、ブラウアーの個人的願望は、「アイコン」という道具を得て、こどもから大人までを巻き込み、地域活動から世界的ネットワークへと活動の輪が拡がっていく。

ガポール、ジンバブエなど5大陸100都市がグリーンマップ製作に取り組み、36のマップが出版されるが、グリーンマップ製作参加都市は2014年現在、世界55カ国700都市を超えている。「グリーンマップ・システム」のアイコンが汎用性を有し、意味的にも普遍性を持つことの証左である。

世界で地図をつくっている人たち（マップメーカー）

GMSのホームページ上にグローバル・アイコンのかたちと定義が公開されているが、世界中のすべての地図製作者がインターネットを利用しているとは考えられない。実際には、定義を省略したポスター形式の「グリーンマップ・システム・アイコン」によって流布しているアイコンのかたちと名称（第3版では英語・フランス語・スペイン語・日本語）に依拠して、各地域である程度自由にグリーンマップを製作している＊50。

地図製作の主体は市民団体、教育関連、都市計画家、地方自治体、観光関連業者など多岐にわたっている。自発的な市民団体が70パーセントを占め、製作を開始した時期による傾向や地域的な偏りはない。また、地図の対象地域の規模も全国や都市の代表的地域から町内や地方自治体レヴェルまで様々である。

一方、テーマに着目してみると、グリーンマップ・システムの理念が「持続可能なコミュニティ」の形成である限り、当初は自然の保護・保全が最も重要なテーマであったし、現在でも同様である。一方で、グリーンマップ参加地域の拡充につれ、自然の保護・保全だけでなく、環境教育やエコ・ツーリズムを目的とした活動への拡がりを見せている。

＊50 「グローバル・アイコン」の一覧ポスターに日本語が表記されていることからもわかるように、日本のマップメーカーは比較的数が多く、100前後のマップメーカーの代表者が全国に点在し、「グリーンマップジャパン」としてインターネットでネットワークを形成している（http://greenmapjapan2010.jimdo.com/）。国内的な結びつきは、本部のあるアメリカ合衆国に次いで緊密であり、ニューヨーク本部での国際的なイベントやシステムの改定などに関して、「グリーンマップジャパン」は欠かせない存在になっている。反面、英語圏に比べると日本のマップメーカーの国際的な発信・交流は盛んではない。アイコンという道具の共通言語としての限界か、仕掛けの不足か、そのどちらかである。

世界で使われているアイコン

各々の地域のグリーンマップで使われているグローバル・アイコンの総数には、ばらつきがある*51。グローバル・アイコンの選択は、地域空間の規模や固有性に左右もされるが、地図製作のテーマにも関連する。たとえば、環境教育では、環境汚染関連のカテゴリーのアイコンが比較的多い。

一方、エコ・ツーリズムでは都市基盤や交通関係のカテゴリーのアイコンが多くなるが、「貸自転車・自転車関連 Bicycle site」が比較的多いという傾向はあるものの、「エコ散策コース Best walks」などは意外に少ない。エコロジーと言えるほどの都市デザインの事例がいまだ少なく、多くは公共交通機関に関連するアイコンに依存しているため、一般的な観光地図との際立った違いはない。

しかしながら、地域空間の固有性や地図製作のテーマにかかわらず、使用頻度の高いアイコンが存在する(表1)。

(1)施設・制度に関連するアイコンは、世界中で比較的同じような意味で頻繁に使用されている。世界的に共通した意味として適用される、比較的客観的な種類のアイコンである。しかし、それはアイコンが表示する主題に関する事例の多様性のなさの裏返しである。また、「環境スクール」や「コミュニティセンター」など使用頻度の高いアイコンも西洋的な発想の産物で、歴史も浅いために多様性を欠いている。

(2)客観的な適用が困難と思われるアイコンの一部の適用頻度が高い。アイコンの名称には形容詞的なものが多く、グローバル・アイコンに読み替えていく作業を通して、地域空間のローカルな特徴が見出されるような解釈の自由度の高いアイコンである。とくに、「安らぎの場」や「エ

*51　2003年12月までに、印刷物およびインターネットで地図を公開している83地区の地図の集計によれば、平均254個、最低29個（タイ 2001）、最大839個（バルセロナ 1999）、例外には2329個（倉敷 2001）である。現在でも増え続けていることは確かであり、2008年の第3版「グローバル・アイコン」の整備に伴って、逐次製作された地図がホームページ上で検索できるようにウェブデザインが変更されている。

アイコン	名称	適応地図数	名称変更（質的に定義されるアイコン）
	No.018 cultural site	31	神社仏閣（京都） cultual or historycal site (Milwaukee) cultural/ historic site (Rhode Island) theater and performance Spaces (Toronto, Toronto 2003) early European Settlement site (Hamilton) Cultual buildings (Burlington) cultual / historical (Calgary) Tempat Budaya (Jeron beteng, Jakarta) temple and shrines（丸亀／倉敷、高松／岡山） native American site (Santa monica) Museun/institution (Adelaide) cultural/historical site (Ann Arbor) caltual and historical resources (San Francisco, Liverpool) theatres (Niagara) Historisch monument (Noord-Brabant) cultural resources (Temple Bar) Historisch punt (Prins Alexander)
	No.029 child friendly eco-site	18	youth friendly site (N.Y. Iomap, N.Y.stop fronting, N.Y. Space to Breathe) プレーパーク（世田谷） eco kids friendly (Calgary) Tempat Ramah Anak (Jeron beteng, Jakarta) children play area (Oxford) baby & kids (Copenhagen)
	No.031 eco-spiritual site	23	Tempat Bernilai Spiritual (Jeron beteng, Jakarta) 精神安静區 (Jhenjhu, ChaoYang) meditation, yoga & Wellness sites (Toronto 2003) buddhist center (Oxford) Contemplation place (Malmo) personal care (Copenhagen)
	No.080 great view / scenic vista	26	眺望の良い場所 (Kyoto Bicycle) 眺望ポイント（京都） view / lookout point (Singapore, Singapore 2002) Good view location (Montreal (Tiotiake)) 好視野地點 (Jhenjhu, ChaoYang, 台北市北投區奇岩社區) Landmark attractions (Toronto 2003) Good view of city (Oxford) Panorama (Jakarta) beautiful viewpoint (Malmo) vistes panoramiques (Barcelona)
	No.098 best walks	34	good walk (Zimbabwe) 歩いてみたい道（京都 Bicycle） エコハイキングコース（京都） great walks (N.Y. Iomap, N.Y. Green Apple Map) discover walk (Toronto) walks (Hamilton) pedestrian zone (Calgary) Nyaman Berjalan (Jeron beteng, Jakarta) best walk (Santa monica) great walk (N.Y.) hiking (Niagara) ecotours (Toronto 2003) recommended walk (Oxford) Wandelgebied (Noord-Brabant) grans passejades (Barcelona) vandringsleder och (Miljokarta) Startpunt wandelroute (Prins Alexander)

アイコン	名称	適応地図数	名称変更（量的に定義されるアイコン）
	No.003 organic produce / natural food shop	38	organic foods (Berkeley) health shop / restaurant (Singapore, Singapore 2002) 有機食品店（台北市北投區奇岩社區） wholefood shop (Oxford) Produk Organik / pangan Alami (Jakarta) Biologisch landbouwbedrijf (Noord-Brabant) Groceries & delicacies (Copenhagen) agricultura ecologica (Barcelona) Shops featureing organic produce (Copenhagen) f ɸ devarer (København) flesh product / natural food (Portsmouth) Verkooppunt biologishe- en natuurlijke producten (Prins Alexander)
	No.007 green / conserving products	19	自然派商品取扱店（京都） eco puroducts (Milwaukee) Green shop (N.Y. lomap) some Green product (N.Y. Green Apple Map) Produk Ramah Lingkungan (Jeron beteng) green shop & services (Santa monica) Verkoop milieuvriendelijke producten (Noord-Brabant) productes verd (Barcelona) Gr ɸ nne Produkter (København)
	No.014 composting	24	コンポスト施設（世田谷） 堆肥場 (ChaoYang) Municipal Composting (Malmo) community composting (Temple Bar)
	No.036 environmental school	28	Environmental education (Berkeley, Calgary) libraries and school (N.Y. lomap) libraries / archives (Toronto, Toronto2003) library (Hamilton) 落ち着いて本を読める場所（東京） Sekolah Lingungan (Jakarta) ensenyament (Barcelona) Skolor och andra institutioner (Miljokarta) Publications (Copenhagen) Undervisning (København)
	No.037 community center	16	まちづくりハウス（世田谷） Balai Warga (Jeron beteng, Jakarta) 社區中心 (Jhenjhu,ChaoYang,台北市北投區奇岩社區) Wijkgebouw (Prins Alexander)
	No.083 drinking water source	19	Drinking water supply watershed (Rhode Island)
	No.084 wastewater treatment facility	18	Sarana Pengolahan Air Limbah (Jeron beteng) urban runoff recycling facility (Santa monica) tractament d'aigues residuals (Barcelona)

表1　世界のグリーンマップにおけるグローバル・アイコンの適用

世界の地域的な個別性に関わらず、「自然食品店」の使用頻度が高いのは、食べ物は生きていくことの基本だからである。そうしてみると、ここで抽出したアイコンは、どれも都市生活に不可避の基本要素のように思えてくる。

コ散策コース」などには、地域の自然的・歴史的環境の情報が織り込まれることが多い。各地域でのアイコンの名称や説明文には、自然や歴史に対する独自の感覚が現れている。

定量的であれ定性的であれ、よく使われるグローバル・アイコンのほどよい自由度が、「グリーンマップ・システム」のアイコンによる地図製作に拡がりをもたらしていることがわかる。少なくとも、地域地域の独自性を相互に高め合うシステムとして、アイコンという共通言語が機能していることは間違いない。

しかし一方で、人間の生きられる空間はつねに生成して変わる。ニューヨークのグリーンマップが改訂を重ねているように、継続的な活動が他の地域で今後保証されるかどうかは未知数である。往々にして、自主的な活動の継続には困難を伴う。キーパーソンやコア・メンバーの喪失、グループの解散、行政的支援の中断など、様々な理由によって一時的なイベント活動に陥りやすい。しかし根本の問題は、地図製作そのものがルーティーンに陥って、地図製作の楽しみがそがれてしまうことである。「持続」は制度が保証してくれるものではない。理由はどうあれ、楽しいかどうかである。少なくとも、グリーンマップ・システムのグローバル・アイコンが楽しむための道具として機能していることは、グリーンマップの数を見ても、それぞれ一枚一枚のマップを見てもわかる。

3 評価してみる——いま・ここの身体

「わたし」の感性が表出する「アイコン」は、単なる感情表現の一媒体ではなく、空間とのコミュニケーションの道具である。ワークショップは、もちろん他者とのコミュニケーションの場であるが、「アイコン」は、ことばによる会話・討論とは異なる他者とのコミュニケーションの道具になる。「アイコン」によって「わたし」と双方向的に応答する他者は、「エコピース」マップの場合、最も身近な「なかま」やクラスの「みんな」である。そして、「アイコン」による「わたし―なかま―みんな」の水平的な空間の拡がりは、世界の都市に及ぶ。さらに今度は、「広島―世界」から時間的にも遡行して、広島における「現在―過去」のコミュニケーションへと拡がっていく。

ワークショップでの時空の旅は、まず、いま・ここの都市の空間を「評価」することから始まる。

アイコンによる感性表現

ワークショップでは、フィールドワークの現場において感じた○×△をもとにして、アイコンを使って評価する＊52。アイコンの種類はともかく、評価の色として○は緑のアイコン、×は赤のアイコン、△は黄のアイコンに対応する。機械的に作業をすれば、○×△の数・種類とアイコンの数・色は一対一に対応するはずである。

とくに、最も範囲の狭い小学校周辺を歩いたときのフィールドワークについて児童と保護者を比較してみると、児童の場合、○×△と緑赤黄アイコンとが、数として見ればほぼ一対一に対応している。一方、保

＊52　「エコピース」マップでは、グローバル・アイコンから適時抜粋したアイコンを用いるが、加えて「工事中」「被爆建物」「被爆樹」「橋」の4つを広島独自のアイコン（もともとは児童のオリジナル・アイコン）として、みんなで用いている。

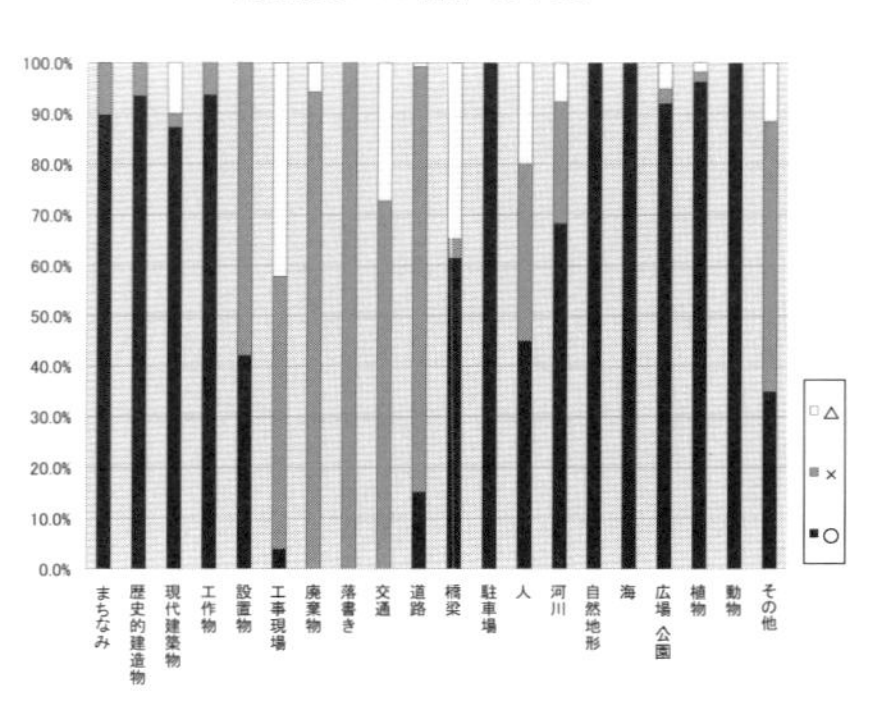

対象別○×の割合（5年生）

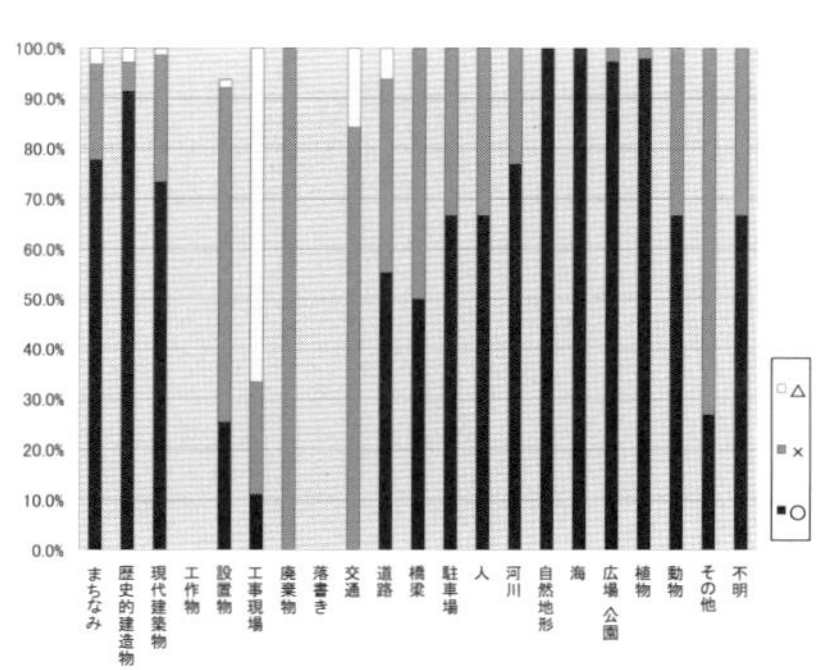

対象別アイコンの割合（5年生）

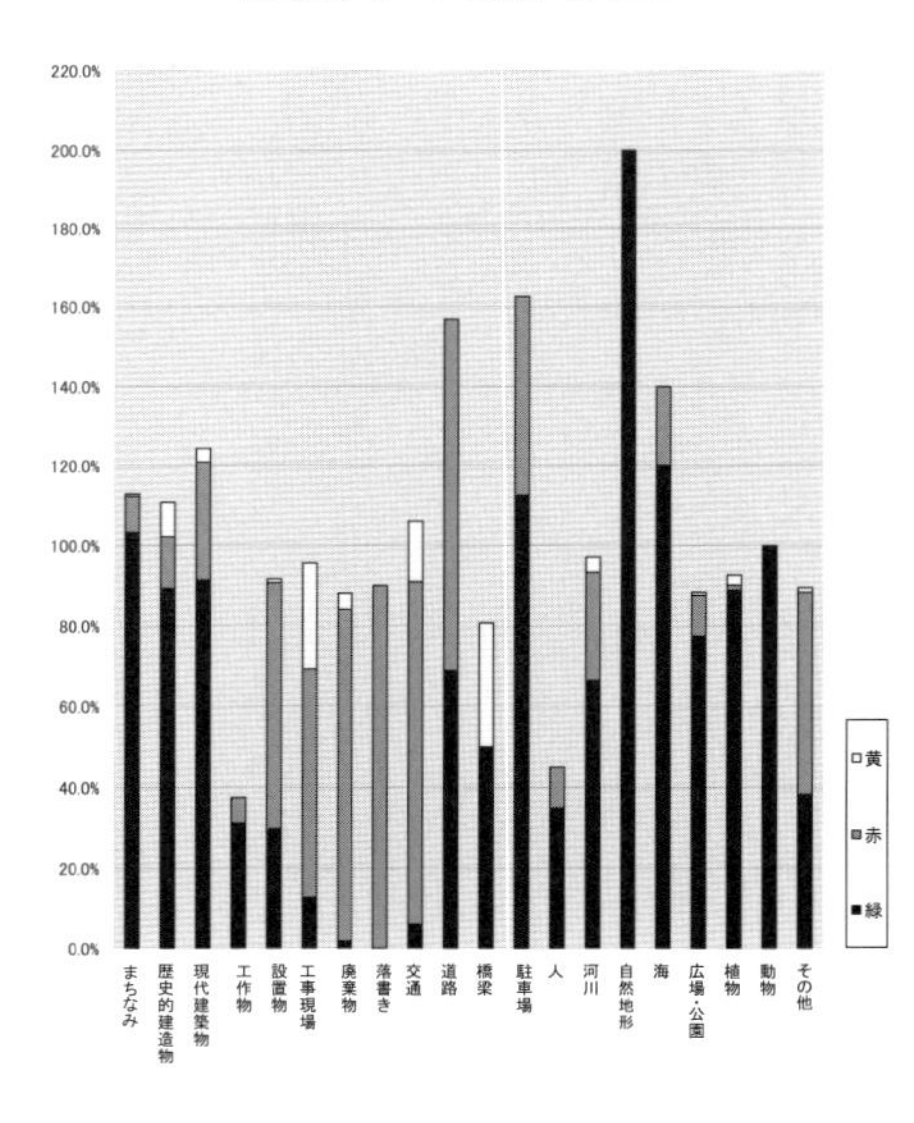

対象別アイコンの割合（5年生保護者）

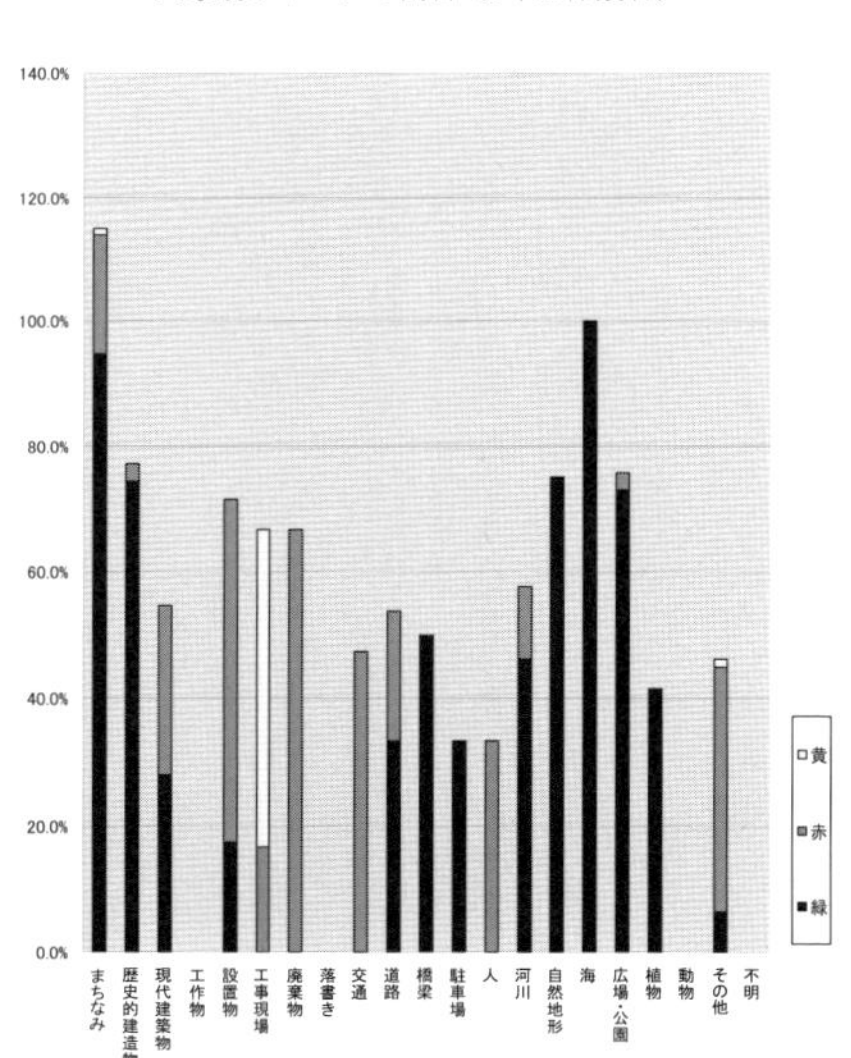

表9　児童と保護者による対象別○×△とアイコン（路面電車沿線）　＊53

フィールドワークの現場とは違ってじっくり考えて評価できるワークショップでは、大人は評価項目を取捨選択している。いろいろな要因を整理し、最も大きな理由に基づいてアイコンの色を決める。しかし、児童は逆である。ワークショップでのアイコン評価の過程で、児童は評価していなかったところまで思い出す。結果、アイコンの数は増える。緑アイコンの増殖という児童の評価の傾向は、小学校周辺の住宅地でも、路面電車沿線のような比較的大きなスケールの商業地でも変わらない。

護者は、ワークショップでの振り返りにおいて、フィールドワークにおける○×△を吟味して絞り込む＊54。

しかし、アイコンの色で見ると、児童、保護者ともに、○×△とアイコンとが必ずしも対応していない。路面電車に乗った広域フィールドワークに基づくワークショップでも、児童は保護者のようにアイコンを厳選することはない（表9）。そのうえ、フィールドワークでの○の肯定感を複数の緑アイコンによって強化し、さらに地図上に緑アイコンを描くことの楽しさに伴って、○×△のなかった場所にも新たな緑アイコンの評価を加えている。とくに、自然地形については、緑アイコンが倍増している（表10、図7）。一方で、フィールドワークでの×の否定感は、部分的にしか赤アイコンにならない（表11、図8）。

フィールドワークの△があからさまに肯定に転じることはないが（表12、図9）、保護者と比較して、児童の両義的評価がさほど減少していないところが特徴的である。児童は、フィールドワークでの△をワークショップの場においてそれなりに吟味しているが、結局は緑か赤で評価を明確にしてアイコン化できないでいる。保護者のように△を吟味して、肯定・否定のいずれかを選択することも、評価を多角的に検討して、緑と赤を併記することもない。

たとえば、「ぼろい病院」（女子）や「工事（高速道路　新しい高速道路が生まれてきていいがにおいがするから）」（男子）は、直感的には否定的な評価になるが、都市機能としては肯定されるべきものであるので決められない。ガソリンスタンド、ガス工場もそうである。さらに、「んどう「うどん」が反対になっていた　何の店かわからない」（女子）のように、「んどう」がうどん屋であることが万人に理解できないことに児童は嫌悪感を抱いている。大好きなうどん屋があるのはよいことであるが、自分にはわかりにくい看板が掛けられていることに我慢ならない。黄アイコンである。

逆に、「公園があるけど後ろが川だから危ない」（女子）、「普通の2倍ほどの大きさのポプラ［コンビニエンス・ストア］」（男子）などは、場所に対する好感を持っているが、個人商店を駆逐するコンビニエンス・ス

＊54　たとえば、2005年度の3年生児童との小学校周辺半径500メートルのフィールドワークの場合、○×の全評価数1901（児童）、718（保護者）、アイコンの全評価数2000（児童）、455（保護者）である。

類型	指摘対象	アイコン		記述内容
歴史	歴史的建造物	歴史のつまったところ		古そうな建物　見ると歴史を感じる
		歴史のつまったところ		平和を訴えていていい
		まちの文化		歴史　昔のことを学べるから
		歴史のつまったところ		
娯楽	広場・公園	子どもにやさしい場所		遊び場　遊べて楽しいから
		地球のみんなにやさしい場所		広い公園　スポーツゆっくりできる
	現代建築物（公共建築物）	まちの文化		美術館　芸術にゆっくりひたれるから
		重要建築物		野球観戦は楽しいから
		まちの文化		マンガが読める　人との交流
	現代建築物（商業建築物）	産地直売店・市場		スーパー便利（この近くにあまりないから）
		やすらげる場所		いろいろあって楽しいから

類型	指摘対象	アイコン	記述内容
自然	植物	きれいな花や草	きれいな花　自然のもの
		みんなの森	木がたくさん　生物が住める→増える
		小さな生物たち	
		きれいな花や草	
景観	植物	みんなの自然	緑がたくさんあってきれいだったから
		きれいな花や草	
	まちなみ	すばらしいながめ	色とりどりの山が見え眺めがきれい
		みんなの自然	紅葉きれい　色とりどりきれい
	河川	水と親しむ場所	川が広く水も青く透けていてきれい
		水と親しむ場所	川　ゴミがなかった！
		水と親しむ場所	眺めがいい　川が広くてきれい
		すばらしいながめ	

表10　児童によるアイコンの肯定的評価の記述（路面電車沿線）（抜粋）＊55

児童による緑アイコンの増殖のなかでも、自然に関するものが圧倒的に多い。「緑がたくさんあってきれいだったから」「紅葉きれい」のようなごくありふれた記述を、文字通りの意味として理解してはならない。込められた意味は、「木がたくさん→生物が住める」のように、大人にはない論理もある。実際、児童はディテールを見ているのである。児童のまなざしは、一様に秋色に染まる紅葉の景色ではなく、一枚一枚が個性的に赤く染まるカエデの葉っぱの表情に向けられている。

類型	指摘対象	アイコン	記述内容
		空気がよごれているところ	空気が汚れている
		空気がよごれているところ	パチンコが密集していて空気が悪かった
	工事現場	空気がよごれているところ	工事をしていて空気が悪い
騒音	工事現場	工事現場	工事現場（うるさいし迷惑）
配置	廃棄物	悲しい場所	ポストのまわりにゴミがある ちゃんとゴミ箱に捨てないといけないから
配置、 悪臭	廃棄物	ゴミだらけ	ゴミが歩道にでていた　くさい
		空気がよごれているところ	ゴミが道に捨ててあった
景観	廃棄物	ゴミだらけ	ゴミが多い 近くを歩く人が汚いと思ってしまうから
		ゴミだらけ	ゴミが連続であった

類型	指摘対象	アイコン	記述内容
狭隘さ	道路	交通が危険なところ 	道がせまいと自転車と人が通り危険
		お年寄りにやさしいところ 	道がほそくあぶない
危険性	道路	交通が危険なところ 	交差点でよく事故が起こるから
		音がうるさいところ 	
		交通が危険なところ 	交通事故が起こったことがたくさんある！
	工事現場	音がうるさいところ 	工事現場でうるさく近寄ると危ないから
		空気が汚れているところ 	
		工事現場 	工事中　こわい　落ちてきそうで
悪臭	道路	空気がよごれているところ 	悪臭
		地球のみんなにやさしいところ 	悪臭

表11　児童によるアイコンの否定的評価の記述（路面電車沿線）（抜粋）＊56

○×△と比較して、児童による赤アイコンは保護者とは対照的に少なくなる。残ったものは、身体的な危険に関するものがほとんどである。どうしても身体的な嫌悪感が拭い去れないものが、赤アイコンとなる。

類型	指摘対象	アイコン	記述内容
×：騒音 ○：都市改善	工事現場	すばらしいながめ	○きれいになる ×工事　近所に住んでいる人がうるさい
		音がうるさいところ	
		工事現場	道の工事　便利になるが今騒音
×：騒音、危険性 ○：都市改善		空気が よごれているところ	工事　いいものができるので○、 しかしめいわくがかかるので×、だから△
○×：歴史性	歴史的建造物 （被爆建物）	被爆建物	原爆ドーム 昔のことがわかるけど悲しいところだから
		悲しい場所 	
		歴史のつまったところ	歴史的だけど たくさんのひとが死んで悲しい
		悲しい場所	
○×：利便性	現代建築物 （商業建築物）	エコショップ	日用雑貨が多いが壊れやすい ○安いから
×：悪臭 ○：利便性	交通	空気が よごれているところ	便利だけど空気が悪い

表12　児童によるアイコンの両義的評価の記述（路面電車沿線）（抜粋）＊57

基本的に児童は、△評価を緑アイコンか赤アイコンに整理しようとする気がないし、また実際できない。思考の未熟さによるものであろうか。それとも、相反する感情を抱え込む心の豊かさによるものであろうか。

図7　児童によるアイコンの肯定的評価の地図表現（路面電車沿線）（部分）　＊58

児童は、フィールドワークでの○×△に相応しいアイコンを素直に探して地図に描きはじめる。肯定的評価は緑アイコンとして描くが、評価の高いところ（3つの星印）のアイコンは大きく描く。「水がきれい」などの広域に及ぶ評価の場合も、アイコンは堂々として大きい。狭域であっても「公園で遊べる」場所のアイコンは大きく描く。場所の規模と場所の意味の深さは比例しない。

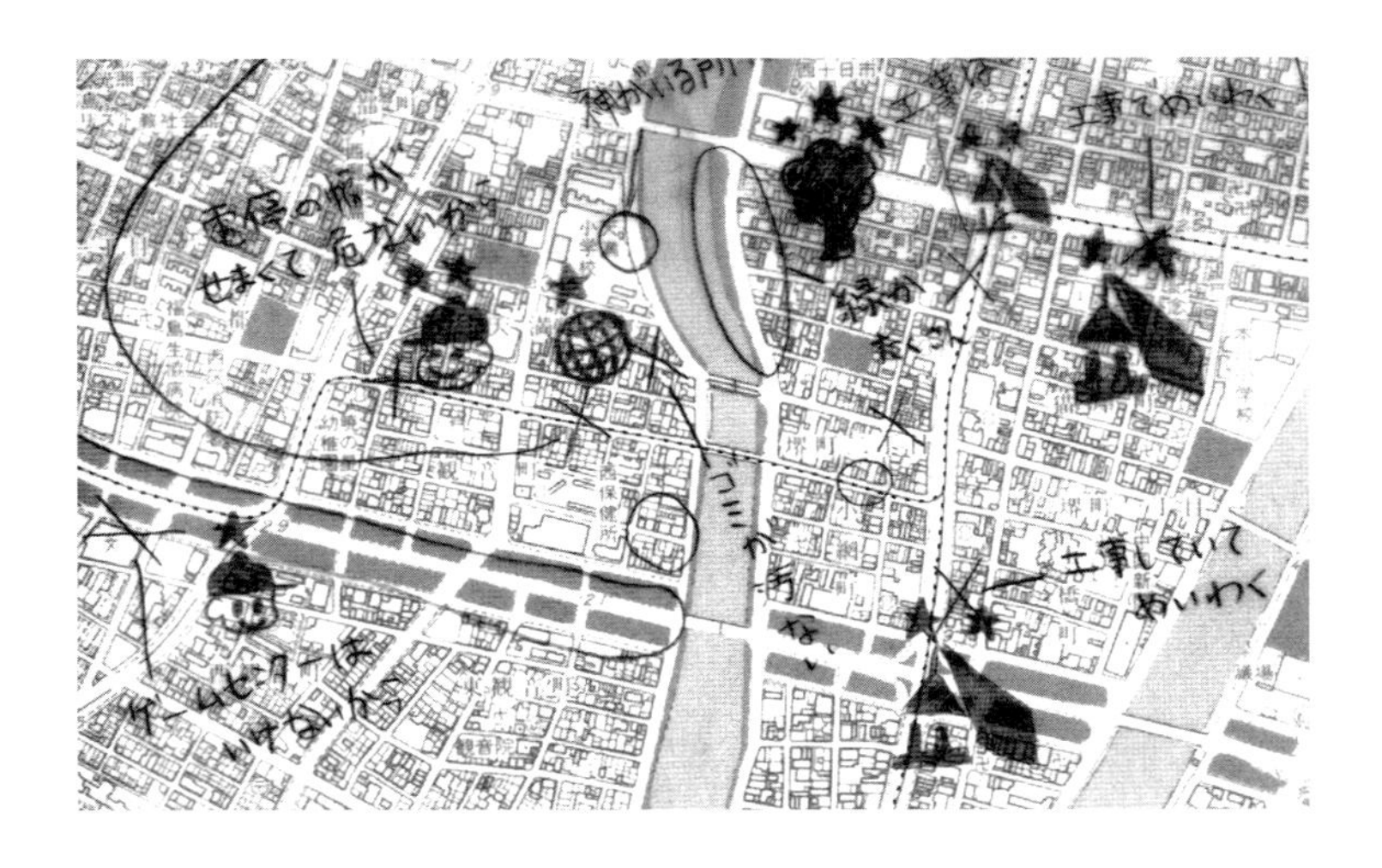

図8　児童によるアイコンの否定的評価の地図表現（部分）　＊59

否定的評価の原因となる不衛生や身体的危険は、躊躇なく堂々としたアイコンで描き、危険度を示す星印の数も多い。しかし、「ゲームセンターはいけないから」は控えめである（1つの星印）。本当は、赤アイコンにしたくないのである。よく見ると、他にもフィールドワークで記したいくつかの×がアイコンになっていない。「ごみが汚い」のような同じような理由の否定的な評価は、誰でも繰り返し描きたくはない。

トアを概念的に否定せざるを得なかった結果である。さらに、「もうないから悲しい場所　おもちゃやさん」（女子）などは、かつて存在していた場所に対する強い好感が肯定的評価となり、なくなってしまったことに対する否定的評価と同居している。概念的な未整理は、そのまま黄アイコンとなる。

児童の両義的なアイコン評価は、概念的思考の未熟さという理由だけで片づけることはできない。たしかに、フィールドワークにおける評価に記される感性の強度は、ワークショップという場において振り返ってみることで脆弱になる場面もある。ワークショップはフィールドワークの現場に身を置いていないという意味では、間接的な表現である。しかしながら、フィールドワークでの直接的かつ即時的な同感や反感＊61はやはり保持されているのである。

図9　児童によるアイコンの両義的評価の地図表現（部分）　＊60

両義的評価の場合は、ワークショップでの反省を伴ってますますわからなくなったり、評価が変わってしまう場合がある。

大型ショッピングセンター（ゆめタウン）の工事現場には、アイコンがない（上）。フィールドワークのときには、騒音が気になって×か△かで迷っていたが、やはり大好きなショッピングセンターが建つと思うと、黄アイコンが描けない。

一方、原爆ドームは「戦争のはげしさやおろかさをわすれないため」に〇であったはずであるが、ワークショップでは黄アイコンである（下）。フィールドワークでは概念的に捉えていた原爆ドームは、思い返すと今になって怖い。だから、黄アイコンである。フィールドワークはより身体的・感性的、ワークショップはより概念的・論理的であるという図式は成り立たない。

「古い」空間をアイコンにしてみる

○×△の記号と緑赤黄のアイコンの評価の変節、あるいは両者の感性的な連関は、歴史的建造物のような対象に顕著である。

フィールドワークでの児童たちは、学年が上がるにつれて歴史的建造物に対する価値を規範化していくと同時に、まわりの景観にも歴史的な時間を感じるようになる*62。それは、ワークショップでのアイコン表現にも端的に反映されている(表13)。たとえば、原爆ドームそのものに対するアイコンとして、これまであまり用いなかった「歴史」に関するアイコン、「まちの文化」や「歴史のつまったところ」などの比較的定性的な意味を持つアイコンを用いるようになる一方、原爆ドームのまわりの空間にも、歴史的であるとしてさまざまなアイコンを付加している。そこには、歴史的であることを示す言語情報は存在せず、フィールドワークのときにも○×△で記していない場所であるにもかかわらずである。

それにしても、世界共通で使用する目的で考案されたグローバル・アイコンの中には、歴史的な空間に関連するものであると一目で理解できるアイコンが極めて少ない。グローバル・アイコンそのものが自然保護思想に基づいているため、どうしても空間の歴史性よりも科学的なエコロジーが強調され、持続可能性の意味が限定されてしまう*63。そもそも、グローバル・アイコンは都市空間の世界比較を可能にするツールとして開発され、たとえ個人的解釈を許容するにしても普遍的意味を持つことが前提であり、歴史という個別的・地域的内容とは本質的には相容れない。

たしかに、明文化されたグローバル・アイコンの定義を検討すると、「歴史的」もしくは「伝統的」と明記されたグローバル・アイコンがいくつかある(表14の網かけ部分)。しかしながら、たとえば、「史跡・文化財」のグローバル・アイコンがネイティブ・アメリカンの弓の矢に由来することを知らなければ、日本人の大人が、かたちから意味を一目で理解することは困難である*64。児童にとっては、グローバル・アイ

*53・55−60　2007年度の5年生児童との路面電車3号線及び2号線沿線の広域フィールドワークに基づくワークショップ。以下、アイコンの名称は、グリーンマップ・システムの公式名称を児童のために読み替えて使っている。

*61　フィールドワークでの児童による原爆ドームの評価については、3章2節「歩くこと」を参照。

*62　同感 sympathy・反感 antipathy は相反するものではない。もちろん、嫌悪感を抱く対象に、それとは反対の感情を持つことは少ない。たとえば、幼児期の男子による女子のいじめがしばしば好感に基づくものであることからも明らかなように、反感と同感が同じ感性の強度として呼応している場合もある。さらにいえば、時間を経ることで、かつて嫌いなものが好きになったりすることは、経験的事実である。

*63　エコロジーを明確な主題としているグリーンマップの一つは、コペンハーゲンの「Eco Map」であり、グローバル・アイコンの選択基準を生態学的観点から厳密に定めている。必然的に、歴史に関するアイコンは皆無である。

*64　「史跡・文化財」のグローバル・アイコンの意味の由来については、グローバル・アイコン選定にかかわった右衛門佐美佐子氏による。「グリーンマップ・システム」では明文化されていない。

*65　2002年度の4年生と2004年

C	D	E
	× 自転車が勝手にとめてある	○ 世界いさん（環境配慮建築） ○ げんばくドームがきれい （環境配慮建築、伝統的生活区域） ○ 緑で、原爆ドームがある （みんなの自然、伝統的生活区域）
○ 川の橋がきれい（橋）		
○ 川がきれい		○ 水がきれい（いのちの水）
○ 市民球場が広そう	○ 市民球場、広島らしい	○ 大きくて目立つ（環境配慮建築）
		× かっこわるい (悲しい場所，環境配慮建築) × とっても古くなっている

アイコン・マップ（2002年度）

グループ	A	B
原爆ドーム	○ 原爆ドームが見れて広島らしい（歴史のつまったところ） ○ 広島らしい ○ 原ばくドームはとても歴史を感じさせてくれる	○ 原爆ドームはとてもきれい ○ 広島らしい ○ 原爆ドームしゅう辺がきれい
相生橋		○ T字で目だってきれい
元安川	○ 川がきれいだった ○ 川がきれい ○ 川がきれい	
本川	○ 川があって明るい	
平和記念公園	○ みどりが多くていい（みんなの自 ○ 然） ○ みどりが多い ○ きれい 人がにぎやかで鳩が多くて 少し…がかなしい	
広電原爆ドーム前電停		× 電停が古い（みんなののりもの）
広島市民球場周辺	× ゴミがいっぱいある	× 光でまぶしい
そごう		

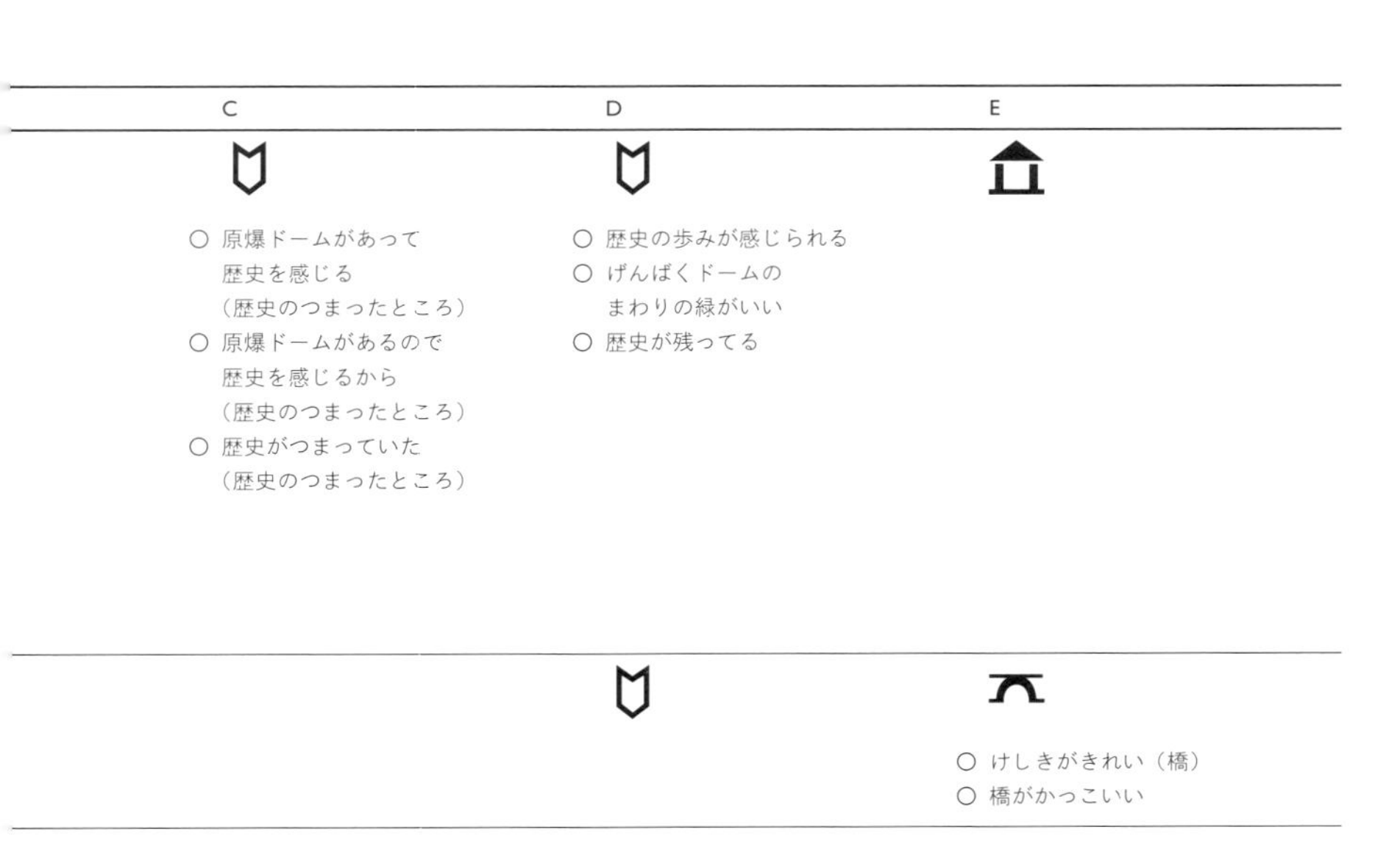

C	D	E
○ 原爆ドームがあって歴史を感じる（歴史のつまったところ） ○ 原爆ドームがあるので歴史を感じるから（歴史のつまったところ） ○ 歴史がつまっていた（歴史のつまったところ）	○ 歴史の歩みが感じられる ○ げんばくドームのまわりの緑がいい ○ 歴史が残ってる	
		○ けしきがきれい（橋） ○ 橋がかっこいい
 × 舟がたくさん置いてある（悲しい場所）		

アイコン・マップ（2004年度）

グループ	A	B
原爆ドーム	 ○ 原爆ドームは歴史に残る たてものでいい！ （歴史のつまったところ） ○ 古くて原爆がおちたことの しょうちょう ○ 木・川・ドームが いっしょでいいです。 ○ 世界的な建物だが、 年々風化してきている ○ じゅんしょくのひを見て 歴史を感じる	○ 原爆ドーム歴史を感じる （被爆建物） ○ 原爆ドームがあって歴史を感じる （歴史のつまったところ） ○ 広島らしくていい ○ 原爆ドームが広島らしくてよい ○ 平和のしょうちょう、今は危ない （歴史のつまったところ）
相生橋	× 橋がきたなくて危ない(橋）	○ 相生橋が歴史を感じる（被爆建物）
元安川		 ○ 歴史がある （歴史のつまったところ） ○ 鳥がいて心がなごむ （水辺の鳥たち） ○ 水がキレイ！（自然の水） △ かにがいてしかも大きく、 生きることへのたくましさが 感じられるが、橋の下で 車の音が大変に五月蝿い。 しかも涼しいという 利点があるが汚い × 川辺にゴミがあり大変きたない （ゴミだらけ）
本川	○ 川と雲のかさなりあいがいい ○ 川が少し濁っているが 魚がいっぱいいる（いのちの水）	 ○ 水辺に鳥が飛んでいて心がなごむ （水辺の鳥たち） ○ 水ののり物でよい、 気持ちよさそう"

C	D	E

 × 空地に雑草が生えている （すばらしいながめ）	 ○ 緑がきれい（きれいな花や草） ○ 外装がかっこいい （みんなの広場）	? 広島市にとっては広い
 ○ 上のかざりがきれい （まちの文化）	  ○ にぎやかでいい ○ 外装がいいかんじ （すばらしいながめ、 まちのアート）	

グループ	A	B
平和記念公園	○ 高い時計があり 車でも時間がわかる ○ 外国人にでもわかるような 案内図がある	
広電原爆ドーム前電停		× 電停に屋根がない、 雨が降ったとき大変
広島市民球場球場周辺	○ 木がいっぱい、 ○ やすらげてとてもいい！ ○ 木にかこまれてスガスガしい 市民球場、町のシンボルだから○	○ 緑があっていい （きれいな花や草）
そごう	× ビルが高すぎ人に対して失礼 × エールエールは夜になったら ライトアップされるが、 周りのけしきにさえぎられている	

表 13　児童のワークショップにおけるアイコン評価（原爆ドームとその周辺） ＊65

アイコンの使い方に慣れてくると、児童は同じアイコンばかり使うようになる。樹木が印象的な場所は、どこも樹木のかたちをしたアイコン（「りっぱな木」や「みんなの森」）の表現となる。しかしながら、2002年度にはじめてフィールドワークをした原爆ドーム周辺については逆である。2004年度に再訪した原爆ドームとその周辺には様々なアイコンによって、前には感じなかった場所の意味の多様性を表現している。歴史的な雰囲気が、建物だけではなくまわりの景観にも拡がっていく。

icon	category	name	precise definition for each Icon
	Nature: Flora	special tree	trees that have historical importance, or are especially beautiful, large, old or rare. May be old growth, virgin trees (never cut by humans), ancient, sacred or medicinal trees or native plants. Could be indoors.
	Nature: Land and Water	landform/ geological feature	where unusual or typical forms are apparent. May be exposed rock layers, glacial till or a have a chasm view. *You could discuss how feature was formed.* Could be a layer on a GIS map.
	Nature: Land and Water	wilderness site/ info	places where *nature is still really natural*, or information sources on how to experience the wilderness while protecting it.
	Nature: Land and Water	great view/ scenic vista	favorite places to *see what makes the cities environment special.* Seek suggestions broadly for these sites.
	Mobility	public square/ car free zone	public open spaces which may have benches, fountain, etc. *A traditional urban gathering place*, sometimes without cars. Occasionally a public square is located in a garden or park, or indoors in a mall.
	Culture & Design	historical feature	edifice, institution, *monument or unmarked historical area* with special significance to the city's environment and *sense of place.*
	Culture & Design	traditional way of life	may be indigenous, pioneer or *migrated peoples' traditions.* Might not be assimilated into prevailing culture. May be resources for learning about or visiting people living in traditional, more self-sufficient ways.
	Culture & Design	cultural site	these contribute to the city's environment and *sense of place* in many important ways. Non-institutional resources, *monuments and places*, even temporary events (monthly swap meet, annual eco-fair) may be included.
	Culture & Design	museum/ institution	these are either entirely about nature's interconnections with *urban culture*, or frequently include the environment in programs and exhibitions. You may opt to limit your selection to those featuring sustainable ways of living, social responsibility or other locally relevant criterion.
	Culture & Design	significant building	of great importance, generally, to the community. Sites that impart a *sense of place.* Co-housing, natural buildings and schools, or buildings with *historic, cultural, architectural value* could also be included.
	Culture & Design	shanty town/ self-built home	can represent shanty towns or favelas that form in urban areas to house low-income people, or earth-built homes of natural materias such as adobe, straw. This home-made housing often *reused building materials.*

表14　歴史的な空間に関連するグリーンマップ・システムのグローバル・アイコン

歴史的な場所を歴史的建造物で代表させる発想は、いかにも西洋的である。歴史的であることを示そうとしても、歴史的建造物のような施設ならまだしも、明確に規定することができない都市の空間要素も多い。地図上のアイコンはあくまで点の情報であり、定義で明記されていても（網かけ部分）、まちなみなどの輪郭のはっきりしない歴史的な空間を表現することは難しい。

コンの好き嫌い以前の問題である。それゆえに、フィールドワークによって感じ取られた「古い」都市空間の固有の「時間のつながり」の発見は、グローバル・アイコンに対する理解の困難さ、あるいはグローバル・アイコンそのものの時間表現の貧困さとかかわって、児童自身によるオリジナル・アイコンの提案の動機となる。

　低学年の時には、児童は「古い」空間を、広島城や原爆ドームなどの歴史的建造物を除くと、すべて否定的な評価をオリジナル・アイコンとして表現している。「古い」＝×の図式の反映であり、表面的な古さや汚さを否定的に表現している。「新しい」空間をグローバル・アイコンに星形を加えてカスタマイズすることで肯定的に表現するのとは対照的である（表15）。

　ところが、学年が上がると、「古い」についてのアイコン表現もまた、「古い」建築物群に関しては肯定的評価に転じていく（表16）。明らかに「古い」に関するオリジナル・アイコンは少なくなり、総じていえばグローバル・アイコンの誤用はなくなっていく。フィールドワークやワークショップの積み重ねによる体験と学習の成果である。

　たしかに、児童が多用する「歴史のつまったところ」と「まちの文化」などのグローバル・アイコンは、「古い」建築物というお決まりの文脈でしか使用されない。大人は、「古い」に対して「お年寄りにやさしい場所」を用いるなど比較的自由な使用法が見られるが、児童の場合、歴史的な空間ということの概念的理解がいったん得られると、安易に同じようなグローバル・アイコンを反復してしまう＊66。結果としてみれば、歴史の規範化である。

　ワークショップにおける児童たちの発語では、依然として強く否定的であった「古さ」への感性が、地図製作のプロセスにおいて徐々に変容していく様子がわかる。

度の6年生との路面電車2号線沿線の広域フィールドワークに基づくワークショップ。

＊66　オリジナル・アイコンの表現としても、「歴史のつまったところ」や「まちの文化」のカスタマイズが典型的である。児童は、グローバル・アイコンの意味をいったん理解すれば、フィールドワークにおける「時間のつながり」の発見の多くを「インディアンの弓の矢」に収斂し、「まちのよいところ」と判断してしまう。

＊67　2002年度の4年生との路面電車2号線沿線の広域フィールドワークに基づくワークショップ。

	かたち	いみ／りゆう
古い		歴史的／広島城の上にしゃちほこがあったから。
		古い家（古いお店）／古い家は、そうじをしてなく、きたないから
	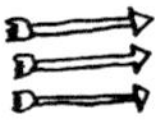	広島城／毛利もとなりの三本の矢
		古いお家／おばけが出そうだから。
		げんばくドーム周辺がきれい
		落ちてきそうな家があってあぶない
きたない		お店がきたなくて暗い
	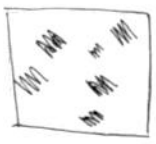	きたないかべ／たくさんよごれているようにしたかったから。
狭い	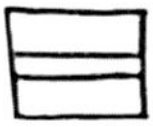	せまい道
新しい		新しい家／新しい家は、大きいしとてもきれいだから。
		新しくてきれい／（星の絵が描かれている）がきれい　（棒のついた星と数字の２が描かれている）が新しい
きれい		建物がきれい、または高いビルでかげができる。

表15　児童による「古い」と「新しい」に関するオリジナル・アイコン（抜粋）　*67

「新しい」「古い」のような、ものの状態を示すアイコン表現としては、星形が典型である。しかし、星形がたくさんついた現代的なビルの「建物がきれい」は、「げんばくドーム周辺がきれい」と同じ「きれい」ではない。かたや星形で、かたやハトである。

サポーター：「宇品5丁目いくよー、この辺について思ったこと言ってみて」

児童1（男子）：「まちの建物が、ダメなところ。古い。歴史っていうわけでもないけど。言ったらいけんかもしれんけど、きたない」

サポーター：「同じところの、この緑の「まちの建物」［「まちの文化」のアイコンを貼った人］は誰？」

児童2（女子）：「アーケードがあって、雨が当たらないから」

サポーター：「どうかな？　電車から見るときたないなって思ったけど、中に入るとアーケードとかあって雨が当たらなくていいなっていう話なんだけど」

児童3（女子）：「黄色でいいと思う」

サポーター：「うん、じゃあ黄色の「まちの建物」で。他に感じたこととかなかった？」

児童4（男子）：「この商店街は古いけど、バラバラで売ってたりして、ふれあいがある。古いけど、ふれあいがいっぱい」

サポーター：「今の意見についてどう思う？　建物はきたないけど、中に入ったら魚屋さんとかお肉屋さんとかあって別々に売られとって、ふれあいがあったりしていいっていう意見なんだけど」

児童4（男子）：「黄色」

サポーター：「黄色の何だろう？　……じゃあ「ふれあいの場所」っていうのを探してみようか。「みんなの広場」［のアイコン］？」

［全員で、「みんなの広場」の定義を読む］

児童全員：「よい」

サポーター：「うん、じゃあこれにしようか。これの緑になると？」

［「みんなの広場」の緑アイコンを貼る］＊68

＊69　2003年度の5年生児童の路面電車3号線沿線の広域フィールドワークに基づくワークショップ。2枚作成し、1枚目が児童個人のアイコンを自由に貼り付けるのに対して、2枚目はそれを整理するためのものである。

＊68・70・75　2003年度の5年生児童との路面電車3号線沿線の広域フィールドワークに基づくワークショップ。

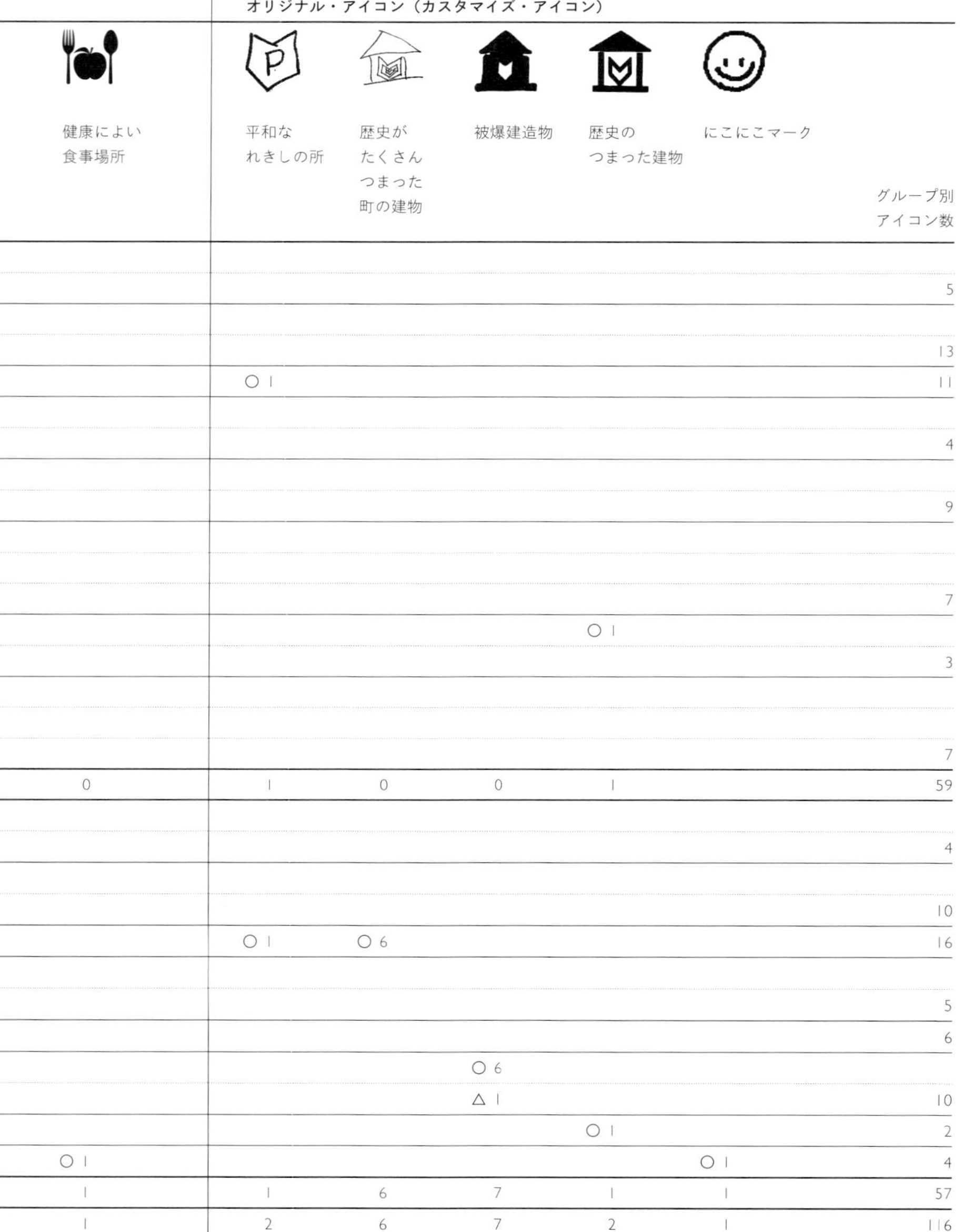

	オリジナル・アイコン（カスタマイズ・アイコン）					
健康によい食事場所	平和なれきしの所	歴史がたくさんつまった町の建物	被爆建造物	歴史のつまった建物	にこにこマーク	グループ別アイコン数
						5
						13
	○ 1					11
						4
						9
						7
				○ 1		3
						7
0	1	0	0	1		59
						4
						10
	○ 1	○ 6				16
						5
						6
			○ 6 △ 1			10
				○ 1		2
○ 1					○ 1	4
1	1	6	7	1	1	57
1	2	6	7	2	1	116

			グローバル・アイコン					
			歴史のつまったところ	まちの文化	みんなのひろば	まちのアート	コミュニティ庭園・菜園	お年寄りにやさしい場所
	グループ							
1枚目	児童	A	○ 1	× 2		△ 1		
				△ 1				
		B	○ 8	× 2				
			△ 2	○ 1				
		C	○ 8	× 2				
		D	○ 1	○ 2				
				△ 1				
		E	○ 8					
			△ 1					
	大人	F	○ 1	○ 1	○ 1			
				△ 2				
				× 2				
		G		○ 1				
				△ 1				
		H	○ 3	× 1				
				○ 2				
				△ 1				
1枚目総数			33	22	1	1	0	0
2枚目	児童	A		× 2				
				△ 2				
		B	○ 4	× 2	○ 2			
			△ 1	○ 1				
		C	○ 7	× 2				
		D	○ 3	○ 1				
				△ 1				
		E	○ 6					
	大人	F	○ 3					
		G		○ 1				
		H					○ 1	○ 1
2枚目総数			24	12	2	0	1	1
アイコン別総数			57	34	3	1	1	1

表16　児童と大人による「古い」に関連するアイコン表現　*69

1枚目を整理した2枚目の地図では、アイコン数は減少する。グローバル・アイコンによってよりわかりやすい地図をつくろうとするから当然である。ところが、オリジナル・アイコンはかえって増加することもある。Cグループでは、「歴史がたくさんつまった町の建物」のアイコンを創ることによって、「古い」ことに対する意識が高まっている。

引用は、第二次世界大戦後の雰囲気の残る宇品ショッピングセンターの市場に関する一連のワークショップでのあるグループの議論である。狭い路地に個人商店が並ぶ市場を「きたない」と否定的に考える児童1（男子）と、アーケードの利便性から肯定する児童2（女子）とで意見が分かれている。そこで、児童4（男子）が「ふれあい」ということばでこの場所を評価し、グローバル・アイコンに貼り直す過程で全員が肯定的評価へと転じている。

児童たちの合意形成は、対立する児童の意見をうまく引き出すサポーターの発言に促されたものである。しかしそれは、ことばの論理によるものだけではない。このグループの児童たちは自立心が旺盛で、なかまの意見でも安易になびくようなことはない。比較的円滑な合意形成は、ことばとともにアイコンという媒体によって導かれたもので、一義的な規範によって強制されたものではない。児童たちに様々な「古い」を想起させるグローバル・アイコンのかたちが、合意形成を促したのである。ことばだけでは、すれ違いや妥協で終わっていたかもしれない。

さらに興味深いのは、別のグループ（C）における地図製作のプロセスである（図10）。2枚目の地図に整理する過程でつくられた「歴史のつまったところ」のグローバル・アイコンを歴史的建造物やモニュメントの位置に描いているのに対して、「歴史がたくさんつまった町の建物」のオリジナル・アイコンの場所は、特定ができない。オリジナル・アイコンを提案した一人の男子が、すでに描いてあったグローバル・アイコンの隙間を埋めるような仕方で、宇品ショッピングセンター付近の雰囲気を表現している。

何も児童の独りよがりではない。実は、同じグループの他のなかまも同じように感じて、この作業を一生懸命に手伝っている。オリジナル・アイコンは、グローバル・アイコンのような明確な定義がないがゆえに、境界の曖昧な歴史的な空間の雰囲気も表現できる。醸し出される雰囲気は、他の児童にも伝播していくのである。

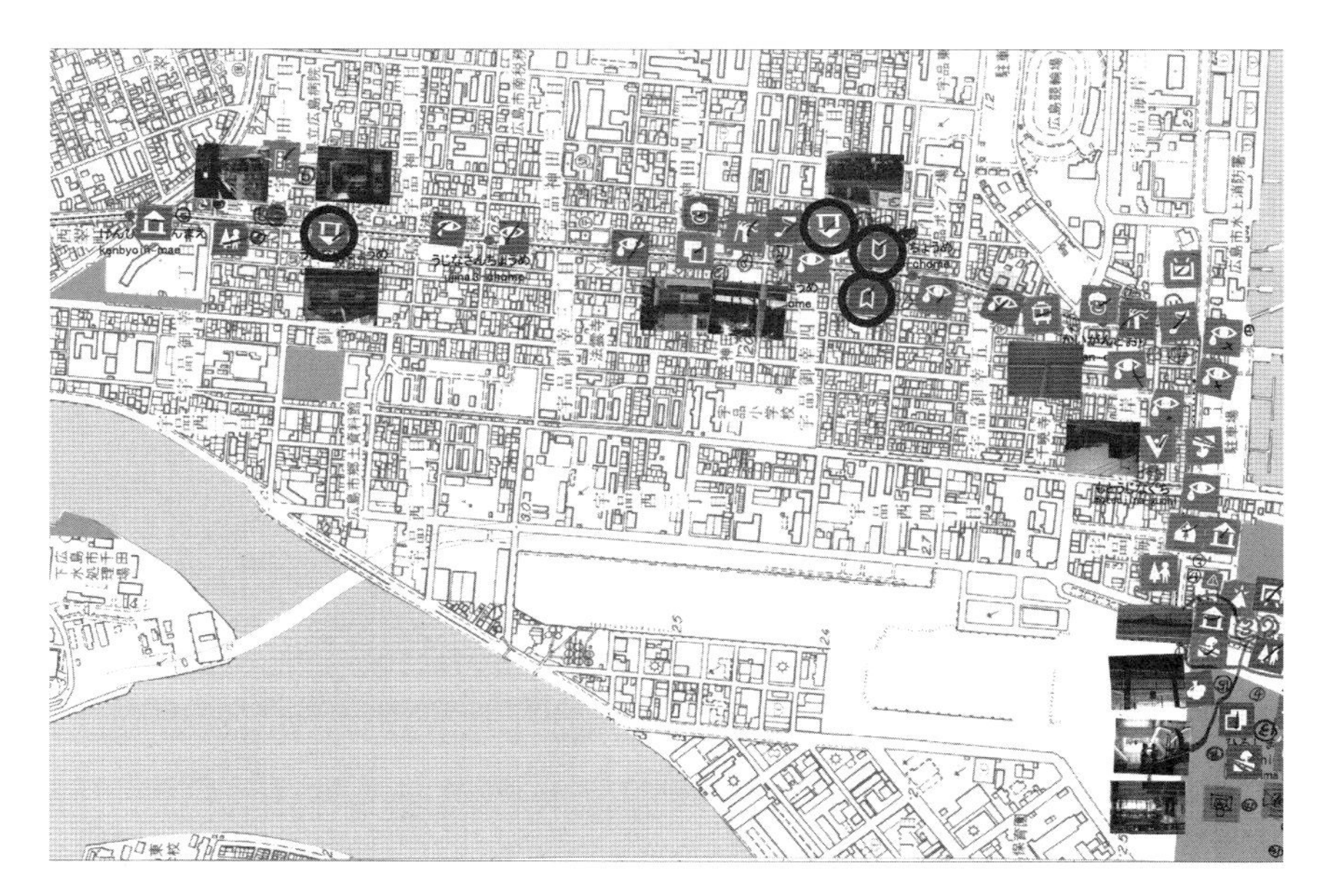

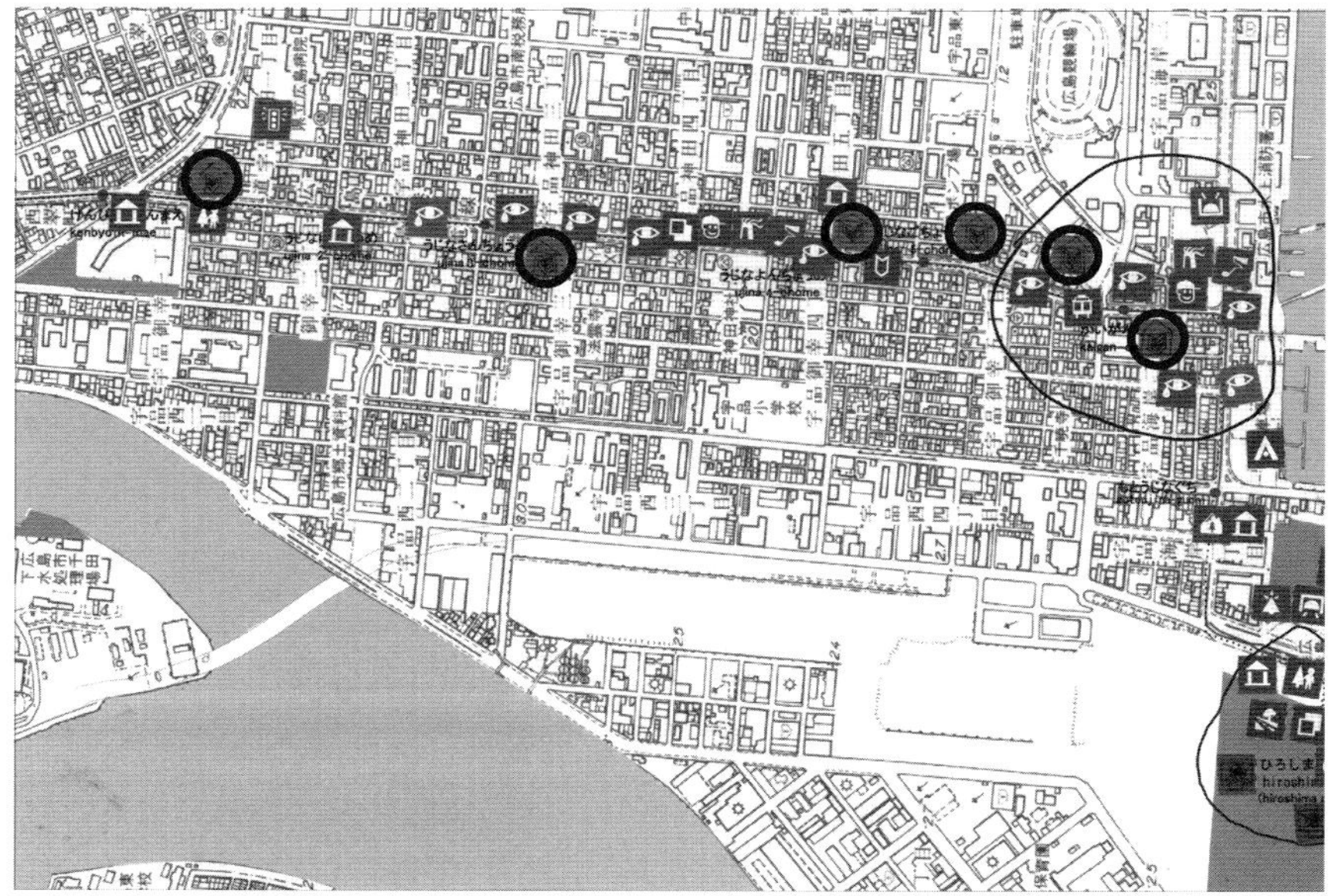

図10　Cグループによるアイコン表現のプロセス（部分）
（上：1枚目、下：2枚目）（ただし、アイコンの丸囲みは筆者による）　＊70

1枚目の白地図に、グループ全員の児童たちがフィールドワークの成果を思い思いに描く。アイコンを描くことそのものが楽しく、他の児童に対する遠慮はない。フィールドワークで歩いた場所を確かめながら、気づきを一つ一つアイコンで表現することは、自らの体験を記録することであり、楽しくないわけがない。

2枚目の清書では、もう少し整理して、後でクラスのみんなにもわかるようにしなければならないという意識がはたらく。そこで、似たようなアイコンを整理していくことになるが、グループでの合意形成にはオリジナル・アイコンが最も有効である。たとえ少数意見であっても、切り捨て感がないからである。しかも、アイコンが明確な位置を示さずに全体的な場所の雰囲気を表現しているだけなら、反対しようがない。

「新しい」空間をアイコンにしてみる

歴史的空間における「古い」のアイコン表現とは対照的に、現代建築物などの「新しい」空間のアイコン表現については、フィールドワークの○×△の評価が変わることは少ない。ほとんどがグローバル・アイコンの比較的的確な適用である。つまり、現代建築物などについては、フィールドワークとワークショップとの間に感性的な飛躍はなく、忘却することも再発見することもあまりない。児童が無条件に肯定する「新しい」現代建築物に多様性はない。そして、オリジナル・アイコンの表現でも、「新しい」建築物の表情を一様に星形で表現している(表15)。

しかしながら、「新しい」は現代建築物だけではない。工事現場もまた、これまでに見たことのない「新しい」空間でもあり、すでに建っている現代建築物に対するアイコン表現とは異なっているものが多い(表17)。

工事現場を表すグローバル・アイコンはなく*71、「音がうるさいところ」や「交通が危険なところ」などで代用している。それ以外は、とくに適用できるグローバル・アイコンは少なく、結果的にオリジナル・アイコンとして表現することになる。フィールドワークで感じたように、児童にとって工事現場はやはり破壊の象徴であり、時間の連続性を絶つ場所なのである*72。

都市景観として見れば、工事現場に立ち上がる上層のクレーンは、動くものが好きな児童の関心を引きそうなものであるが、児童のオリジナル・アイコンの表現では、人の描写が特徴的である。クレーンの機械装置などではなく、工事職人によるアイコン表現は大人にはない。おそらく、工事現場の看板などのイラストからの引用であり、児童が独自に発見した内容の表現とは言いがたいが、工事職人のオリジナル・アイコンは工事現場の身体的危険性を物語っている。

概して、1枚目から2枚目の地図への清書のプロセスにおいて、アイコンの数も淘汰される。「まちの

*71　2003年度の5年生児童とのワークショップでは、「工事現場」をクラスで共通で用いるアイコンとして採用していない。

*72　フィールドワークでの児童による工事現場の評価については、3章2節「歩くこと」を参照。

よくないところ」よりも「まちのよいところ」を強調してアイコンで表現したいからであり、工事現場から「音がうるさいところ」のアイコンがなくなってしまうこともある。しかし、工事現場のオリジナル・アイコンを1枚目から用いていたあるグループ（D）では、自己表現の証として2枚目の地図にも工事現場のオリジナル・アイコンをたくさん描き、全体的な地図表現としてもグループ独自の表現の大きな要素となっている（図11）。

ワークショップでのこのグループの発表後、討論において次のような会話がなされている。

児童1（男子）：「附属小学校の近くに、工事で危ないところ［オリジナル・アイコン］というのがありますが、そんなにいっぱい工事しているところはなかったと思います」

筆者：「どうでしょう？」

児童2（女子）：「全部が全部、附属小学校の前なんではないんだけど、1つはそこで工事している郵便局の増築のところで、何かあの時は車が出入りしていて、歩行者に危ないと思ったからです。で、もう1つのここのところは、銀行の向こうで工事をしていて、そこも車が出入りしていて危なかったから書きました」＊73

質問する児童1（男子）は、とりわけ工事現場に無関心であったわけではないが、質問に真っ先に答えた児童2（女子）は、工事現場にとても関心が高い。このグループでとくに工事現場の指摘が多いのは、児童2（女子）の主導によるところが大きい。一人の児童の感性がグループ全体の地図表現に影響を与える典型的な例である。

児童2（女子）は、はじめ一つの場所にしか工事現場を描いていない。ところが、そこをオリジナル・

＊73　2003年度の5年生児童との路面電車3号線沿線の広域フィールドワークに基づくワークショップ。

オリジナル・アイコン	グループ別アイコン数
 工事していて あぶない所	
	1
	2
	3
×4	4
	3
	1
	0
	0
4	14
	0
	3
	5
×5	2
	0
	0
	0
	11
5	25
9	

アイコンに置き換えることによって、次々と他の似たような工事現場を思い出していく。赤いオリジナル・アイコンの連なった地図には、工事現場の危険への感性が空間的に拡がっている様子を示している＊74。

自然の空間をアイコンにしてみる

アイコンによる感性の伝染は、「古い」や「新しい」のような人工の空間だけではない。自然の空間についても、フィールドワークとワークショップの感性的な連続性がある。とくに、植物に関するアイコン表現である（表18）。

フィールドワークで大人以上に植物に敏感であった児童たちは、ワークショップでも、「草」のオリジナル・アイコンまで提案するように、あらゆる種類の植物を表現する。そして、フィールドワークのときと同じように、公共空間という概念の欠如のために、公園でも家の庭先の園芸でも公私の空間的な区別な

＊74　Dグループの地図には、「時間的なつながり」の断絶に対する感性のみが表現されているわけではない。このグループは、元宇品の島に「立派な木」が他のグループに比較して数多く描き、自然の空間の中に時間のつながりを見出している。

			グローバル・アイコン				
グループ			 音がうるさいところ	 交通が危険なところ	 まちの文化	 まちのアート	 空気がよごれているところ
1枚目	児童	A	× 1				
		B	× 2				
		C	× 1	× 1			× 1
		D					
		E	× 1	× 1	× 1		
	大人	F				× 1	
		G					
		H					
1枚目総数			5	2	1	1	1
2枚目	児童	A	× 1				
		B					
		C	× 1	× 1			× 1
		D					
		E	× 1	× 1			
	大人	F					
		G					
		H					
2枚目総数			3	2	0	0	1
アイコン別総数			8	4	1	1	2

表17　児童と大人による「新しい」に関連するアイコン表現（工事現場）　*75

児童が「工事現場」に敏感であるというよりも、むしろ大人が鈍感なのかもしれない。大人にとって「古い」にはいろいろな「古い」があるように、児童にとって「工事現場」にはいろいろな「工事現場」がある。「新しい」を生み出す工事現場には、選ばれるアイコンの種類と同じだけの表情がある。

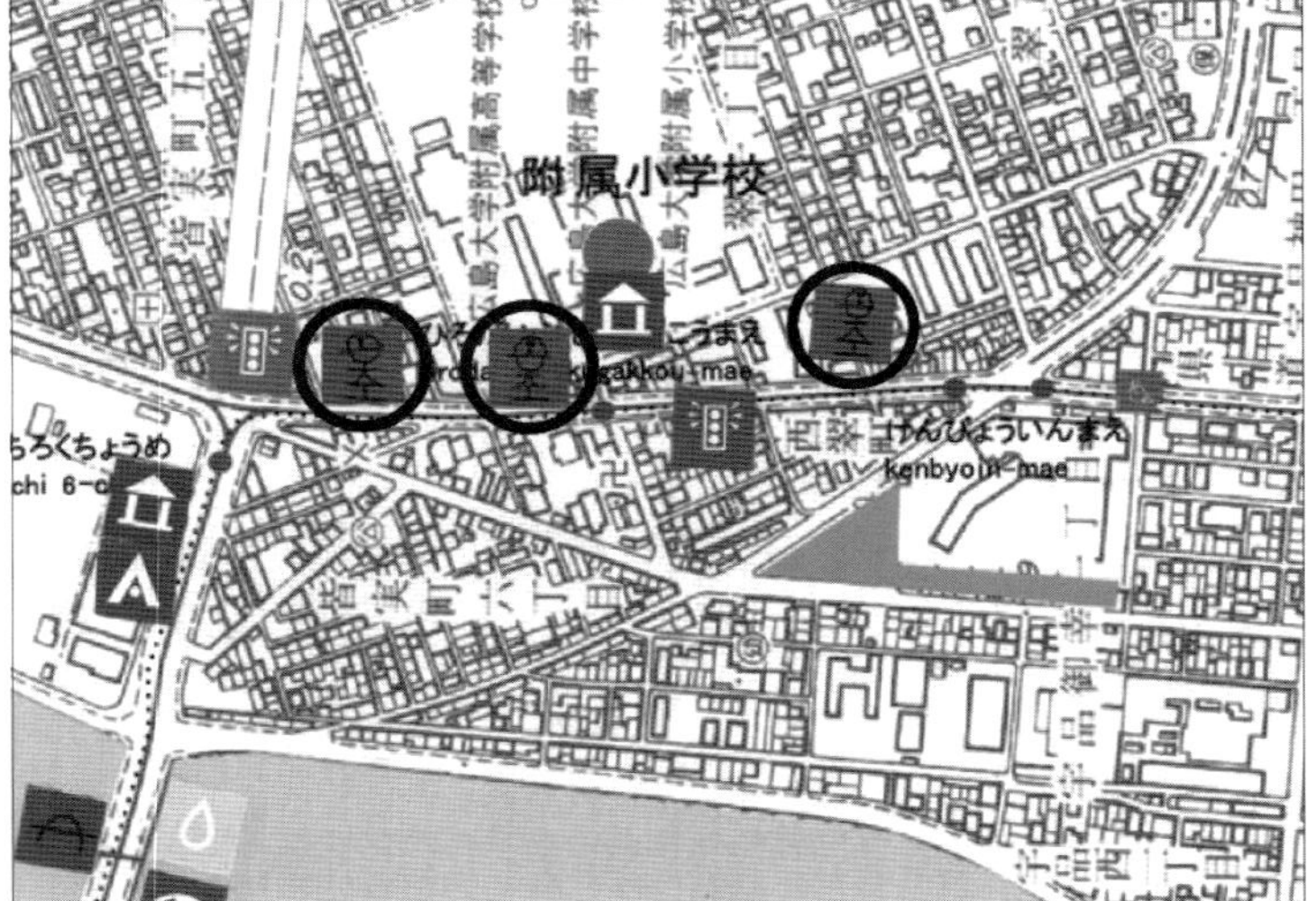

図11　Dグループによるアイコン表現のプロセス（部分）
（上：1枚目、下：2枚目）（ただし、アイコンの丸囲みは筆者による）　＊76

1枚目の地図では、一人の児童が危険なところの工事現場を赤アイコンで表現している。そこは通学する学校の周辺だけに敏感である。オリジナル・アイコンで表現してみると、グローバル・アイコンに比べてたしかに目立つ。

そして2枚目では、オリジナル・アイコンに引きずられて、その他の工事現場とおぼしきものを連鎖的に想起していく。もしかしたら、正確には工事現場はなく勘違いかもしれない。しかし、大切なことは、たしかな身体感覚そのものである。

グループ			グローバル・アイコン りっぱな木	 大自然の残る場所	オリジナル・アイコン りっぱな木の並木道	 草	グループ別アイコン数
1枚目	児童	A	○ 7				7
		B	○ 2				2
		C	○ 7	○ 1			
				× 1			9
		D	○ 3				3
		E	○ 8			○ 1	9
	大人	F	○ 5	○ 2			7
		G	○ 4	○ 1			
			△ 1				6
		H	○ 4				4
1枚目総数			41	5	0	1	47
2枚目	児童	A	○ 3				3
		B					0
		C	○ 4	○ 1			
				× 1			6
		D	○ 2*				2
		E	○ 2		○ 2	○ 1	5
	大人	F	○ 3	○ 1			4
		G	○ 2				2
		H					0
2枚目総数			16	3	2	1	22
アイコン別総数			57	8	2	2	69

*元宇品島を含めると24

表18　児童と大人による自然に関連するアイコン表現 *77

大人は、比較的客観的に「木」を評価する。「りっぱな木」は「古い」ものとしての価値がある。それに対して、児童たちの「りっぱな木」は、枝振りや木肌などの表情から感じ取れるものである。それは、草でも変わらない。

くアイコンにする*78。

しかしながら、自然空間も一様ではない。児童たち相互の感性の違いが浮き彫りになってくる。実際、人工空間のアイコンが比較的明示的で境界がはっきりしているのに対して、自然空間のアイコン表現の場合、空間の境界が明確ではなく、どこからどこまでが自然空間か、明確に描くことは難しい。

あるグループ（E）の発表後の討論で、次のようなやり取りが行われている。

児童1（女子）：「千田公園の方は、草や木があって広島らしいと言っていたけど、他のところでも草や木を植えてあって、そこらしいというのでもできるんじゃないんですか？」

筆者：「別に千田公園だけが緑が多いわけじゃない。他にもあるのではないかという質問ですけども、どうでしょうか？」

児童2（男子）：「たしかに他のところにもあると思うんだけど、僕たちが一番気づいた中で一番自然が多かったのがここだったから、ここにしました」

筆者：「緑が一番多かったんですか？　でも何か雰囲気がいいとかそういうのはないんですか？」

児童3（男子）：「まぁ、ちょっとそういうのもあります」

筆者：「ちょっとそういうのもある。だから、たとえば同じ緑があってもここの場所の緑の雰囲気は好きかなとか、ここの雰囲気の場所は嫌いだなとかそういうのはある？」

児童2（男子）：「なんか、被爆並木とかがあったから、それで」

筆者：「なるほど、どうでしょうか？　いいですか？　じゃあ、次のグループに行きましょう」

［筆者の司会進行を遮って］

児童4（男子）：「僕も一回千田公園に行ったことがあったんですけど、千田公園の左側の公園には、

*76　2003年度の5年生児童との路面電車3号線沿線の広域フィールドワークに基づくワークショップ。

*77・79・80　2003年度の5年生児童との路面電車3号線沿線の広域フィールドワークに基づくワークショップ。

*78　フィールドワークでの児童による植栽などの自然空間の評価については、3章3節「出会うこと」を参照。

りっぱな木が5本くらいあると思ったんですけど、それはどう見たんですか？」

筆者：「りっぱな木が5本あるという指摘ですが、それは表現しなかったのか、見つけられなかったのか、一つのアイコンの中でそれを表現しているのか、どんな感じなんですかね？」

児童2（男子）：「「りっぱな木」というのは、この、ローカル・アイコン［カスタマイズ・アイコン］の、「りっぱな木の並木道」というので表現しました」

筆者：「後でよく見てごらん。ここのところにすごくおもしろいローカル・アイコンがあって、並木道のアイコンの木のところに「りっぱな木」の角みたいなのをつけているんだね」

児童1（女子）：「でも、並木道っていうのは、道路とかのことだから、道じゃないから、公園だから、違うと思うんだけど」

筆者：「どうでしょうか？」

児童2（男子）：「まぁ。まぁ……。公園の中じゃなくて、公園の外とか、公園の近くとかの、公園と公園をつなぐ道だとか、横断歩道とかの道の端っこにあったということです」

児童5（男子）：「千田公園には公園があるんですけど、児童4（男子）くんと同じように、それをどう見たのですか？」

筆者：「どういう違いがあるのかな？　何ていうのか、他の公園と違って雰囲気があるという風に」

児童1（女子）：「なぜあの公園はにぎやかなのに、にぎやかな場所で［アイコン表現が］できるかもしれないんだけど、それはなぜ貼らなかったんですか？」

児童2（男子）：「平日の時は、人がいなくてがらんとしてたからです」*79


緑地があれば広島らしいのか、という児童1（女子）の疑問は、自然的な空間の場所性の問題であり、今日の都市デザインとしても難問である。回答を求められた児童2（男子）は、緑地の「量」を理由に挙げるが、後に「被爆樹木」のアイコンで場所の雰囲気を説明しようとする。広島市の小学生児童は、広島市における被爆樹木について学習しているから、空間の時間性に関する模範的説明ともいえる。

　しかし、質問する児童4（男子）は、被爆樹木のような概念化され意味を与えられた特殊な樹木だけではなく、無名の5本の「りっぱな木」にある種の雰囲気を感じ取り、それに対する意見を児童2（男子）に求めている。実際、児童4（男子）が感じた「りっぱな木」は、児童2（男子）らのグループでは、グローバル・アイコンのカスタマイズによって、「りっぱな木」というよりも「りっぱな木の並木道」とし

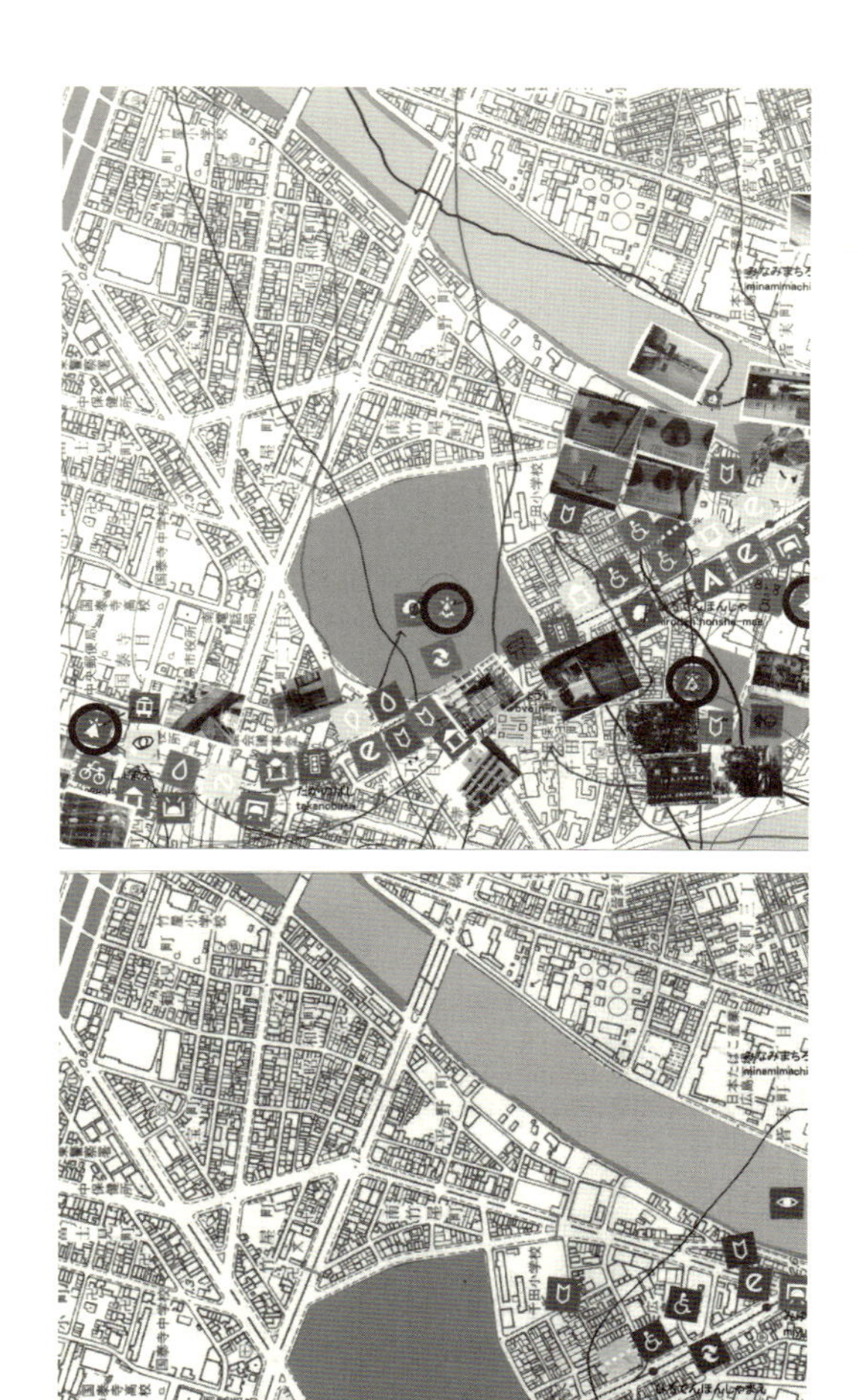

図12　Eグループによるアイコン表現のプロセス（部分）（上：1枚目、下：2枚目）（ただし、アイコンの丸囲みは筆者による）　*80

1枚目の地図では、児童たちは比較的大きな公園に加えて、大学キャンパスや公開空地に設けられたいくつかの「りっぱな木」をグローバル・アイコンで表現している。
しかし2枚目では、樹木の連続性を表すために「並木道」と「りっぱな木」を合成してカスタマイズし、古さの雰囲気を伝えようとしている。そしてアイコンの数が減る。一つのオリジナル・アイコンが示す空間の拡がりが、一本一本の樹木を覆っている。

て表現している。

このカスタマイズ・アイコンをグループの地図に表現するのは2枚目の地図であり、代わりに「りっぱな木」のグローバル・アイコンの数は1枚目より減少している（図12）。それに対し、児童1（女子）は「りっぱな木の並木道」のアイコン表現を批判する。児童1（女子）はグローバル・アイコンを非常に熱心に学習してきた。児童1（女子）にとって、並木道は広島市の平和大通りのような明快なヴィスタの空間構造を有していなければならない。「りっぱな木の並木道」をつくった児童2（男子）の空間感覚は、不明瞭に思える。しかし児童2（男子）にとって、そこは「にぎやかな」場所ではない。「人がいなくてがらんとした」としかことばにできないが、児童2（男子）が感じ描いたアイコンは、個々の樹木の「古」さがもたらす場所の歴史的な雰囲気なのである。

建造物に刻印されるような歴史の時間なら、比較的計量可能な時間の保存への意志としてアイコンに表現することもできるが、自然的な空間のアイコン表現は、おそらく建造物のような人工物の寿命よりももっと長くそして計測不可能な時間への信頼の表現でもある。それは、たしかにフィールドワークの現場ではたらいていた「とき」を感じる歴史的感性の持続を物語っている。

別のところと比べてみる

「とき」を感じることと「いま」を感じることは、相即である。「とき」を感じるためには「いま」が基点としてなければならないし、「いま」を感じるということは、それを「とき」の流れに位置づけることでもある。児童にとって、「いま」の実感は、もっとも身近な大人の「いま」と比べてみることで得られる。そもそも、児童にとって、「比べてみる」ことは自らの独自性や主体性を確かめるための行為であり、比べる対象に驚きや感動を覚えても、それによって萎縮したり自らを卑下したりすることは少ない。ワークショップには大人も参加しているが、大人のマップとの比較での児童たちの態度は、次の児童（女子）の発言に要約される。

児童（女子）：「私が見つけた、大人の人と私たちとの違いは、自分たちが見つけていない良いところ悪いところを大人の人たちは見つけて、あまり使っていない［グローバル］アイコンを使っていたところです。なので、大人の見方とこどもの見方はほとんど違う見方をしているのだと思いました。あともう一つ見つけたことは、大人の人は新しいアイコンをつくっていなかったけど、私たちは色々相談し、意見を出し合ってとてもよいアイコンをつくったことがいいと思いました」＊81

児童（女子）は、大人の評価の成熟度や卓越性を認めてはいるが、かといって大人の能力に近づきたいわけではない。むしろ、大人たちにはない自分たちの評価の独自性を主張する。

では、同じ「いま」のフィールドに生きる身近な大人の地図ではなく、他の都市の「いま」の地図と「比べてみる」とどうであろうか＊82。

ワークショップとしてまず、グリーンマップ・システムのアイコンを用いた他都市の地図を世界中から万遍なく選んで用意し＊83、その中から児童が自由に一つの地図を選んで、自分たちの広島との空間的な差異について比べてみる（図13）＊84。

Aグループのある児童1（男子）は、次のように述べる。

児童1（男子）：［ブラジルのジャウと比べてると］サッカー場などのオリジナル・アイコンがあって、さすがブ

＊81　2003年度の4年生児童とのワークショップ。

＊82　とくに、2007年度の5年生児童とのワークショップでは、「他都市と比べてみる」ことに時間を割いている。

＊83　岡崎、トロント、ニューヨーク、ジャウ、刈谷、山崎川、知多半島、スコットランド、足立区、ニュージャージーの各グリーンマップ。

＊84　他の都市との比較において、都市の情報を児童にどれだけ与えるべきか、情報量によって都市の見方が変わってくるのではないか、という問題は、アイコンの地図では皆無である。原則的に説明は読まずに（そもそも外国の地図なら読めない）、アイコンから場所の意味を捉えることにしている。

ラジルだなと思いました。広島では、やるとしたら被爆とか平和という［オリジナル・アイコンをつくる］案が出ました。ブラジルではオリジナル・アイコンがとても多いということがわかりました」＊86

児童たちは、ブラジルの都市ジャウと比較することで、場所の一つ一つの意味というよりも、オリジナル・アイコン（図14）の布置に関心を示し、自分たちの広島もまた独自のオリジナル・アイコンをつくる必要性を感じる。自分たちの広島にはアイコン数こそブラジルと比較して少ないが、数の多さが問題ではない。アイコンの集中する広島の中心地である平和記念公園や、まちの東側の比治山にオリジナル・アイコン（「被爆建物」）を描けば、ジャウに勝るとも劣らない地図になる（図14左）。被爆を主題とすること自体はありきたりかもしれないが、知識として広島を教えられることと、世界と比べて広島を実感することは別である。

図13　他都市（刈谷）を参照する児童　＊85

愛知県刈谷市のグリーンマップでは、当地の小学生児童も参加している。広島市のフィールドと同じ種類のグローバル・アイコンも多く用いられているために、内容的にも比べやすい。同じアイコンを探すことそのものが楽しく、自分たちが使ったことのないアイコンを見つけることも楽しい。広島の児童たちは、一気呵成に見比べて驚いたり感心したりしている。

しかし、他の都市と比べることは、都市の空間的な差異の認識だけでなく、同時に他の都市と共通するものを発見することでもある。競争心というよりも「同じ気持ち」の発見である。

Cグループのある児童（女子）は、次のように述べている。

＊85　2008年度の6年生児童とのワークショップ。

＊86　2007年度の5年生児童とのワークショップ。

＊87　2008年度の6年生児童とのワークショップ。

＊88　また別のグループのある児童（男子）は、「比べてみる」ワークショップの最後の感想で、次のように述べている。

児童（男子）：「自分たちのグループの地図では」全体的に「地球に優しい場所」、「歴史がつまった場所」が多かったです。逆に少なかったアイコンが、「子供・お年寄りに優しい場所」が、逆に少なかったです。えっと、みんなに優しい場所で、もうこどもだけとかそういうものはあんまりなかったから、全員が全員に優しい場所ってまとめたんで、少なかったんだと思いました。で、ランキングの中で1位だった広島港は、地球のみんなに優しい場所にしました」

このグループでは、「子供に優しい場所」や「お年寄りに優しい場所」のグローバル・アイコンではおそらく差別的な意味が出てくると感じ、場所の主体が限定されない「全員に優しい場所」を志向する。実は児童（男子）ははじめ、「子供に優しい場所」や「お年寄りに優しい場所」を多用していたが、他の都市と比べてみて作業をしていくうちに、これらのアイコンの使用に違和感を感じるようになっていく。「同じ気持ち」がそうさせるのである。

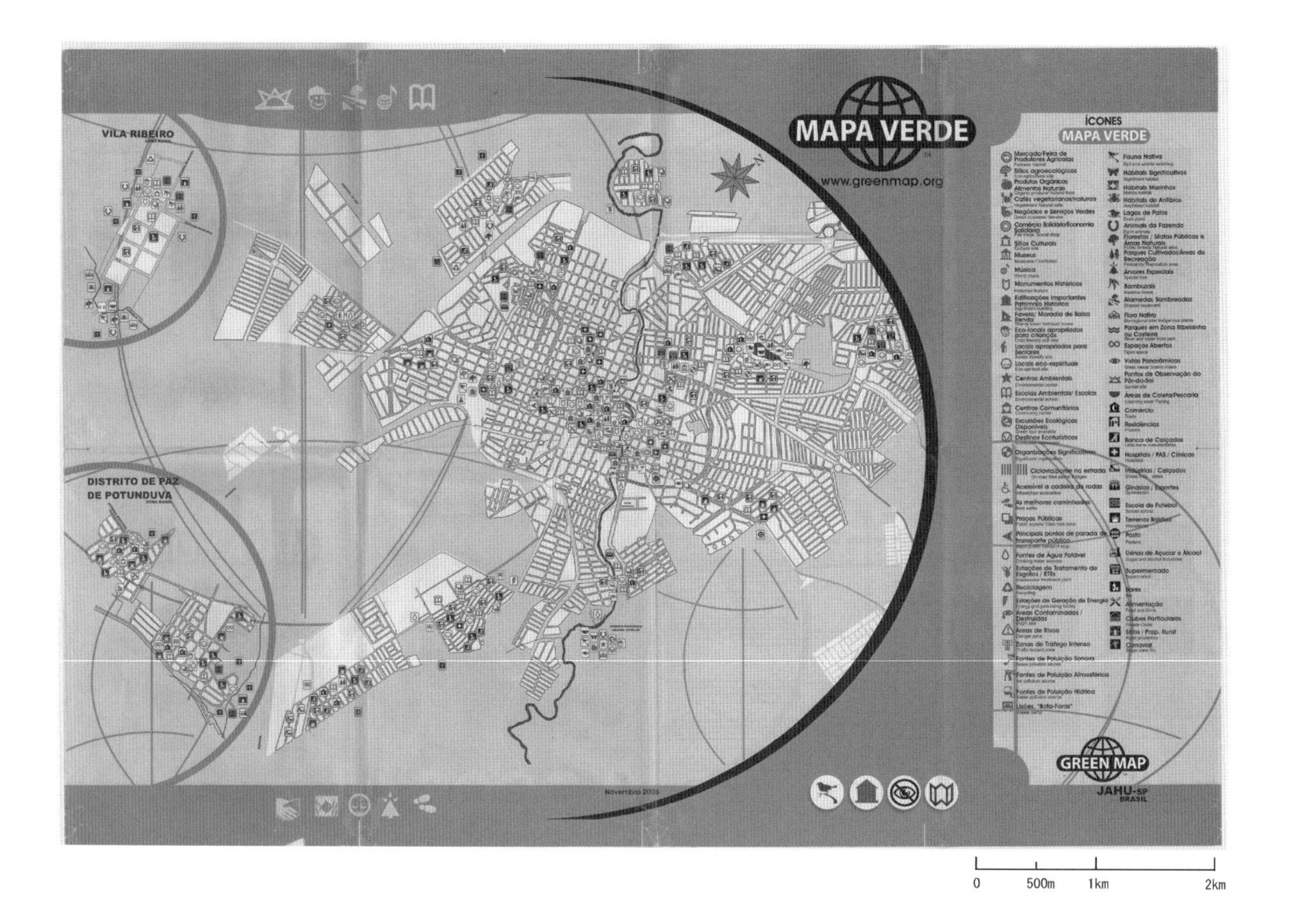

MAPA VERDE
www.greenmap.org
VILA RIBEIRO
DISTRITO DE PAZ DE POTUNDUVA
Novembro 2005
ÍCONES
MAPA VERDE
Mercado/Feira de Produtores Agrícolas
Sítios agroecológicos
Produtos Orgânicos Alimentos Naturais
Cafés vegetarianos/naturais
Negócios e Serviços Verdes
Comércio Solidário/Economia Solidária
Sítios Culturais
Museus
Música
Monumentos Históricos
Edificações Importantes Patrimônio Histórico
Favela/ Moradia de Baixa Renda
Eco-locais apropriados para crianças
Locais apropriados para Seniores
Locais eco-espirituais
Centros Ambientais
Escolas Ambientais/ Escolas
Centros Comunitários
Excursões Ecológicas Disponíveis
Destinos Ecoturísticos
Organizações Significativas
Ciclovia/ponte na estrada
Acessível a cadeira de rodas
As melhores caminhadas
Praças Públicas
Principais pontos de parada de transporte público
Fontes de Água Potável
Estações de Tratamento de Esgotos / ETEs
Reciclagem
Estações de Geração de Energia
Áreas Contaminadas / Destruídas
Áreas de Risco
Zonas de Tráfego Intenso
Fontes de Poluição Sonora
Fontes de Poluição Atmosférica
Fontes de Poluição Hídrica
Lixões, "Bota-Foras"
Fauna Nativa
Hábitats Significativos
Hábitats Marinhos
Hábitats de Anfíbios
Lagos de Patos
Animais da Fazenda
Florestas / Matas Públicas e Áreas Naturais
Parques Cultivados/Áreas de Recreação
Árvores Especiais
Bambuzais
Alamedas Sombreadas
Flora Nativa
Parques em Zona Ribeirinha ou Costeira
Espaços Abertos
Vistas Panorâmicas
Pontos de Observação do Pôr-do-Sol
Áreas de Coleta/Pescaria
Comércio
Residências
Banca de Calçados
Hospitais / PAS / Clínicas
Indústrias / Calçados
Ginásios / Esportes
Escola de Futebol
Terrenos Baldios
Pasto
Usinas de Açúcar e Álcool
Supermercado
Bares
Alimentação
Clubes Particulares
Sítios / Prop. Rural
Canavial
GREEN MAP
JAHU-SP
BRASIL
0
500m
1km
2km

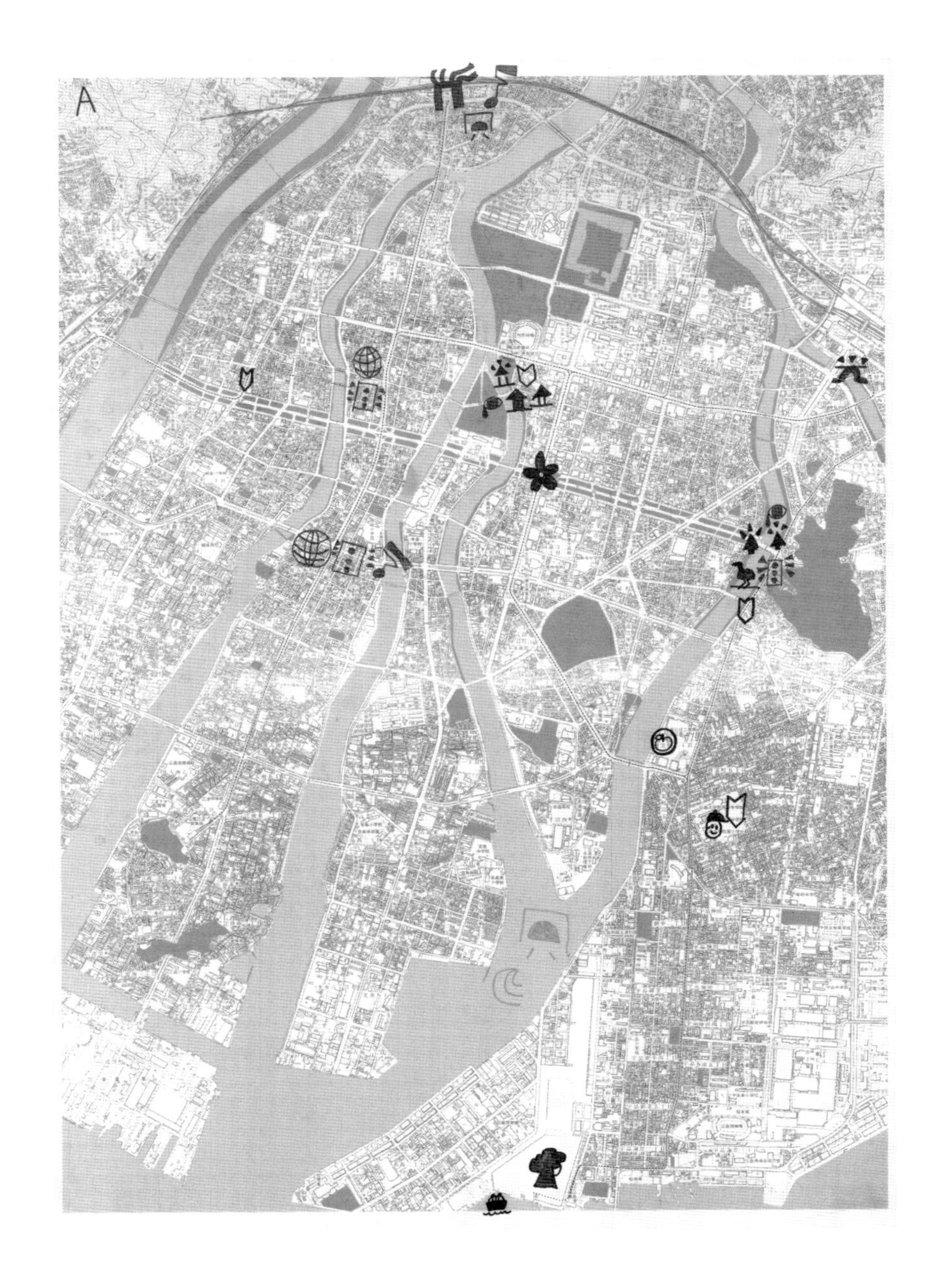

図14　Aグループの広島のアイコン地図（上）と他都市（ジャウ：右ページ）のアイコン地図の比較

ブラジルのジャウはオリジナル・アイコン（紫アイコン）が特徴的で、児童はそれによって「サッカーの国」をイメージする。では、広島はどのような都市として描くことができるのだろうか。ジャウのようにたくさんのオリジナル・アイコンが点在する地図はつくれない。しかし数は少なくても、被爆建造物や被爆樹木のオリジナル・アイコンが答えである。

児童2（女子）：「次に広島と愛知県の知多半島（図15）を比べたものです。知多半島は自然がたくさん残っていました。川の近くに水鳥がいたり、小さな生物がたくさんいました。3メートル以上の木もたくさんありました。広島は素晴らしい眺めが川沿いに少しあるだけでした。工事中のところもたくさんありましたし、人工的につくった並木道はどちらにもあることがわかるので、自然を守ろうとする気持ちは同じなんだと思いました」＊87

知多半島の地図には、たしかに自然に関連するアイコンが多数に描かれている（図15右）。自分たちの広島の地図は赤アイコンも多く、自然に関するアイコンも少ない（図15左）。しかし、「比べてみる」ことでちょっとした類似性を発見する。自然を守ろうとする「同じ気持ち」を、「並木道」を通して読み取っているのである。スケールが問題なのではない＊88。それは、個人的評価の断念というよりも、空間を横断して様々な場所の様々な他者と出会い、他者に固有の「いま」と「比べてみる」ワークショップによる自己形成なのである＊89。

昔と比べてみる

アイコンを媒介として出会うことができる場所があるにしても、他の都市の「いま」をこの場所で体験することはできない。実在しない「とき」も同じである。そこで、筆者は、一人の被爆者、藤井照子氏＊90の記憶を頼りに聞き取り調査を行って、アイコンを用いた被爆直前の地図を製作し（「ひろしまエコピースマップ」（歴史編））、「いま」を相対化して「比べてみる」ことにした。

ワークショップでは、まずグループ活動による児童たちの地図（現代編）を1枚に統合して（図16、表19）、

＊89 高橋勝『経験のメタモルフォーゼ〈自己変成〉の教育学』勁草書房、2007は、他者や異文化との出会いによる「自己形成空間」の不断の生成を論じている。

＊90 被爆直前の1945年の都市の空間に関する地図製作は、筆者の個人的な友である藤井照子氏に依頼した。藤井氏は当時路面電車の運転士として勤務し、広島市の都市空間について比較的広範囲にわたる記憶がある。
藤井（旧姓市川）氏は1928年4月15日広島県神石郡生まれで、田舎育ちであるが、尋常高等小学校卒業後、15歳で親元を離れ、広島市で昼間に広島電鉄株式会社の車掌として働き、同時に御幸橋付近の寄宿舎で生活しながら、夜間広島電鉄家政女学校に通うことになる。この後、成年男子の出兵によって不足していた労働力を補うため車掌から運転士となり、2年ほど勤務した1945年8月6日、広島駅で被爆している。数十分後には爆心地を路面電車で通過する予定であった。その後直ちに神石に戻り、1947年に当地で結婚、2人の子どもに恵まれ専業主婦として生活し、被爆者であることで特別な差別は受けなかったという。しかし紆余曲折の末6年後に離婚、再婚して3人の子どもを出産、配偶者とは1999年に死別、同年より語り部としての活動を始める。依頼の受託にとくに躊躇はなかった。一般に、被爆体験を語ることには多くの精神的な苦痛が伴い、証言を拒否する被爆体験者も多いが、藤井氏の場合、そのことよりも人前で話すことの恥ずかしさが先にあった。無論、藤井氏にも戦争反

地図（歴史編）と比べてみる（図17、表20）＊91。もちろん、それはたとえば『三世代遊び場図鑑』のように、都市空間における遊び行為の歴史的な記録でもなければ、かつての遊びの復活をねらったものでもない＊92。あくまで「いま」を相対化し、「いま」をより豊かなものにしていくための一つの方法論である。

歴史編は、児童たち自身が現代編をつくるときから教壇の黒板に掲げておく。はじめ児童たちは、自分たちの地図をつくるのに夢中で、歴史編にあまり関心を示さない。しかし、ワークショップで現代編の作業が進み時間的な余裕が出てくると、児童たちは現代とは異なる歴史編の地形や植栽に関心を抱いて黒板に見に行くようになり、やがて藤井氏の履歴を反映した歴史編のアイコンそのものに興味を抱くようになる。

たしかに、昔の広島との比較に関しては、軍事施設や被爆建造物に関連する指摘が多い＊93。ところが他の都市と比べてみるときと同じように、児童は自然空間にも言及する。

ある児童（女子）は、自分たちの地図（現代編）の完成の後、次のような感想を抱く。

児童1（女子）：「昔のマップと今のマップを比べて、昔は森、木、兵隊とたくさん思い浮かべることがあります。今回のマップは地形からしても、昔は森が多い、今は商店街が多いというところです。だからアイコンの場所も赤［赤アイコン］や青［緑アイコン］で違います。昔と比べて、よいと思う青というところもあれば、悪いと思う赤というところもあります。［私たちが地図をつくるときに］注目した川には、兵隊さんがいていつも見張られていたそうです。電車の運転手さんは女性、男性は兵隊へと行きます。そんなつらい生活でも青いアイコンがあるということに少し嬉しく思いました。これからもどんどん戦前を知っている人はいなくなります。そこで、私たちがこのグリーンマップを通して、今のことを直接未来へ伝え、孫の孫の孫、つまり子孫に伝えて、もっと世界に伝えたいです」＊94

対と核廃絶の思いは強く、またそのことが語り部を続けている理由でもある。

1982年頃からは被爆症状が出始め、甲状腺機能低下症により、広島市内の病院に2カ月に1回通院することになる。以来、広島市の復興の様子を目にすることになるが、刻々と変わりゆく市内の様子を嬉しく思うと同時に、やはり被爆建物である旧産業奨励館（原爆ドーム）を見るのはつらいという。

このように、決して平穏とはいえない人生をいつも肯定的に生きた藤井照子氏は2014年8月、鬼籍に入られた。

インタビュー調査は計3回実施した。主観的経験を重視したナラティヴ・インタビューであるが、ことばを媒介とする会話分析からアイコンという媒体へとナラティヴを導くような仕掛けをここでは試みた。

その方法は以下の通りである

(1)アメリカ軍撮影の空中写真（昭和20年7月28日撮影）を参照し、陸地測量部作成の2万5千分の1地形図「広島」（昭和8年10月30日・昭和27年11月30日）を利用して被爆直前の広島市を再現する。

(2)場所の正確な位置よりも、場所の記憶や想起の内容を重要視する。

(3)路面電車の運行系統に沿って、沿線上の場所の記憶、とくに印象的な建物や出来事について記憶を辿る（1回目）。

(4)記憶情報を補完するために、グローバル・アイコンの一つ一つについて場所の記憶を辿る（2回目）。

(5)これらの情報に基づいてアイコン化した地図（歴史編）を見ながら、再度その場所を中心に記憶を辿る（3回目）。

Green Map of Chitahanto・Peninsula
知多半島グリーンマップ
知多半島グリーンマップは子どもと自然&福祉をテーマに活動しています
半田こども
エコクラブ
環境省登録団体。半田市内在住の親子。
自然にふれることや福祉に目を向けることなどを取り入れたエコ活動を
毎月2回実施します。知多自然観察会行事にも参加しています。
東海市
大府市
東浦町
知多市
阿久比町
半田市
常滑市
武豊町
美浜町
南知多町
知多半島グリーンマップ
N
0
5
10km

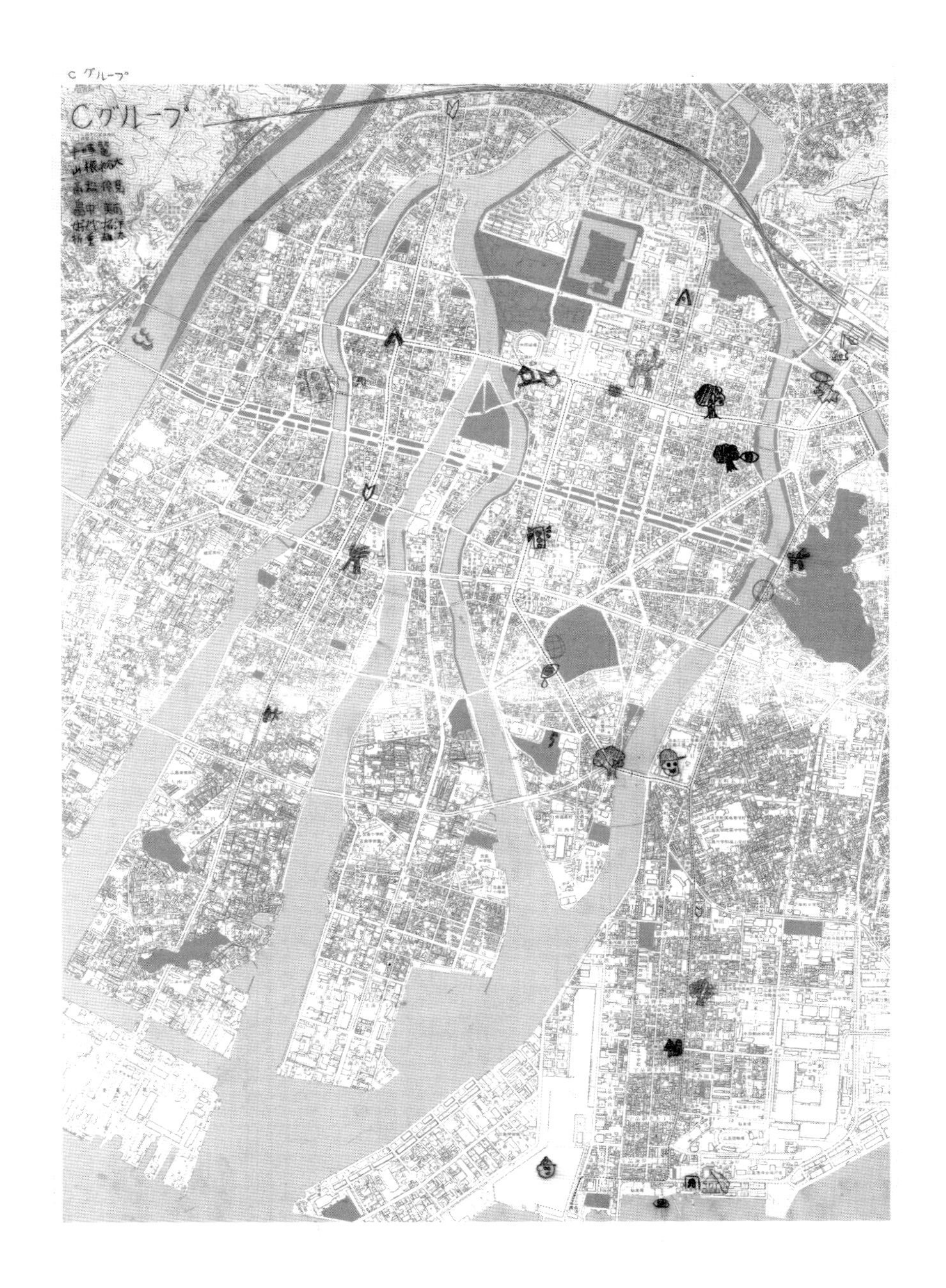

図15　Cグループの広島のアイコン地図（上）と他都市（知多半島：右ページ）のアイコン地図の比較

広島とは空間の規模が異なっても、比べてみることはたくさんある。知多半島は豊かな自然を表現している。それに誘われて、広島にも自然を発見できるようになる。

対象	児童の記述
広島市民球場	すごく広い。席がいっぱいある。試合中にはいろんな食べ物を売っている。
宇品ショッピングセンター	戦前ごろは、並木がずらりと生えて、自然がいっぱいだったといいます。しかし、今はその町の木もごくわずかになって、逆に赤のアイコンが多くなってきました。この21番のアイコン付近には、商店街もできています。
原爆ドーム	原爆が落とされた1945年に焼け残った建て物で外国からの人たちも見にきてくれてふれあいができる場所になっている。ほかに、広島といえば原爆ドームをイメージする。
平和大通り	平和大通りは、歩道より道路の方が通行量が多いです。歩道がわには、遊び場があり、遊具のほかにも、ベンチがあるので休むことができます。遊び場のまわりには、木があるのでながめもいいです。
比治山 (まんが図書館、現代美術館)	漫画図書館は、大人・子供と関係なく静かな場所でゆっくり本が読めて、安らげます。そして、現代美術館では、現代に残る美術品の数々をかんしょうする事ができます。
広島港	木などの森林が少ないです。なので少しさみしいです。でも、電車やフェリーなどがでているので、人が多くにぎわっています。フェリーなどが多いので、排気ガスがたくさんでて、きたないです。
千田町公園	ベンチがあり、緑が多く花がきれい。子供が遊べるゆうぐがあり、大人も楽しめる。すべりだいがローラーになっていてよい。

表19　児童によるアイコンの表現内容（抜粋）

児童たちの記述は、客観的であろうとしても、児童たちなりの生活者としての視点がにじみ出る。広島市民球場は、「食べ物を売っている」ことがなにより大切である。

p. 241：図16　ひろしまエコピースマップ2003（現代編）　*95

路面電車の沿線上に散らばる小さなアイコンは、フィールドワークとワークショップの成果であり、各グループでの地図をもれなく表示している。その中から、とくに「世界の人たちに知ってもらいたい場所」を児童たち自身が30カ所選び、大きなアイコンで表示している。30のアイコンの選択は困難を極めた。各グループで10カ所ほどの候補を選び、そこから30に絞り込んでいったが、どの場所にもそれぞれに愛着があり、取捨選択に反対意見が続出した。最終的には、担任教諭の指導で、挙手により半ば強引にまとめ上げた。しかし、完成してしまうと意外に不満が出ず、児童たちに満足感いっぱいの笑顔があふれていたのが不思議である。

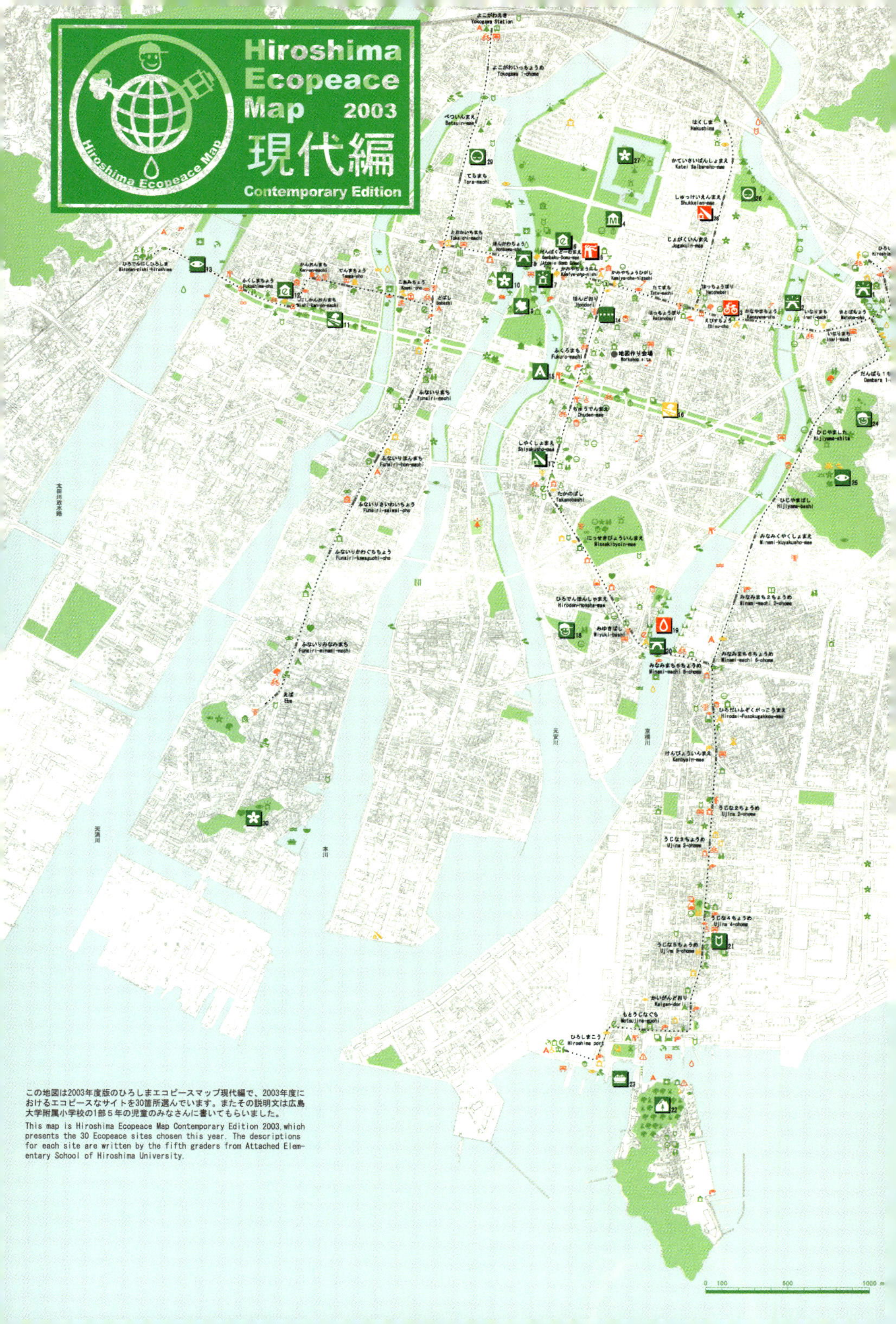
Hiroshima Ecopeace Map 2003
現代編
Contemporary Edition
Hiroshima Ecopeace Map
この地図は2003年度版のひろしまエコピースマップ現代編で、2003年度におけるエコピースなサイトを30箇所選んでいます。またその説明文は広島大学附属小学校の1部５年の児童のみなさんに書いてもらいました。
This map is Hiroshima Ecopeace Map Contemporary Edition 2003, which presents the 30 Ecopeace sites chosen this year. The descriptions for each site are written by the fifth graders from Attached Elementary School of Hiroshima University.
0 100 500 1000 m

真面目な小学生にありがちな模範的発表ではない。児童1（女子）は、はじめから熱心に地図製作を行っていたが、それはどちらかといえば仲良しの児童と友好的な関係を保つための手段であり、地図製作そのものの意義についてとりわけ関心が高かったわけではない。しかし、ワークショップの作業を重ねるうちに、児童1（女子）は「孫の孫の孫」という表現で、「とき」の流れを実感し、地図製作そのものの意義を熱心に語るようになる*96。

さらに、別の児童2（女子）は次のような発表をしている。

児童2（女子）：「昔と今のマップを比べて、昔のマップは、木など自然のものが多くて緑のアイコンが多くあります。なので、昔は環境がとてもよかったんだと思いました。だけど今は、森林や自然などが大分無くなり、私たちの生活に必要な建物などを建てているので、今は森林が少ないです。そして私たちに必要な色々な建物などをつくられると、私たちにとっては便利になるけど、環境の面ではだんだん悪くなっているなと思いました。だけどまだ広島には森林がたくさんあります。なので、私たちでも森林を残していきたいし、それで次の世代にはそういう人たちにも、このだんだん減少しているけど、これを守って、また次にグリーンマップをする時とか、5年後、10年後にまたこのマップをつくってみた時に、今よりも緑のアイコンが増えていたらと思いました。なので、私はこれ以上赤いアイコンが増えていってはいけないけど、これからも緑のアイコンをつくっていきたいと思いました」*97

グローバル・アイコンを用いた歴史編の地図によって、児童たちは「むかし」を意識し、時間を遡行す

*91　とくに、2003年度の5年生児童との路面電車3号線沿線の広域フィールドワークに基づくワークショップ。広域都市空間のフィールドワークに基づくワークショップでは、「昔と比べてみる」ことに時間を割いている。

*92　子どもの遊びと街研究会編著『三世代遊び場図鑑——街が僕らの遊び場だ!——』風土社、1999を参照。

*93　たとえば、2007年度の5年生とのワークショップで、ある児童（男子）は次のような感想を述べている。
児童（男子）：「まず歴史編の、エコピースな場所につかったアイコンを比べてみて、街路樹が多く、みんなの自然でいいアイコンが選ばれていることがわかりました。で、産業奨励館、今の原爆ドームは昔は最先端のもので素晴らしいものとなっていたけれど、今は原爆ドームで平和を訴えるシンボルになって、広島の平和を象徴するシンボルになっていることがわかりました。エコピースでない場所のアイコンと比べてみて、昔の軍用地はみんなにとってあまり好かれる場所ではなかったことがわかりました」

*94・97・98・102　2003年年度の5年生児童とのワークショップ。

*95　2002年度の4年生児童と2003年年度の5年生児童との路面電車2号線及び3号線沿線の広域フィールドワークに基づくワークショップの成果。

るだけでなく、未来へ向けての「いま」の重要性を感じ、この「いま」において地図を製作することの意義を認識するようになっていく。一見、日頃から自然の重要性について教育を受けている児童の模範解答のようであるが、最後に「これからも緑のアイコンをつくっていきたいと思いました」という児童2（女子）の発言は、あくまで自発的なものである。ワークショップに対して目立って意欲的ではなかった児童が、積極的に未来を志向しているのである。

また、別の児童3（男子）は、次のように発言している。

児童3（男子）：「広島の人が集まるところは、昔も今も紙屋町の辺りに赤と緑のアイコンが多く集まっています。そして広島港の方面は、昔緑が多かったみたいだけど、今は赤、緑とも多くなっています。意見なんだけど、宇品を埋め立てたのに、アイコンがないから、線路を延ばして、なにか人を呼びよせた方がよいと思いました」[*98]

空間を評価する地図製作の場合、評価である限り未来へのまなざしは表立って現れない。現場を正しく「評価」しようとする大人の場合、とくにそうである。しかし、児童3（男子）は、歴史的な空間を想起することを通して、児童2（女子）以上に自発的に具体的な改善策を模索し、未来を志向する。

児童たちにとって、歴史編の地図に示されたアイコンの場所は、フィールドワークで自らが経験した場所の意味とずれていることがほとんどである。過去を想起する藤井氏と今を表現する児童たちとのあいだには決定的な隔たりがある[*99]。たしかに、平和学習の盛んな広島市在住の児童たちにとって、授業以外でも第二次世界大戦前の広島市の景観や歴史について見聞きする機会は多い。また、両親や親類縁者が被爆者や被爆二世であることも少なくない。

*96　別の年度のある児童（女子）は、次のように述べている。
　児童（女子）：「今の広島と昔の広島を比べて、同じようなところでは線路沿いの交通が危険なところとか、こどもたちの場所とかがあって、違うところでは、こどもたちで、今はデパートとかでこどものアイコンを付けたんですけども、昔では公園に付けていて、昔は自然の中で遊んでいたっていう感じがしたんだけど、現在ではゲームとかというので遊んでいるんじゃないかなと思って、ちょっとがっかりしたっていうのもあって。違う場所でもう一つ、私が印象に残ったのが現在では「悲しい場所」ではゴミがあったり、汚いなというふうに付けていたアイコンなんですけど、昔は兵隊さんとかとの別れが辛いからという感じでアイコンを付けていました。昔と今を比べてみて、昔は悲しいマークが付いていた場所でも、今ではとてもいいといったようなアイコンが付いていたりして、時代の流れを感じました」（2008年度の6年生児童とのワークショップ）
　6年生時には、児童（女子）の発言に代表されるように、ゲーム遊びのできるデパートやゴミの放置された悲しい場所など、より自分の生活に密着した場所に引きつけることで、フィールドワークの体験を、単なる学習を超えて「時代の流れ」のなかに位置づけている。

*99　伝承的な「語り」の不連続性や不完全性という根本問題である。比較的安定した「集団的記憶」もしくは「社会的記憶」が形成される場合もあるが、記憶の継承の仕組みに定説があるわけではない。

対象	藤井氏の発言
遊郭	嫌なのはね、兵隊さんがね遊びに行くところがあるんですよ。遊郭どこですか？って言われて、この辺です言うて降りるところだけ教えてあげた。
繁華街	とにかく戦争ばっかりだから、遊びに行く言うたら、写真撮りに行くんと、八丁堀にレコード、便箋買いに行くんと。宮島行くぐらいでした。
産業奨励館	私はねぇ、原爆ドームが1番好きだった。あれグリーンのねぇ、きれいな色だったんですよ。ドームの屋根がね、抹茶の、色のちょっと濃いような緑でね。なんにも無い時代ですからそこ通るとね、他よりちょっと鮮やかだったかな。川のすぐそばのね。洋館建てのねぇ、入らなかった一回も。一回も入らなかった。だから中はどうなっとるんかなって思って、目がそっちの方いってた。（電車から）すぐそばだから見えるんですよ。
寄宿舎	寄宿舎の上にあれがあったんですよ、兵隊さんの監視所が。そこに上がって帰りたいってみんな泣いたり歌を歌ったり。 舎監が優しくて厳しかったらいいんですけど、厳しいばっかりで（笑）
学校	マントを着ておられた生徒さんがおられた。マントを着て、高下駄を履いて、憧れとった。広島高等学校。
宇品の軍港	宇品の軍港に上がったら、すぐ陸軍病院に帰るとかね、外地行く人がその分向こうから出て行くんですよ、傷痍軍人が上がって来たときは分かりますよね、全部白衣着ているから。
浅野泉邸	今縮景園だけど、浅野泉邸に行きよったね遊びに。学校の先生に、若い先生がいてね、その人に連れてもらったんだけど。ちょっとあんまり目に付かないから（笑）あんまり目に付かない。樹木が茂って（笑）

表20　藤井氏へのインタビュー内容（抜粋）

藤井氏の記憶は、客観的であろうとしても、女学生なりの生活者としての視点がにじみ出る。観光名所である浅野泉邸は、デートスポットとして「あんまり目に付かない」ことがなにより大切である。

p. 245：図17　藤井照子氏による地図（歴史編）

「ひろしまエコピースマップ2003」は、小学生児童による地図（現代編、図16）と藤井照子氏による戦前の地図（歴史編）から構成されている。戦中に勤労女学生として路面電車を運転していた藤井氏に対する計3回にわたるインタビュー調査では、戦中の都市空間に対するネガティヴな記憶もさることながら、ポジティヴな記憶も少なくない。記憶はたしかに断片的であり、今日のグローバル・アイコンに適合するような記憶も少ないが、色づけされたアイコンを実際に置きながらインタビュー調査を重ねていくと、、ポジティヴな記憶が次々に想起されていった。それは、藤井氏に特徴的なことであろうか。それとも、被爆体験の記憶の一般的なはたらきであろうか。

p. 248：図19　ひろしまエコピースマップ2008（ひろしま36景編）　＊107

各グループの地図を統合した広島の36景では、児童たちの議論を通して一つの場所に一つのアイコンを選ぶことはしていない。むしろ、一つの場所が多様な意味を持つことを複数のアイコンによって表現することで、筆者がまとめている。選ばれた場所は赤アイコン（まちの×）よりも、緑アイコン（まちの○）が多い。製作途中の段階では、緑アイコンと赤アイコンに評価が分かれていたが、幾度も振り返って議論を重ねていくうちに、最終的には黄アイコン（まちの△）が減少し、緑アイコンが多くなっていく。なぜなら、「いま・ここ」を否定する人間などいないからである。

Hiroshima Ecopeace Map 1945
歴史編
Historical Edition
Hiroshima Ecopeace Map
三篠
横川駅前
寺町裏
十日市
土橋
舟入町
舟入本町
舟入川口町
江波
白島
八丁堀
紙屋町
相生橋
広島駅前
御幸橋
宇品
広島港
元宇品町
このひろしまエコピースマップ歴史編は戦前に路面電車の運転手をされていた藤井照子さんにヒアリングを行い藤井さんの記憶の風景をもとに地図にしたものです。
The Historical Edition is a map of memory, a map that depicts the pre-war Hiroshima seen through the eyes of Teruko Fujii who was a tram driver during the pre-war period.
また、電停の名称と位置に関しては、『復刻版　廣嶋市街図』マツノ書店,昭和50年5月5日復刻版発行（廣文館,昭和13年3月25日発行）を参照していますが、一部の電停の名称は藤井さんの記憶を優先しています。
基図は米軍撮影の空中写真（昭和20年7月25日撮影）を参照し、陸地測量部作成の2万5千分の1地形図「広島」（昭和8年10月30日・昭和27年11月30日発行）を利用して、昭和20年の原爆投下前の広島を再現しています。
0　100　500　1000 m

図18　歴史編を参照する児童と担任教諭　*102

児童たちに限らず、一般的に昔の地図そのものにそれほど実感を持つことはできない。しかし、古地図を参照しながらまち歩きをするときのように、同じ場所を昔と今を見比べることは、昔を感じる有効な手法である。さらに、アイコンの比較によって同じ場所の意味の変容を知ることは、場所の時間を肌身で感じることにつながっていく。今日では襟を正して鑑賞する伝統的な日本庭園が、昔は秘密のデートの場所だったりする。場所の時間はゆっくりと児童たちの心に浸透していく。児童たちは歴史編に釘づけにされ、「いま」を基点に昔へと想像的な時間旅行をするようになる。

しかし、自らが経験し得ない時間を実感として感じられるかどうかは、別の問題である。一般に、経験し得ない過去の場所をありありと想起することは*100、いかなるヴァーチャル・リアリティの技術を援用しても困難である*101。生きている人間の感性が捉える意味を、情報に還元することはできないからである。たとえ、五感の要素を組み込んだヴァーチャル・リアリティの技術を駆使したとしても、それはやはり虚像による情報でしかない。

それでも、生きた現実としてフィールドワークした経験をアイコンにすれば、同じフィールドの歴史編の地図と通じ合え、経験し得ない過去の場所が生き生きと想起することができる。児童たちは、当時の景観写真などの視覚情報を参照していない。にもかかわらず、アイコンを媒介として、視覚以上の場所的経験に差し向けられている。

記憶には、過去を想起するという行為における文脈の問題が横たわっている*103。過去の想起には、連想や同一化の引き金となる人生の履歴や今という時間の「フィルター」*104がかかっているのである。問われなければならないのは、フィルターの質料・素材であり、またそこに流れる時間の密度である*105。

*100　「想起」は、ある場所を「わたし」に近づけているだけではない。「再現前 Vergegenwärtigung」（マルティン・ハイデッガー、メダルト・ボス編、木村敏・村本詔司訳『ツォリコーン・ゼミナール』みすず書房、１９９１、１９９７）や「準視覚 quasi-visions」（モーリス・メルロ＝ポンティ、滝浦静雄・木田元訳『見えるものと見えないもの』みすず書房、１９８９、13頁）の考え方は、「わたし」が場所に近づいていくという一般的な想起とは逆のヴェクトルを指摘している。ただし、ハイデッガーやメルロ＝ポンティの論考に、「経験した場所」と「経験していない場所」の明確な区別が措定されているわけではない。

*101　インターネットを介したビデオチャットよりも、固定電話のような素朴な道具による声に、かえってリアリティが感じられることも事実である。

*103　「記憶」の問題については、表象を超えたダイナミズムを論じた港千尋『記憶』、講談社、１９９６を参照。

*104　認知心理学における「スキーマ」と同じように、「フィルター」は貯蔵されている記憶情報を歪曲し誇張することもある。しかしスキーマ自体は、比較的安定した構造であり、フィルターのように時間の垢が染み込むことはない。

*105　メルロ＝ポンティは記憶における時間の流れの非連続性を指摘している（モーリス・メルロ＝ポンティ『前掲書』２７６

フィルターを通過するものは保持された記憶の断片であるが、忘却していたものが数十年後にある日突然フィルターを通過して想起され、忘れ得ない体験として後々まで保持されることもある。しかしそれは、あくまで体験した場所や事柄についての想起である。ところが、経験した場所を表示するアイコンは、体験したことのない場所の想起を誘発する。それは、知り得ない現在の場所だけではなく、知り得ない過去の場所でもある。

このような空間的・時間的な軸の結節点に「わたし」が成立するとするならば、アイコンが「許容・喚起」するものは、一見恒常的に確立された自己だけでなく、時空の流れの交叉点においてつねに生成する「わたし」でもある。そして、この生成する「わたし」が自分一人の身体を超えて、様々な他者の身体と時間的につながっているという実感が、空間への感性をはぐくむ第一歩である。それは、「いま」の実感の深度の問題に他ならない。

アイコンを通して他都市との比較、昔との比較をすることによって、「いま・ここ」の「わたし」の感性がみがかれているからこそ、「同じ気持ち」も生まれる。それは単なる仲間同士の「共同」ではなく、根本的に異質な他者と共存する「公共」*106そのものにもかかわっている。今は会うことができない他の場所のことであるのか、もう会うことのできない昔のことであるのかは別にして、多元的な他者との多様な出会いの契機となる豊かな都市の公共空間が、感性をはぐくみ、また豊かな感性が都市の公共空間をはぐくむのであれば、「比べてみる」によってつくられた「ひろしま36景」は、そのような「いま・ここ」の感性の表出の一つである(図19)。

—278頁)。

*106 「公共性」の概念は「私」の対概念ではなく、原理的には調和しがたい2項を包摂する概念である。たとえば、「安全性」と「非排除性」との関係もそうである(齋藤純一『公共性』岩波書店、2000／吉原直樹『開いて守る 安全・安心のコミュニティづくりのために』岩波書店、2007などを参照)。たしかに、排除性が高まれば、安全とは言えないし、非排除性が高まれば安全でなくなるわけでもない。

*107 2005年度の3年生児童とのフィールドワークから続く活動の最終年である2008年度の6年生児童とのワークショップの成果。

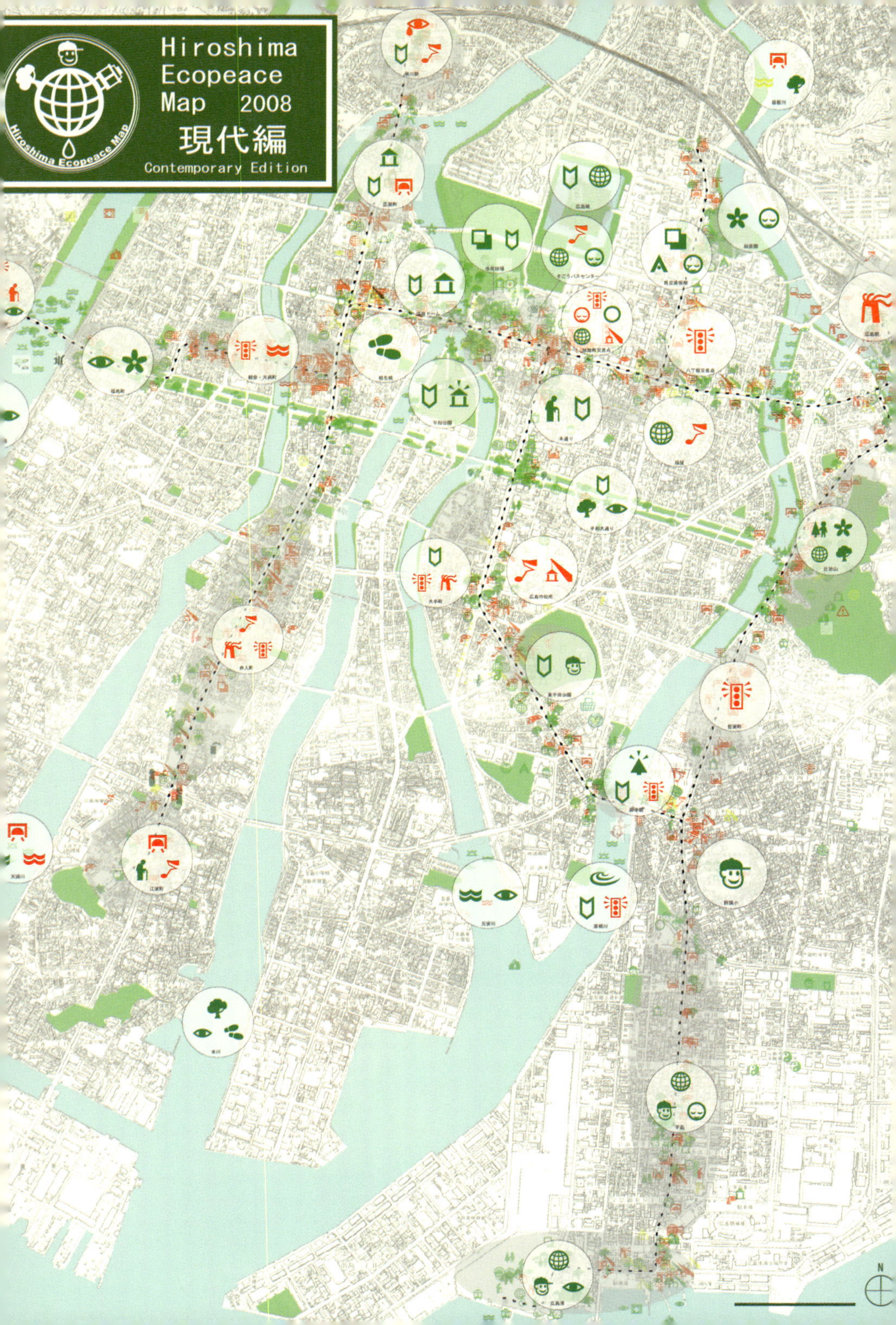
Hiroshima Ecopeace Map 2008
現代編
Contemporary Edition
Hiroshima Ecopeace Map
N

4　提案してみる──「みんな」を感じる公共的感性

評価における提案の芽生え──その自己中心性

一般的に、「提案」は、「評価」とは全く異なる感性のはたらきである。「評価」するということは、たしかにひとつの価値判断であり、価値判断である限り、何らかの評価基準があるはずである。評価基準は自分自身の経験と社会的な規範とに基づいて形成され、さらなる学習や体験によって確認され、強化され、修正されていく。「いま・ここ」にはない未知の未来への投企という「提案」の能動性には乏しい。

しかし、誰もが同じ評価を下しているわけではない。微細であっても一人一人の評価にずれがあるとすれば、そこに「いま・ここ」の感じ方のずれと同時に、「いま・ここ」にはないものに対する願望が暗黙裡に挿入されているからである。その意味では、「評価」そのものが一つの「提案」といえなくもない。

「評価」と「提案」の境界のあいまいさは、おそらく大人より道徳的、概念的な価値判断が未熟な児童の方がより顕著である。つまり、大人は「○○○はAを満たしていないために、よくない」という論理展開に基づく評価であり、Aは社会的な通念である。それに対して、児童は「○○○はBでないから、よくない」＝「○○○はBであったらよい」という論理を紡ぎ出す。Bは社会的な通念というよりも、自らの願望が明白である。ある場所の評価基準に思い描く理想の未来像が入り込んでいるために、評価はいきおい、「○○○した方がいいと思います」という発言で結ばれることも多い（表21）。

空間の評価に付随する提案内容に関して、学年による際立った違いはない。学年が上がっても、大人のように提案の内容が社会的な実現可能性を帯びているわけではない。それでも、ゴミの散乱する公園には「清掃ロボット」、渋滞する道路空間には「ソーラーカー導入」、広島市民球場跡地には「カープ記念館新

評価対象	提案内容
都市施設	にぎわいの復興（1）
自然空間	植栽（6）、遊具設置（3）、呼びかけ（2）、ごみ拾い（1）、観察場所設置（1）、人工浅瀬（1）
建築空間	橋の美化（1）、ガラス被覆（1）、カープ記念館新築（1）
工事空間	工事壁設置（2）
道路空間	バリアフリー化（4）、歩車分離（2）、ガードレール設置（1）、交番設置（1）、ソーラーカー導入（1）
廃棄物	ゴミ箱設置（14）、掃除（6）、ポスター掲示（5）、監視カメラ設置（2）、呼びかけ（2）、清掃ロボット（1）

表21　評価のためのワークショップにおける児童による都市への提案内容（抜粋、（　）は発言数） ＊108

児童は都市空間の評価の根拠として、提案の断片を語ることがある。提案は小さなことから大きなことまで、人間にできることから機械にできることまで、千差万別である。目立つかどうかは別にして、あらゆる空間に提案への意図が染み込んでいる。

築」などは、他の児童たちに大いに賛同される提案である。

しかし、ことばは違えども毎年のように繰り返される児童の提案が、あながち幼稚で非現実的というわけでもない。たしかに、テレビや漫画などのメディアから得た知識の受け売りに近い提案も多いが、限りなく清潔感を求める「清掃ロボット」的な装置は、今日の公園の清掃業務でも家庭内の家事でも日々進化している。排気ガスと騒音への嫌悪からくる「ソーラーカー導入」は、今日の電気自動車やハイブリッドカーの普及と基本的な考え方を共有するものである。旧市民球場での高揚感を忘れないでおこうとする「カープ記念館新築」などは、今日でも有力な都市活性化案の根強い候補案の一つである。一つ一つの提案の内容を吟味すれば、児童の提案は一般社会の常識的で実現可能な手法ではないにしても、人間として抱く感情の根本のところを捉えた感性的提案ともいえる。

そこで、「感性」の一般的なはたらきを、対象化し得ない「直接性」、試行錯誤を経ない「即時性」、分析的思考とは対照的な「総合性」と捉えてみると＊109、児童たちの評価に付随する提案の一般的傾向は、次のようになる。

＊108　評価のみで提案をプログラムに組み入れていなかった2002年度の4年生児童との活動から始まり、2008年度の6年生児童との活動までのワークショップに参加した延べ271人の評価における提案。

＊109　佐々木健一『美学への招待』中央公論新社、2004を参照。

(1)「直接性*110」——「身体的」

筆者：「でも、オープンカフェは、あまりこどもの利用はできないですよね。楽しい場所とか言われてもね。何かどんな場所が欲しいなとかありますか？　フェリー乗りたいとか。水上タクシー乗りたいとか？」

児童1（女子）：「見て楽しむというよりも、自分たちでやってみて出来た方が楽しいから、体験できるというか、そんな感じのものがあれば。そんなかでみんなで遊ぼうみたいな感じで、川とかで水着着て遊ぶだとか、そういうことができたら。今はゴミとかが浮いてるからあんまり入ろうという気にはならないけど、それできれいになったらうれしいかなと思います」*111

児童2（男子）：「他にそこの御幸橋辺りを見てみると、川に船がぐじゃぐじゃに泊めてあって、見ていて何か汚らしい。気分も悪くなるし、こういうのを何かみんなで何とかしていけたらと思っています」*112

都市の社会空間に対する評価で児童が真っ先に取り上げるのは、衛生に関するものである。提案にも、都市空間の衛生に対する直接的な身体感覚が基底にある。衛生は、単に視覚的な美醜の問題ではない。「遊び」という身体的な接触行動にかかわるからである。大人のようにオープンカフェでお茶を飲みたいわけでも、川のヨットの不法係留が道徳的に許せないわけでもない。単純に水辺で遊びたいだけである。

最も典型的な例は、次の児童3（男子）の発言である。

児童3（男子）：「公園を今のままに残すためにはゴミをポイ捨てしないことと、木を切らない、生きものを大切にするということです。あと自然を大切にするということです」*113。

*110　「直接性」はエマニュエル・レヴィナス、合田正人訳『存在の彼方へ』講談社、1999における「近さの享受」にも相当する。享受が触覚的・味覚的であるならば、自ずと身体的でもある。その意味で、感覚されるものに近づくことは、痛みを覚え、傷つくことでもある。

*111　2007年度の5年生児童とのワークショップ。

*112　2003年度の5年生児童とのワークショップ。

*113　2006年度の4年生児童とのワークショップ。

「自然を大切にする」という発言では、生きものを愛しむ児童が、公園利用者側の道徳的な心構えを説いているように見える。しかし実際には、思う存分公園で遊びたいだけであり、ゴミを出す大人が邪魔なだけなのである。公園を駆けまわる児童が、自然を審美的に眺めているわけではない。

(2)「即時性*114」――「短絡的」

児童1(男子):「うん、誰かが始めに捨てたから、みんなが俺も俺もって捨てたんじゃない? だってここゴミ捨て場じゃないやん。ごみを集める場所がないからこんなことが起きるんだと思います。だって木の下にごみを捨てるんやったら、ゴミ捨て場をつくればいいと思います」*115

即物的な提案は、えてして短絡的である。児童は、ゴミ捨て場をどこに設置すればよいのか、そもそもなぜゴミ捨て場が設置されていないのかという理由について考えていない。ゴミ捨て場を設置することによって、よりよいまちの空間をつくるのは、自分たち自身であるはずであるが、かといって自分でしようとしているわけでもなさそうである。自分が行動することに伴う様々な手続きをめぐる思考のプロセスが、すっかり抜け落ちている。

児童2(男子):「ここは道が狭いところだから、ゴミ収集車が来なくて、ゴミが。ゴミを出しても持っていってくれない」

筆者:「ちょうど時間が悪かったのかなぁ。ゴミ収集車が来る前だったよね、たぶんね。じゃあ、そこを

*114 感性の即時性は、Marvin Minsky *The Emotion Machine*, Simon & Schuster, 2006における思考の単純性にも相当するが、ミンスキーは思考(thinking)の程度問題として感情(emotion)を扱っている。

*115―119 2006年度の4年生児童とのワークショップ。

もっとよくするにはどうしたらいいと思う？」

児童2（男子）：「ゴミ収集車が来るところにゴミを出す」

筆者：［ワークショップに参加している保護者の］お母さんが一カ所にまとめたらそのまわりの人が困るって言ってたよね。どうしたらいいかねぇ？」

児童4（男子）：「ロボットをつくる。先生、わかった、ロボットをつくる」

児童3（女子）：「やっぱり、これと同じでポスターみたいなのをつくる」

児童5（男子）：「看板をつくる」

児童3（女子）：「ポイ捨てする人がカラスだったらいいのにね」

筆者：「カラスだったらいいん？　そういう問題？」

児童3（女子）：「間違えた。何でもないです」

児童4（男子）：「じゃあ、カメラは？　防犯カメラ」

筆者：「出した人がわかるように？」

児童3（女子）：「防犯カメラ？」

筆者：「でも、その家の人の立場に立ったら？［いつも監視されているようで］」

児童2（男子）：［防犯カメラは諦めて］ゴミ捨て場をもっと増やす」＊116


廃棄物の衛生改善をめぐるこの会話は、一見非現実的である。地域住民、廃棄者、カラス、ロボット（あるいは防犯カメラ）など、思いつくままに様々な主体が口をついて登場する。児童は衛生問題に限らず、自分以外のものに安易な解決を求める。どれもうまくいかなければ、最後は「罰金」である。

児童6（女子）：「車は危険！　注目してもらいたいです。注目して危ないなっと思ってもらいたいです」

筆者：「危なくなくするんって、広くする？」

児童7（男子）：「広くするって言ってもさ……」

児童6（女子）：「じゃあ、歩行者の道路を広くする」

児童7（男子）：「広くしても……」

児童8（男子）：「変わらんよ」

児童7（男子）：「そうだよ。変わらんよ」

児童6（女子）：「じゃあ、交番つくるとか？　ははは」

児童8（男子）：「交番あったじゃん？」

児童7（男子）：「じゃあ、［交通違反］やってる人に死刑罪」

児童6（女子）：「なにそれ！」

児童7（男子）：「じゃあ、有罪」

児童6（女子）：「有罪って……罰金？」

児童7（男子）：「罰金……でもさ、なんかさ、金で始末するのもいやだなあ」＊117


児童は、問題の背景や社会的要因に対する知識を必ずしも十分に持っていない。おそらく、知識の有無にかかわらず、考えようとしていない。大人の目から見れば、短絡的な児童の提案は、即、他者への依存となる。

そして、「罰金」でも駄目なら、最後は「市」による管理である。

児童9（女子）：「[ゴミについて] これ市が管理したらええのに！」*118

あるいは、提案以前の未然防止である。


筆者：「[千田廟公園について] じゃあ、どうやったら5年後、10年後、このままでいる？」

児童10（男子）：「ゴミをポイ捨てしない。原爆を落とさない」

筆者：「いい、どうやったら5年後、10年後、この公園がこのままであるの？」

児童11（男子）：「木を切らない」

児童10（男子）：「環境を……。自然を大切にする」

児童12（男子）：「木を食べない」

児童10（男子）：「緑を大切にする」*119


児童たちの短絡的な発言には、自分自身の姿は見えてこない。「ポイ捨てしない」「緑を大切にする」のが誰なのかは不明である。人間であろうが、カラスであろうが同じことである*120。

(3)「総合性」――「局所的」

児童1（女子）：「これ、あのがたがたしたヤツ。凸凹はやめたほうがいいと思います。だって、これがあったら車椅子は通りにくいと思います」*121

*120 しかし、児童は「公」に丸投げというわけでもない。「公共的感性」の問題としていえば、「私」と「公」の境界が曖昧であることの一つの様態である。

*121 2006年度の4年生児童とのワークショップ。

児童の提案では、都市の空間全体を分析的に見て、各々の空間相互の関係づけて見る視点がしばしば欠落している。とりわけ、地面にふれる足という局所が、すべての判断の統合の場所となる。歩いているときに足のふれる地面を通して、つまづいて転んでしまう危険性や車椅子での不便さのすべてを身体において感じている。もちろん、児童1（女子）には、都市のモータリゼーションや交通ネットワークという観点はない。デコボコは絶対悪であり、あってはならないことである。したがって、提案となると、気がついた道路面を場当たり的に改善していくしかない。よくないところが他にあったとしても、児童1（女子）には他の改善要因を分析して優先順位をつけることができない。大人の目から見れば、児童の提案において「感性」の総合性は身体的な局所を通してしか発揮されない。地面との接触感という局所を通してしか、問題の全体像をつかみ取ることができないのである。

児童2（女子）：「提案なんですけど、四つあって、一つ目は［植えることのできる］場所が指定されてるけど、平和記念公園は花も少しはあるけど、草や木の方がたくさんだから、もうちょっと花を植えた方がいいということです」＊122

自発的に発言した児童2（女子）の平和記念公園への植栽提案は、平和記念公園をたとえば植物園のように変えていくことを意図した提案である。一見、公園全体にわたる大きな提案に見えるが、4つの提案は実はどれもばらばらで、一つ目の提案での児童の目線は、実は原爆ドームの周辺の花壇のことだけに向いている。公園の他の場所の植栽に対して関心が向いているわけではなく、公園全体の空間がうまく分節されていないまま、部分の問題が全体に敷衍されている。

局所的なのは空間なものだけでなく、時間的な意味でも局所的である。

＊122・123　2008年度の6年生児童とのワークショップ。

児童3（女子）：「まず原爆ドームは、大切なまちの文化なので、台風などから守る必要がある、ガラスなどで囲ったらいいと思うなどの提案が出ました。でも貴重な被爆建物なので、自然のままの方が昔もわかるし、事実がわかった方がいいという意見が出ました。結果的にグループの全員が納得した提案は、今のままの原爆ドームを大切に守る必要があるということでした」*123

グループを代表した児童3（女子）の発表は、グループでの議論を経たもので、保存状態を損ねても時間の風雪に原爆ドームを委ね、公共空間に開かれている状態を選択している。しかし、原爆ドームが朽ちていくという事態については、無配慮である。無配慮というよりも、児童たちにとって原爆ドームは朽ちることのない何か永遠の存在であり、都市の空間の中で変容を被らない超時間的な存在として、いまという一地点からすべてを解決しようとする。

もちろん、局所的であることは、身体的であることや、短絡的であることと不可分である。評価の理由に付随して児童が自発的に語る「身体的」「短絡的」「局所的」な提案は、「自己中心性」*124によって包括することができる。しかし、それを公平性、有用性、普遍性に欠けるという理由から、未熟なものとして解釈することはできない。たとえ他者への配慮に欠けていても、「自己中心性」は我々が未来へ向けて投企するときの基本条件である。自らの身体を基盤としない他者への配慮は、かえって真実味に乏しい。ましてや、同じ身体をもつ他者に対して、本当の意味で説得力を持たない。そして、自らの身体を基準とする限り、それは必然的に短絡的で局所的な回路を一度は通るはずである。

*124 「自己中心性 egocentrism」は、空間認知論的にいえば自己視点固定説、相互的、相対的な認知以前の未熟な段階である。ジャン・ピアジェは「自己中心性」を自閉的な世界と見なしているが、アンリ・ワロンは社会的存在としてのこどもの「自己中心性」を自己と他者の未分化の状態と仮定する（加藤義信・日下正一・足立自朗・亀谷和史編訳『ピアジェ×ワロン論争』ミネルヴァ書房、１９９６を参照）。

「評価」から「提案」のワークショップへ

「評価」において萌芽する児童たちの「提案」は、目標を認識し、解決するという問題解決型の「学習」の成果ではない。あくまで自発的なものであり、多かれ少なかれ児童の願望を反映したものである。

独自のオリジナル・アイコンによる評価の表現もまた、世界共通のグローバル・アイコンとは違って、提案への志向をより顕著に反映している。抽象度の高いグローバル・アイコンよりも、児童の描く具象的なオリジナル・アイコンは、グローバル・アイコンに収斂し得ない空間へのヴィジョンを包含している（表22）。たとえば、児童にとって、広島市の代表的河川の一つである太田川の評価は「美しい眺め」のグローバル・アイコンではなく、魚とふれあったり、魚と泳いでいたりするオリジナル・アイコンである。オリジナル・アイコンのような実際の光景は、おそらく今の太田川ではあり得ない。それは、願望を含んだ提案そのものである。

そこで、アイコンによる「評価」をもう一歩進めて、「提案」そのものをテーマとした提案型のワークショップを試みることにした＊125。アイコンを用いるかどうかは別にして、問題発見型のワークショップでは、「評価」そのものに主眼を置くために、副産物としての提案そのものを吟味する機会は少ない。児童の無垢な提案の創造性を賞賛するだけで、「こどもの提案は自由な発想で面白いね」、あるいは「夢があるね（けれど先立つものがないから現実的には不可能）」で終わりである。逆に、問題解決型のワークショップでは、問題が具体的であるだけに、提案となると、すでにどこかで知られた手法に落ち着いてしまう。

こう考えてみると、「提案」そのものを吟味するようなワークショップの場面設定は、意外に難しい。提案内容そのものを主題とする提案型のワークショップを構築しようとすると、それなりの戦略が必要になる。

＊125　提案を意図的に導入したプログラムは、２００９年度からである。２００２年度に「エコピース」の活動を始めてから８年目のことである。

＊126　２００８年度の６年生児童とのワークショップ。この年度までは評価のみのワークショップであり、提案型のワークショップは行ってない。

対象	場所	グローバル・アイコン	オリジナル・アイコン
自然空間	比治山		
	太田川		
	本川		
建築空間	広島市民球場		
工事空間	原爆ドーム		
道路空間	皆実町		
廃棄物	広島駅		
	比治山		

表22　都市空間の評価におけるオリジナル・アイコン表現 ＊126

評価に関するオリジナル・アイコンのなかでも、提案性が高いものには必ずといっていいほど人が、それも非常に表情豊かな人が描かれる。しかも、表情はどれ一つとして同じではない。

まず、提案型のワークショップの素材となるフィールドを選定する。広島市において最も代表的な公共空間であり、都市のコアを形成する地区、すなわち、広島平和記念公園（中島地区）、及び原爆ドームより北側の地区（基町地区）である。このフィールドが、第二次世界大戦後の「復興」における「提案」そのものであったからである。

中島地区は、建築家丹下健三によって計画され、現在は広島平和記念資料館、原爆ドーム、平和関連

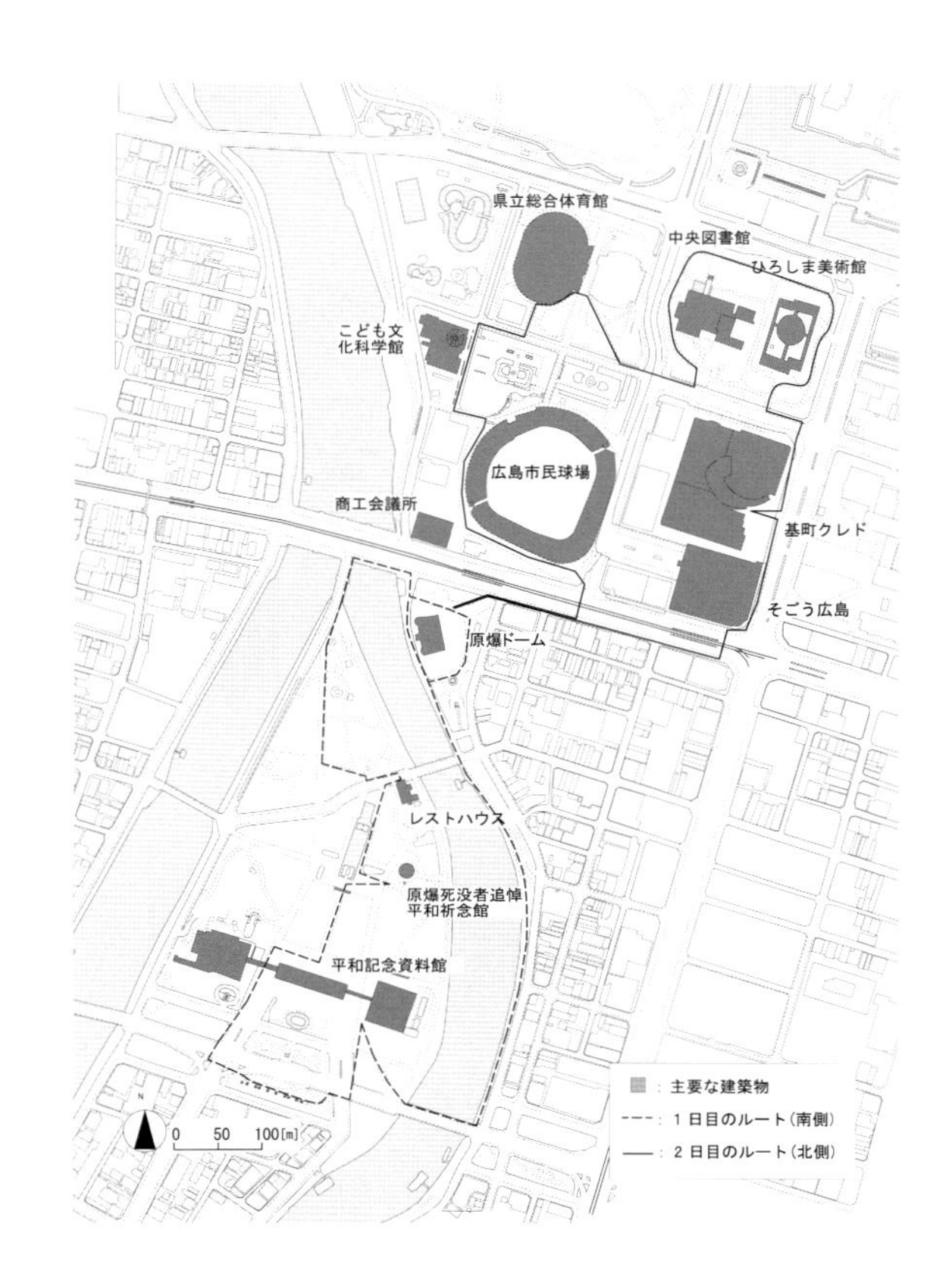

図20　提案のフィールド

歩いているうちにいろいろな景観が開け、いろいろな探検ができるようなルートを中島地区（南側）、基町地区（北側）それぞれのフィールドに設定し、2日間、概ね3時間で探検する。南側は世界的な公園、北側は文化施設集積地区。対照的な地区から構成される都市の中心（コア）が、提案の種となる。

分類	(1) 調べてみる		(2) 評価してみる		(3) 提案してみる
空間的指標	○ × △	→	緑・赤・黄	→	緑 → 緑 赤 → 緑 黄 → 緑
時間的指標	■（なくなった場所） □（あったらいい場所）	→	緑・赤・黄	→	緑 → 緑 赤 → 緑 黄 → 緑
表現方法	記号		アイコン		アイコン

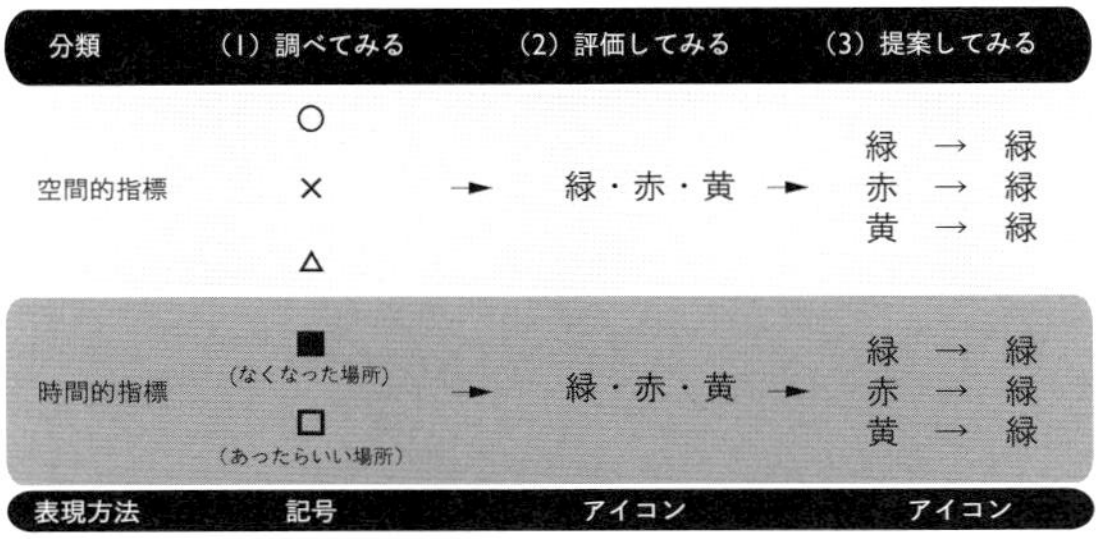

図21　提案型ワークショップへの流れ

提案型のワークショップのためのフィールドワークでは、「まちのよいところ」に関する○×△に加えて、「なくなった場所」（■）「あったらいい場所」（□）も評価する。■□のような時間的指標をフィールドワークで記すことは難しいが、「あったらいい場所」（□）は最も萌芽的な「提案」ともいえる。
そしてワークショップでは、フィールドで感じたいろいろなことを、最終的には緑アイコンとして提案する。緑で埋めつくされた提案の地図のありようは、児童によって、そして学年によって違ってくる。

の多数のモニュメントなどが存在し、平和都市広島を象徴する地区である。丹下健三は、幹線道路（相生通り）を挟んで、北側の基町地区にもスポーツ施設（体育館、テニスコート等）や文化施設（科学博物館、美術館、図書館）、児童施設（児童図書館、児童科学美術館）などを計画していたが実現せず*127、現在、基町地区には旧広島市民球場や広島県立総合体育館、ひろしま美術館などが建設され、平和記念公園のある南側の中島地区と大きく異なる様相をしている（図20）。

フィールドワークに基づく提案型のワークショップの流れは、図21の通りである。

「評価」と「提案」をつなぐのは、アイコンの色である。すなわち、アイコンによる「提案」とは、緑・黄・赤のアイコンを緑にすることである。つまり、一般的な提案は、不便なところや不経済、不衛生なところを赤から緑アイコンへ改善することであるが、さらに加えて、緑から緑へよいところを維持する方法を考えること、よいところをさらによくする方法を考えることも提案のテーマとし、アイコンを用いてわかりやすいかたちで表現することをねらいとする*128。

「提案」のためのアイコンは、「評価」の時とは異なり、身体的・短絡的・局所的な提案が生かせるように「みる・きく・におう・あ

*127　丹下健三による1949年の「平和公園計画」の全体像については、千代章一郎「丹下健三による「広島平和公園計画」の構想過程」、日本建築学会計画系論文集、第78巻、第693号、2013年11月、2409−2416頁を参照。計画図では、原爆ドームを中心として南側の広島平和記念資料館（中島地区）に延びる軸線が原爆ドームより北側の地区（基町地区）まで延び、バロック都市とは異なる近代都市の空間が提案されている。

*128　しかしながら、緑から緑の提案を児童が理解することは難しい。大抵の児童は、「もっと緑が増えること」と理解し、「(10年後も)緑であり続けること」という発想ができない。

意味	みる	きく	におう	あじわう	さわる
アイコン					

表23　五感アイコン一覧

五感アイコンのかたちもまた、グリーンマップ・システムによる「グローバル・アイコン」から選択したものである。持続的なコミュニティの形成にかかわるグローバル・アイコンは感性を主題としていないために、必ずしも五感に相応しい表現ではない。「さわる」は接触感の表現に乏しいし、「におう」はいかにも臭そうである。しかし、少なくとも児童は違和感なく受け入れている。児童が「いいにおい！」を「におう」の緑アイコンで楽しそうに描いているのは、不思議といえば不思議である。

じわう・さわる」に関するアイコンに単純化して用いる。つまり、50弱のアイコンによる「評価」とは異なって、はじめからたった5つのアイコンを用いてより感性的な「評価」をし、それを「提案」へと結びつけることにする（表23）。

アイコンによる提案の仕掛けだけでなく、アイコンに付随することばによる提案説明にも仕掛けをつくる。提案シートでは、提案の対象に対して、どうしていまそれが存在しているのか、また、提案によってこれからどうなるのかについて考えるために、提案の書き方を決めて書くことにする。つまり、「いま〇〇〇なのは、〇〇〇だから、〇〇〇すると、〇〇〇になる」という枠組みを設定し、アイコン表現をことばとして整理する[*129]（図22、表24）。

このようなワークショップによる提案には、次のような内容が含まれている。

まず提案の対象。対象物のスケールに応じて、便宜的に都市施設・自然空間（水・緑）・建築空間（建築物・モニュメント）・道路空間・廃棄物・その他という7つの空間に分類してみたが（表25）、分類に収まらない対象も多い。児童があるモニュメントに注目していても、モニュメントに偶然に止まっていたてんとう虫に虜になることもある。こどもの眼はことばとしては局所的なものを記述しても、実に複相的な捉え方をしているのかもしれない。

*129　提案シート「いま〇〇〇なのは、〇〇〇なので、〇〇〇すると、〇〇〇になる」という枠組みにおいて、評価理由の因果関係（「いま〇〇〇なのは〇〇〇だから」）について記述することが児童には難しい。たとえば「いまゴミが溢れているのは汚いなので」という記述に陥りがちで、汚いのはなぜかという問いへは結びつかない。もっとも、「汚いのはゴミ箱が小さいから」と考えることができたとしても、さらにそれは「ゴミ箱が小さいのは台所に十分なスペースがないから」「台所に十分なスペースがないのは食器棚が大きいから」と「理由の理由」が連鎖していく。しかしながら、必ずしも優れた形式論理学的思考のみが優れた提案でないことも事実である。

HIROSHIMA ECOPEACE MAP [緑→緑]

グループ
名前

地域	場所		(いま・・・なのは、・・・だから、)	記号	前につけたアイコン
中島地区 ・ 基町地区		評価			
			(・・・すると、・・・になる)	新しくつけるアイコン	オリジナルアイコン
		提案			
地域	場所		(いま・・・なのは、・・・だから、)	記号	前につけたアイコン
中島地区 ・ 基町地区		評価			
			(・・・すると、・・・になる)	新しくつけるアイコン	オリジナルアイコン
		提案			

図22 「提案してみる」シート(A3判、[緑→緑])

アイコンによる評価と提案はシートに抜き出し、ことばでも書いて説明してみる。もちろん、提案のアイコンとことばは一対一には対応しない。アイコンはことばにできないものを表現しているかもしれないし、ことばはアイコンにはない論理性を備えているかもしれない。

	表現	内容	
フィールド調査	記号・ことば	(まちのよいところ(○)、よくないところ(×))	
アイコン評価	ことば アイコン	‥だから 種類	‥なのは 色
アイコン提案	ことば ことば アイコン	…すると[方法] ソフト・ハード 種類	…になる[目的] 開発・再生・保存 色
		↓ 自己中心性・他者への配慮	

表24 評価から提案にいたるアイコンとことばの関係

提案の理由をしっかり整理してことばで書くことは、児童にとっては難しい。とくに「いま○○○なのは、○○○だから」が難しい。「○○○だから」が理由ではなく状況説明になってしまう傾向がある。「公園がきたないのは、ごみがあふれているから」では状況の言い換え説明である。うまくことばにできないことの含意は、アイコン表現そのものから読み取るしかない。そうして、提案のアイコンとことばを通して見えてくるものは、児童の自己中心性や他者への配慮である。

対象	内容（代表的な記述を抜粋）
都市施設	そごうの広場、看板、ベンチ、イルミネーション、爆心地、公衆電話
自然空間	噴水、元安川、池、プール、公園、花、木、芝生、紅葉、美術館の庭、落ち葉
建築空間	原爆ドーム、平和記念資料館、子ども文化科学館、旧市民球場、原爆慰霊碑、平和の鐘、石のサークル、銅像
道路空間	平和大橋、路面電車、電停、歩道、自動車、道
廃棄物	ゴミ箱、ゴミ、排気ガス、たばこ
その他	おじさん

表 25　提案対象の分類項目（抜粋）

提案の対象には、様々なスケールがある。たしかに、児童の評価は近景、つまり小さなスケールのディテールに関するものが多い。しかし、提案は対象の枠をはみ出すことも多い。

目的	定義	記述（抜粋）
開発	既存の環境を物質的にそれまでとは異なる環境にすること	いま、[旧市民球場は] ふるいので、もう、こわして、プールや公園やスケート教室やスキーじょうなどを作ればいいと思います。教室はおかしいから、スケート教室はやめて、スケートのこおりをはればいいと思います。
再生	既存の環境を元の姿に戻したり、利用して新しい環境にすること	[旧市民球場は] ぼろぼろなのできれいにするとつかえるようになる。こうこうのがれんしゅうとかにつかえるし、いすできらくにみる。
保存	現状を維持すること	いけんがかわって写真にうつるときにへんだから [旧市民球場の] 全体をのこせばいい。

表 26　ことばによる提案目的の分類項目（抜粋）

短絡的な児童の提案は、必ずしもすぐさま開発というわけではない。保存・再生に関わる児童の提案は、必ずしも道徳的規範からくるのではなく、愛おしさからくるものも多い。

方法	定義	記述（抜粋）
ソフト	人間や生き物の活動や行動そのものによるもの	[モニュメントを] もうちょっとみがけば、もっときれいになる。
ハード	物質的なものによるもの	いま、[モニュメントの] まわりが、さみしいので、せんばづるをつければ、みんな、きれいだと思う。つけくわえで、その上から、やねをつければ、かみでつくったせんばづるもあめのときぬれなくていい。

表 27　ことばによる提案方法の分類項目（抜粋）

空間にかかわる提案は、同じ内容であってもソフトの技術もあれば、ハードの技術もある。児童の方法は、極端にソフトか、極端にハードか、両極に振れることが多い。

次に提案の目的。ことばの上では、提案が新しく開発された空間か、再生された空間か、保存された空間かのどれかに当てはまる（表26）。もちろん程度問題であり、開発・再生・保存の厳密な境界を設定することは難しい。たとえば、道路の拡幅の提案は拡幅の幅や位置によっては開発とも再生ともとれるし、自動車の排気ガスを減らす提案は環境改善でもあり、道路周辺の空間全体の保存ともいえる。文脈によって、同じ提案であっても目的は違ってくる。

提案の目的は、提案の方法とも密接にかかわっている。提案の方法は人為性の度合いに応じて、ソフトとハードに分類できる（表27）。もちろん、ソフト・ハードの境界も程度問題であるが、の最も安直な提案は、つねに他人頼み、ロボット頼みである。しかしよくよく考えてみれば、むしろ大人の方が「〇〇頼み」にしてしまうことが多い。

では、こどもの提案は大人の縮図なのであろうか。3年生時から5年生時にかけての児童たちの提案の変容は、次の通りである（表28）。

自己中心性と他者への配慮の共存（3年生児童による提案の場合）

一般に、こどもの提案は、経済性や機能性にとらわれない自由な発想に見える反面、社会性を欠いているために稚拙な提案にしか見えない。ましてや、学年が下がれば下がるほど、幼稚であると思われている。しかし、少なくとも、3年生児童たちの提案はそうではない。

提案対象としては、ものとしてわかりやすい建築物やモニュメントに関して、ハードの方法による短絡的な提案が多い。しかし、見た目の「みる」アイコンだけでなく、「さわる」アイコンを用いるなど、五感を比較的万遍なく用いて、身体性に訴えかける提案をする。提案の多くは新しい空間の開発を目的としているものの、「赤↓緑」ではなく、むしろ「緑↓緑」が多い。ともかくよくないところを改善しようと提案する大人の「赤↓緑」の提案とは異なっている。

北側の基町地区の典型的な記述を抜粋すると、次の通りである。

児童1（女子）：「いま、自由に遊べていいから、大人が待てる、カフェコーナーを作ればいい。ざっしもおけばいい。そうすれば、大人も楽しい。それに、子どももおとなもゆっくりできる」*130（図23）

広島市子ども文化科学館に対する提案である（図24）。施設の性質上、プラネタリウムをはじめ科学への関心を高めるための大型遊具があり、こどもが十分に楽しめる空間が整っている。もちろん、児童1（女子）は現状に満足しているし、不満もない。しかし、自己の満足だけでなく、連れて行ってくれる親を含めた大人が満足できる空間への配慮がある。もしかしたら、親が退屈しないことで自分が長く遊べるからかもしれないが、「あじわう」アイコンのカフェコーナーは親のためだけのものではない。他の大人のためでもあり、またこどもも「ゆっくりできる」よう、こどもと大人の双方が満足するための提案の内容になっている。公共施設（美術館や博物館、あるいは市庁舎など）でも、本来の機能に加えてレストランやカフェを併設して付加価値を高める手法が用いられるようになってきているが、バリアフリー一辺倒で異世代間の施設の共有という視点には乏しい。かたや、児童1（女子）は、友だちだけでなく、大人とも科学館での楽しみを「さわる」アイコンで共有したいのである。

児童2（女子）：「いま、自由に出入りがかんたんにできないので、広場のようにして、ベンチをつけるとたくさん遊べるので、子供もうれしいし、お年よりは休けいができて、親は子供のようすがよくわかる。

*130・132—136・138—140　2009年度の3年生児童とのワークショップ。

*131　2009年度の3年生児童から2011年度の5年生児童まで40名の原則的には同方法による3年間のワークショップの結果。ただし、5年生時のクラス替えで半数が入れ替わっている。

3年生（EP8）

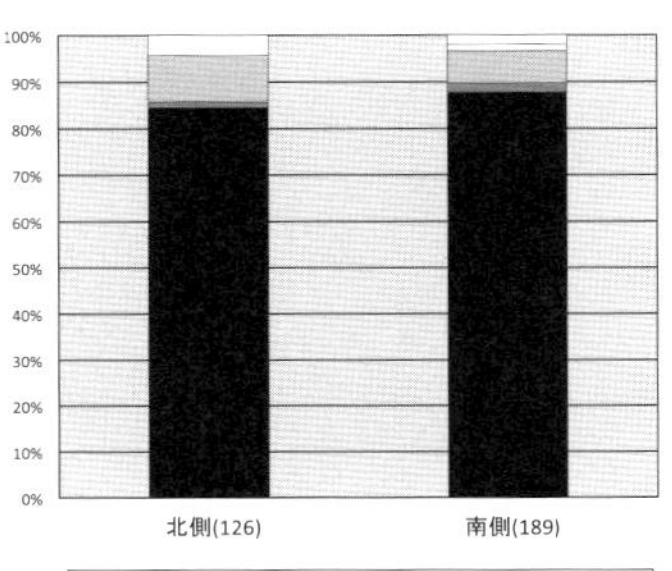

提案対象の比率は、地区の性格に大きく依存する。
文化・商業施設が集積する北側（基町地区）では、**建築空間**に対する提案が最も多く、自然空間や道路空間などにもまして、建築空間に児童の関心が向く。
平和記念公園のある南側（中島地区）では、建築物だけでなく、歴史や平和を説明する**モニュメント**に対する提案が多い。また南側では、川縁をフィールドワークしていることから、**自然空間**の提案も多い。
いずれにしても、建物やモニュメントのような目に見えてわかりやすいものが提案対象となる。

4年生（EP9）

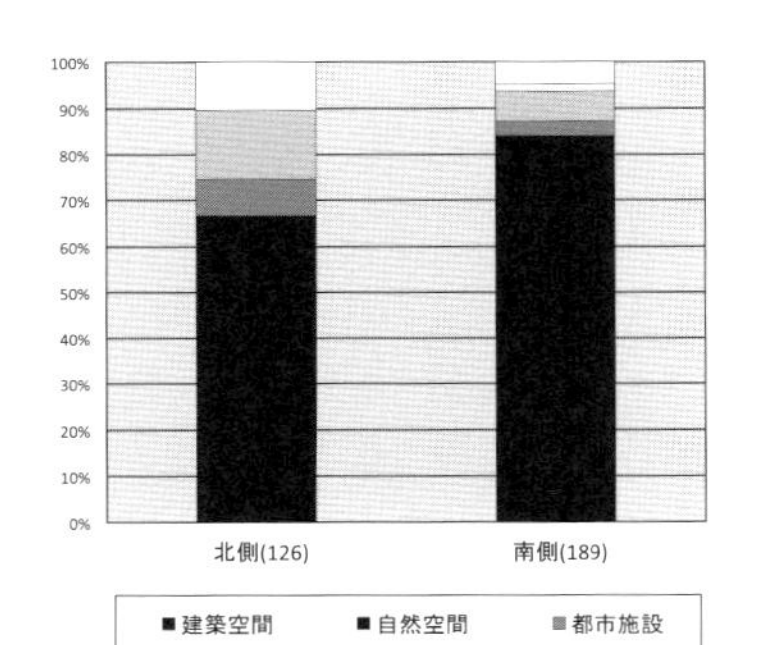

北側では、4年生時になると建築空間（建築物）の割合が大きく減少して、建築空間よりも水や緑などの**自然空間**や**道路空間**にも関心が向く。
南側では、建築空間への関心が依然として高い。

5年生（EP10）

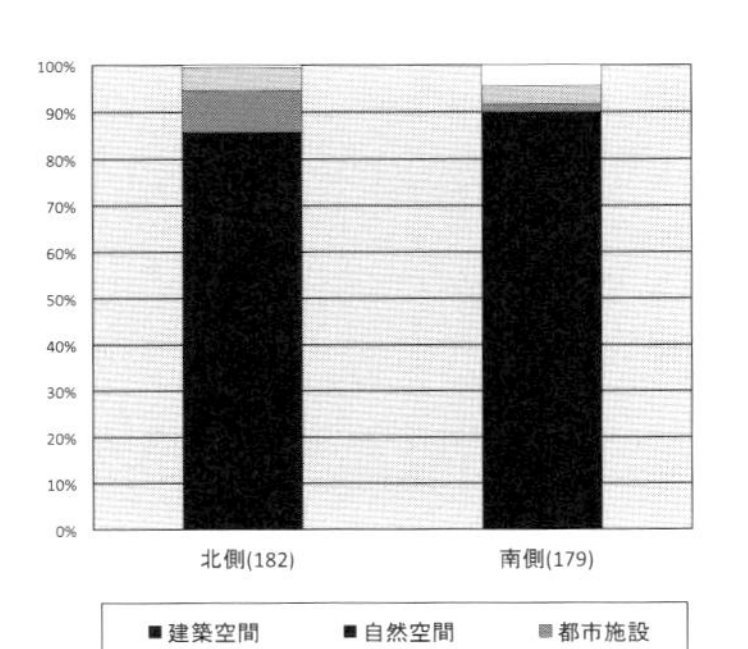

両地区ともに、建築空間、とくに**建築物**に対する指摘が増加し、モニュメントに対する指摘が減少する。モニュメントは幾度見ても同じ価値づけであるが、建築物には毎年いろいろな発見があるために、提案の対象となる。

pp. 267－274：表28　児童による提案の変容　*131

「○○○すると」

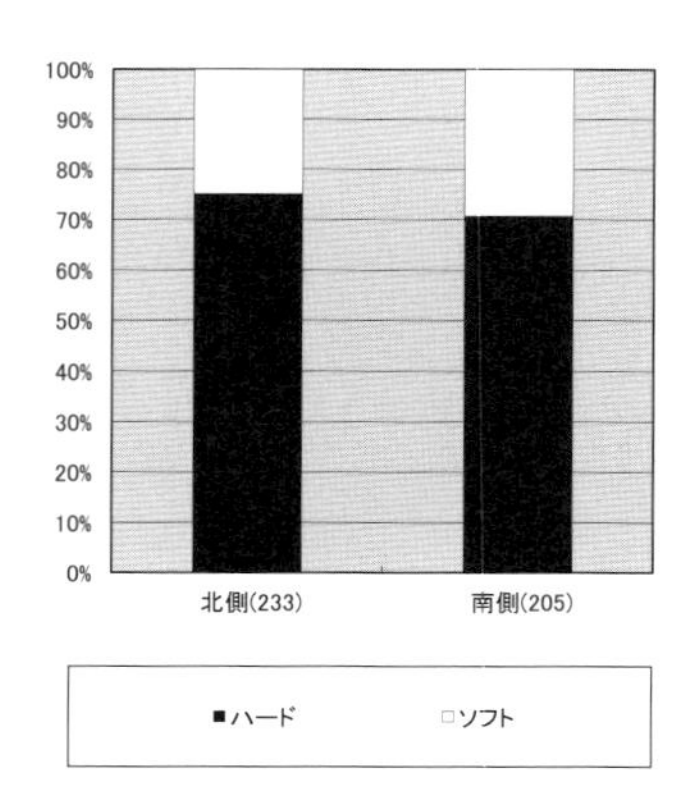

「○○○になる」

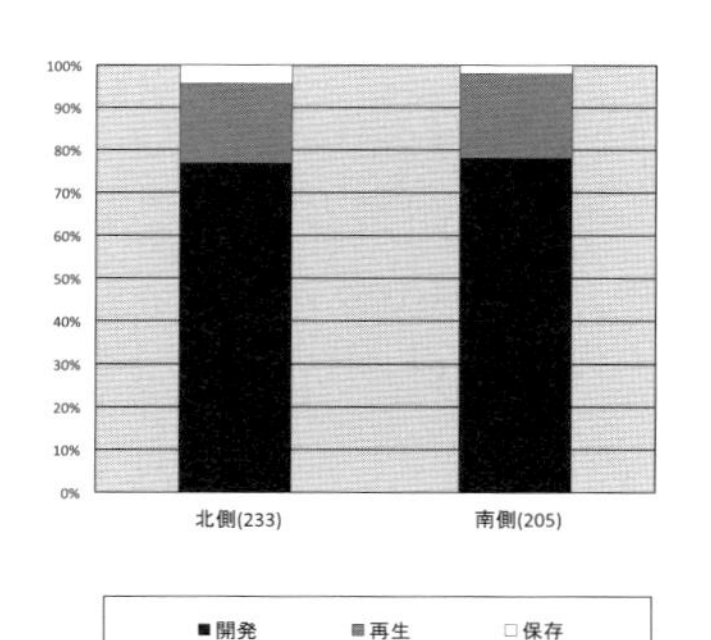

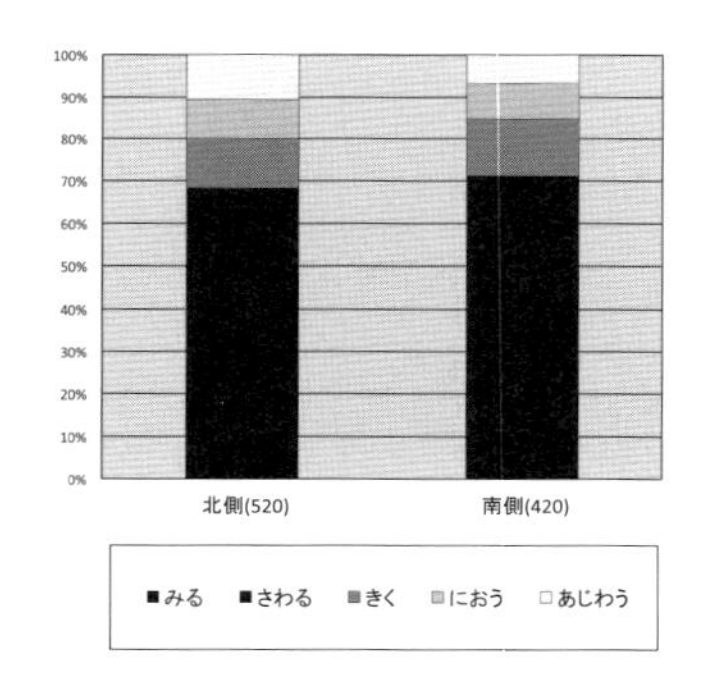

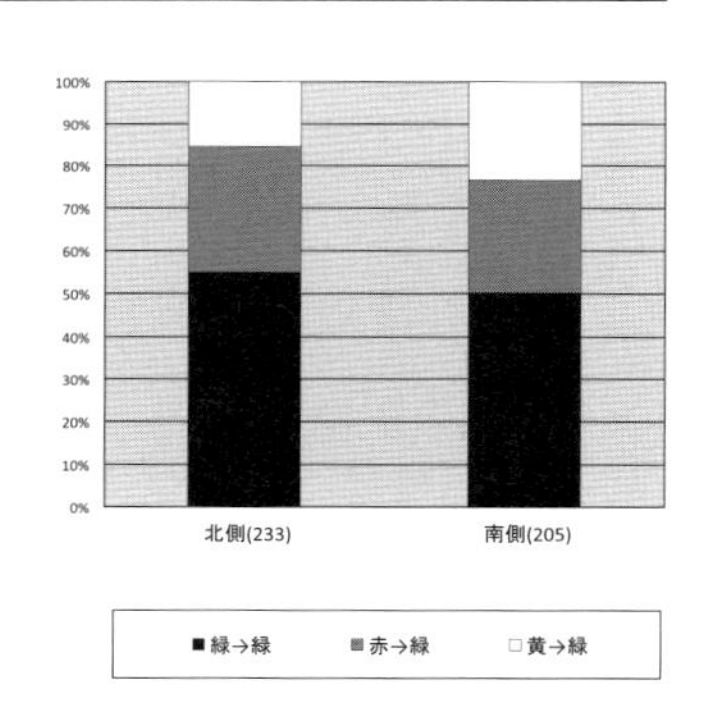

ことばについては、ソフトとハードの割合に北側と南側でそれほど大きな差はないが、北側、南側ともに**ハード**の提案がソフトの提案の2倍以上となっている（上)。
アイコンについては、両地区とも**「みる」、「さわる」アイコン**で60%を占めているが、極端に少ない五感アイコンはない（下)。

ことばについては、北側、南側とも**開発**が多くを占め、保存の提案数が顕著に少ない（上)。
アイコンについては、「開発」を志向するなら、「赤→緑」の提案が多いはずであるが、北側、南側ともに、**「緑→緑」**の提案が最も多い（下)。

3年生（EP8）　「○○○なのは」　「○○○だから」

空間的指標

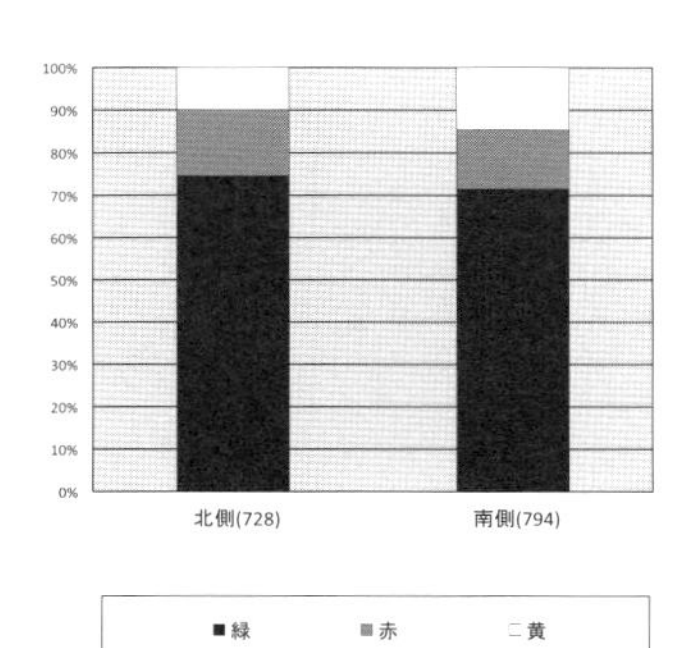

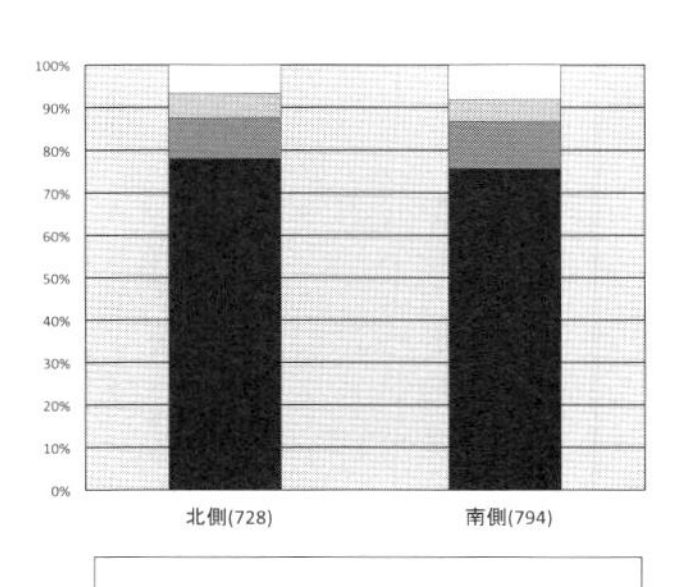

時間的指標

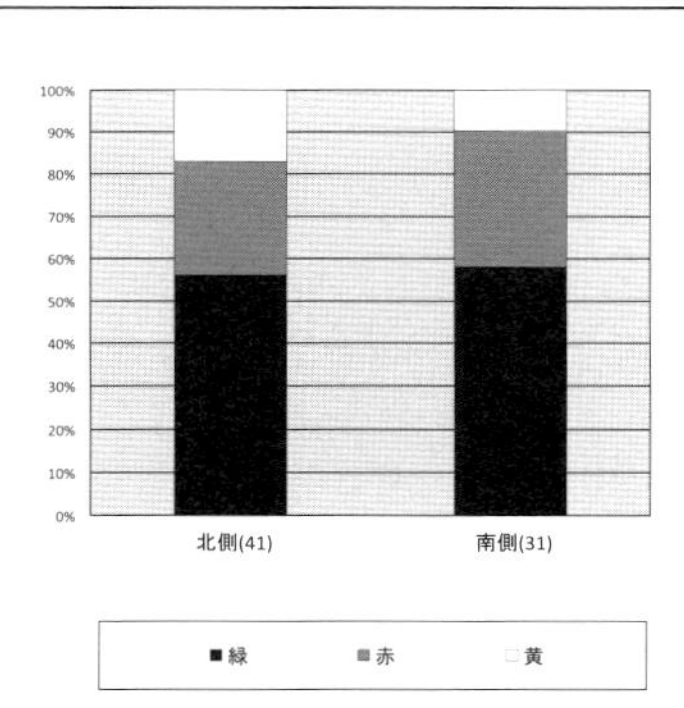

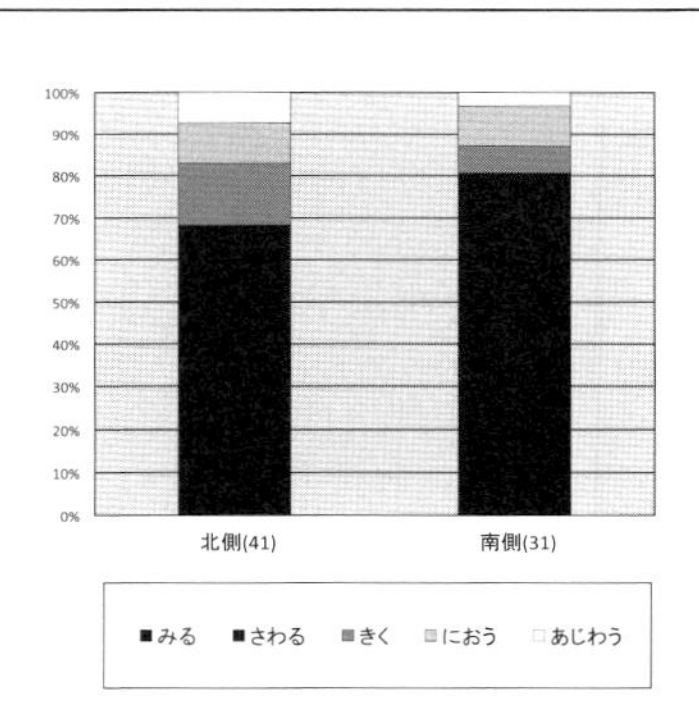

空間的指標については、両地区ともに、**緑アイコン**が大半を占め、児童は1つの場所をさまざまな緑アイコンで表現している（上）。
時間的指標については、やはり緑アイコンが多いが、対象数は少なく、1つのアイコンで評価している（下）。

空間的指標については、北側、南側のいずれにおいても、「みる」アイコンと「さわる」アイコンが大半を占める。とくに、**「さわる」アイコン**が北側で多い。たしかに、「におう」アイコンと「あじわう」アイコンは少ないが、極端に少ない五感アイコンはない（上）。
時間的指標については、空間的指標に比べて、南側では「みる」アイコンの割合が増える。ここにはなく「ふれる」ことができないからである（下）。

「○○○すると」　「○○○になる」　（右：オリジナル・アイコン）

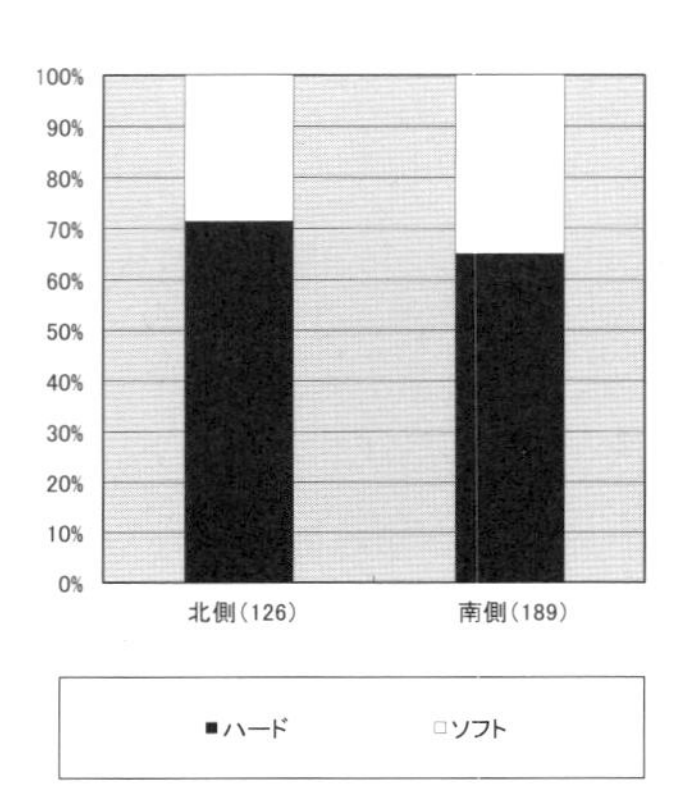

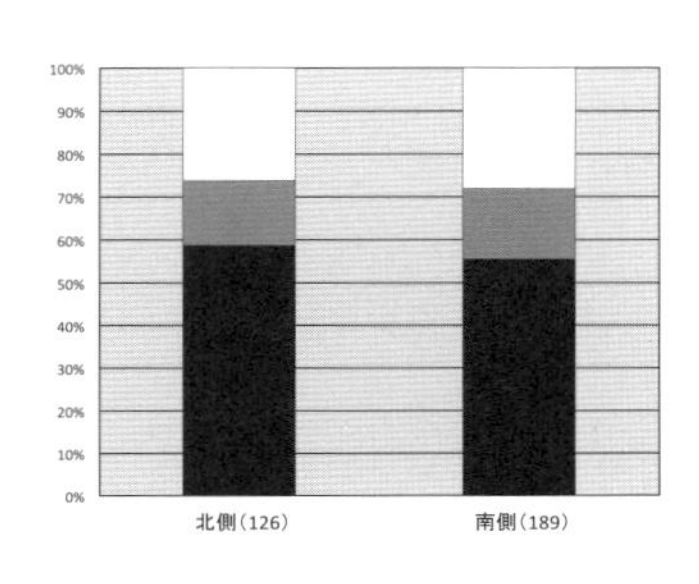

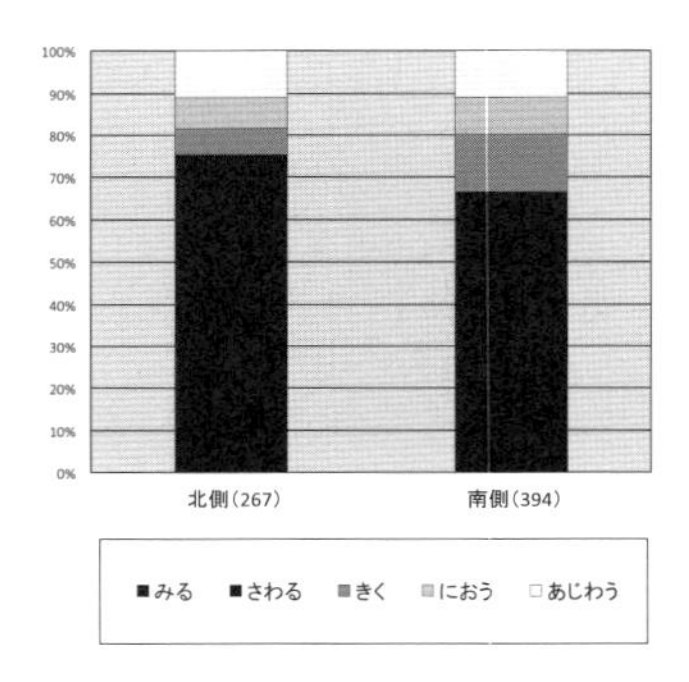

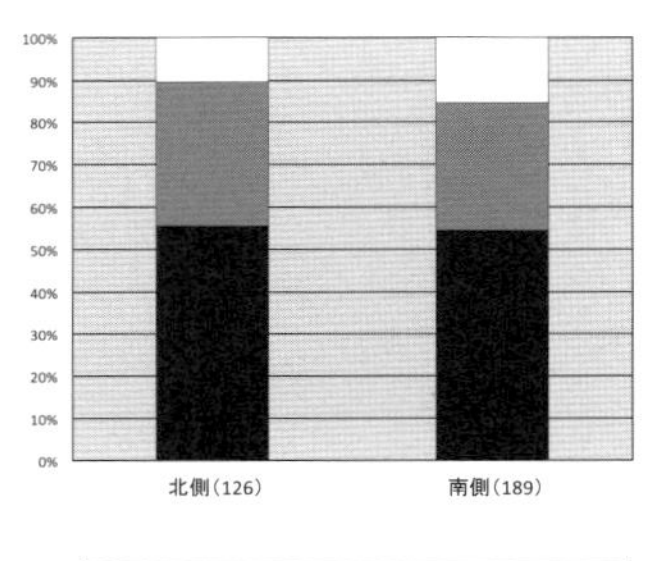

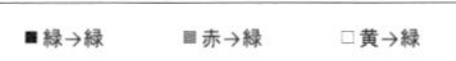

ことばについては、3年生時と同様、北側、南側ともに、**ハード**の割合がソフトの割合に比べて高くなり、約70％以上を占めている（上）。
アイコンについては、微細な増減はあるが、3、4年生ともに**五感アイコン**の配分率は、ほぼ類似している（下）。

ことばについては、3年生時と同様、北側、南側ともに、保存や再生よりも開発の割合が高く、約60％を占めている。しかし、3年生時よりも4年生時の方が**保存**の割合が約30％で高い割合である（上）。
アイコンについては、両学年ともに「緑→緑」の割合が最も高く、50％以上を占める。しかしながら、3年生時よりも4年生時の方が**「黄→緑」**や**「赤→緑」**の割合が高い。学年が上がることによって現状を否定的に捉えるようになるという点は、アイコンによる評価と同様である（下）。

オリジナル・アイコンをつくる過程では、提案された空間の全体をアイコンによって表現しようとしていているために、部分の切り取りや抽象化は困難である。そのまなざしは俯瞰的ではなく、あくまで地上の大地に立つ人間の目線であり、物語のシーンのように児童のアイコンは立面（地面からの視点）の表現が大半である（右）。

4年生（EP9）　「○○○なのは」　「○○○だから」

空間的指標

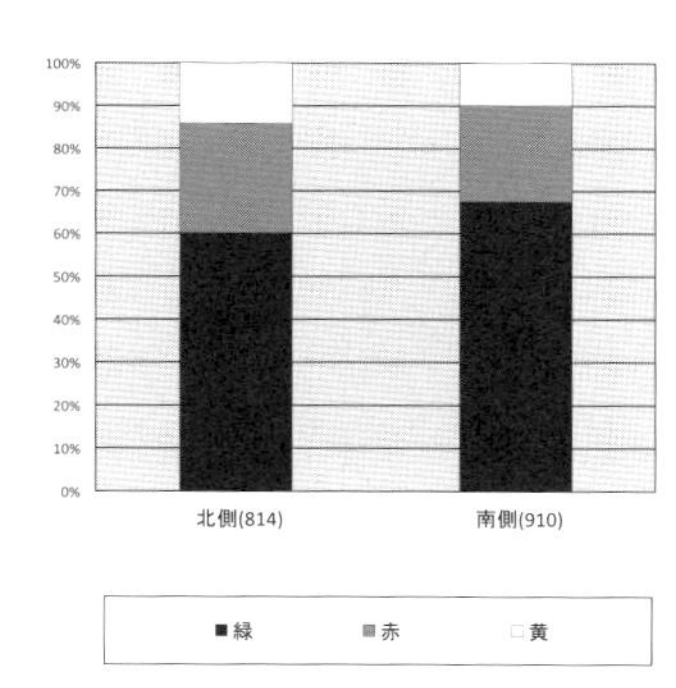

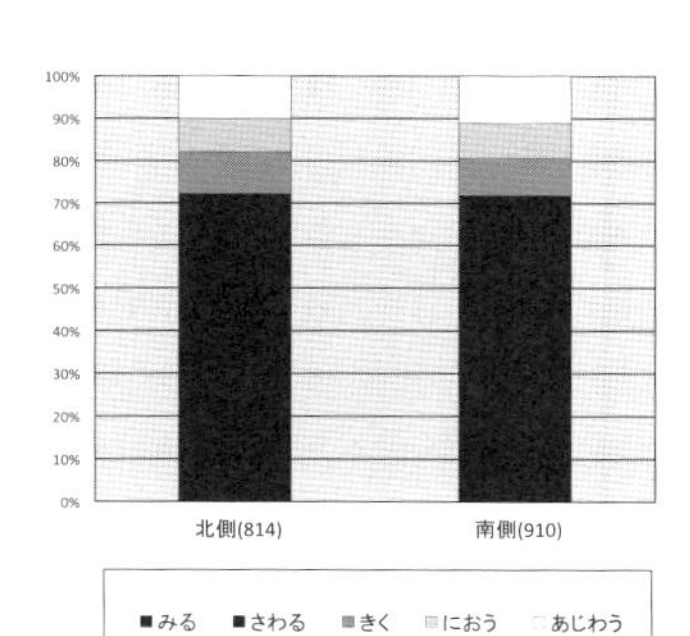

時間的指標

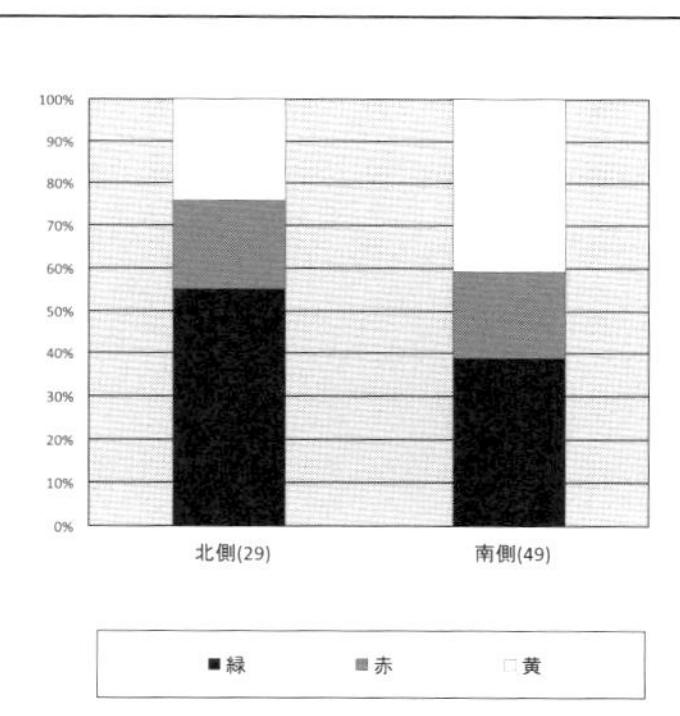

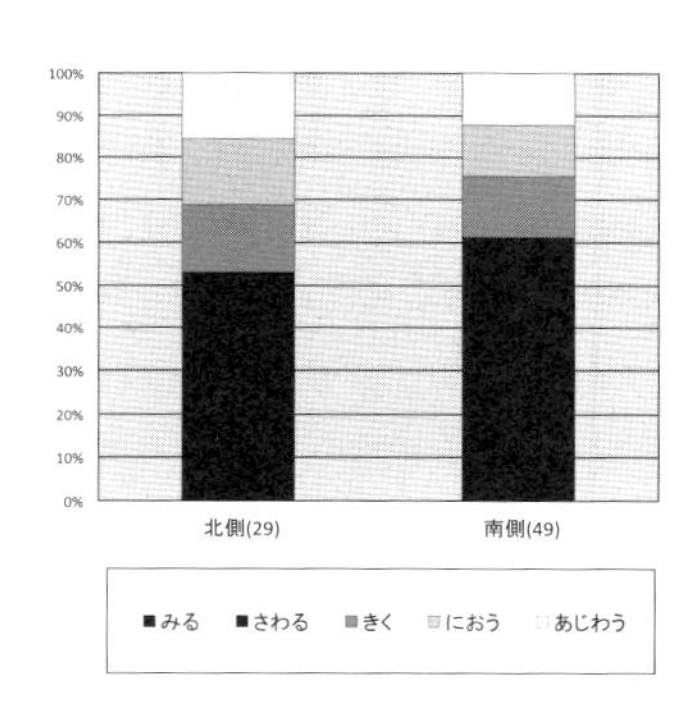

空間的指標のアイコンについては、3、4年生ともに**緑アイコン**の割合が60％以上で最も高く、都市空間を肯定的に評価している。しかしながら、3年生時よりも4年生時の方が、赤アイコンの割合が約10％高く、否定的な評価である（上）。
時間的指標については、割合としては3年生時とさほど変わらない（下）。空間的指標のように、いま目の前にないものに対する想像力には乏しい。

空間的指標のアイコンについては、3、4年生ともに「みる」アイコンと**「さわる」アイコン**の割合が依然として高く、合わせて70％以上を占めている。とくに南側では3年生時よりも4年生時の方が「さわる」アイコンの割合が高い。つまり、学年が上がることによって、「みる」以外の感覚によって評価する傾向が強くなる（上）。
時間的指標については、3年生時と比べて「みる」アイコンの割合が減り、ここにはなく「みる」ことはできなくても、それ以外の感覚で表現できるようになる（下）。

「○○○すると」　「○○○になる」　（右：オリジナル・アイコン）

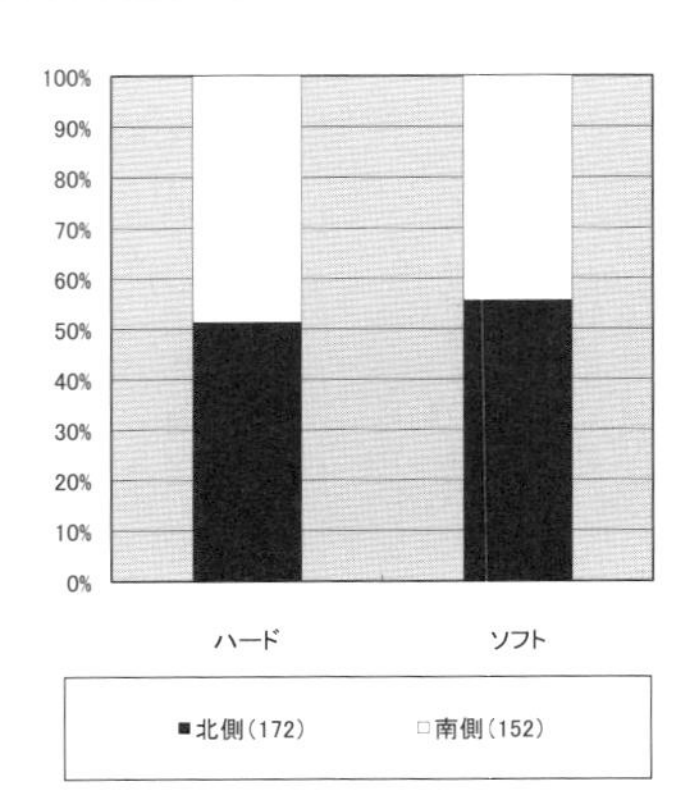

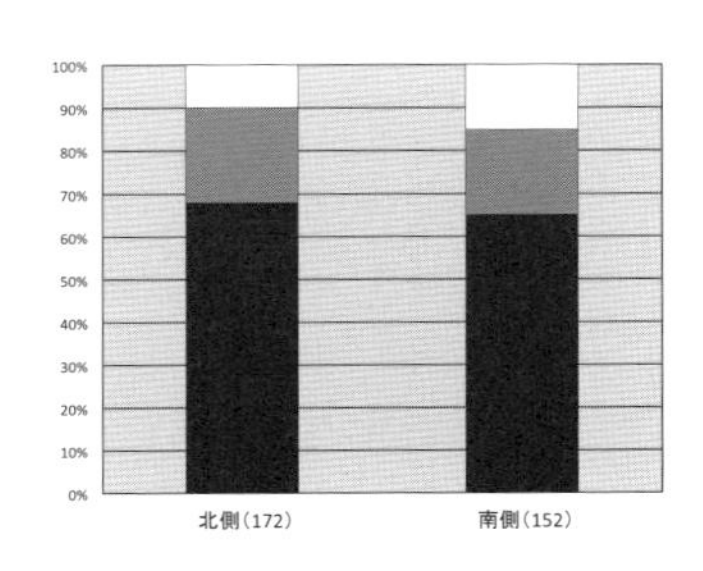

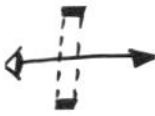

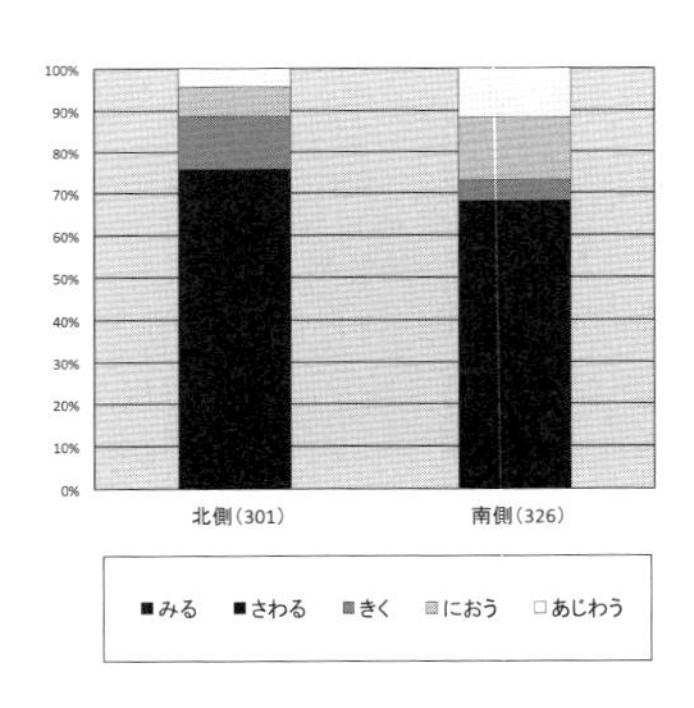

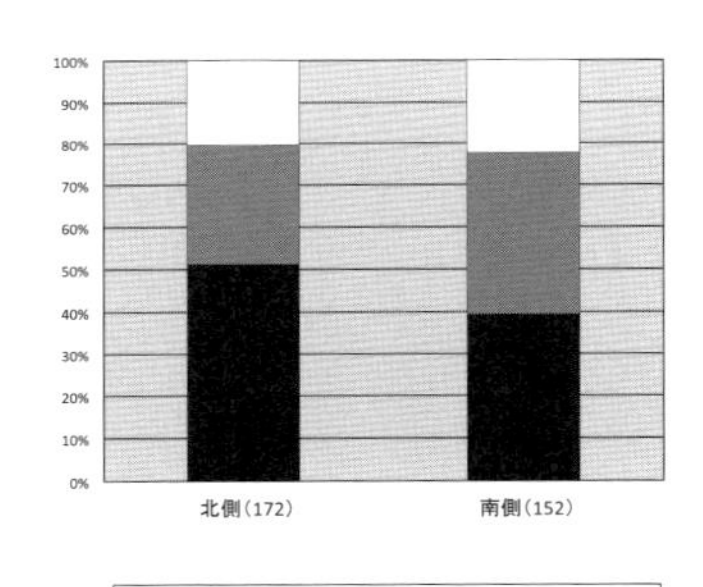

ことばについては、北側、南側ともに、4年生時に比べ**ソフト**の割合が高くなり、ハードとソフトの割合の差は、小さくなっている（上）。
アイコンについては、4年生時に比べ、5年生時は両地区ともに**「みる」アイコン**の使用割合が増加しているが、五感アイコンは比較的万遍ない使用である（下）。

ことばについては、4年生時に比べ、5年生時は、北側、南側ともに、保存や再生よりも**開発**の割合が高く、約60％以上を占めている（上）。4年生時に比べ、5年生時は両地区共に**「赤→緑」「黄→緑」**の提案の割合が増加し、いろいろな種類の提案ができるようになる（下）。

4年生時同様、オリジナル・アイコンの描き方が進歩していない。児童の提案そのものにストーリー性や時間性があり、オリジナル・アイコンをアイコンとして抽象化しきれない（右）。

5年生（EP10）	「○○○なのは」	「○○○だから」

空間的指標

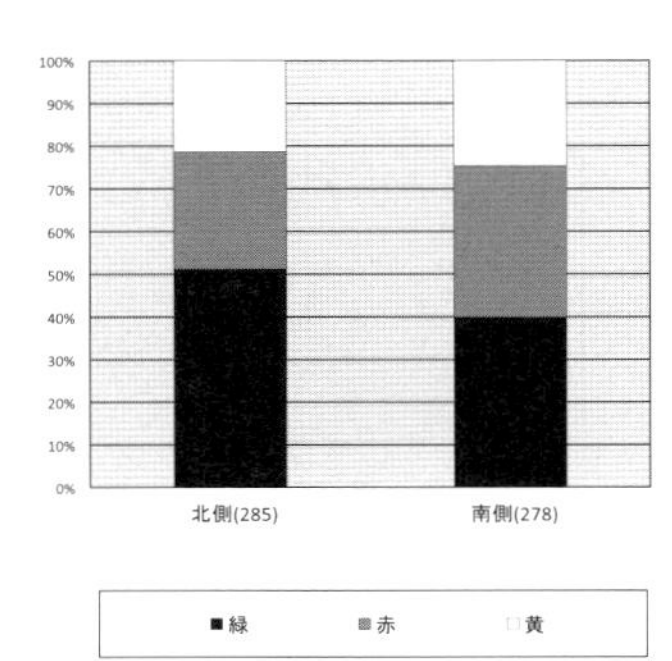

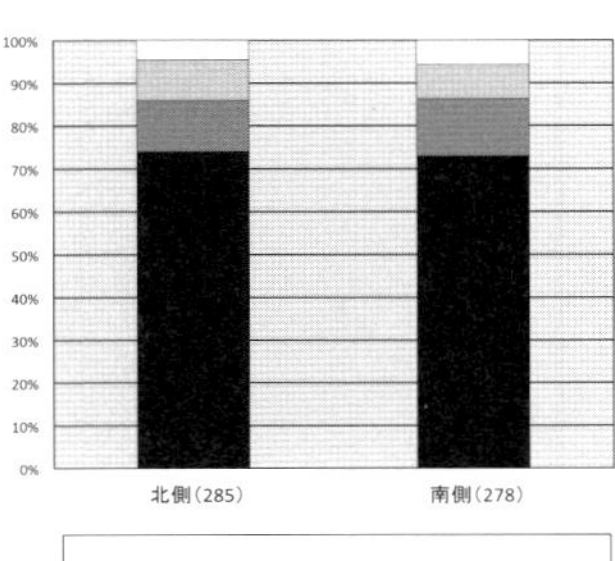

時間的指標

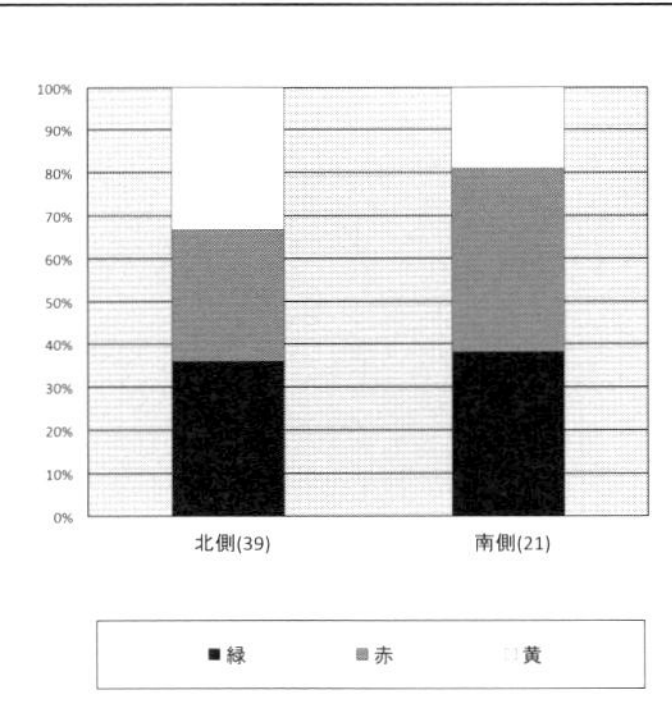

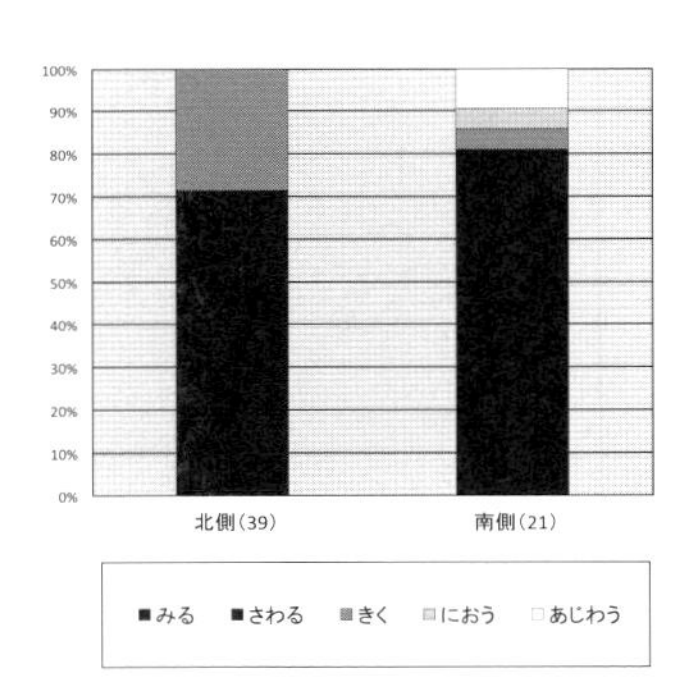

空間的指標のアイコンについては、両学年ともに緑アイコンが割合としては高いものの、4年生時に比べ、5年生時には**赤アイコン**や**黄アイコン**の割合はさらに高くなっている（上）。
時間的指標については、北側は4年生時に比べ、5年生時は緑の割合が減少し、緑、赤、黄色アイコンをほぼ均等に使用している。とくに、南側は4年生時に比べて赤アイコンの割合が倍増している。空間的指標と同様に、批判的なまなざしが形成されている（下）。

空間的指標のアイコンについては、4、5年生ともに**「みる」アイコン**と**「さわる」アイコン**の割合が高く、合わせて70%以上を占めている。しかし、4年生時と比べ、5年生時は北側と南側では増減の傾向が異なる。南側では、「みる」アイコンの割合が10%以上増加し半数を超えている一方、北側では、「さわる」アイコンの使用割合も増加している。（上）。
時間的指標については、北側と南側では使用割合が大きく隔たっている。空間的指標と同様に、**地区によるばらつき**が生じている（下）。

3年生（EP8）

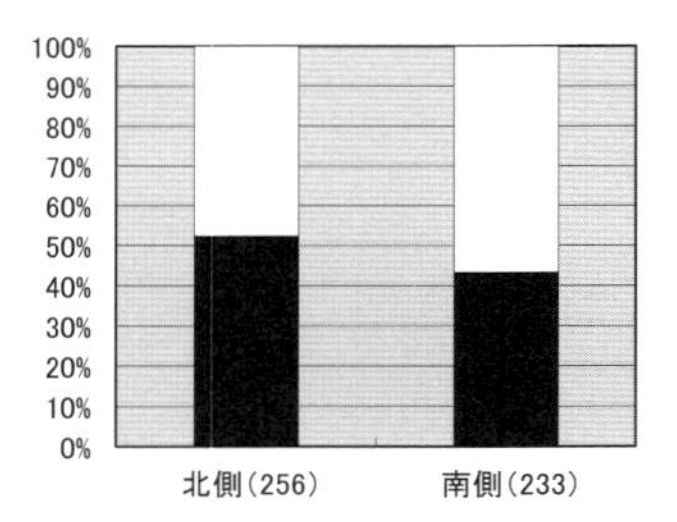

■自己の願望　□他者への配慮

3年生といえども、**自己の願望**だけを押しつけているわけではなく、**他者への配慮**が50%以上を占める。

4年生（EP9）

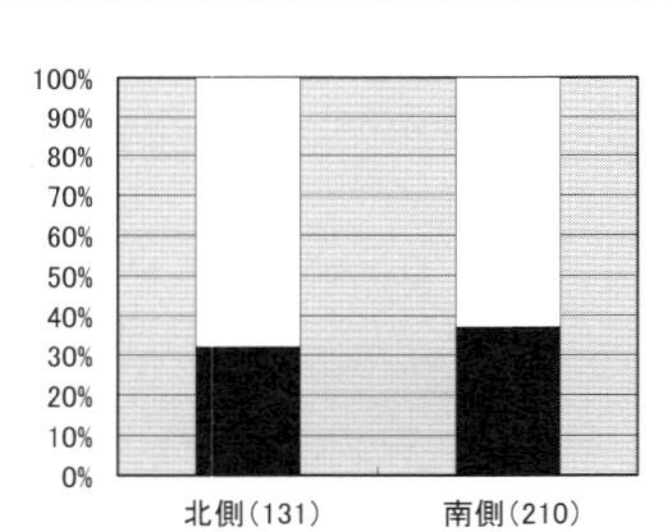

■自己の願望　□他者への配慮

4年生の提案では、北側、南側ともに、自己の願望より**他者への配慮**をしたものが60%以上を占めるようになる。熟考を重ねたゆえであろうか、提案数も減少している。

5年生（EP10）

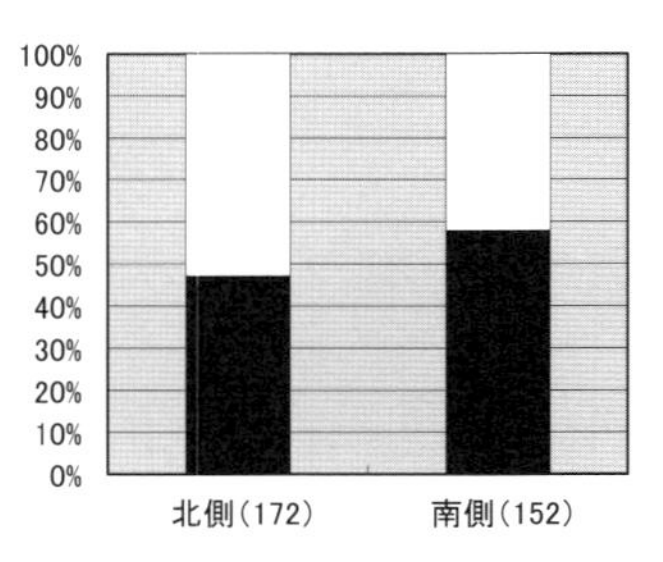

■ 自己の願望　□ 他者への配慮

4年生では、北側、南側ともに他者への配慮が自己中心性を上回っていたが、5年生の時には、北側、南側ともに**自己中心的な提案**が他者への配慮を上回っている。そしてまた、**地区によるばらつき**も出てくるようになる。

それをするにはまず、こわそうとされているけいかくをなくす。ベンチは、野球場だったころのままだったとしたら、そのベンチにすわってもいいのかもしれない。こわさなければ、市民球場の歴史がたぶんつづく。もっと長くつづくと、広島市民も、よろこぶと思う」*132（図25）

当時すでに閉鎖されて解体が議論されている北側の旧広島市民球場に対する提案である（図26）。児童2（女子）は、自分と同年代のこどもの遊び場の演出だけでなく、親の世代にあたる大人や、祖父母の世代に当たるお年寄り、さらには「広島市民」にも配慮している。「市民球場の歴史」は長く続かなければならないからである。

もちろん、根底には壊してほしくないという自己の願望がある。小さな頃から連れられて並々ならぬ熱気のなかで観戦した広島市民球場は、児童2（女子）のみならず、他の児童にとっても特別な場所であり、「みる」「さわる」「きく」を動員した場所なのである。

一方、南側の中島地区における典型的な記述を抜粋すると、次の通りである。

児童3（男子）：「むかしのものとむかしのこともきざまれているしのこされているからいいとおもっていたけど、ずっとみていると、すこしこわくなってくるから、もうすこしとうめいボックスのようなものをかぶせて、そして、臭いがぼくのところまでとどかないようにしてほしい」*133（図27）

原爆ドームに対する提案である（図28）。児童3（男子）は、広島平和記念公園の象徴でもある原爆ドームの歴史、戦争の歴史を考慮しながら、しかし「ぼく」の恐怖感情を優先する。おそらく、児童3（男子）には、野外に曝されたこの歴史的建造物からなにか本当に独特のにおいがしてくるのであろう。他の

地域	場所	提案（いま・・・なのは、・・・だから、・・・すると・・・になる）	記号	アイコン	
			○×△■□	前につけたアイコン	新しくつけるアイコン
北側・南側	子ども文化かがくかん	いま自由に遊べていいから、おとなが待てる、カフェコーナーを作ればいい。ざっしもおけばいい。そうすれば、大人も楽しい。それに、子どももおとなもゆっくりできる。	○		

図23 「提案してみる」の記述（3年生児童1（女子）） ＊134

図24 広島市子ども文化科学館をフィールドワークする児童たち

丹下健三によって設計された広島市児童図書館（1954）の地に1980年に開館した科学館である。ハンズ・オンの体験型展示の人気は高く、児童たちは科学の仕組みの理解を遊び感覚で習得していく。飽きそうなものであるが、児童たちはフィードワークのことなどほとんど忘れて、館内を夢中で駆けまわる。

北側・南側	（旧）市民球場	いま、自由に出入りがかんたんにできないので広場のようにしてベンチをつけるとたくさん人がへるので子供もうれしいし、お年よりは休けいができて親は子供の様子がよくわかる。それをするにはまずこわそうとされているけいかくをなくす。ベンチは、野球場だったそのままだったとしたらそのベンチにすわってもいいのかもしれない。こわさなければ市民球場の歴史がずっとつづく。もっと長くつづくと広島市民も、よろこぶと思う。			

図25 「提案してみる」の記述（3年生児童2（女子）） ＊135

図26 旧広島市民球場をフィールドワークする児童たち

原爆ドームに隣接し、1957年に完成した旧広島市民球場は戦後復興の象徴であり、おそらく多くの児童が観戦に訪れ、球場内の「カープうどん」が大人気であった。2009年には広島駅近くに新設された新球場に機能移転したために、未使用の状態である（現在解体）。それでも、児童たちはまるで試合を観戦しているかのような熱狂である。

人にとってもそうであるかどうかは問題ではない。やはり赤アイコンである。しかしそれでも、評価としては「におう」アイコンそのものがない。臭いを否定することは、原爆ドームの存在そのものを否定することになるからである。「ぼくのところまでとどかない」ようになればよい。「ぼく」は「ぼく」以外のものに配慮しているからこそ、恐くても見られるような透明の鞘堂を提案しているのである。

児童4（男子）：「なぜなら、文字だと、だれがかいてるかわからないけれど、声だったら、だいたいだれがいっているかもわかるから、しんようできるから、声にしたほうがいいと思います。もう一つは、日本語と英語とかんこく語だけだったら、フランス人が広島にきたら、字がよめないから、もっと世界の言葉をいれたほうがいいと思います」*136（図29）

南側の平和記念公園のなかにある動員学徒慰霊碑に対する提案もまた、緑→緑の提案である（赤ペンで書いているが赤アイコンではない）。モニュメントの説明板に記載されている日本語と英語に加え、様々な国の言語を記載するという提案である。公共的なサインにおける多言語の選定は今日でも問題である（図30）*137。おそらく、児童4（男子）は世界中のあらゆる言語を表記することの困難さに気づいていないが、その場を訪れるであろう様々な主体（多様な国籍の人々）に対する配慮があることは違いない。しかしフィールドワークでは、多くの児童がモニュメントの説明板の読みづらさに不平を言っている。そこには、3年生ではまだそんなに漢字が読めないこと、ましてや小さな漢字ではもっと読みづらいことに対する苛立ちがある。

都市空間に対する児童のまなざしと、現実の都市の空間との不調和は、平和記念公園に柵を設置するという保護者の提案についての議論でも認められる。

*137　パブリック・アートとしては、ジャン・ミシェル・ヴィルモットとクララ・アルテールによる平和の門（2005）（図30）が児童と同じコンセプトを共有している。

*141　「他者への配慮」という指標は、一般的なこどもの空間認知の発達における「自分と外界、自己と他者」という発達初期の空間認知理論を援用している。

*142　公共的な空間に対する児童に特有のまなざしは、親密で私的な生活空間に対しても同様である。提案型ワークショップを家・通学路・学校でも実施した結果、アイコンによる描写では、提案における緑・赤・黄アイコンの配分率や五感の配分率が家・学校と通学路とで平準化してくる。評価における家・通学路・学校の非連続性とは異なる傾向である（2章5節「断片化するフィールド」を参照）。言い換えれば、熟知度の高い家や学校という私的で日常的な空間と、空間への能動的なはたらきかけが比較的難しい通学路という公共的空間を架構する共通のまなざしが、アイコンによる提案から見えてくる。そこには、家・通学路・学校という境界はない。生活空間に関するアイコンによる提案を行った後の発表の時間に、学校のプールを温水プールにするという「さわる」アイコンの提案について、次のような質疑応答が繰り広げられている。

筆者：「みんなやっぱり温水プールになったほうが良いと思いますか？」

児童1（女子）：「[その方が]いい」

児童2（男子）：「え、[そうじゃなく

地域	場所	提案（いま・・・なのは、・・・だから、・・・すると・・・になる）	記号 ○×△■□	アイコン 前につけたアイコン	 新しくつけるアイコン
北側 南側	原ばく ドーム	むかしのものとむかしのこともきざまれているしのこされているからいいとおもっていたけど、ずっとみているとこわくな[illegible]げんばくドームを、1つの[illegible]にかこめばいい。 むかしのものとむかしのこともきざまれているしのこされていいとおもっていたけどずっとみていると、すこし[illegible]わくなっ	△		

図27 「提案してみる」の記述（3年生児童3（男子）） ＊138

図28 原爆ドームをフィールドワークする児童たち

被爆の象徴である原爆ドームは、戦後復興期にはまるでジャングルジムのようなこどもの遊び場であった。倒壊の危険性が指摘され、現在は柵があるために中には入れない。児童たちはどこかよそよそしく、原爆ドームにはあまり近づかず、河岸の方に関心を向けている。原爆ドームは、象徴という概念を着て児童たちを遠ざけている。

地域	場所	提案	記号	前につけたアイコン	新しくつけるアイコン
北側・南側	動員学徒慰霊碑	なぜなら、文字だと、だれがかいてあるかわからないけれど、声だったら、だいたいだれがいっているかもわかるから、しんようできるから、声にしたほうがいいと思います。もう一つは、日本語と英語とかんこく語だけだったら、フランス人が来たときに、字が読めないから、もっと世界の言葉をいれたほうがいいと思います。	○		
北側・					

図29 「提案してみる」の記述（3年生児童4（男子）） ＊139

図30 平和の門をフィールドワークする児童たち

平和記念公園の中には大小数多くの記念碑があり、目に付きやすいこともあって、児童たちは必ずといってよいほど一目散に駆け寄る。そして、文字を読む。2005年に被爆60周年を記念して、平和記念資料館の向かいに建立された平和の門もその一つである。もちろん、児童たちは門の造形の表面に刻まれた多言語の「平和」の意味を理解できない。しかし、漢字の「平和」が世界の中で位置づけられていることは、うすうす感じている。

保護者：「次は、えっと、赤のアイコン。「みる」、「さわる」。場所は川沿い。理由は、柵がなくて危険で、フィールドワークしているこどもが落ちそうで危険だった」

児童5（男子）：「僕もちょっと考え中でよくわからないんですけど、赤のアイコンで、柵がなくって落ちそうで危険だったっていうところがあったんですけど、逆……。平和公園に来るっていう人は、たぶん……、えっと赤ちゃんとかは見に来ることはないと思うし、逆に柵がなかった方が危険感を感じて、そこも勉強になったりするかもしれないから、あの、平和公園は赤ちゃんが来る場所とかじゃなくって、原爆のことについて知るためにそこに来ているのだから、たぶん赤ちゃんとかは来なくて、小学3年生とか、そこらへんの人達がくると思うから、柵がなくても大丈夫なんじゃないかな、大丈夫なんじゃないかなと思いました」*140

保護者は平和記念公園の川縁に「柵がない＝危険」としているが、児童5（男子）には、柵を設置して安全を確保する必要性が感じられない。そもそも、「こども＝赤ちゃん」は公園には来ないからである。「こども」ではない自分たちには、柵がなくても危険を察知する力はある。そんなことよりも、公園に来るべき人のために、児童5（男子）は柵のない手入れされた芝生を逆提案する。

児童5（男子）の論点は、実は「こども＝赤ちゃん」がいるかいないかにかかわらない問題である。たしかに、平和都市広島を象徴する南側の中島地区と、幹線道路を挟んで、広島市民の文化的空間である北側の基町地区とでは、公共性の意味が大きく異なるために、一見すると両地区の境界は明確である。おそらく、北側の基町地区には「こども＝赤ちゃん」も多いはずである。

しかし、「提案」という次元では、北側と南側に提案の記述内容に大きな違いがあるわけではない。こどもの自己満足を実現するという自己中心性と同時に、公共的な空間の多様な主体に対する他者への配

て」水がいい。夏は冷たいのが……」

児童1（女子）：「私は夏もあったかい方がいいんですけど、夏に冷たいのに入っても、冷たくて、体力がなくなって、もうだめってときどきなって、多分、温水プールになったら、寒くもならないし、途中で体力が尽きることもないと思います」

児童3（男子）：「僕は冷たくて、雨が土砂降りの日がいいんですけど。理由は、寒かったら泳ぎやすくて、泳ぎがピッピッてなって泳ぎやすい……寒さで泳ぎやすくなるような気がして……」

筆者：「うん。「僕」はそうなんだけど、さっきの意見に対してはどうですか？そういう人もいるってことについてどう思いますか？「僕」はそう思うんだけど、最終的にはどう思いますか？」

児童3（男子）：「最終的には、夏は水で、冬はちょっと暖かい方がいいと思います」（2009年度の3年生児童とのプレワークショップ）

こうして、結果的に折衷案に落ち着く。児童3（男子）は満足できない様子であるが、自己の意見を述べると同時に、他人の意見に耳を傾けている。発表という場面で、折衷案を強要されているというわけではない。自らの身体感覚による評価だけでなく、他人の身体感覚も受け入れて、児童1（女子）にもう一度提案を投げかけているのである。

学校のプールでの他者とのかかわりは、通学路の公園にプレイリーダーを置くというサポーターの提案に対する次のような対話にも現れる。

サポーター：「やっぱみんなが「遊具を」組み立てようと思うとやっぱりこうい

慮＊[141]が表れているという意味では、北側と南側はむしろ等価である＊[142]。それゆえに、「こども＝赤ちゃん」がいてもいなくても、児童5（男子）は間違いなく同じことを言っていたはずである。こども扱いするなという気持ちと、他人のことを考えるという気持ちが、いつも同居しているからである。3年生児童による提案では、純粋に私的で自己中心的なだけの空間の提案は、皆無であるといってよい。多かれ少なかれ公共性を有しているのである＊[143]。

　しかしながら、他者への配慮は、没個性的な他者への感情移入や同感とは異なる。児童は、たとえ都市空間の社会的要因についての理解が未熟であっても、たとえサポーターや保護者のような大人による知識的にも技術的にも洗練された提案でなくても、児童としての視線をしっかりと保持し、自身が空間の主体であることに自覚的である。つまり、自己中心的であることと他者への配慮が共存してはたらいているのである＊[144]。

他者への配慮の優位と五感の持続（4年生児童による提案の場合）

　4年生になると、児童の提案の構造は変化していく。提案の対象は、3年生の時のような建築物やモニュメントが減少し、水や緑の自然空間、あるいは道路空間などに関心が拡がっていく。ハードの方法を用いた提案であることに変わりはないが、やはり「さわる」アイコンの使用頻度は依然高く、五感を用いて提案している。しかし、提案の目的とするところは、新しい開発に加えて保存や再生も多くなり、「緑↓緑」だけではなく「赤↓緑」や「黄↓緑」でも提案している。さらに、評価から提案へといたるプロセスでは、3年生以上にアイコンの色と種類に対応関係が出てくる。それは、評価から提案への飛躍が少ないということを意味する。

う大きなものだったり硬いものっていうのは危ないんだけど、［中略］グループリーダーっていうのを遊び場に一人か二人か必ずいるようにしてもらって、こういった遊具を組み立てるときに指示をだしたりしてくれると、ある程度は安全を確保できるんじゃないかって思います」

　児童1（男子）：「一番最初のプレイリーダーは、一人で遊びたいときに、いたら邪魔って思うかもしれない」

　サポーター：「そうですね。そこはやっぱりプレイリーダーを設置する上で一番難しいところなんですけど、プレイリーダーの方も、極力子どもが自由に遊べるようにっていうところで、ある程度子どもの遊びを制限しないように動いてはくれてるんですけど、ギリギリ危険なところっていうのはストップしてあげないといけないんで、そこはこどものほうもわかってもらえればと思うんですけど」

　児童2（女子）：「でも、大人の気持ちもわかってって言われても、こどもの気持ちもわかってほしいんですけど」

　サポーター：「……［回答できず］」

　児童3（男子）：「プレイリーダーがいても、弘法にも筆の誤りっていうふうに、なんか途中何日かに間違えたりして、こどもたちが乗った瞬間ガラガラって崩れて、こどもたちが怪我してしまうかな」

　サポーター：「そうですね。これはもう、プレイリーダーの方に頑張ってもらうしかないかなと思います」

　児童3（男子）：「プレイリーダーの人に頑張ってもらっても、頑張れないときもあるかもしれない」

　児童4（男子）：「こどもが悪いことして

北側の基町地区の典型的な記述を抜粋すると、次の通りである。

児童1（女子）：「いま、人が少ないのは、ふんすいがきたないから、きれいにして、まわりにベンチをつけると、みんなのたのしい場所になる」（図31）*145

世界有数の印象派絵画のコレクションをもつひろしま美術館の前にある噴水は、決して大きなものではない（図32）。美術館正面のやや脇にあり、存在に気づかない鑑賞者も多い。秋口で枯れ葉が多く、児童1（女子）には汚く見えたのである。アイコンによる提案では、噴水の水のにおいにも敏感である。提案は、噴水の清掃、ベンチの配置により「みんなのたのしい場所」を考えたものであり、五感全体で感じる場所となる。「わたし」が前面に出ることはない。

児童2（女子）：「いまトンネルが電気がついていなくて暗いから、電気をつけてまわりにちょっとずつお花をうえたりしたらみんなが安心して通れる」*146（図33）

北側の広島市立中央図書館横に通じる高架下道路についての提案である。道路幅も広く距離も短い歩行者専用であるために、さほど暗くはないが、やはりトンネルであるために暗いといえば暗い。児童2（女子）はトンネルに照明装置を設置して視界を確保し、安全な道路にしようとするだけでなく、花を植えることで空間の雰囲気から生まれる安心感を付加しようとする。大人なら、まずこんなところに花を植えることなどを思い付かない。太陽光が少なく、管理が困難であろうと大人はまず考える。もちろん、児童2（女子）が花がとりわけ好きなのであるが、あくまで「みんな」が同じように感じているという前提があ

プレイリーダーがその子が怪我したとき謝らないといけないから、プレイリーダーがかわいそうだと思う」（2009年度の3年生児童とのプレワークショップ）はじめ児童たちは、プレイリーダーに対する直感的な嫌悪感を感じている。ところが、対話の過程で、児童たちはプレイリーダーの立場に立てるようになる。しかし、最終的にプレイリーダー問題は糸口が見出せずに終わる。児童たちは、討論を経てもプレイリーダーのいる遊び場を肯定することができないのである。しかし、重要なことは、自己を基準としながら別の立場を想像して（あるいは別の立場に身を移しながら）、公園という空間を問題にしている点である。このようにして、児童は自らの主体性に基づく提案という行為を通して、翻って空間の主体となるものについて問う。

*143　こどもにとって公共空間は、西洋的な言論空間（ハンナ・アレント、志水速雄訳『人間の条件』筑摩書房、2002を参照）である前に、「さわる」のアイコン評価に認められるように、身体的・感性的なものに基づいている。それはたとえば、日本の公共空間が自然の名所として持続してきた事実と無関係ではない。「花見」のような場所は、生命的なものとの連帯に対する感性が要請されるからである（白幡洋三郎『花見と桜』、PHP研究所、2000を参照）。

*144　ピアジェはこどもの発達段階において操作的思考によって直感的自己中心性が脱中心化され、自己と社会が均衡するという（ジャン・ピアジェ、波多野完

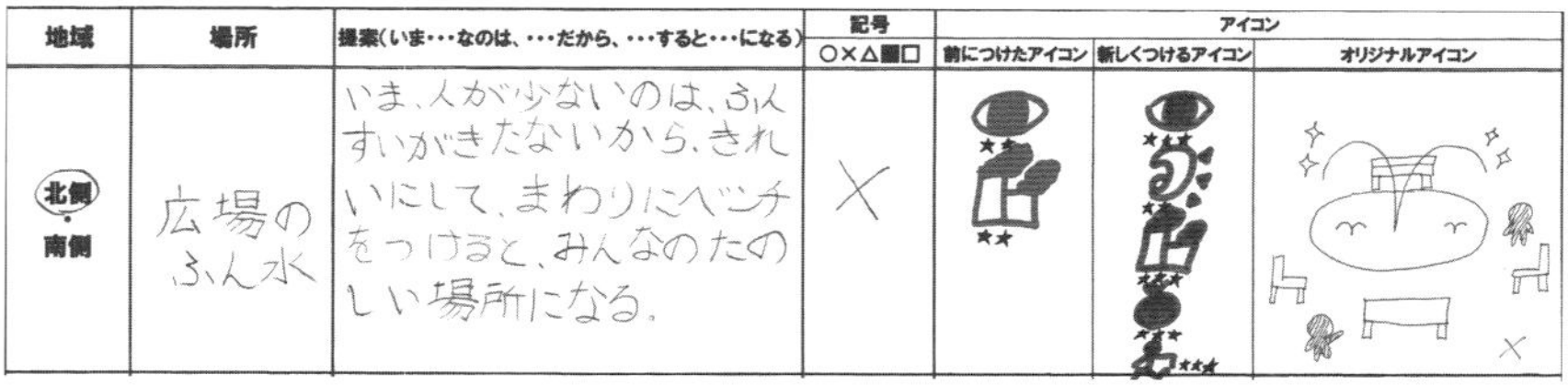

地域	場所	提案（いま・・・なのは、・・・だから、・・・すると・・・になる）	記号	アイコン		
			○×△■□	前につけたアイコン	新しくつけるアイコン	オリジナルアイコン
北側・南側	広場のふん水	いま、人が少ないのは、ふんすいがきたないから、きれいにして、まわりにベンチをつけると、みんなのたのしい場所になる。	×			

図31 「提案してみる」の記述（4年生児童1（女子）） ＊147

図32 ひろしま美術館付近を
フィールドワークする児童たち

広島市中央図書館、広島市映像文化ライブラリー、ひろしま美術館が集積する一体は樹木も多く、ちょっとした静かな散策路である。児童たちは、それらの文化施設にはほとんど目もくれない。落ち葉を踏みしめた時の足音に夢中である。そして、昆虫を探して地面に触れる。大地を肌で感じている。まちもこんなふうに楽しくあってほしいのである。

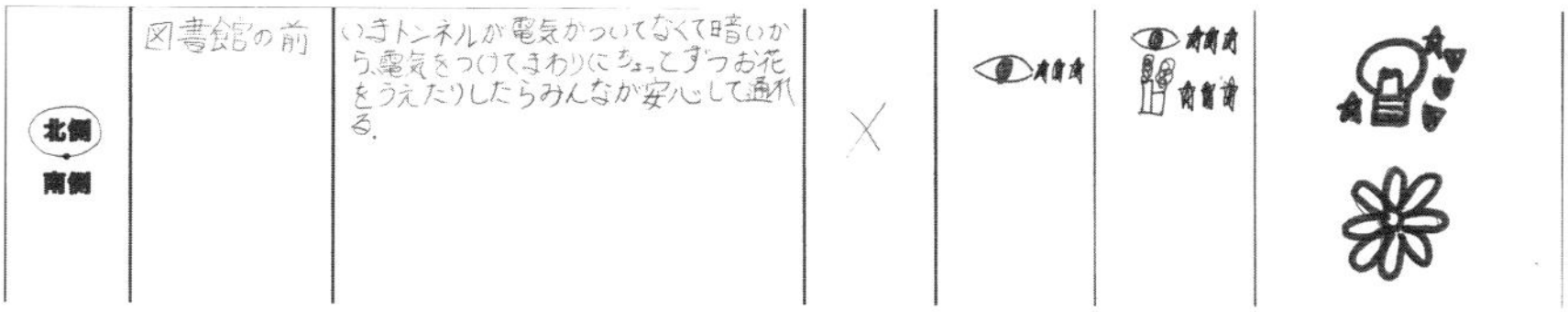

地域	場所	提案	記号	前につけたアイコン	新しくつけるアイコン	オリジナルアイコン
北側・南側	図書館の前	いまトンネルが電気がついてなくて暗いから、電気をつけてまわりにちょっとずつお花をうえたりしたらみんなが安心して通れる。	×			

図33 「提案してみる」の記述（4年生児童2（女子）） ＊148

る。
一方、南側の中島地区での典型的な提案は、次の通りである。

児童3（男子）：「いま、しばふに入れないのは、まだしばふを育てていると思うから、しばふが育って、原爆ドームのもけいなどを置いて、その時の様子が書いてある板（日本語、英語など）を立てると平和を感じる人がふえる」*149（図34）

平和記念公園の芝生の活用についての提案である（図35）。現在、式典時以外は立ち入りできない無味乾燥な芝生のスペースを、過去の様子を知ることができる場所として利用しようという提案内容には、たしかに保存の意識がはたらいている*150。それも音声などの無味乾燥な情報提供だけでなく、足をそこに踏み入れて「その時の様子」を感じることができるために、「みる」だけではなく「さわる」のアイコンが描かれている。ただし、提案の実現は、「しばふが育って」からでよい。児童3（男子）には、芝生に入れないことへの苛立ちはない。

児童4（男子）：「いま橋の歩道の横のさくが低くあぶないのは、小学生でも川におちそうだからで、橋の下に落下ぼうしのため道をつくり平和にかんする絵のかいたマットをつければ、景観もよいまま安全になる」*151（図36）

3年生の時に保護者の柵に反対した児童たちは、4年生の時には逆に、南側の平和記念公園につながる平和大橋の欄干の高さに関する提案をする（図37）。平和大橋は道路幅の割に車の交通量が多く、歩行者道

治・滝沢武久訳『知能の心理学』みすず書房、1960、232頁を参照）。ワロンはその「自己中心性」という概念そのものを、個体主義 individualisme と批判し、混同心性 confusionisme の立場をとる（アンリ・ワロン、滝沢武久・岸田秀訳『子どもの思考の起源』（上中下）明治図書出版、1968を参照）。しかし、ピアジェにしてもワロンにしても、「自己中心性」は発達の過程でいずれ解消されてしまう。それに対して、ここでは自己と他者の共鳴的なはたらきの持続を指摘しておきたい。「主体性」とは異なって、「自己中心性」は「他者への配慮」と同時に生きられるような「自己」の根本的な構えの一つと解釈しておきたい。

*145−149・152 2010年度の4年生児童とのワークショップ。

*150 丹下健三は、平和記念公園の芝生部分の再整備計画として、原爆投下以前の中島地区の町割りを地面上に再現し、歴史を視覚化する提案をしている（丹下健三+都市・建築設計研究所『広島市公会堂及びその附属施設の改造計画の策定に関する調査報告書その2』昭和48年1月を参照）。

*151・153 2010年度の4年生児童とのワークショップ。

地域	場所	提案(いま・・・なのは、・・・だから、・・・すると・・・になる)	記号 ○×△■□	アイコン 前につけたアイコン	新しくつけるアイコン	オリジナルアイコン
北側・南側	しばふ	いま しばふに入れないのは、まだしばふを育てていると思うから、しばふが育って、原爆ドームのもけいなどを置いて、その時の様子が書いてある板(日本語、英語など)を立てると平和を感じる人がふえる。	×			

図34 「提案してみる」の記述(4年生児童3(男子)) ＊152

図35 平和記念公園の原爆死没者慰霊碑をフィールドワークする児童たち

児童たちは、広島市民球場のように、芝生の中に入って駆け巡りたい。平和記念公園の見晴らしの良い芝生には、なぜ入れないのだろうか。説明版を呼んでもぴんと来ない。

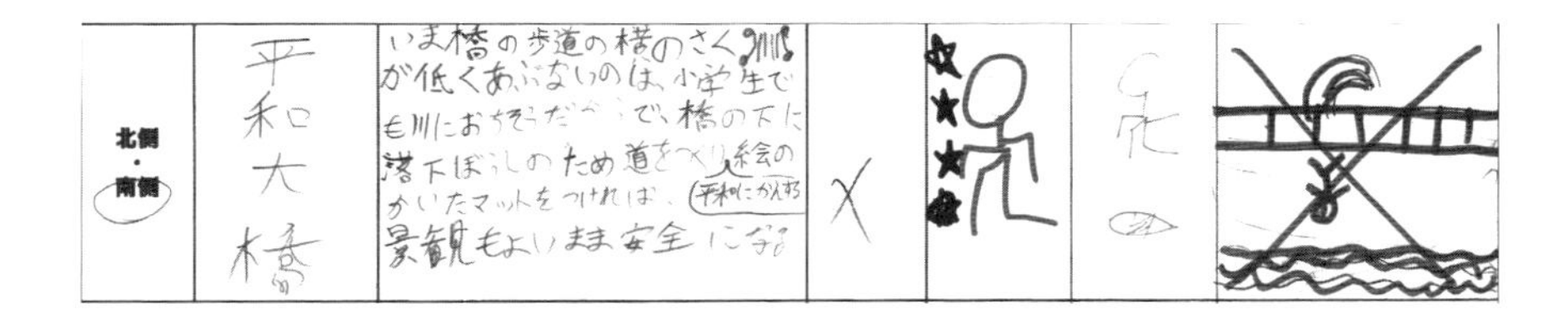

地域	場所	提案	記号	前につけたアイコン	新しくつけるアイコン	オリジナルアイコン
北側・南側	平和大橋	いま橋の歩道の橋のさくが低くあぶないのは、小学生でも川におちそうだから、で、橋の下に落下ぼうしのため道をつくり(平和にかんする)絵のかいたマットをつければ、景観もよいまま安全になる	×			

図36 「提案してみる」の記述(4年生児童4(男子)) ＊153

図37 平和大橋をフィールドワークする児童たち

丹下健三による平和記念公園の構想で示された橋は、1952年にイサム・ノグチによって「平和大橋」として架けられた。欄干の独特の造形は児童たちにも人気が高い。しかし高さが低く、児童たちは怖いもの見たさで恐る恐る身を乗り出す。

路も狭く、欄干も低い。彫刻家イサム・ノグチによる欄干そのものの解体、新設が議論されている時期である。芸術的な観点からかどうかは不明であるが、児童4（男子）は橋の取り壊しに反対である。歩行者専用道路をつけ足し、さらに安全のためにマットを設置することで、平和記念公園周辺の景観にも配慮している。単に危険を回避するだけなら、柵を取り替えてもよいはずであるが、それでは景観破壊になる。景観を保存することは、少なくとも小学生である児童4（男子）のためではない。

一般的に、3年生から4年生にかけては、空間認知能力が高まる節目の時期である。4年生における評価の客観化、提案の保守化はその反映である。学年が上がると、場所の特性をよく読み込むようになり、自己中心性が背後に退いて他者への配慮が優位になる。それでも、アイコン表現の次元において提案を支えているのは、3年生から変わらぬ五感である。実際、「みる」赤アイコンの評価は、決まって「みる」以外の緑アイコンを伴って提案されている。4年生児童は身体的成長が著しい時期であるにもかかわらず、あるいはだからこそ、身体の五感を通して都市の空間にまなざしを向けているのである*154。

他者への配慮と感性の覚醒する場所の親和性（5年生児童による提案の場合）

5年生になると、3年生や4年生以上に概念的な思考が確立し、現実的な提案が出てくる。そして、北側、南側ともに「さわる」のアイコンの使用割合が減少し、「みる」のアイコンが増加しているように、視覚的な見方が重視されている。

一方、提案の目的は、4年生のように保存、再生ではなく開発重視が多くなってくる。一般的には高学年は他者への配慮が道徳的にも確立されていく時期であるが、提案の保守化が進行するわけではなく、むしろ開発を志向する。3年生への逆戻りのようにも見える。しかも逆戻り現象は、南側の中島地区の方が

*154 日常的な生活空間についても、提案における五感のはたらきの持続が同様に指摘できる（千代章一郎・光畑勲「小学校児童による五感アイコンを用いた生活環境の評価と提案——3年生時と4年生時の比較——」日本感性工学会論文誌、Vol.11、No.1、2012年4月、113−120頁を参照）。ただし、公共性の高い都市の社会空間の方が、少なくともことばの次元ではより保守的な提案となる傾向がある。

北側の基町地区よりも顕著であり、提案の内容に地区間のばらつきが生じる。

北側の基町地区の典型的な記述を抜粋すると、次の通りである。

児童1（女子）：「いま、石であそべるけどすべってけがをするのは、つるつるで、もつところがないから、けがをしないように、もつところをつくると、みんなが楽しくあそべるようになる」＊155（図38）

広島県立総合体育館前のオープンスペースに設けられた円形ストーンサークルのような野外彫刻作品は、腰掛けたり乗ってみたりすることができる（図38）。こどもの遊びを誘発する仕掛けのある野外彫刻作品であるが、児童1（女子）にはフィールドワークの時にこの石ではしゃぐ男子が危なっかしく見える。しかし、はしゃいでしまう男子の気持ちもわかる。ゆえに安全面から黄アイコンである。改善策は「みんな」のための提案であり、「みる」に加えて「さわる」アイコンが描かれている。

また、別の児童（女子）にも、次のような典型的な記述がある。

児童2（女子）：「いま楽しいのは、たくさんのプールがあるからだから、少し大きな人でも遊べる深いプールもあると、もっとたくさんの人が遊べる」＊156（図40）

北側の中央公園のファミリープールは夏場のこどもの人気スポットである。かたちの異なる大小のプールが3つある多目的プールであるが秋のフィールドワークであるために中には入れないし、中の様子もわからない。しかし、児童2（女子）は、入れなくても、近くを通るだけで夏のことを思い出す。どのプールもこどものためだけのように感じ、黄アイコンの評価である。自分が楽しいだけなら現状で十分であり、

＊155–162　2011年度の5年生児童とのワークショップ。

＊163　2010年度の4年生児童と2011年度の5年生児童とのワークショップの成果。

＊164　公と私の境界、開かれていることと閉じていること、危険であることと安全であることの境界は流動的であり、「公共性」は原理的には調和しがたい2項を包摂しなければならない矛盾に満ちた概念である。4章3節「評価してみる」の＊106を参照。

＊165　意識に還元できない「生」を哲学の根本原理に据えた、ミシェル・アンリ、山形頼洋・望月太郎訳『野蛮』法政大学出版局、1990を参照。そもそも生きることそのことが感性的な体験であり、身体的な実践である。

＊166　「同感 sympathy」と「共感 empathy」とは厳密には異なる感性のはたらきである。日本語としての区別は曖昧であるが、両者は異なる概念であり、分けて考えておくとわかりやすい。前者「同感」は、同情 compassion ともいわれるように、基本的には社会的な階級意識に支えられている。あくまで上からのまなざしである。それに対して、後者「共感」は、水平的な関係のもとにおいてはじめて成立する高次の感性である（有江大介「'sympathy'は「公共性」を導けるか――効用・同感・科学――」哲学学会編、哲学雑誌、第125巻、第797号、有斐閣、

地域	場所		(いま・・・なのは、・・・だから、)	記号	前につけたアイコン
中島地区・基町地区・広島城	グリーンアリーナの前にある石のアーチ	評価	いま、石であそべるけどすべってけがをするのは、つるつるで、もつところがないから。	△	
			(・・・すると、・・・になる)	新しくつけるアイコン	オリジナルアイコン
		提案	けがをしないように、もつところをつくると、みんなが楽しくあそべるようになる。		

図38 「提案してみる」の記述(5年生児童1(女子)) ＊157

図39 広島県立総合体育館付近をフィールドワークする児童たち

1994年のアジア競技大会を機に整備された広島県立総合体育館は中央公園内にあるが、付近に遊具的な施設はなく、児童たちは円形に石を配した野外彫刻を見つけてはしゃぐ。座るだけではなく、よじ登ったり、抱きかかえたりしてみる。とくに、男子は「危ないから止めなさい」というサポーターや保護者の声を声援のように受け止め、さらにはしゃぐ。

地域	場所		(いま・・・なのは、・・・だから、)	記号	前につけたアイコン
中島地区・基町地区・広島城	ファミリープール	評価	いま楽しいのは、たくさんのプールがあるからだから。	△	
			(・・・すると、・・・になる)	新しくつけるアイコン	オリジナルアイコン
		提案	少し大きな人でも遊べる深いプールもあると もっとたくさんの人が遊べる		

図40 「提案してみる」の記述(5年生児童2(女子)) ＊158

緑アイコンのはずである。「大きな人でも遊べるプール」の具体的な提案内容は不明であるが、「もっとたくさんの人」のために、「さわる」アイコンを付けている。

一方、南側の中島地区では、次のような典型的な記述がある。

児童3（女子）：「いま、平和資料館がこわくなっているのは、血とかが出ている写真でこわいから。だから、今までどおり、こわいのもいいけど、子どもにもわかりやすいように、こわくないように絵本にでてくるような写真みたいにしたらいい。こわさの段階で分けて展示したらいい」*159（図41）

児童4（女子）：「いま黄色のアイコンなのは模型などが少しこわいから模型などがあっても平和はつたわるかもしれないけどもっとちがうやりかたで平和を伝えてもいいと思う。たとえば模型ではなく絵にする」*160（図42）

いずれの提案も被爆の悲惨さを伝えるために平和記念資料館に設置された被爆者の姿を再現したジオラマ模型の展示に関するものである（図43）。「こわい」のは明らかに自分である。しかし、平和を伝えることも重要であり、黄アイコンの評価である。提案では、「こわい」ものと共存するのではなく、それを廃棄して別の物を代わりに用意しようとする。みんなのためには、こわい写真や模型は必要であるはずであるが、容認はできない。自己の恐怖感を捨て切れないからである。

南側の中島地区は、通常の学校教育の中で、平和教育に取り上げられる既知の場所であり、道徳的にも他者への配慮が必要なことは、4年生以上なら理解可能である。それにもかかわらず、自己中心的な提案が5年生には多い。既知の場所として概念的には理解しているにもかかわらず、自らの身体感覚に根ざす提案ができない。それゆえに、「さわる」アイコンは減少し、「みる」アイコンによるかえって自己中心的

2010、1―16頁を参照）。そして、前者「同感」は、あくまで対象の性質から受ける受動的な感性であるのに対し、後者「共感」は感じ入ること（感情移入）Einfühlung という能動的な感性によって、他者と水平的な関係を築こうとする。そして本来、その能動性において「肯定的な感じ入れ（同感 sympathy）」も「否定的な感じ入れ（反感 antipathy）」も生成するわけである（和辻哲郎の「没入」（和辻哲郎「自然を深めよ」、『偶像再考・面とペルソナ』講談社、2007／源了圓『義理と人情 日本的新心情の一考察』中央公論新社、1969の「情け」を参照））。つまり突き詰めれば、メルロ＝ポンティが「間身体性」の感受性を指摘したように（モーリス・メルロ＝ポンティ、竹内芳郎監訳『シーニュ2』みすず書房、1970、18頁を参照）、能動・受動の双方向性によって「共感」は生成するのである。その意味で、「共感」は「響感」であり、自他融合であるか自他分離であるか、感情的であるか知的であるか、意識的であるか無意識的であるか、向社会的行動であるか互恵的であるかにかかわる以前の身体的自己と他者の連絡回路の様態として理解しておきたい。

*167 朝倉淳『子どもの気付きを拡大・深化させる生活科の授業原理』風間書房、2008は、「気付き」を認知以前の感性的な自覚と定義した上で、公共性の理解に「具体的な活動や経験」の必要性を強調する。教育的な観点からの指摘であり、また幼児心理学の立場から強調される点でもある（菊池章夫『思いやりを科学する』川島

地域	場所		(いま…なのは、…だから、)	記号	前につけたアイコン
中島地区・基町地区・広島城	平和資料館	評価	いま、平和資料館がこわくなっているのは、血とかが出ている写真でこわいから。		
			(…すると、…になる)	新しくつけるアイコン	オリジナルアイコン
		提案	だから、今までどおり、こわいのもいいけど、子どもにもわかりやすいように、こわくないように絵本にでてくるような写真みたいにしたらいい。こわさの段階で分けて展示したらいい。		

図41 「提案してみる」の記述（5年生児童3（女子）） ＊161

地域	場所		(いま…なのは、…だから、)	記号	前につけたアイコン
中島地区・基町地区・広島城	平和資料館（本館）	評価	いま黄色のアイコンなのは模型などが少しこわいから		
			(…すると、…になる)	新しくつけるアイコン	オリジナルアイコン
		提案	模型などがあっても平和はつたわるかもしれないけどもっとちがうやり方で平和を伝えてもいいと思う 例えば…模型ではなく絵にする		

図42 「提案してみる」の記述（5年生児童4（女子）） ＊162

図43 平和記念資料館の内部展示をフィールドワークする児童たち

丹下健三によって設計された平和記念資料館（1955）には、市街地模型の反対側に被爆直後の被爆者をかたどった原寸大のジオラマ展示がある。1973年以来のジオラマ展示は2013年に撤去が決定されたが、被爆の悲惨さを伝える方法論の問題として、いまだに議論が続いている。児童たちはこのジオラマ展示の場所をすでによく知っていて、脇目もふらずに走って通り過ぎる。

p. 291：図44 ひろしまエコピースマップ2011（ひろしまオリジナル編（2011）） ＊163

おびただしい数のオリジナル・アイコンは、フィールド全体に行き渡る。ワークショップでは、グループ単位で一つの場所を選んでオリジナル・アイコンを使って発表している（大きな白抜きのアイコン）。他者への配慮がもっともはたらく基町地区には、オリジナル・アイコンがない。多様な場所であるだけに、選べないのである。「みんな」の感じ方はいろいろである。

な提案になっていく。感性的なものが自己中心性をもたらすのではない。むしろ、概念的なものが自己中心性を際立たせている。

一方、北側の基町地区は、被爆と平和という一貫した主題で構成される南側の中島地区とは対照的に、こども文化科学館から百貨店、バスセンターまで多様な施設があり、多様な人々が行き交う空間である。この北側の基町地区の空間の多様性が五感を覚醒させ、他者への配慮へと児童を導く。他者の存在が、逆説的に自己の感性の覚醒を促しているのである。

公共的感性――「みんな」を感じる

児童の提案は、私・自己の身体感覚がはたらいていることによって、はじめて公・社会へ自由に飛躍する。それは、日常的な生活空間において、あるいは非日常的な社会空間において開かれていることの独特な仕方である*164。感性に根差した生*165への独自のまなざしの反映である。

自己中心性と他者への配慮は相反する概念ではない。3年生から5年生までの3年間、提案型のワークショップを体験した児童の成長において、アイコンによる提案が通時的に示しているのは、自己中心性と他者への配慮が共鳴するこの「共感（響感）」*166である。それは言い換えれば、フィールドワークでの個人的な同感や反感の基底にはたらくものである。

たとえば、提案のオリジナル・アイコンは、あらゆるところに描かれて、つねに立面で描かれる（表28、図44）。こどもの目線、自己の立脚点から投影された世界像である。人の姿をしたアイコンが、自己とまわりの空間の相即不離の関係を描き出している。人とものとが向き合っている。どちらかが支配的なわけではなく、まなざしは水平的である。しかも、「共感（響感）」は、自己との類似点を見出すことの難しい大

書店、1988、および首藤敏元『幼児・児童の愛他行動を規定する共感と感情予期の役割』風間書房、2004を参照）。しかし、経験とは本来一回的なものである。たとえ疑似体験であれ、同じ経験をすることはできないはずであり、共感の場合のように、他者経験に対する想像力の問題が問われているわけではない。

対人関係論としての「共感」においては、対象との相似性がつねに問題になる。テオドール・リップスの「感情移入論」は、相似性、関念連合や類推を超えた身体的な直接性や根源性を指摘しているが、やはり世代間格差や未知の対象に対する思いやりなどの想像力にかかわる問題が欠如している（春木豊・岩下豊彦編著『共感の心理学』川島書房、1975を参照）。

一方、ヒュームによれば、家が美しいのは住んで役に立つという住人の有用性の概念が作用しているが、住人以外の他人がそれを美しいと感じるのは想像力によって住人の気持ちに入り込むからである（デイヴィッド・ヒューム『人間本性論 第2巻 情念について』法政大学出版局、2011を参照）。それは、「役割とり」のような演劇的で一時的な共感とは異なるものであり、共感における想像力の必要性を示している。想像力である限り、外延は人だけではなく、ものの世界にも及ぶ。シュミッツは、身体・自己・感情が空間においてあることを論じる。たとえば、演奏家のヴァイオリンや競技者のサッカーボールにものの表情 Ausdrunk が感知されて、相互的な「身体的移入 Einleibung」が生じる（ヘルマン・シュミッツ、小川侃編『身体と感情の現象学』産業図書、1986、124―

Hiroshima
Ecopeace
Map 2011
オリジナル
アイコン編
Contemporary Edition
Hiroshima Ecopeace Map

人やお年寄りだけでなく、生きているものすべてに、さらにはものの世界にまで拡がっているのである*167。「共感（響感）」は、人にも植物にも電車にも「みんな」に及んでいる。このような「公共的感性」*168のはたらきによる一体感の表現が、提案におけるオリジナル・アイコンの特徴である。

このように、他者の受容と感情移入が「わたし」のなかで共鳴し、「みんな」の「公共的感性」がはたらくからこそ、個性的な「わたし」を前提として、気の合う「なかま」ができ、気が合わなくても何とかやっていけるクラスの「みんな」の空間がつくられ、都市の見知らぬ他者ともコミュニケーションをとることができるようになり、都市の公共空間がはぐくまれていく。

たしかに、公共空間をはぐくむためには、感性のみならず、規範的な認識論的知性がはたらかなければならない。そうでなければ、都市文化の伝統が戦略的に継承されることはない。しかし、児童の都市への提案が示すように、文化の醸成にはまず、都市空間における「わたし」と「みんな」との感性的なコミュニケーションが前提とされる。「公共的感性」がさびつく社会では、文化は形骸化し、あるいは消滅していくほかない。

１２５頁を参照）。したがって、対象に関係する何らかの経験がなければ、他者の視点に立つことができないというわけではない。対象へのまなざしそのものが問題である。その点、メルロ＝ポンティは「見ること」における「ふれること」の次元について指摘し、他者を感じることへ近づく可能性について述べている（モーリス・メルロ＝ポンティ『見えるものと見えないもの』前掲を参照）。

*168 自己の中に形成される他者を論じるアダム・スミスの「感情道徳論」（宇野重規『〈私〉時代のデモクラシー』岩波書店、２０１０を参照）、あるいは公共的空間における自己の「共通感覚」（ハンナ・アレント、引田隆也・齋藤純一訳『過去と未来の間』みすず書房、１９９４、２９９－３０６頁を参照）もまた、「同情」を超えたところに成立する「公共的感性」の可能性を示唆している。

第5章 おわりに——ふたたびフィールドへ

都市への提案をより空間的に表現しようと思えば、なんと言っても模型が説得力がある。たしかに地図のような手軽さとは違って、大がかりな模型をつくるとなると、場所の確保・時間の制限など様々な問題も出てくる。それでも、たとえ縮尺が小さくても、橋を架けたり道路を通してみたり、道端に花を植えてみたり、スタジアムをつくってみたり、あるいは小さな隠れ家をどこかに建ててみたりすることは、こどもたちには他に代え難いとても楽しい体験である。

2010年に建築家伊東豊雄氏を広島に招いて実施したワークショップは、本書で示した平和記念公園周辺をフィールドとして、あらかじめ宿題としてつくっておいたお気に入りの建築物の模型を、他のこどもの模型と関連づけてまちをつくっていく伊東氏独特のプログラムである。

ワークショップ当日にはじめて出会ったこどもたちばかりである。会話はぎこちない。しかしそれは、ことばを介したコミュニケーションの場合だけなのかもしれない。模型を介したコミュニケーションは実に自然で素直なものであり、かたちとしても素晴らしい成果になった。いわば「身体的」「短絡的」「局所的」な提案が、他者との関連のなかで一つのまちへと成長し、「わたし」のかたちが自在に変化し、大地に増殖してどこか公共的な色彩を帯び、「みんな」のものになっていく。見事な非言語的なコミュニケーションの成果である（図1）＊1。

このように、こどもの「感性」は、つねに人やものや空間とのコミュニケーションにおいて生成していく。その動態を浮き彫りにするために、「エコピース」マップでは「アイコン」という非言語的なシンボルを用いている（図2）。模型のような具体的な空間の提案はできないが、アイコンは紙と鉛筆があれば、すぐにどこにでも描くことができる。

たしかに、「アイコン」を用いた「エコピース」マップは平面的であり、用いるアイコンのかたちや意味にも縛られる。しかし、模型をつくることでさえ、ダンボールや紙など素材の限界がある。それでも、

＊1　2010年4月24日の自由応募による小学生児童たち（2年生〜6年生18名）のワークショップ（広島市袋町上学校講堂、午後1時〜5時半）。
　ワークショップの手順としては、まず宿題として3センチのヒト模型を配布し、児童たちに事前に各自一つずつ模型をつくってきてもらう。
当日、まず児童たちが自分の模型についてみんなの前で説明する。児童たちは、新しい平和資料館、屋外ステージ、ガーデニング・カフェなどの作品をつくり、戦争をやさしさや幸せな気持ちでなくしたいという思いや、みんなが楽しめる場所を考え、説明していく。伊東氏の「これは、動くの？」「すごくいいね」「楽しそう」という短いコメントが、児童たちの発想をさらに膨らませていく。
発表が終わり、あらかじめ用意された平和記念公園の地図の好きな場所に自分がつくった模型を置く。そして模型をさらにつくり替えていく作業を行う。作業が始まると、児童たちは伊東氏や手伝ってくれるサポーターと議論を交わしながら、自分の模型に手を加えていく。この繰り返しの過程で、児童たちは自分の模型のまわりに目が向くようになり、他のこどもたちの模型とつながっていき、ロープウェイや鳩の巣によってとても立体的なみんなの平和公園になっていく。
伊東氏は最終的に出来上がった平和公園を「鳩がたくさん飛んでいるのもすごい感じがするし、ケーブルカーでいろんな空中がつながって」「それぞれが思いもかけぬ形でつながって」と評している。公募で集まった知らない児童同士が自分の模型を

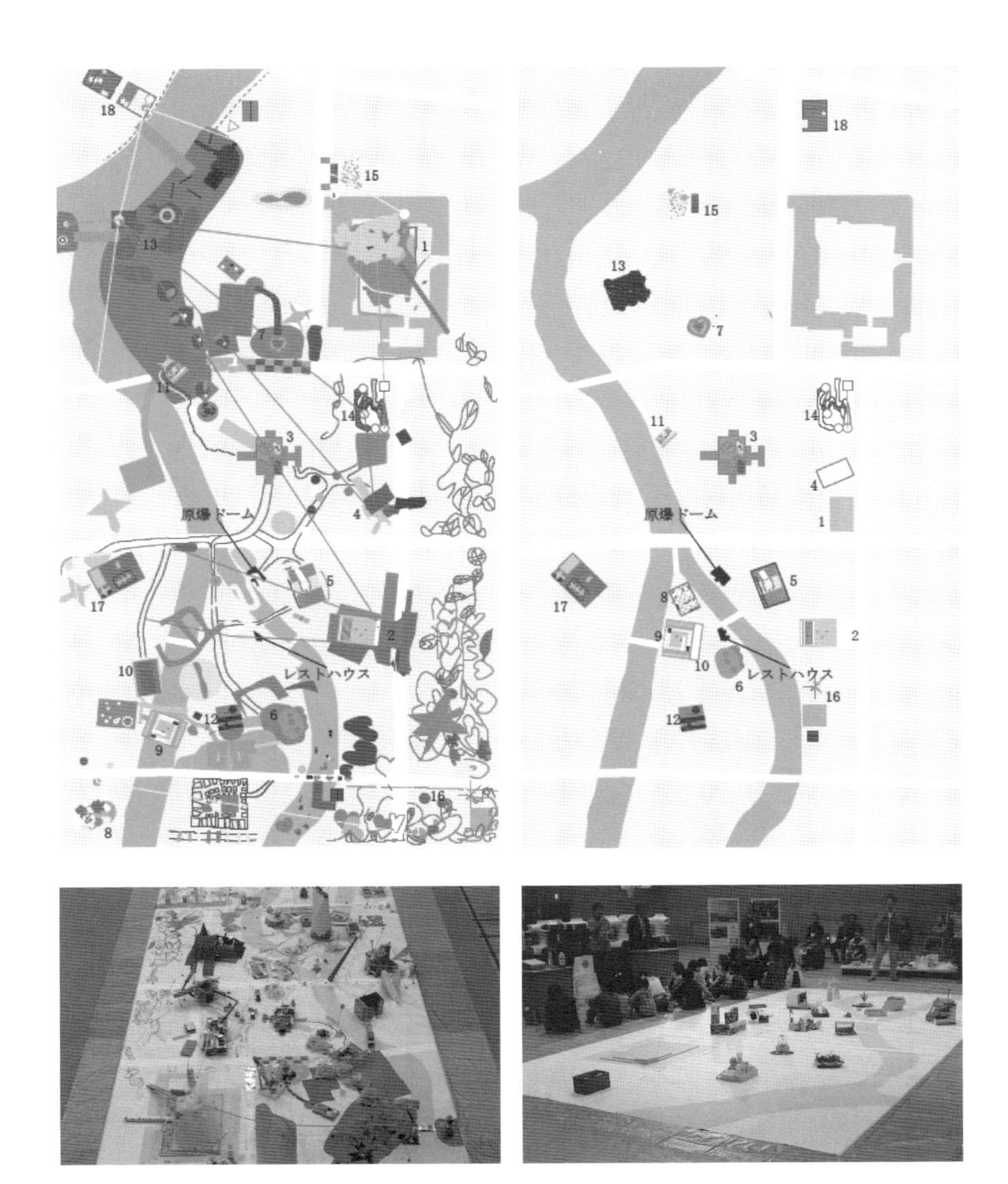

図1　模型による非言語的コミュニケーション
（右：「わたし」を寄せ集めた平和記念公園（ワークショップ前）左：「みんな」の平和記念公園（ワークショップ後））

事前の宿題は、公園につくりたい建物の模型をつくることだけ。場所の規模も用途も指定していない。ワークショップの場で、はじめて他のこどもがどのような模型をつくってきたのかを知る。好きな場所に置いた模型は、まずお隣さんの模型と関係を結ぶ。庭でつながったり、ロープウェイでつながったりして、最後は原爆ドームまでそのつながりに参加する。まるで、一つ一つ種の異なる植物が水分を得て増殖し、他の植物と絡まっていくかのようである。「都市計画」という公によって存在する私ではなく、「わたし」がつながってできる「みんな」の公の表現である。

苦労してつくりかえたりすることで感性ははぐくまれる。「アイコン」も同様である。「アイコン」はあくまで「感性」の許容と喚起の道具であり、どのアイコンを用いるかということよりも、むしろアイコンを別のものに置き換えてみたり、アイコンをカスタマイズしてみたりするプロセスそのものの方がはるかに重要である。実際、児童たちは、たった5つのアイコンでも、アイコンのかたちや意味のよしあしの議論にとても熱心である（表1）。

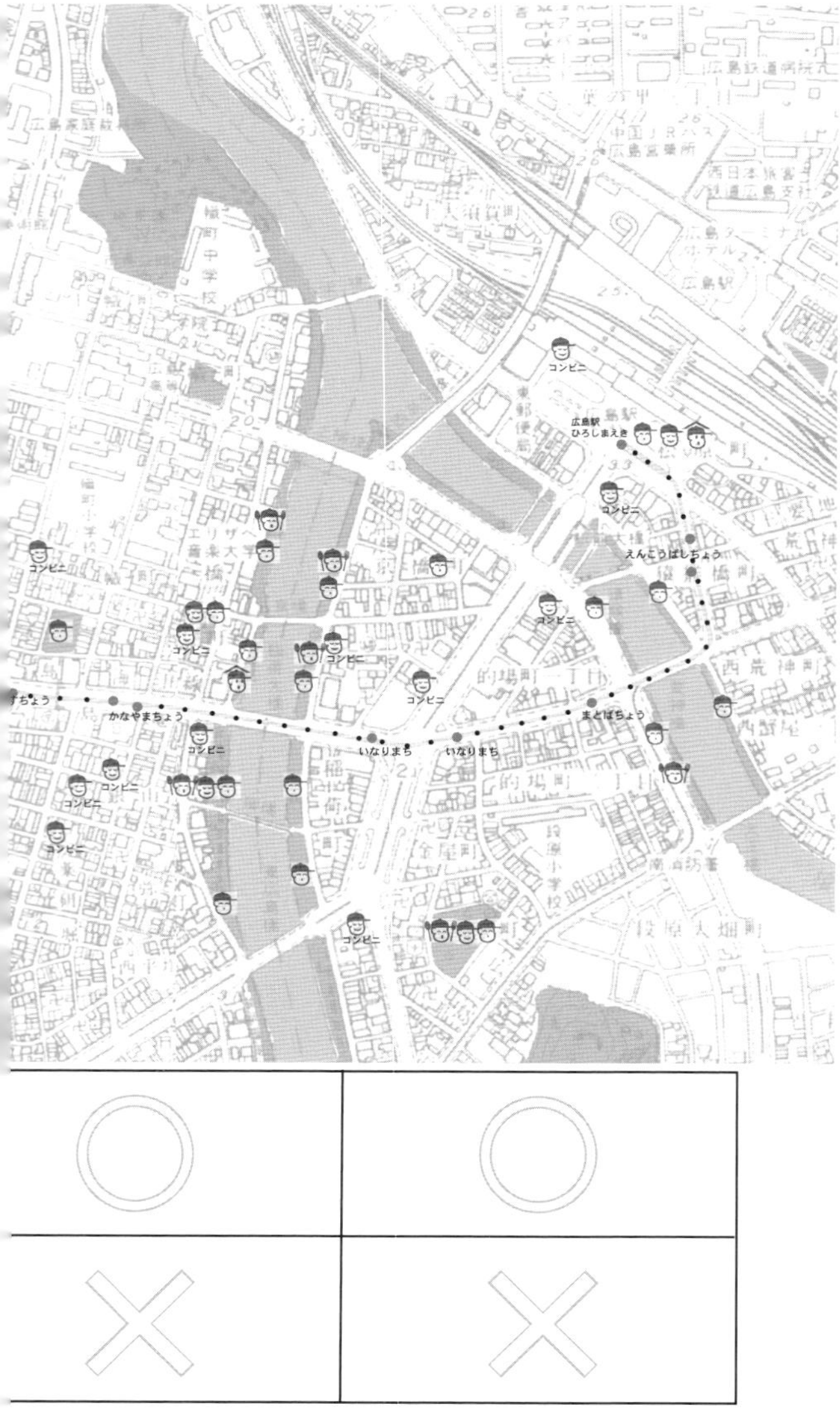

図2　アイコンによる非言語的コミュニケーション　*2
（上：フィールドワークマップ（フィールドワーク前）pp. 292–293：ワークショップマップ（ワークショップ後））

「エコピース」マップは、フィールドワークの〇×△に始まり、ワークショップのアイコンに続いていく。みんなとは違うアイコンの表現は感性の違いを浮き彫りにする。こどもたちはいろいろなアイコン表現に同感したり反感を感じたりする。そして他の児童の感性に対する驚きと関心、許容と共感（響感）が生まれていく。「わたし」が「みんな」につながっていく瞬間である。

Hiroshima Eco-Peace Map
Hiroshima Green Map
Fieldwork Map
グループ
名前
年 月 日
あんしんしてトイレにいけるばしょ
ちょっと一休みできるばしょ
あまやどりのできるばしょ
お弁当を広げられるばしょ
げんばくドームまえ
かみやちょうにし
かみやちょうひがし
たてまち
コンビニ

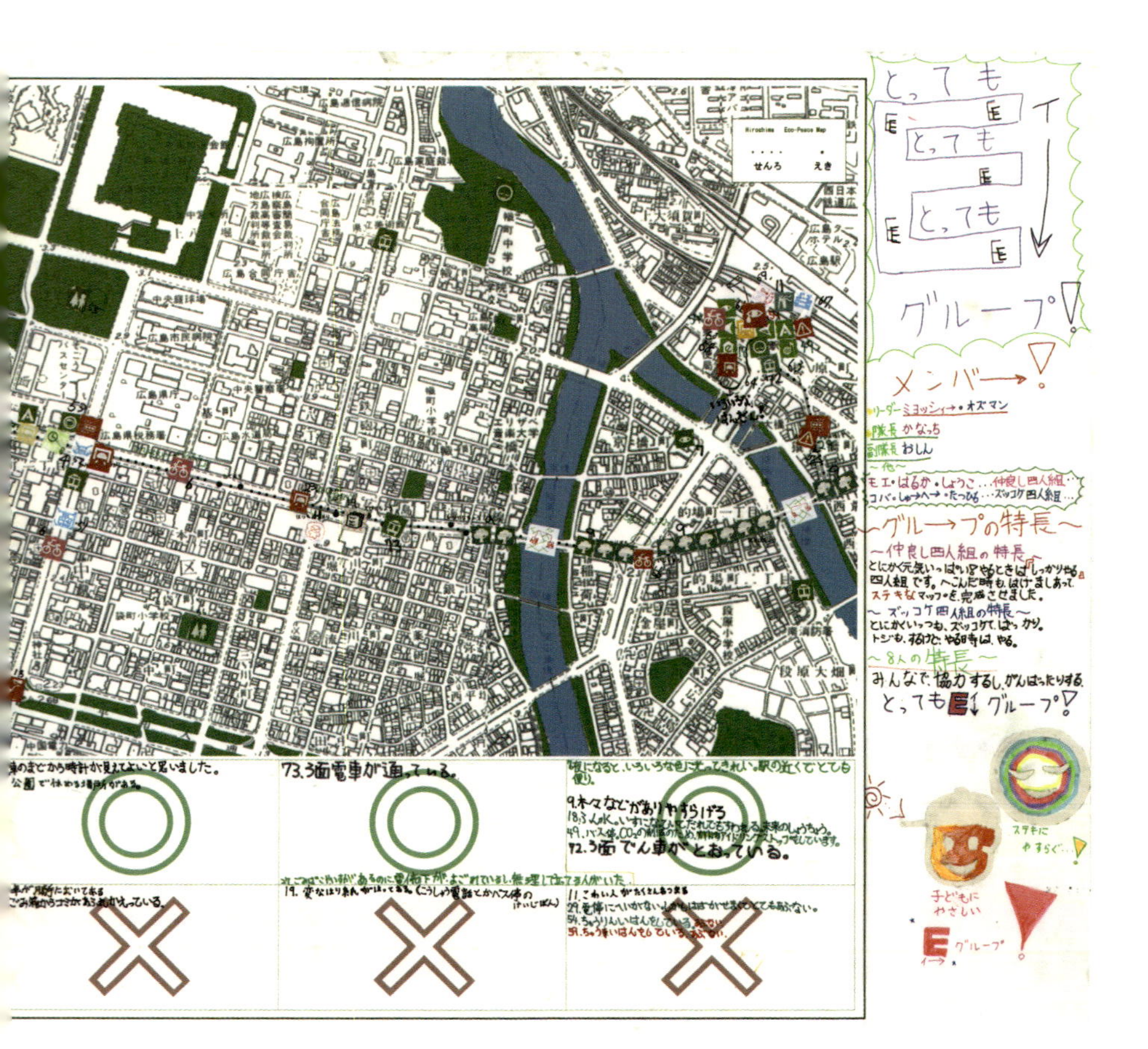

完成させていく過程で、他者とつながって、最終的には奇妙な統一感のある誰もが思いもよらなかった一つのまちができあがっていく。

このような都市空間構成は、ゾーニングに規制された敷地の中に建物を配する近代都市計画とはまったく逆の方法論であり、近年の伊東氏の設計方法論そのものである。あるいはむしろ、変節を遂げる伊東氏の方法論に通底するものといってよいかもしれない。

＊2　2002年度の4年生児童とのフィールドワークとワークショップ。

＊3　「3章3節 出会うこと」の＊59を参照。

＊4　「4章4節 提案してみる」の＊164を参照。

＊5　河野哲也『エコロジカル・セルフ』ナカニシヤ出版、2011を参照。「共感」を他者との身体的関係において、また過去の自分との関係において時間的・空間的に捉え、自己を環境との生成論的かかわり（エコロジカル・アプローチ）として捉える視点は、公共的感性と歴史的感性の交叉という論点と重なっている。

＊6　「家」はしかし、「自宅」である必要はないのかもしれない。おそらく究極の居場所は生まれたばかりの赤ん坊が抱かれる母親の胸のなかである。しかし、「わたし」は、生きていくことにおいて、あるいは旅をすることにおいてさまざまなフィー

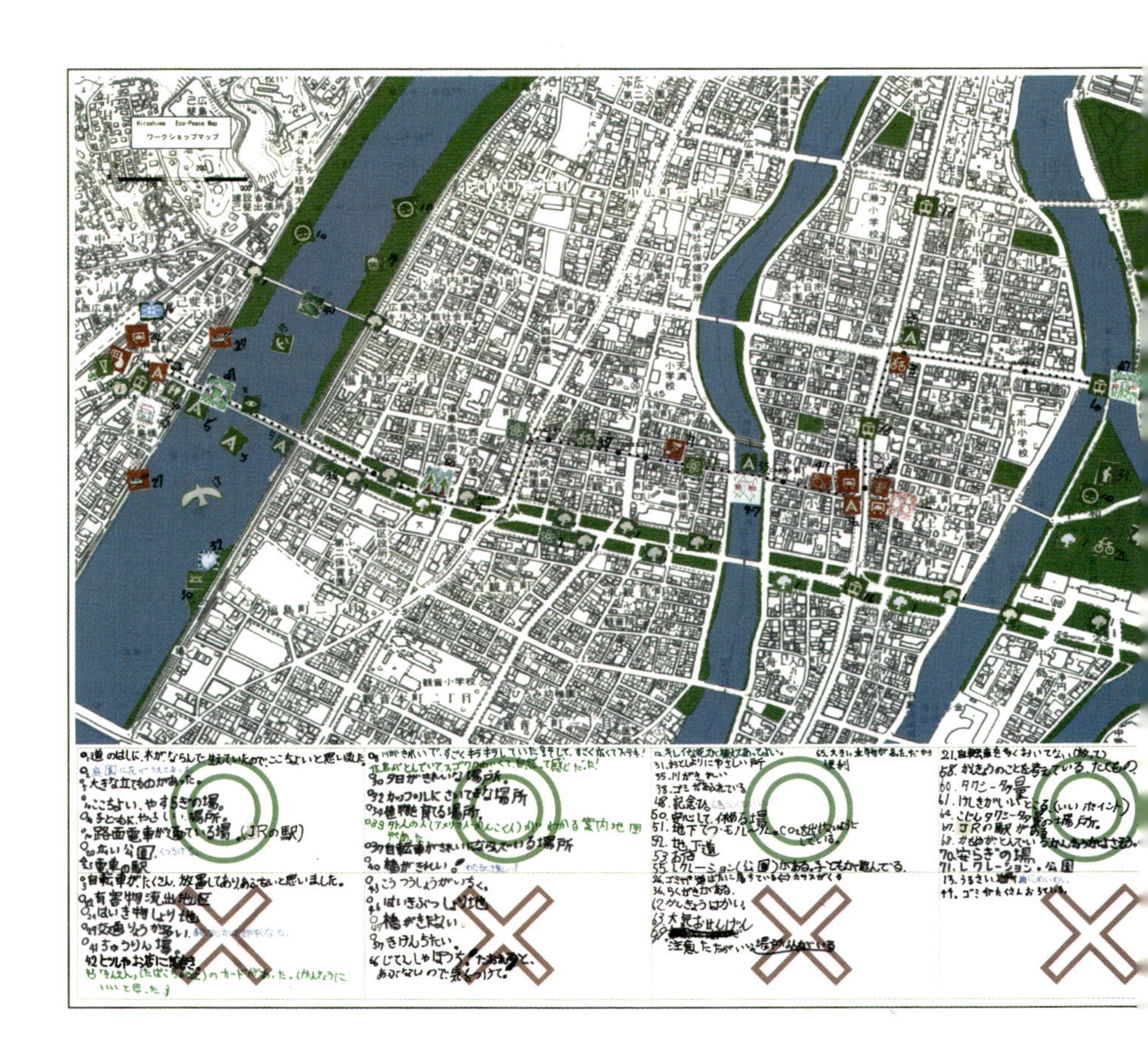

ルドを獲得していく。「わたし」だけの特別の場所は一つとは限らない。本来遍在していてもよいはずである。恒常的に存在する「居場所」というよりもむしろ、感性がはぐくまれるフィールドを広義に「家」と呼んでおきたい。

＊7　ジャン・ピアジェ、エリック・H・エリクソン他、赤塚徳郎・森楙監訳『心理学選書④遊びと発達の心理学』黎明書房、2000などを参照。ピアジェは環境と主体の行為的相互作用説をとる。概ね実験的な環境において採取されたデータに基づくものであり、場所の一回性や現場性を等閑視しているために、どこか予定調和的である。

＊8　もちろん、こどもだけに「歩くこと」の重要性があるのではない。高橋勝『経験のメタモルフォーゼ〈自己変成〉の教育学』勁草書房、2007は、「生きられる都市空間」を「さすらい歩く」ことに他者や異文化との出会いによる「自己形成空間」の不断の生成を論じている。

＊9　傳田光洋『第三の脳　皮膚から考える命、こころ、世界』朝日出版社、1997を参照。環境との境界としての皮膚をことばにできない知性（暗黙知）として定義し、触覚という体性感覚をとぎすませることで、人間は進化したとしている。したがって、その開放系の自己創出システムは、ある意味で言語より（音声より）高度な能力を有している。皮膚を脳の拡がりとして捉え、「本質は皮膚にある」とする表象文化論、港千尋『考える皮膚』青土社、

意味	みる	きく	におい	あじわう	ふれる
アイコン					

表1　五感アイコンの改訂（4章表23を比較参照）

たとえば、なぜ「におう」アイコンは工場の煙なのか、それによって否定的な評価が多くなるのではないか、そもそも「におう」という名前がよくないのではないか、「かおる」だと評価が異なってくるのではないか、という疑問がないわけではない。児童たちといろいろ考えても答えは出ない（最後は、もともとの「庭園」という意味とはまったく無関係な花びらが「におい」のかたちとして選ばれた）。それでも、アイコンのかたちを考えること自体は無性に楽しく、話し合いは白熱の一途を辿る。
このプロセスにこそ、「エコピース」マップの感性空間が含意されている。風にそよぐ花びらは視覚・嗅覚にはたらきかけ、味覚をも喚起する。そこに音を聞く人もいるかもしれない。そしてそっと手に触れて生命の喜びを感じる人もいるかもしれない。そんなことを思いめぐらせながらアイコンのかたちを考えてみる。土地を貨幣に還元して消費しながら管理されてきた近代空間は、実はこのようなところから乗り越えられる。

アイコンの使用に表出するこどもの感性は、こどもたちが生きている空間の公共性や歴史性の襞に染み込んでいく。人が存在する限り、空間はもともと公共的なものであり、もともと歴史的なものであるから当然のことである。

フィールドワークでの「出会い」*3は、即物的には自己のまわりの世界に開かれた他者との出会いであり、また空間そのものとの出会いである。他者はそれぞれに履歴を持つ人間であり、空間もまた履歴を持つ。だから「出会い」とは、そのような計測できない「とき」を感じる契機に他ならない。出会いには、「歴史的感性」がはたらいているのである。

ワークショップは、アイコンによって出会いを地図に定着させる作業に他ならない。たしかに個人的な表現であるが、しかし同時に、表現が自分自身にとっても、クラスのみんなにとっても意味をもつことがある。そこに、「共感（響感）」*4がはたらくからである。「共感（響感）」とは自己と他者との感性的なはたらきのことであるが、他者との相似性を超えて喚起される想像力でもある。人と、生きものと、ものと、空間とが、「みんな」が共鳴するような「公共的感性」なのである。

そうした想像的な感性が、死者に対する共感（響感）、場

2010も参照。

*10　歴史的感性の問題を哲学的に論じようとすれば、死者への共感というより宗教的な主題へと近づく。振り返ってみれば、仏教思想における「慈悲」や儒教思想における「仁」は、生きとし生けるものから死者へと共感の対象を拡げている（仲島陽一『共感の思想史』創風社、2006を参照）。しかし、死者への共感をあり得ない幻想として否定する立場もある（末木文美士『反・仏教学』ちくま学芸文庫、筑摩書房、2013を参照）。共感を同情とする限りにおいてはそうである。しかし、響き合いのはたらきそのものとしての「共感（響感）」においては、このような「超・他者」へ開かれる感性的な方法があり得るのかもしれない。ヒロシマやアウシュヴィッツについても同様である（ロバート・J・リフトン、桝井迪夫・湯浅信之・越智道雄・松田誠思訳『ヒロシマを生き抜く―精神史的考察（上）（下）』岩波書店、2009／中井久夫『徴候・記憶・外傷』みすず書房、2004などを参照）。

*11　親子間の「愛着」によって、様々な同感・反感、場合によっては相反する感性表現が豊かに表出することはすでに心理学的に知られた事実である（ポール・マーゼン、ナンシー・アイゼンバーグ、菊池章夫訳『思いやりの発達心理』金子書房、1980／岡本夏木『子どもとことば』岩波書店、1982などを参照）。
それは愛すべき人間だけでなく、愛すべき場所についても同様である。「場所愛（トポフィリア）」（イーフー・トゥアン、小野

所の歴史に関する共感（響感）へと拡がっていくなら、それは「歴史的感性」のはたらきそのものでもある。つまり、一方では、「いま・ここ」の「わたし」という個性豊かな存在を全面的に肯定した上で、地球・世界につながるような公共性をはぐくみ、また一方では、「わたし」が履歴を持つ存在として昔につながり、未来への架け橋となって空間の歴史性を編み出していくのである＊5。

しかし、空間・時間の交叉点の「わたし」は、幾何学的で非地上的な一点ではない。「わたし」が他者へとつながる最初の契機が母親との身体的接触であるように、建築学的に言えば、自己のアイデンティティの基底となる「家」が必要である＊6。「家」が不安定であればあるほど、「わたし」はかえって殻に閉じこもろうとする。確かな「家」にはぐくまれる「わたし」があるからこそ、他者や空間との「みんな」の出会いに開かれ、非予定調和的に「わたし」の感性が生成を続けていく＊7。

ところで、「出会い」はじっと座っていては訪れない。「座ること」が反省的認識をもたらすのに対して、身体を動かすこと、すなわち「歩くこと」は感性の覚醒をもたらす。

「歩くこと」は「抱かれていること」から派生した人間の最も基本的な動作の一つであり、大地にふれていることの証である＊8。外部の空間との境界としての身体の皮膚はことばにできない知性（暗黙知）であり、開放系の自己創出システムとして言語より高度な能力があるならば＊9、感性をとぎすますための新しい知のデザインが必要である。

ことばにならない知の基底としての触覚的なものには、死者を含めた他者が存在している。私たちが不可避にふれている大地には死者や他者がいるのだから＊10。こどものまなざしや振る舞いは、きわめて触覚的である。死者を含めた他者とともに生きる人生そのもののダイナミズムの表現でもあり、そこに「愛着」＊11がはぐくまれる。それは年齢にかかわらずつねに包含する人間性そのものである。

それゆえに、生まれたばかりのこどもの愛着の場所が母親であるように、愛着をはぐくむような肌ざ

有五・阿部一訳『トポフィリア』せりか書房、1992を参照）もまた、「愛着」に近似する概念であるが、「場所愛」は近代知の再編をめざした概念であり、必ずしも感性を主題化しているわけではない。

＊12　ローレンツは遊びの伝統的な仕草の継承には、その対象が存在していなければならないという（コンラート・ローレンツ、「世代間の対立とその動物行動学的原因」、J・ピアジェ、E・H・エリクソン他著、赤塚徳郎・森楙監訳『心理学選書④遊びと発達の心理学』黎明書房、2000、78－79頁を参照）。あるいは、高橋哲哉『記憶のエチカ　戦争・哲学・アウシュビッツ』岩波書店、1995では、痕跡の消失による物語ることの不可能性が指摘されている。ものやことがらが存在していることの重要性は、考え得る以上に重要なのである。あるいは逆に、記憶を頼りに喪失してしまった存在を再生させる実践が、「デザイン」ということもできる（原研哉『デザインのデザイン』岩波書店、2003を参照）。

＊13　サリヴァンは、母親という存在を、満足や安全に関する複合的イメージとしての「概念以前の概念（proto-concept）」とする（ハリイ・スタック・サリヴァン、中井久夫・山口隆共訳『現代精神医学の概念』みすず書房、1976、47頁を参照）。

＊14　いくつかの事例報告については、中尾達男『成人のアタッチメント』ナカニシヤ出版、2012、153－161頁／千代章一郎、「カタストロフと都市景観の記憶――被爆した大地と身体における風土

わりのある都市空間を喪失してはならないのである*12。あるいは、自らの感性的な表出にいつも応答する皮膚的な都市空間を損なってはならないのである。それこそが「概念以前の概念 proto-concept」*13としての空間、すなわちことば以前の（そしてことばとともにはたらくための）「感性空間」である。実際、そのような空間ではぐくまれて深まる「愛着」は極めて堅牢であり、強度のストレス（戦争、自然災害など）を受けても、愛着行動の型は変わらないのである*14。

抱っこされて子が母親とふれあっていること、子に対する母親の応答性は愛着理論の基礎である。そして、応答性がつねに保証されていることによって「安全基地 secure base」*15となり、なおかつその「安全基地」が存在することこそが、「遊び」の原初を誘発する*16。「安全基地」と「遊び」空間の往還をもたらすのは、他ならぬ身体、歩くことであることは自明である。歩くことが楽しくなければ、「安全基地」は意味的に存在しない。こうして、こどもたちは歩行して自立し、同時に依存している都市空間の中で他者に自己を投影し、同一視し、同感し、共感することができる。それが翻って、愛着の深まりを生む。しかし、都市空間への「愛着」は、単に乳幼児期の必要条件のような経験ではない。生まれ育った土地ではないところにも愛着を覚えるのは、「愛着」が生成の論理だからである。

にもかかわらず、現代の人間は、「歩くこと」に対する喜びを、知らず知らずのうちに喪失している。ベビーカーに乗せられて公園デビューした幼児は、歩けるようになっても自家用車に乗せられて買い物に行き、エレベーターに乗って高層マンションの自宅に直行し、見ず知らずの他人とは接触することなく親密な家庭生活のなかで成長して、まわりの未知なる世界に対する無関心をはぐくんでいく。「歩くこと」を知らないこどもたちは、情報空間という時間的にも空間的にも隔たりのない世界の中でつねに共時的で即物的に生きる。

「歩くこと」のできる空間の仕掛けが問題である。肌ざわりのある触覚的都市へ、それは人・もの・空

性」、木岡伸夫編『都市の風土学』ミネルヴァ書房、2009、73–100頁などを参照。

*15 ジョン・ボウルビィ、二木武監訳『母と子のアタッチメント 心の安全基地』医歯薬出版、1993を参照。「安全基地(secure base)」は、探索行動の出発点であり、安全がつねに保証されている「居場所」の論理とは必ずしも一致しない（住田正樹・南博文編『子どもたちの「居場所」と対人的世界の現在』九州大学出版会、2003を参照）。

*16 春木豊・岩下豊彦編著『共感の心理学』川島書房、1975、125–126頁を参照。母親の存在が確認できるときのみ、幼児は外へ向かうことが実験で知られている。

*17 中田基昭『感受性を育む④現象学的教育学への誘い』東京大学出版会、2008は、感受性・身体の触発（affection）の深さを心の襞の謂で論じている。

*18 生命の存在することの「生き生きとした美」、「光」や「輝き」と表現されるものの美学については、今道友信『美について』講談社、1973を参照。もちろん、今道は知性ではなく感性の必要性も強調している。

*19 内田繁『茶室とインテリア』工作舎、2005は、感受性が固定的には把握できず、空間的なやり取りの中の変化の様態においてはじめて表出することを指摘してい

間の襞*[17]にふれることである。五感を覚醒し、馴化を解放すること。身体が包まれつつ、ほどくこと。皮膚は存在として恒常的かつ代謝的、そして皺を刻まれていく。そのような「ことばにならない」身体感覚が、場所への愛着の深度を生み出し、「とき」と「みんな」を感じることで本当に持続可能で生き生きとしてあることの空間美*[18]が刻み込まれていくことになる。それは優れて創造的なことである。路地の打ち水を「涼しく感じる」のは実際に涼しいからだけではないように*[19]、「愛着を感じ」「肌ざわりがあり」「歩いて楽しくて」「生き生きとして」いることもまた、きわめて創造的な空間の仕掛けによって生起する。

したがって、それは人間の動物化、あるいは本能の復権ではない*[20]。動物とは異なる人間とは何か、という問いからはよくも悪くも人間の再特権化しか生まれてこない。むしろ、人間であること、生き生きとしてあることをもう一度組み立て直すための仕掛けが、「感性空間」なのである。

る。

*20　言語を持ち、ヘーゲル的な歴史を達成した人間の動物化、あるいは人間性と動物性との対比の不明瞭性については、ジョルジョ・アガンベン、岡田司・多賀健太郎訳『開かれ　人間と動物』平凡社、2011を参照。

あとがき

「エコピース」はもともと都市論的な興味から生まれた。例外的に破壊されなかった京都という場所に生まれ育った筆者にとって、例外的に破壊された広島という場所は、はじめは特異に見えた。そこは一般的に喧伝される「水と緑の街」などではなく、美しい自然の地形に雨後の竹の子のようなマンション群が暴力的に支配する近代のなれの果てのような場所に感じた。

もちろん、都市のイメージは住民だけではなく、観光的なまなざしによって形成されるものであり、広い意味のメディアの影響が大きい。それにしても、ケヴィン・リンチの都市のイメージ・マップのようなものが、典型的に描けるとは到底思えなかった。イメージの主体とは一体誰なのか。集合的記憶とは何なのか。それを問題にしようと思い、被爆者へのインタビューを始めると同時に、広島大学附属小学校の児童たちと広島を歩く活動を始めた。

ところが、「被爆者」という概念はもろくも崩れ去った。出会った被爆者の方々は、みんな一人一人の人生を独特のあり方で生きている。こう言っては失礼であるが、美しいのである。

出会った児童たちもまた、みんな一人一人の人生を生きている。「こども」という概念はもろくも崩れ去った。活動はますます楽しくなり、疑問噴出。結果、かれこれ10年以上も活動を続けている。「ことば」はその内容はともかく一人歩きして、「哲学」に昇華する。「エコピース」という思いつきの名称は、児童たちによって深い意味を担うようになっていった。本書は、こどもたちとの「エコピース」という身の丈の活動を通して、「都市」を、そして「感性」を、空間論として問おうとしたものである。

それゆえに、本書の結論はまったくの特殊解である。しかしながら、特殊解が必ずしも本質論と結びつかないわけではない。個別的なものへの注視から、一般的なものが見えてくるはずである。

本書は、活動を通して書きためてきた学術論文がベースとなっているが、ほとんど跡形もなくなっているために、逐一出典を明記していない。事例研究的な内容であるが、そこから理論的な考察を導き出そうとした。断定的な筆者の解釈も実践的な活動から導かれたものであり、一般解とはなり得ないかもしれない。しかし、陳腐な一般解は「マニュアル」でしかない。「マニュアル」的なものの幻想が未だ支配的であるにしても、予定調和が揺さぶられる現実の世界で生き延びるためには、一般解とは別のものが必要である。それは、感性的な「共感（響感）」であると思う。本書を通して、そのような共感（響感）が教育を実践されている方々、建築やまちづくりを実践されている方々、もしかしたら哲学を実践されている方々に少しでもはたらき、着想の一端となることがあれば幸甚である。

本書は、延べ400人以上の児童たちとの協働であり、出会いに心から感謝しています。本当はみんながいつか大きくなって、本書を読んでくれるかもしれないと思って書きました。みんなが生きている空間について、まだまだうまく書けていません。お父さんやお母さんのこども時代ですらあまりうまく書けていません。「感性とはことばにならないものである」と言いながら、ことばで書いているのです。でも、みんなの感じたことがつみ重なって「歴史」となるように、これからもみんなで「感性」をみがいていきたいと思っています。

そして、活動を支えていただいた鬮浩和先生（現兵庫県立大学）をはじめとする広島大学附属小学校の教諭の方々、木原一郎君をはじめとする広島大学の学生諸兄、一般社会人の方々、専門の立場から貴重なご意見を頂いた木岡伸夫先生（哲学）、樋口聡先生（教育学）、青木孝夫先生（美学）をはじめとする先生方にも心からお礼申し上げます。また建築家伊東豊雄先生からは、こどもたちを介して多くのことを学ばせてもらいました。皆さんとの出会いに感謝する他ありません。

本書は、鹿島出版会の渡辺奈美さんとの協働です。乳飲み子を抱える彼女と仕事をできたことに、出会いの縁を感じずにはおけませんでした。そして、渡邉翔さんの心あふれる書誌デザインによって、本書はかたちになりました。厚くお礼申し上げます。

２０１５年１月12日

広島大学にて、千代章一郎

参考文献［＊は引用文献］

赤瀬達三『サインシステム計画学　公共空間の記号の体系』
　鹿島出版会、２０１３＊
アガンベン、ジョルジョ／岡田司・多賀健太郎訳『開かれ　人間と動物』
　平凡社、２０１１＊
朝倉淳『子どもの気付きを拡大・深化させる生活科の授業原理』
　風間書房、２００８＊
アーリー、ジョン／吉原直樹・大澤喜信監訳『場所を消費する』
　法政大学出版局、２００３＊
有江大介「'sympathy'は「公共性」を導けるか――効用・同感・科学――」
　哲学学会編、哲学雑誌、第１２５巻、第７９７号、
　有斐閣、２０１０、１―16頁＊
アリエス、フィリップ／杉山光信・杉山恵美子訳
　『〈子供〉の誕生　アンシャン・レジーム期の子供と家族生活』
　みすず書房、１９８０＊
アレグザンダー、クリストファー／平田翰那訳
　『パタンランゲージ――環境設計の手引』鹿島出版会、１９８４
アレント、ハンナ／引田隆也・齋藤純一訳『過去と未来の間』
　みすず書房、１９９４＊
アレント、ハンナ／志水速雄訳『人間の条件』筑摩書房、２００２
アンリ、ミシェル／山形頼洋・望月太郎訳『野蛮』法政大学出版局、１９９０＊
石田頼房『日本近代都市計画の展開１８６８―２００３』
　自治体研究社、２００４
伊東精男「「調査する身体」と「実践する身体」
　エスノグラフィーにおける認識と身体性」
　日本感性工学会研究論文集、Vol.6 No.4、２００６、59―66頁＊
猪原健弘編著『合意形成学』勁草書房、２０１１
今道友信『愛について』講談社、１９７２
今道友信『美について』講談社、１９７３＊
岩城見一『感性論』昭和堂、２００１＊
岩堀修明『図解・感覚器の進化』講談社、２０１１
ヴァール、フランス・ドゥ／柴田裕之訳『共感の時代へ』
　紀伊國屋書店、２０１０
上田閑照編『西田幾多郎哲学論文集II――論理と生命他四編』
　岩波書店、１９８８
上野行一監修『まなざしの共有　アメリア・アレナスの鑑賞教育の学ぶ』
　淡交社、２００１
上野淳『未来の学校建築』岩波書店、１９９９＊
ヴェルシュ、ヴォルフガング／小林信之訳
　『感性の思考　美的リアリティの変容』勁草書房、１９９８
内田繁『茶室とインテリア』工作舎、２００５＊
宇野重規『〈私〉時代のデモクラシー』岩波書店、２０１０＊
梅田規子『おしゃべりはリズムにのって――ニュー波の不思議――』
　オーム社、１９９７
エーコ、ウンベルト／池上嘉彦訳『記号論I、II』岩波書店、１９９６
エリクソン、エリク・H／仁科弥生訳『幼児期と社会I』
　みすず書房、１９７７＊

延藤安弘『「まち育て」を育む　対話と協働のデザイン』東京大学出版会、2001
多田道太郎『からだの日本文化』潮出版社、2002
太田幸夫『ピクトグラム［絵文字］デザイン』柏書房、1993＊
大森荘蔵『時は流れず』青土社、1996
岡田尊司『愛着障害』光文社新書、光文社、2011
岡本夏木『子どもとことば』岩波書店、1982＊
奥田直人・後藤武編『デザイン言語』慶應義塾大学出版会、2002
織田正昭『都市化社会の母子住環境学　高層マンション　子育ての危険』メタモル出版、2006＊
カイヨワ、ロジェ／多田道太郎・塚崎幹夫訳『遊びと人間』講談社、1990＊
ガダマー、ハンス＝ゲオルク／轡田収・麻生建・三島憲一・北川東子・我田広之・大石紀一郎訳『真理と方法Ⅰ』法政大学出版局、1986＊
加藤義信・日下正一・足立自朗・亀谷和史編訳『ピアジェ×ワロン論争』ミネルヴァ書房、1996＊
門脇厚司『社会力を育てる―新しい「学び」の構想』岩波新書、岩波書店、2010
苅宿俊文・佐伯胖・高木光太郎編『ワークショップと学び』全3巻、東京大学出版会、2012＊
カレル、アレクシス／渡辺昇一訳『人間、この未知なるもの』三笠書房、2007
川喜田二郎『発想法――創造性開発のために』中公新書、中央公論社、1967＊
カント、イマニュエル／加藤泰史訳『教育学』『カント全集17』岩波書店、2001
木岡伸夫『風景の論理』世界思想社、2007
木岡伸夫『風土の論理――地理哲学への道――』ミネルヴァ書房、2010＊
木岡伸夫『〈あいだ〉を開く』世界思想社、2014＊
木岡伸夫編『都市の風土学』ミネルヴァ書房、2009＊
木岡伸夫・鈴木貞美編『技術と身体――日本「近代化」の思想――』ミネルヴァ書房、2006＊
菊池章夫『思いやりを科学する』川島書店、1988
岸裕司『学校開放でまち育て　サスティナブルタウンをめざして』学芸出版社、2008
北原糸子編『日本災害史』吉川弘文館、2006
木下勇『遊びと街のエコロジー』丸善、1996
木下勇『ワークショップ　住民主体のまちづくりの方法論』学芸出版社、2007＊
木村敏『生命のかたち／かたちの生命　新版』青土社、1995
木村敏『あいだ』筑摩書房、2005＊
木村敏『精神医学から臨床哲学へ』ミネルヴァ書房、2010＊
久保正敏『マルチメディア時代の起点　イメージからみるメディア』日本放送出版協会、1996
クリフォード、ジェイムズ／毛利嘉孝、有元健、柴山麻妃、島村奈生子、福住廉、遠藤水城訳『ルーツ――20世紀後期の旅と翻訳』月曜社、2002＊
桑子敏雄『感性の哲学』日本放送出版協会、2001＊
桑子敏雄「コミュニティとしての地域空間をどのように治めていくか」『岩波講座哲学8　生命／環境の哲学』岩波書店、2009、171―195＊

桑子敏雄『生命と風景の哲学』岩波書店、2013
桑子敏雄編『日本文化の空間学』東信堂、2008＊
桑子敏雄・千代章一郎編『感性のフィールド　ユーザーサイエンスを超えて』
東信堂、2012＊
慶應義塾大学アート・センター編『慶應義塾大学アート・センター／
Booklet16　ワークショップのいま――近代性の組み替えにむけて』
慶應義塾大学アート・センター、2008＊
河野哲也『エコロジカル・セルフ』ナカニシヤ出版、2011＊
越澤明『復興計画　幕末・明治の大火から阪神・淡路大震災まで』
中央公論新社、2005
後藤将之『コミュニケーション論　愛と不信をめぐるいくつかの考察』
中公新書、中央公論新社、1999
子どもの遊びと街研究会編著
『三世代遊び場図鑑――街が僕らの遊び場だ！――』風土社、1999＊
子どもの参画情報センター編『居場所づくりと社会つながり』萌文社、2004
コルバン、アラン／クルティーヌ、ジャン=ジャック／
ヴィガレロ、ジョルジュ監修、鷲見洋一、小泉孝誠、岑村傑監訳
『身体の歴史Ⅰ〜Ⅲ』藤原書店、2010
齋藤純一『公共性』岩波書店、2000＊
佐々木健一『美学への招待』中央公論新社、2004＊
佐々木健一『日本的感性』中央公論新社、2010＊
佐々木正人『アフォーダンス』岩波書店、1994＊
佐藤郁哉『フィールドワーク　書を持って街へ出よう』新曜社、1992＊
佐藤学監修、ワタリウム美術館編
『驚くべき世界　レッジョ・エミリアの幼児教育』ACCESS、2011＊
サリヴァン、ハリイ・スタック／中井久夫・山口隆共訳
『現代精神医学の概念』みすず書房、1976＊
塩川寿平『対置保育環境論』フレーベル館、2007
柴山真琴『子どもエスのグラフィー入門』新曜社、2006＊
清水寛之編著『視覚シンボルの心理学』ブレーン出版、2003
下條信輔『サブリミナル・インパクト――情動と潜在認知の現代』
筑摩書房、2008
首藤敏元『幼児・児童の愛他行動を規定する共感と感情予期の役割』
風間書房、2004
シュミッツ、ヘルマン／小川侃編『身体と感情の現象学』産業図書、1986＊
白幡洋三郎『花見と桜』PHP研究所、2000
神野由紀『子どもをめぐるデザインと近代――拡大する商品世界』
世界思想社、2011
末木文美士『反・仏教学』ちくま学芸文庫、筑摩書房、2013＊
鈴木明『子どもとあそぶ家づくり』建築・都市ワークショップ、2007
鈴木賢一『子どもたちの建築デザイン――学校・病院・まちづくり』
農山漁村文化協会、2006
鈴木大拙『日本的霊性　完全版』角川学芸出版、2010
住田正樹・南博文編『子どもたちの「居場所」と対人的世界の現在』
九州大学出版会、2003＊
セール、ミッシェル／米山親能訳『五感　混合体の哲学』
法政大学出版局、1991
セルトー、ミシェル／山田登世子訳『日常的実践のポイエティーク』

国文社、１９８７＊
仙田満『あそび環境のデザイン』鹿島出版会、１９８７
仙田満『こどものあそび環境』鹿島出版会、２００９＊
仙田満『環境デザイン論』日本放送出版協会、２００９
仙田満・上岡直見編『子どもが道草できるまちづくり』学芸出版社、２００９＊
仙田満『園舎・園庭を考える幼児のための環境デザイン』世界文化社、２００１
高橋鷹志『子どもを育てるたてもの学』チャイルド本社、２００７
高橋哲哉『記憶のエチカ　戦争・哲学・アウシュビッツ』岩波書店、１９９５＊
高橋勝『経験のメタモルフォーゼ〈自己変成〉の教育学』
勁草書房、２００７＊
タン、アンソニー・M／三村浩史監訳『歴史都市の破壊と保全・再生
世界のメトロポリスに見る景観保全のまちづくり』海路書院、２００６
チオンピ、ルック／松本雅彦・井上有史・菅原圭悟訳『感情論理』
学樹書院、１９９４
中国新聞社『ユネスコ世界遺産原爆ドーム』中国新聞社、１９９７＊
辻本雅史『「学び」の復権——模倣と習熟』岩波書店、２０１２＊
津守真『子どもの世界をどうみるか——行為とその意味』
日本放送出版協会、１９８７
寺本潔『五感を使ったおもしろ地図学習』明治図書出版、１９９６＊
寺本潔『子ども世界の原風景——こわい空間・楽しい空間・
わくわくする空間』黎明書房、１９９０＊
寺本潔『総合的な学習で町づくり』明治図書出版、２００１＊
寺本潔『犯罪・事故から子どもを守る学区と学校の防犯アクション41』
黎明書房、２００６
寺本潔・愛知県豊田市立堤小学校『エコ総合学習
——創造を生み出すワークショップ授業——』東洋館出版社、１９９９＊
寺本潔・大西宏治「子どもは身近な世界をどう感じているか
——手書き地図と写真投影法による知覚環境把握の試み——」
愛知教育大学研究報告、44（人文科学編）、1995.2、１０１—１１７＊
寺本潔・大西宏治『子どもの初航海——遊び空間と探検行動の地理学——』
古今書院、２００４＊
傳田光洋『第三の脳　皮膚から考える命、こころ、世界』
朝日出版社、１９９７＊
トゥアン、イー・フー／山本浩訳『空間の経験』筑摩書房、１９８８
トゥアン、イーフー／小野有五・阿部一訳『トポフィリア』
せりか書房、１９９２＊
ドゥルーズ、ジル／ガタリ、フェリックス『哲学とは何か』
河出書房新社、１９９７
都甲潔・坂口光一編著『感性の科学』朝倉書店、２００６＊
中井久夫『徴候・記憶・外傷』みすず書房、２００４＊
中井久夫『関与と観察』みすず書房、２００５
中井久夫『「つながり」の精神病理』ちくま学芸文庫、筑摩書房、２０１１
永井均『〈子ども〉のための哲学』講談社、１９９６＊
中尾達男『成人のアタッチメント』ナカニシヤ出版、２０１２＊
長倉康彦『開かれた学校　そのシステムと建物の変革』
日本放送出版協会、１９７３＊
仲島陽一『共感の思想史』創風社、２００６＊
中田基昭『感受性を育む——現象学的教育学への誘い』

東京大学出版会、2008＊
中野民夫『ワークショップ――新しい学びと創造の場――』岩波書店、2001
中野民夫『ファシリテーション革命』
岩波アクティブ新書、岩波書店、2003＊
中丸敏至「多面的、多角的に社会を見る目を育てる
――四年生単元「原爆ドーム」の実践から――」『学校教育』No.1152、
2013年8月、広島大学附属小学校学校教育研究会、48―53頁＊
中村攻『安全・安心なまちを子ども達へ　犯罪現場の検証と提言』
自治体研究社、2005
中村雄二郎『感性の覚醒』岩波書店、1975＊
中村雄二郎『共通感覚論』岩波書店、1979＊
中村雄二郎『臨床の知とは何か』岩波書店、1992
中村良夫『都市をつくる風景』藤原書店、2010
夏目漱石『文学論』岩波書店、2007
西垣通『こころの情報学』筑摩書房、1999
西村孝彦『文明と景観』地人書房、1997＊
日本感性工学会感性社会部会編『感性と社会』論創社、2004＊
日本感性工学会感性哲学部会編『感性哲学1』東信堂、2001＊
日本建築学会編『都市・建築の感性デザイン工学』朝倉書店、2008＊
野家啓一『物語の哲学』岩波書店、2005
ノーマン、ドナルド・A／岡本明・安村道晃・伊賀聡一郎・上野晶子訳
『エモーショナル・デザイン』新曜社、2004＊
野田正彰『漂白される子供たち』情報センター出版局、1988＊
ハート、ロジャー・A／木下勇・田中治彦・南博文監修、IPA日本支部訳
『子どもの参画――コミュニティづくりと身近な環境ケアへの
参画のための理論と実際』萌文社、2000＊
ハイデッガー、マルティン／ボス、メダルト編、木村敏・村本詔司訳
『ツォリコーン・ゼミナール』みすず書房、1991＊
橋本毅彦『〈標準〉の哲学　スタンダード・テクノロジーの三〇〇年』
講談社選書メチエ235、講談社、2002
浜田寿美男『「私」とは何か　ことばと身体との出会い』講談社、1999＊
浜田寿美男『子ども学――変わる子ども、変わらぬ子ども』岩波書店、2009
原研哉『デザインのデザイン』岩波書店、2003＊
春木豊・岩下豊彦編著『共感の心理学』川島書房、1975＊
ピアジェ、ジャン／波多野完治・滝沢武久訳『知能の心理学』
みすず書房、1960＊
ピアジェ、ジャン／エリクソン、エリック・H他著、赤塚徳郎・森楙監訳
『心理学選書4　遊びと発達の心理学』黎明書房、2000＊
東山明・東山直美『子どもの絵は何を語るのか』日本放送出版協会、1999＊
樋口聡『身体教育の思想』勁草書房、2005
被爆建造物調査研究会『ヒロシマの被爆建造物は語る』
広島平和記念資料館、1996
ヒューム、デイヴィッド『人間本性論　第2巻　情念について』
法政大学出版局、2011＊
フィエヴェ、ニコラ「西洋思想における「感性」概念について」
『感性哲学10』2010、5―41頁＊
フェーヴル、リュシアン／デュビイ、ジョルジュ／コルバン、アラン／
小倉孝誠編集、大久保康明・小倉孝誠・坂口哲啓訳『感性の歴史』

藤原書店、１９９７＊
福井憲彦・陣内秀信編『都市の破壊と再生　場の遺伝子を解読する』相模書房、２０００
ブラック、ジェレミー／関口篤訳『地図の政治学』青土社、２００１＊
フリック、ウヴェ／小田博志・山本則子・春日常・宮地尚子訳『質的研究入門――〈人間の科学〉のための方法論』春秋社、２００２＊
プルースト、マルセル／鈴木道彦編訳『抄訳版　失われた時を求めてI—III』集英社、２００２＊
ブルデュ、ピエール『今村仁司、港道隆共訳：実践感覚１ ２』みすず書房、１９８８、１９９０＊
ベーメ、ゲルノート／梶谷真司・斉藤渉・野村文宏編訳『雰囲気の美学――新しい現象学の挑戦――』晃洋書房、２００６
ベルク、オギュスタン／中山元訳『風土学序説　文化をふたたび自然に、自然をふたたび文化に』筑摩書房、２００２
ベルグソン、アンリ／矢内原伊作訳『ベルグソン全集７　思想と動くもの』白水社、１９６５
ホイジンガ、ヨハン／高橋英夫訳『ホモ・ルーデンス』中央公論社、１９７３＊
ホイジンガ、ヨハン／里見元一郎訳『文化史の問題』東海大学出版会、１９７８
ボウルビィ、ジョン／二木武監訳『母と子のアタッチメント　心の安全基地』医歯薬出版、１９９３＊
ポランニー、マイケル／佐藤光訳『暗黙知の次元』講談社、２０１０＊
マーゼン、ポール／アイゼンバーグ、ナンシー／菊池章夫訳『思いやりの発達心理』金子書房、１９８０＊
正高信男『ことばの誕生　行動学からみた言語起源論』紀伊國屋書店、１９９１＊
松澤和正『臨床で書く　精神科看護のエスノグラフィー』医学書院、２００８＊
マルクス、カール／城塚登・田中吉六訳『経済学・哲学草稿』岩波書店、１９６４＊
三浦展『ファスト風土化する日本』洋泉社、２００４＊
三木成夫『海・呼吸・古代形象』うぶすな書院、１９９２＊
三嶋博之『エコロジカル・マインド』日本放送出版協会、２０００＊
水月昭道『子どもの道くさ』東信堂、２００６
港千尋『記憶』講談社、１９９６＊
港千尋『考える皮膚』青土社、２０１０＊
源了圓『義理と人情　日本的新心情の一考察』中央公論新社、１９６９＊
源了圓『型』創文社、１９８９＊
宮本常一「子供の世界」『ちくま日本文学０２２　宮本常一』筑摩書房、２００８、３９３—４１９頁
ムーア、ロビン他編著、吉田鐵也・中瀬勲共訳『子どものためのあそび環境』鹿島出版会、１９９５
村上陽一郎『安全と安心の科学』集英社新書、集英社、２００５
メルロ＝ポンティ、モーリス／滝浦静雄・木田元訳『眼と精神』みすず書房、１９６６＊
メルロ＝ポンティ、モーリス／竹内芳郎・小木貞孝訳『知覚の現象学１ ２』みすず書房、１９６７、１９７４＊
メルロ＝ポンティ、モーリス／竹内芳郎監訳『シーニュ１ ２』みすず書房、１９６９、１９７０＊
メルロ＝ポンティ、モーリス／滝浦静雄・木田元

『見えるものと見えないもの』みすず書房、1989＊
矢野智司『子どもという思想』玉川大学出版部、1995＊
矢野智司『意味が躍動する生とは何か』世織書房、2006＊
山極寿一『暴力はどこからきたか　人間性の起源を探る』
NHKブックス、日本放送出版協会、2007
やまだようこ編『現場心理学』新曜社、1997＊
山本俊哉『防犯まちづくり』ぎょうせい、2005＊
ユクスキュル、ヤーコプ・フォン／クリサート、ゲオルク／
日高敏隆・羽田節子訳『生物から見た世界』岩波書店、2005
吉原直樹『時間と空間で読む近代の物語』有斐閣、2004
吉原直樹『開いて守る　安全・安心のコミュニティづくりのために』
岩波書店、2007＊
米田巌・潟山健一訳編『心のなかの景観』古今書院、1992
米山リサ、小沢弘明・小澤祥子・小田島勝浩訳『広島　記憶のポリティクス』
岩波書店、2005
リオタール、ジャン＝フランソワ／篠原資明・上村博・平芳幸浩訳
『非人間的なもの――時間についての講話』法政大学出版局、2002＊
リクール、ポール／久米博訳『記憶・歴史・忘却〈上〉〈下〉』
新曜社、2004、2005
リフトン、ロバート・J／桝井迪夫・湯浅信之・越智道雄・松田誠思訳
『ヒロシマを生き抜く――精神史的考察（上）（下）』岩波書店、2009＊
リンチ、ケヴィン／北原理雄訳『青少年のための都市環境』
鹿島出版会、1980
リンチ、ケヴィン／丹下健三・富田玲子訳『都市のイメージ新装版』
岩波書店、2007＊
リンドン、ドンリン／ムーア、チャールズ・W／有岡孝訳『記憶に残る場所』
鹿島出版会、1996
ルロワ＝グーラン、アンドレ／荒木亨訳『身ぶりと言葉』新潮社、1973＊
レヴィ＝ストロース、クロード／竹内信夫訳『みる　きく　よむ』
みすず書房、2005
レヴィナス、エマニュエル／合田正人『存在の彼方へ』講談社、1999＊
レヴィナス、エマニュエル／熊野純彦訳『全体性と無限（上）（下）』
岩波文庫、岩波書店、2005、2006＊
レルフ、エドワード／高野岳彦・阿部隆・石山美也子訳
『場所の現象学　没場所性を越えて』筑摩書房、1999
ロールズ、W・スティーヴン／シンプソン、ジェフリー・A編、
遠藤利彦、田口弘一、金政祐司、串崎真志監訳
『成人のアタッチメント――理論・研究・臨床――』北王子書房、2008
若林芳樹『認知地図の空間分析』地人書房、1999＊
渡辺保史『情報デザイン入門　インターネット時代の表現術』
平凡社新書、平凡社、2001
和辻哲郎「自然を深めよ」『偶像再考・面とペルソナ』講談社、2007＊
ワロン、アンリ／滝沢武久・岸田秀訳『子どもの思考の起源』（上中下）、
明治図書出版、1968＊
ワロン、フィリップ／加藤義信・井川真由美訳『子どもの絵の心理学入門』
白水社、2002＊

わ

す

せ

そ

た

ち

つ

て

と

な

に

は

け

こ

さ

し

索引

図版クレジット

3章

図2　筆者撮影

図6　個人蔵

図7　出典：中国新聞社『ユネスコ世界遺産原爆ドーム』中国新聞社、1997年、口絵（2点とも）

4章

図2上　出典：ケヴィン・リンチ、丹下健三・富田玲子訳『都市のイメージ 新装版』岩波書店、2007、22頁図3 現地踏査からひき出されたボストンの視覚的形態、

図2下　出典：ケヴィン・リンチ、北原理雄訳『青少年のための都市環境』鹿島出版会、1980、108頁

補図1　Green Map Ⓡ System

図14右　Green Map Ⓡ System

図15右　Green Map Ⓡ System

図4—6・24・26・28・30・32・35・37・38・42　筆者撮影

略歴

千代章一郎　*Shoichiro Sendai*

建築論。広島大学大学院工学研究院社会環境空間部門准教授。１９６８年京都府生まれ。京都大学大学院工学研究科博士後期課程修了。博士（工学）。主著『ル・コルビュジエの宗教建築と「建築的景観」の生成』（単著、中央公論美術出版）、『技術と身体』（共著、ミネルヴァ書房）、『都市の風土学』（共著、ミネルヴァ書房）『感性のフィールド』（共編、東信堂）、*Vocabulaire de la spatialité japonaise*（共著、CNRS Éditions）ほか。日本建築学会奨励賞（２０００）、日本感性工学会出版賞（２００４）、西洋美術振興財団学術賞（２００８）、こども環境学会論文奨励賞（２００６、２０１１）などを受賞。

歩くこどもの感性空間　みんなのまちのみがきかた

2015年2月20日　第1刷発行

著者　千代章一郎
発行者　坪内文生
発行所　鹿島出版会
〒104-0028　東京都中央区八重洲2-5-14
電話03-6202-5200
振替00160-2-180883

印刷　三美印刷
製本　牧製本
デザイン　渡邉翔

ISBN 978-4-306-04619-1 C3010

本書の内容に関するご意見・ご感想は左記までお寄せ下さい。

URL: http://www.kajima-publishing.co.jp/
e-mail: info@kajima-publishing.co.jp